AF401848

DIVERS OUVRAGES

DE

M. DE ROBERVAL.

AVERTISSEMENT.

ON a trouvé écrit de la main de M. de Roberval au commencement du Manuscrit d'où cét Ouvrage a esté pris, que l'invention en est de luy, mais qu'il ne l'a pas mis en l'état qu'il est ; que ça esté un Gentilhomme Bourdelois, à qui il avoit donné des leçons en particulier, qui les ayant rédigées par écrit, en a composé ce Traité à sa manière. Il est vray qu'en 1668. M. de Roberval revit cét Ouvrage avant que de le lire dans l'Académie Royale des Sciences ; mais il n'y mit pas la dernière main, s'estant contenté d'écrire seulement en divers endroits quelques remarques, que l'on trouvera à la marge de ce Livre.

OBSÈRVATIONS
SUR LA COMPOSITION
DES MOUVEMENS,
ET SUR LE MOYEN DE TROUVER
LES TOUCHANTES
des lignes courbes.

Pour ne perdre aucune des pensées que nous croirons pouvoir servir à l'intelligence de ce sujet, nous ne nous attacherons à aucun ordre ou suite de propositions déterminées, il faudra mesme le plus souvent ou supposer l'intelligence de quelques définitions & principes que nous n'aurons pas expliquez, ou bien les inserer avec nos propositions.

Définitions.

NOus appellons ligne simple celle qui estant sur un plan, est telle que chacune de ses parties peut convenir avec toutes les autres parties de la mesme ligne. Telle est la ligne droite & la circonférence du cercle.

Ligne composée est celle dont les parties n'ont point cette propriété de s'ajuster & convenir avec chacune des autres parties.

Mouvement uniforme est celuy par lequel un mobile est porté d'une vitesse toûjours égale à elle-mesme.

Mouvement irrégulier ou difforme, au contraire.

Puissance est une force mouvante.

Impression est l'action de cette puissance.

La ligne de direction de l'impression est celle par laquelle la puissance meut le mobile.

Nous appellons les impressions semblables, ou diverses, suivant que leurs lignes de direction sont entre elles paralleles, ou ne le sont pas, &c.

Or il ne faut pas croire que nous appellions une ligne, ligne simple, dautant qu'elle est décrite par un mouvement simple : car, comme nous verrons dans la suite, non-seulement la circonférence du cercle, mais encore la ligne droite peut estre entenduë avoir esté décrite par un mouvement composé de tant de mouvemens qu'on voudra.

Nous avons encore défini la puissance en tant qu'elle nous peut servir considérant les diversitez des mouvemens, ce qui n'empesche pas que dans d'autres speculations, nous n'entendions par le mot de puissance une force capable de soustenir un poids, ou de quelque autre effet.

Généralement en ce Traité nous considérerons deux choses dans les mouvemens, leur direction, & leur vitesse.

Axiomes.

LA direction d'une puissance mouvant un mobile, lequel par son mouvement décrit une circonférence de cercle, est la ligne perpendiculaire à l'extrémité du diamétre, au bout duquel le mobile se trouve.

S

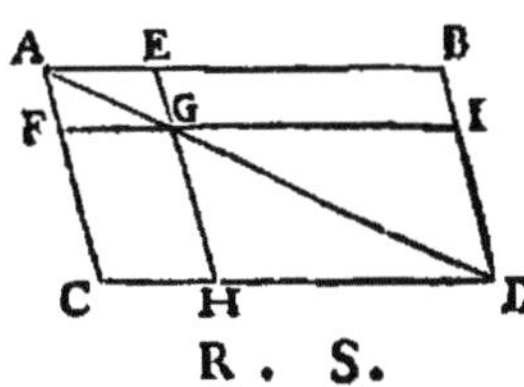

*Ce raisonne-
ment ne peut
quadrerqu'à
la circonfé-
rence d'un
cercle.*

Soit le mobile B, (qui par son mouvement décrit la circonférence G B F) au point B, à l'extrémité du demi-diamétre A B, auquel soit perpendiculaire la ligne B C. Je pose pour fondement que B
C est la ligne de direction par laquelle se meut le
mobile B en ce point-là. Et on en peut rendre une
raison naturelle, qui est que l'on ne sçauroit prendre
quelque autre ligne que ce puisse estre, comme B D,
sans tomber dans une absurdité : car puisque la nature ne souffre rien d'indéter-
miné, & qu'on ne sçauroit prendre la ligne B D, qui fait l'angle oblique D B A,
avec le demi-diametre, que par la mesme raison l'on ne fust aussi obligé de prendre de l'autre part la ligne B E qui fait l'angle E B A égal à D B A, (ce qui est
absurde) il s'ensuit que la seule ligne qui puisse estre prise pour la direction d'un
tel mouvement sera la perpendiculaire B C, qui est la seule qui fasse angles droits
avec le mesme demi-diamétre A B.

D'où il s'ensuit que cette direction change à chaque point de la circonférence.

D'où il s'ensuit encore que si un mobile porté de G vers B venoit à se détacher
de la circonférence du cercle, comme si le demi-diametre l'ayant porté de G en
B, le laschoit au point B, le mobile seroit porté avec cette impression par la
ligne B C.

Et d'autant qu'il se rencontre que cette mesme ligne B C est la touchante du
cercle au point B, nous prendrons pour principe d'invention qu'en toutes les autres lignes courbes, quelles qu'elles puissent estre, leur touchante, en quelque
point que ce soit, est la ligne de direction du mouvement qu'a en ce mesme point
le mobile qui les décrit. En sorte que composant des mouvemens en diverses
façons, & venant à connoistre la direction du mouvement composé en quelque
point que ce soit, d'une ligne courbe, nous connoistrons par mesme moyen sa
touchante.

Or nous entendons qu'un mouvement est composé de plusieurs mouvemens,
lors que le mobile duquel il est le mouvement, est meû par diverses impressions.

THEOREME I.

Proposition premiére.

S I un mobile est porté par deux divers mouvemens chacun droit & uniforme,
le mouvement composé de ces deux sera un mouvement droit & uniforme
différent de chacun d'eux, mais toutefois en mesme plan, en sorte que la ligne
droite que décrira le mobile sera le diamétre d'un parallelogramme, les costez
duquel seront entre eux comme les vitesses de ces deux mouvemens ; & la vitesse
du composé sera à chacun des composans comme le diamétre à chacun des
costez.

Soit le mobile A porté par deux divers mouvemens desquels les lignes de direction soient
A B, A C, faisant l'angle B A C, & que les
mouvemens droits & uniformes soient tels
qu'en mesme temps que l'impression A B auroit porté le mobile en B, en mesme temps l'impression A C l'eust portée en C. Je dis que le
mobile porté par le mouvement composé de
ces deux, sera porté le long du diamétre A D
du parallelogramme A D, duquel les deux lignes A B, A C, sont les deux costez,
& que le mouvement qu'il aura sur le diamétre A D sera uniforme.

Ce que nous comprendrons, si nous nous imaginons que la ligne A B descendant toûjours uniformement & parallelement à la ligne C D, jusqu'à ce qu'elle ne soit qu'une mesme ligne avec la ligne C D ; & la ligne A C se mouvant vers la ligne B D en la mesme façon, nostre mobile A ne fait autre chose que se rencontrer à tout moment en la commune section de ces deux lignes.

Or il est assez clair que les points de cette commune section sont tous dans le diamétre A D ; ce que nous démontrerons encore mieux par cette considération. Imaginons-nous que le mobile A se mouvant uniformement sur l'une des lignes A B ou A C, la mesme ligne se meut toûjours parallelement à soy-mesme. En cette sorte si le mobile est meû sur A B de A en B en mesme temps que A B descend jusques en C D ; & posons le cas qu'en un certain temps le mobile soit arrivé en E, & qu'en ce mesme temps le costé A B soit descendu en sorte qu'il fasse une mesme ligne avec F I, dans laquelle prenons F G égale à A E (par nostre supposition elle luy est aussi parallele) donc le mobile A sera en G : je dis que le point G est dans le diamétre A D du parallelogramme A B D C. Car par le point G soit tiré la ligne E G H qui achevera le petit parallelogramme A G. Puis donc que les deux mouvemens que nous considérons sont uniformes, comme A B est à A E, ainsi A C est à A F ; & en changeant, A E est à A F comme A B à A C, & l'angle B A C est commun ; partant les deux parallelogrammes A D & A G sont semblables & à l'entour d'un mesme diamétre ; & par consequent le point G est dans le diamétre A D, ce qu'il falloit démontrer. Le reste de nostre proposition n'est qu'un corollaire de ce que nous avons dit : c'est pourquoy nous ne nous y arresterons pas plus long-temps.

Mais nous remarquerons qu'en cette premiére composition de mouvemens & généralement en toutes les autres, nous pouvons considérer six choses. Sçavoir trois directions qui sont les deux simples, & la composée, & trois impressions qui sont les deux simples & la composée.

Or si les trois directions nous sont données, les trois impressions sont aussi données, c'est à dire les proportions des vîtesses des trois mouvemens ; car A B, A C, & A D, estant données, nous n'aurons qu'à prendre un point D dans A D, ligne de direction du mouvement composé, & par le point D tirer D B & D C paralleles à A B & A C ; & le parallelogramme estant ainsi achevé, les proportions des mouvemens seront les mesmes que celles des deux costez & du diamétre du parallelogramme.

Mais les trois impressions estant connuës, ou la proportion des trois lignes A B, A C, A D, nous ne connoistrons aucune des directions, puis que pas une de ces lignes ne nous sera donnée de position, quoy-que les angles qu'elles feront à leur rencontre nous soient donnez en espece. Or en ce cas il faut que deux des puissances quelles qu'elles soient, soient ensemble plus grandes que la troisiéme, puis que les lignes A B, A C, A D, qui sont en mesme raison que les puissances, peuvent estre les costez d'un triangle.

Que si l'on nous donne deux directions, l'une de l'un des mouvemens composans, & l'autre du composé, nous ne connoistrons rien de la troisiéme, ni de la force des impressions, mais seulement nous aurons une raison donnée telle que la raison de l'impression ou de la puissance composante qui nous est donnée à l'autre puissance composante, ne pourra pas estre plus grande : car A C & A D nous estant données, ayant pris dans A C un point comme C, & de C ayant abbaissé C K perpendiculaire sur A D, la raison de A C à A B ne pourra pas estre plus grande que la raison de la ligne A C à cette perpendiculaire C K, puis que cette perpendiculaire est la moindre de toutes les lignes qui peuvent estre le troisiéme costé d'un triangle, l'un des deux autres estant A C, & le second une portion de la ligne A D.

Que si l'on nous eust donné deux mouvemens entiers, c'est-à-dire leurs directions & leurs vitesses, l'on nous eust aussi donné la direction & la vitesse du troisiéme ; car ayant deux costez d'un triangle & l'angle qu'ils contiennent, tout le reste nous est donné.

Pareillement nous estant donné deux directions telles qu'on voudra de deux mouvemens, & la raison de la vitesse du troisiéme à la vitesse de l'un des deux desquels nous avons la direction, nous connoissons les trois mouvemens, comme si l'on nous donne les directions A B, A C, des deux composans, & la raison de la vitesse du composé à A B comme de R à S, prenant dans la direction A B un point comme B, & faisant que comme S est à R, ainsi A B soit à un autre, nous trouverons la ligne A D. Donc si du centre A & de l'intervalle A D nous décrivons un arc de cercle qui rencontre la ligne B I D parallele à A F C en D, nous aurons les vitesses des trois mouvemens A B, A D, B D ou A C, &c. Les choses estant ainsi expliquées, nous énoncerons nostre proposition plus généralement en cette sorte.

Proposition seconde.

UN mouvement composé de tant de mouvemens droits & uniformes qu'on voudra se fera par une ligne droite, & sera uniforme.

Ce qui est encore assez clair par ce que nous venons de dire ; car prenant deux de ces mouvemens j'en composeray un seul, puis que par la précédente ces deux se doivent réduire en un, puis de ce composé consideré comme simple (car il n'importe, puis que les deux directions qui le composent ne font pas plus qu'une simple que nous pouvons concevoir) & d'un autre, j'en composeray un second, qui par ce moyen sera composé de trois ; & ainsi en continuant je viendray à en composer un seul de tant qu'il me plaira.

D'où il résulte,

Que tout mouvement uniforme & droit peut estre entendu, ou comme simple, ou comme composé de tant d'autres mouvemens qu'on voudra.

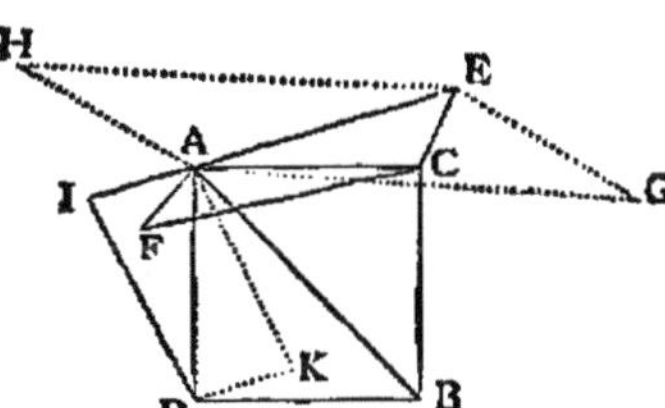

Où il faut remarquer que nous pouvons concevoir ce mouvement comme composé de divers autres, lesquels se feront en des plans différens, en sorte pourtant que le plus composé de tous soit dans le plan des deux que nous considérons comme les derniers qui le composent. Ainsi le mouvement A B peut estre composé des deux A C & A D, dont l'un A C est composé de deux autres A E, A F, l'un desquels, comme A E, sera composé de deux autres A G & A H, & ainsi de tant qu'on voudra ; & le second des deux A D, que nous avons dit qui composoient le mouvement A B, peut estre entendu comme composé de deux autres A I, A K, & encore chacun de ceux-là de deux autres, &c. en sorte que le mouvement A B sera composé de tant que l'on voudra, & mesme desquels les impressions feront données : car qui m'empeschera de décrire des parallelogrammes si différens qu'il me plaira, desquels les diagonales soient A B, A D, A C, A E, A H, A G, &c.

Et c'est icy un champ d'une infinité de belles spéculations, comme si ayant supposé que le mouvement A B est composé de cinq autres mouvemens, la vitesse de chacun desquels nous est donnée, l'on nous demande combien il est

nécessaire

néceſſaire de connoiſtre de leurs directions pour déterminer chacun d'eux & les donner de poſition, & ainſi d'une infinité d'autres qui pourroient eſtre telles que la recherche excédant la capacité de noſtre eſprit, nous n'en pourrions pas donner les ſolutions.

Mais pour tirer de cette propoſition des connoiſſances encore plus belles, nous allons expliquer par ſon moyen la nature des réfléxions & de la réfraction, ayant premiérement poſé pour principe, qu'un mouvement pour compoſé qu'il ſoit de diverſes impreſſions, aura le meſme effet qu'un autre cauſé par une ſeule impreſſion, de laquelle la direction ſoit la meſme que de .a compoſée, ſi l'un eſt auſſi fort que l'autre.

Cecy eſtant poſé, nous conſidérons dans les corps deux ſortes d'impreſſions qui les peuvent faire mouvoir; l'une qui les chaſſe d'un lieu vers un autre par violence: telle eſt celle que la raquette donne à la bale, la corde d'un arc à la fléche, &c. L'autre qui ſe fait par attraction des corps, ſoit que cette attraction ſoit réciproque, ou non; & cette derniére eſt de telle nature qu'elle ne peut jamais cauſer de réfléxion, comme ſi l'aimant B attirant le fer A, le fer s'approchant vient à rencontrer le corps C qui l'empeſche de continuer ſon mouvement de A vers B, il

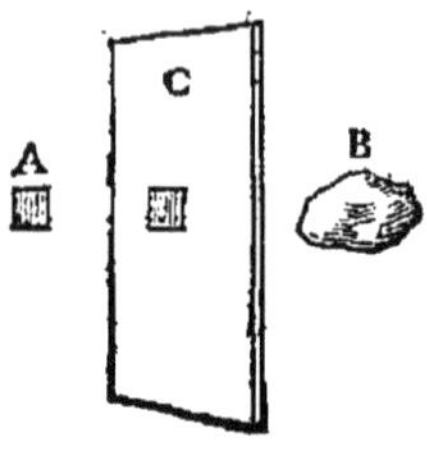

s'arreſtera contre le corps C, le preſſant continuellement, dautant que l'attraction ſe faiſant au travers de C, la vertu de l'aimant empeſche le fer de rejaillir vers A; mais la nature de la premiére ſorte d'impreſſion eſt telle qu'un corps eſtant meû en cette façon, s'il vient à rencontrer un obſtacle auquel il ne puiſſe pas communiquer ſon impreſſion, l'obſtacle la luy rend, ou pour mieux dire le détermine à retourner vers une autre part; & nous prendrons pour principe, que ſi un mobile rencontre un obſtacle eſtant meû par une ligne perpendiculaire au meſme obſtacle, il retournera vers le lieu duquel il eſtoit meû. Ainſi A ſe mouvant vers D par une ligne perpendiculaire à l'obſtacle B C, & venant à rencontrer cét obſtacle, auquel nous ſuppoſons qu'il ne puiſſe pas communiquer toute ou preſque toute l'impreſſion qui l'a fait mouvoir, il ſera réfléchi par la meſme ligne D A, par laquelle il s'eſtoit meû, mais en telle ſorte que s'il n'a communiqué rien du tout de ſon impreſſion à B C, & que B C ne luy en ait pas donné une nouvelle, il retournera avec autant de vîteſſe qu'il en avoit en D. Que s'il a commu-

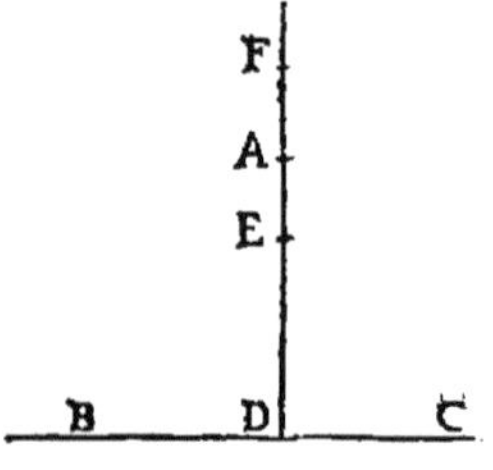

niqué une partie de ſon impreſſion à B C, il ne retournera pas avec autant de vîteſſe qu'il en avoit en D; & enfin ſi l'obſtacle B C ne luy a pas ſeulement rendu l'impreſſion qu'il luy vouloit donner, mais encore l'a augmentée, comme ſi en D il a trouvé un reſſort, ou autre choſe, alors le mobile retournera de D avec plus de vîteſſe qu'il n'en avoit, quand il eſt premiérement parvenu au meſme point D.

Ce principe eſtant ainſi expliqué, nous n'aurons point de peine à entendre la nature de la réfléxion. Car ſi nous penſons qu'une bale eſtant pouſſée d'A vers B, rencontre au point B la ſuperficie de la terre que nous ſuppoſons parfaitement plate & dure, pour ne nous point embarraſſer dans de nouvelles difficultez, laquelle l'empeſchant de paſſer outre eſt cauſe qu'elle ſe détourne, & pour entendre de quel coſté, puiſque ſon mouvement peut eſtre diviſé en toutes les parties deſquelles l'on peut concevoir qu'il eſt compoſé, imaginons-nous qu'il le ſoit des deux A C & A H, ou C B, deſquels le premier fait deſcendre la bale de A

en C, & le second la porte de la gauche A C vers la droite ; & parce que la rencontre de la terre est tout-à-fait contraire à l'un de
ces mouvemens A C, & qu'elle n'est point opposée
à celuy qui l'a fait aller de la gauche vers la droite,
il est certain que si le mobile eust esté meû seulement par son propre poids sur un plan incliné, comme A B, estant arrivé en B, ou il se fust arresté tout
court, ou suivant sa figure & les degrez d'impression
qu'il auroit, il eust roulé le long de B E ; mais parce que le mouvement de la bale est un mouve-
ment violent, & que par nostre principe si elle eust esté portée le long de
H B, elle seroit remontée de B en H : au lieu que nous avons composé le mouvement A B des deux C B & H B, puis que le mouvement H B est changé en
B H, composons un mouvement de deux, dont l'un soit C B ou B E que nous
prenons égal à C B, & l'autre E F ; & ayant décrit le parallellogramme H E,
tirons la diagonale du point B, où se fait la réfléxion en montant vers F, nous
trouverons que la bale remontera en autant de temps par la ligne B F, qu'elle en
aura mis à descendre par la ligne A B ; en sorte que l'angle de réfléxion sera égal
à celuy d'incidence, car supposant que la bale n'ait rien perdu de son impression, & n'en ait point aquis de nouvelle, son mouvement n'a fait que changer
de direction : mais si elle eust rencontré un corps qui luy eust cedé, en sorte que
luy communiquant de son impression elle en eust tout autant perdu, il eust fallu
composer un mouvement de B E, & d'un autre moindre que E F, comme E G ;
auquel cas l'angle de réfléxion auroit esté moindre que celuy d'incidence. Et
posé que la bale eust rencontré un corps capable d'augmenter son impression,
comme une raquette, ou un ressort, son mouvement auroit esté composé de
B E, & d'un autre comme E I plus grand qu'E F en montant, auquel cas l'angle
de réfléxion auroit esté plus grand que celuy d'incidence.

Et ce mesme raisonnement se peut aussi-bien accommoder à l'opinion de
ceux qui tiennent que la bale ou tout autre missile ayant communiqué toute son
impression à l'obstacle, elle rejaillist ou par la force du ressort qu'elle rencontre
dans l'obstacle, ou par celle du ressort qui est en elle-mesme, ou par toutes les
deux.

Venons à la réfraction, & supposons que la bale rencontre en B, non plus la
superficie de la terre, mais une toile si déliée qu'elle ait la force de la rompre en
perdant seulement une partie de son impression ; & parce qu'elle ne doit rien perdre de celle qui la fait aller de la gauche vers la droite, dautant que la toile ne
luy est point opposée en ce sens-là, supposons qu'elle perd la moitié de l'impression qui la fait descendre, en ce cas il fau-
dra continuer B E égale à C B, & prendre E I
égale à la moitié de A C, de sorte que la diagonale B I sera le chemin que suivra le mobile
aprés sa réfraction ; & pareillement si la vitesse
A C eust esté augmentée, par éxemple, de la
moitié, comme si le mobile passant de l'air eust
entré dans un autre milieu de telle nature qu'il
eust pû s'y mouvoir une fois aussi viste, en ce

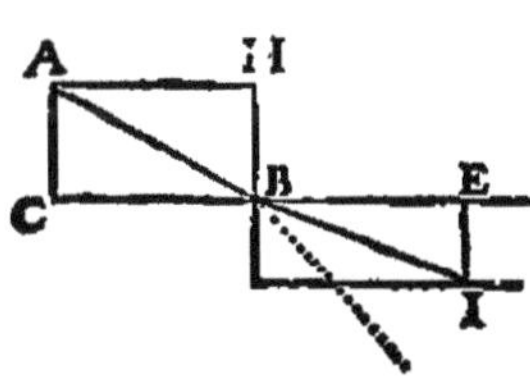

cas nous aurions fait E I double de A C, B E demeurant égale à B C, &c. ce
que l'on voit expliqué bien au long dans les Auteurs.

Or il faut remarquer avec soin cette façon de composer, & mesler les mouvemens, puis que nous voyons que des personnes les plus éxercées dans la recherche des véritez Mathématiques se sont trompées en cét endroit : ainsi
M. Des Cartes pour expliquer la réfléxion, décrit un cercle du centre B, qui

paſſe par A, & trouve que le point de la circonférence auquel le mobile retournera en autant de temps qu'il a mis à aller de A vers B doit eſtre F ; au lieu que d'un raiſonnement ſemblable au noſtre il devoit en tirer comme une conſéquence, que le point F dans cette hypotheſe ſe rencontrera dans la circonférence du cercle décrit du centre B par A.

Secondement, expliquant la réfraction de la bale dans l'eau, il a confondu les termes d'impreſſion ou viteſſe, & de détermination, leſquels pourtant il avoit diſtinguez peu auparavant ; car en la page 17. ligne derniére, il dit, *& puis qu'elle ne perd rien du tout de la détermination*, &c.

Troiſiémement, il ſemble qu'il explique mal dans la page 19. la réfléxion de la bale ſur la ſuperficie de l'eau : car il eſt vrayſemblable que lors que la bale A B entre dans l'eau, & que la réfraction ſe fait vers I, c'eſt à cauſe que la bale

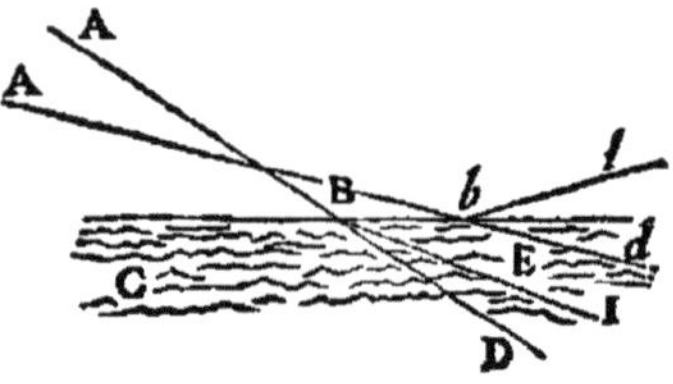

entrant dans l'eau au point B, & voulant continuer ſon chemin vers D, rencontre d'un coſté l'angle C B D obtus, & de l'autre coſté l'angle E B D aigu, & trouve plus de corps, & partant plus de réſiſtance du coſté de l'angle obtus que du coſté de l'aigu : ainſi elle ſe détourne par un chemin un peu courbe vers I, lequel elle ne quitte plus lors qu'elle eſt aſſez enfoncée dans l'eau : car bien qu'il y ait toûjours plus d'eau au deſſous de B I, que non pas au deſſus, néanmoins à cauſe de ſon enfoncement, elle trouve la réſiſtance d'une part auſſi forte que de l'autre, ce qui fait qu'elle continuë à ſe mouvoir vers I.

Mais lors qu'elle entre dans l'eau par la ligne A *b* trop inclinée, d'autant qu'avant d'eſtre parvenuë dans l'eau en un endroit auquel la différence de la réſiſtance des deux parties de l'eau luy fut inſenſible, il faudroit qu'elle euſt (pour ainſi dire) labouré un long ſillon d'eau, & agi pendant trop long-temps contre la réſiſtance de l'eau du coſté inférieur ; de ſorte que par cette action elle perd l'impreſſion de s'enfoncer davantage ; & ſa figure que nous ſuppoſons eſtre ronde, quoy-qu'elle tienne de la nature & des propriétez d'un coin qui fendroit l'eau, la porte vers la partie la plus foible, c'eſt-à-dire vers la ſuperficie ſupérieure de l'eau, & quelquefois au deſſus de la meſme ſuperficie ; ce qui eſt aſſez intelligible.

Voyez ce que dit *M. Des Cartes* ſur ce ſujet dans les pages 21, 22. & les ſuivantes.

L'on pourroit déduire un grand nombre de belles concluſions de cette propoſition du mouvement compoſé de deux droits : mais puiſque dans ce petit Traité noſtre but principal eſt de tirer du mélange des mouvemens une méthode générale pour trouver les touchantes des lignes courbes, nous ne nous arreſterons pas davantage à cette propoſition.

Mais avant que de paſſer outre, nous remarquerons deux choſes : la première, que le diamétre A D euſt pû eſtre décrit par un point porté de deux mouvemens droits AB, A C, deſquels ni l'un ni l'autre n'euſt eſté uniforme. Il euſt pourtant fallu qu'à meſure que l'un, comme A B, euſt eſté augmenté ou diminué, la vîteſſe de l'autre euſt eſté changée à proportion, comme ſi le mobile euſt eſté porté en A B d'un mouvement fort lent depuis A juſques à E, & d'un fort viſte depuis E juſques en

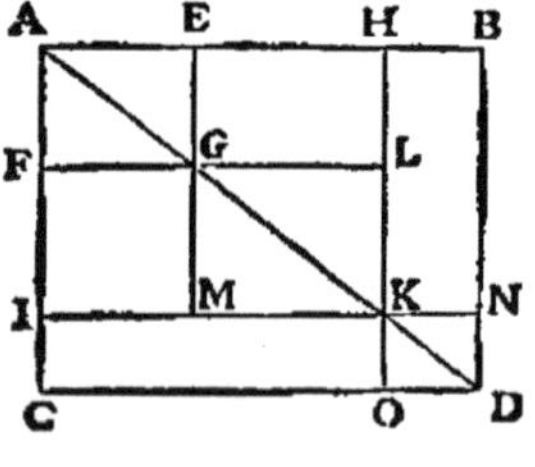

Diſcours 2. de la Dioptr.

H, &c. pour luy faire décrire la ligne A D, il auroit fallu qu'ayant divifé A C
en mefme raifon qu'A B dans les points F & I, la ligne A B euft defcendu fort
lentement d'A vers F, & fort vifte de F vers I ; ce que l'on pourra mieux concevoir, fi l'on confidere le mobile en G, comme devant en mefme temps eftre
porté de deux mouvemens uniformes, & defquels les viftefles font entre elles,
comme les lignes G L & G M le long des mefmes lignes G L & G M, &c.

Secondement, il nous fera facile de voir que fi le mobile euft efté porté fur
les lignes A B, A C par deux mouvemens droits, mais différens l'un de l'autre,
en telle forte que les parties de l'un n'euffent pas eû toûjours mefme raifon avec

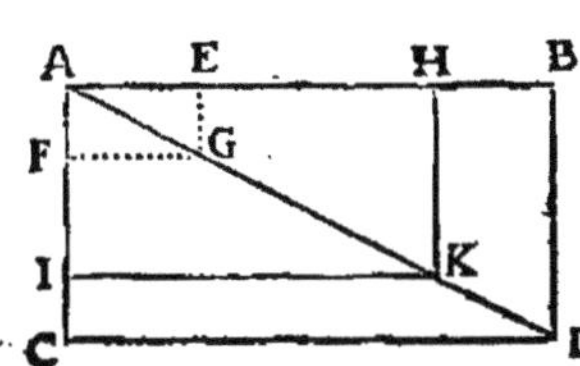

les parties de l'autre, en ce cas le mobile
euft décrit une ligne courbe ; comme fi les
deux mouvemens euffent efté difformes ou
difproportionnez, lors que le mobile eftant
en E dans la ligne A B, il euft efté en F dans
la ligne A C, & qu'eftant en H, il euft
auffi efté en I, la ligne décrite par le mouvement meflé de ces deux auroit efté la
courbe A G K D, &c.

Et cette confidération ne fera pas des moins utiles pour la recherche des touchantes des lignes courbes, comme l'ufage le fera découvrir.

Propofition troifiéme.

BIEN que ce que nous avons dit jufques icy des mouvemens meflez pût
fuffire pour nous en faire comprendre la nature, néanmoins puis que leur
connoiffance eft un principe d'invention pour quantité de belles véritez, il fera peut-eftre à propos d'en confidérer icy divers autres mélanges, quoy-que
tout ce que nous en dirons ait une grande étenduë, à caufe que ce ne font icy
que les élemens de cette fcience.

Nous avons expliqué dans les propofitions précédentes comment une ligne droite peut eftre entenduë décrite par un mouvement uniforme meflé de
deux droits & uniformes, ou par un mouvement inégal meflé de deux droits
& difformes, &c.

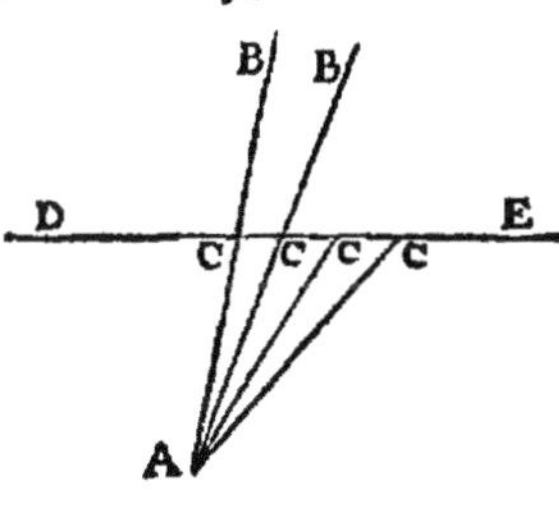

Or la mefme ligne droite peut auffi eftre entenduë décrite par une infinité d'autres mouvemens, par éxemple, par un mouvement droit
& un circulaire, comme fi la droite A C B fe
mouvant circulairement au tour du centre A,
un point, comme C, eft porté dans la mefme
ligne, en forte qu'il fe trouve toûjours dans
la commune fection de la mefme ligne A B, &
d'une autre D E : nous dirons que la ligne
D E eft décrite par un mouvement meflé d'un
droit qui fe fait le long de la ligne A B, &
d'un circulaire que la mefme ligne A B communique au mobile qui la décrit par fon
mouvement droit ; & ces deux mouvemens font tels, quoy-que bien difformes,
que fi l'on nous donne de pofition le point
A & la ligne D E, quelque point que l'on
prenne dans la ligne D E, la proportion de
l'un de ces mouvemens à l'autre fera donnée.

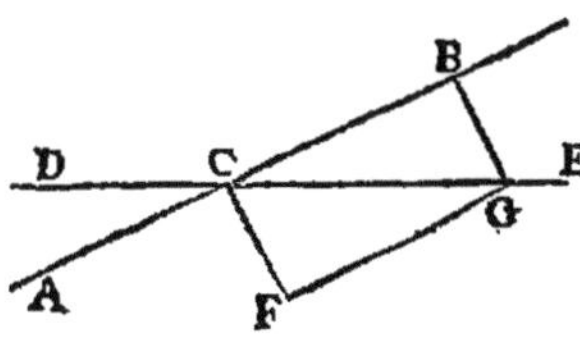

Car

Car ayant prolongé la ligne A B pardelà la ligne D E, comme en B fi du point C auquel nous voulons connoiftre la proportion de ces deux mouvemens, nous tirons C F perpendiculaire à A B, nous aurons la direction du mouvement circulaire qui fe fait en C ; mais les deux autres directions font données, A B du mouvement droit fimple, & D E du mouvement compofé. Donc les trois impreffions nous font données, ou la proportion de chacun des mouvemens aux deux autres.

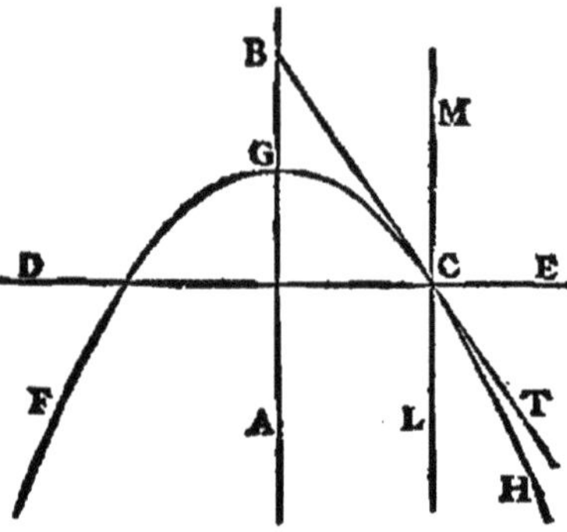

Nous pouvons encore imaginer que la mefme ligne eft décrite par un mouvement meflé de deux, l'un parabolique, l'autre droit, defquels nous pourrons en comprendre, un uniforme, comme fi la parabole eftant portée par un mouvement droit, en forte que l'un de fes diamétres foit toûjours fur la ligne A B, un point C fe promene de telle forte dans la parabole, qu'il fe maintienne toûjours dans la ligne D E ; & en ce cas fi la touchante de la parabole en C nous eft donnée, nous connoiftrons ces trois mouvemens, c'eft-à-dire les vîteffes de chacun des trois comparé aux deux autres, puifque leurs trois directions nous font données, où vous remarquerez que la direction du mouvement droit fimple eft la ligne A B, c'eft-à-dire, une ligne L C M parallele à A B.

Ce que nous avons dit de la parabole fe doit encore entendre du cercle, de l'hyperbole, de l'ellipfe, & généralement de toute autre ligne ; de forte que la ligne D E pouvant eftre entenduë décrite par un mouvement compofé d'une infinité de mouvemens droits, & chacun de ceux-là d'un droit & d'un circulaire, ou d'un droit & d'un parabolique, &c. vous voyez que la mefme ligne pourra eftre décrite par une infinité de mouvemens, chacun différent en efpéce de tous les autres.

. Et pour montrer que nous pouvons dire du cercle, de la parabole, & d'une infinité de lignes courbes, ce que nous avons dit de la droite ; foit la circonférence de cercle A B C, le centre du cercle D, & un point E dans le cercle autre que le centre, & foit tirée la ligne E D A : vous voyez donc que fi la ligne E D A tourne autour de E, & qu'en mefme temps un point B fe promene fur la mefme ligne, en forte qu'il fe maintienne toûjours dans la circonférence A B C,

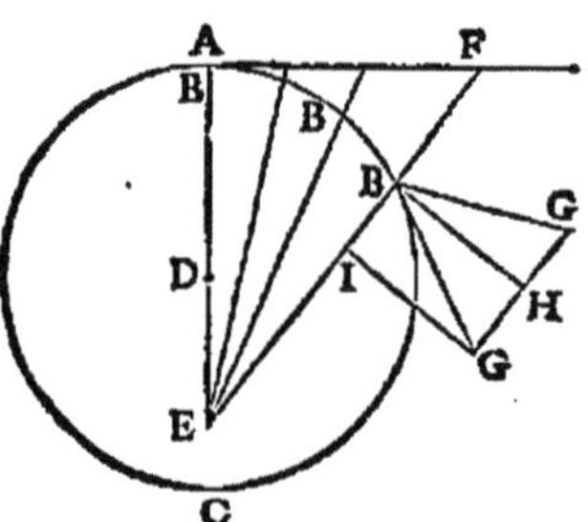

cette circonférence fera décrite par le mélange d'un mouvement droit & d'un circulaire. Et vous voyez encore, que fi l'on veut fçavoir la raifon de ces deux mouvemens l'un à l'autre, la touchante de la circonférence nous eftant donnée en un point, cette raifon nous fera donnée en ce mefme point, comme fi la touchante A F nous eft donnée au point A, & la pofition de la ligne E D A, nous verrons que cette ligne eftant perpendiculaire à A F, elle eft la ligne de direction du mouvement circulaire fimple, qui fe fait à l'entour du point E ; mais elle eft auffi la direction du mouvement circulaire compofé, puis qu'elle touche la circonférence A B C, par laquelle fe doit faire ce mefme mouvement compofé ; d'où il s'enfuit que le mobile qui décrit la circonférence A B C par fon

V

mouvement, n'a au point A qu'un feul mouvement circulaire, duquel la direction eft A F.

Mais fi l'on donne la touchante B G en un autre point de la circonférence,
comme en B, le point E eftant encore donné, nous menerons la ligne E B,
qui fera la direction du mouvement droit, & B H fa perpendiculaire fera la
direction du mouvement circulaire fimple à l'entour du point E; mais la direction du mouvement compofé eft auffi donnée, fçavoir la touchante B G, nous
connoiftrons donc la viteffe de ces trois mouvemens, & nous comparerons
chacun d'eux aux deux autres.

Comme au contraire, fi l'on nous euft donné les points E & B, & la raifon
du mouvement droit au mouvement circulaire fimple, comme de G H à B H,
nous aurions trouvé la touchante du cercle.

Il nous fera auffi facile de concevoir que la mefme circonférence peut eftre
décrite par un mouvement droit & un parabolique, ou par un droit & un hyperbolique, &c. comme nous avons dit de la ligne droite.

Et pour finir en deux mots cette fpéculation, nous pourrons dire de la parabole, de l'hyperbole, & des autres lignes courbes, ce que nous avons expliqué du cercle.

Propofition quatriéme.

Toute cette Propofition eft mal di-gerée, & il vaut mieux la paffer que de s'y arref-ter.

SI deux lignes droites faifant l'une avec l'autre tel angle qu'on voudra, viennent à fe mouvoir parallelement chacune à foy-mefme, en telle forte qu'elles fe puiffent toûjours couper l'une l'autre, & que la viteffe de la premiére foit
donnée dans la feconde, & la viteffe de la feconde donnée dans une troifiéme,
qui faffe tel angle qu'on voudra au point de leur départ: le point qui fe rencontrera toûjours dans leur commune fection fera porté par trois mouvemens,
deux defquels eftant réduits à un, l'on trouvera que le mouvement de ce point
dans la feconde ligne aura efté hafté, quoy-que toûjours uniformement, en
forte que par le mouvement compofé de ces trois, il aura décrit une ligne d'un
mouvement uniforme, &c.

Cette propofition feroit extraordinairement longue, c'eft pourquoy nous expliquerons le refte cy-aprés.

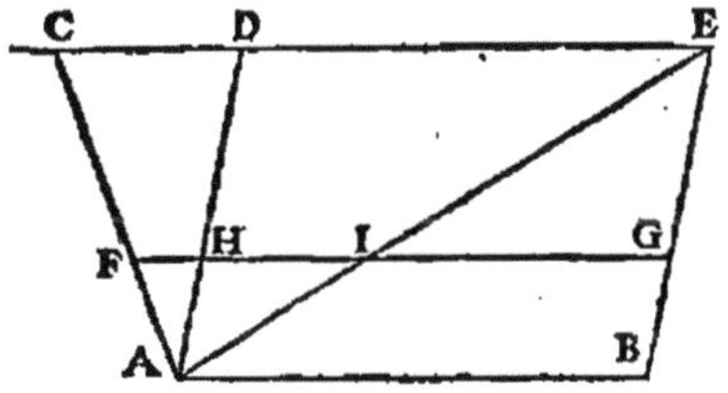

Suppofons que la droite A B
comprenant tel angle qu'on voudra
en A avec la droite A D, l'une &
l'autre de ces deux lignes viennent
à fe mouvoir parallelement à foy-
mefme & uniformement, A B vers
D, & A D vers B, & que la viteffe
de la ligne D A foit donnée dans
A B, & la viteffe de A B foit donnée dans une troifiéme ligne A C,
en telle forte que lors que le point A de la ligne D A fera arrivé en B, en
mefme temps le point A de la ligne B A arrivera en C. Je dis que le point qui fe
rencontre toûjours en la commune fection des deux lignes A B, A D fera porté
par trois mouvemens droits, l'un par la ligne A D, & les deux autres par la ligne A B, en forte que ladite ligne A B eftant prolongée à l'infini, il parcourra
une plus grande ligne fur A B, qu'il n'euft fait fi la viteffe du point A de la ligne
A B euft efté donnée depuis A jufques en D, & que la ligne qu'il décrira par le
mouvement meflé de ces trois fera le diamétre A E du parallellogramme D B,
& que fon mouvement fur A E fera uniforme.

La premiére partie de cette propofition eft affez intelligible de foy-mefme, car quand nous ne donnerions point de mouvement à la ligne D A, & que la ligne A B fe mouvant, en forte que fon bout A décrivant la ligne A C, un point fuft porté le long de A B, commençant fon mouvement en A, à telle condition qu'il deuft toûjours eftre en la commune fection des deux A B, A D; il eft clair que ce point auroit deux mouvemens fur la ligne A D, l'un A C, par lequel la ligne A B s'efforceroit de le porter d'A vers C, l'autre C D, par lequel il feroit ramené de C vers D, pour décrire la ligne A D. Mais fi ces deux mouvemens eftant ainfi prouvez, nous faifons encore mouvoir la ligne A D vers B, ce point aura encore un mouvement par lequel il fuivra la ligne A D : il eft donc vray qu'il a trois mouvemens, &c.

Ce que nous pouvons encore éxaminer en cette forte, pofé que le point A de A B deuft parcourir A D, & que A de A D deuft parcourir A B, il eft certain que le point qui fe rencontreroit toûjours fur leur commune fection feroit porté par deux divers mouvemens, comme nous avons démontré en noftre premiére propofition : mais faifant que le point A de A B décrive A C, au lieu de A D, ce point a encore un mouvement par lequel la ligne A B s'efforce de le porter le long de A C, ainfi pour luy réfifter il faut qu'il fe hafte davantage fur A B, en forte qu'il y décrive une plus grande ligne qu'il n'euft fait, fi A de A B euft parcouru A D : donc le point a trois mouvemens, &c.

Or nous démontrerons en cette façon que le mouvement compofé de ces trois eft droit & uniforme, & le long du diamétre A E. Car ayant tiré la ligne F H I G parallele à A B coupant, &c. lors que le point A de A B fera en F, fi la ligne A D n'a pas changé de place, le point de la commune fection aura eû deux mouvemens uniformes A F, F H, que nous réduirons à un feul A H, par la premiére propofition, en forte que ce point fera en H, de la ligne A H D. Mais en mefme temps le point H de A H D a efté porté en I par un mouvement uniforme H I : donc ce point de commune fection a efté porté par deux mouvemens uniforme A H, H I; & partant par la premiére propofition il a décrit la ligne A I, &c.

Notez qu'il n'eftoit pas befoin de tirer F G, & que le mefme argument fe pouvoit faire des lignes A C, C D, & les ayant réduites à A D, compofer un mouvement des deux A D, & D E.

Cette propofition fe doit entendre tres-généralement.

Ainfi fi la ligne F C fe meut parallelement à foy-mefme & uniformement, en forte que fon point F décrive la ligne F L, & qu'en mefme temps la ligne F O fe meuve parallelement à foy-mefme & uniformement, en forte que fon bout F doive décrire la ligne F N, le point de commune fection des deux lignes F C, F O, aura décrit la diagonale F M du parallellogramme O C. Quoy-que ce point ait efté porté de quatre divers mouvemens, * car les deux mouvemens qu'il a en F O, l'un par

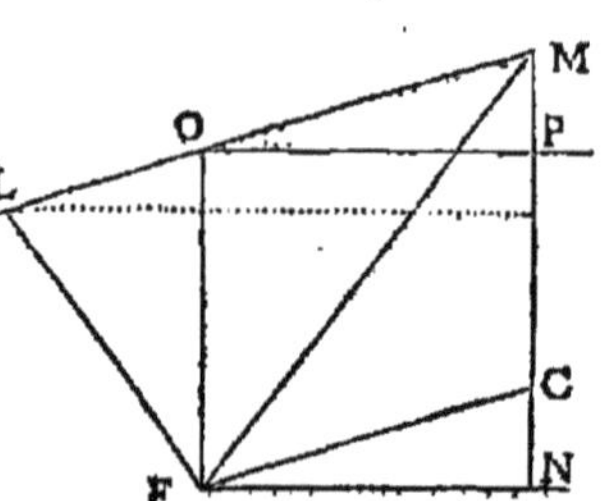

lequel il court de F vers O, l'autre par lequel la ligne F O tâche de le reculer pour luy faire décrire F N, ces deux mouvemens, dis-je, fe réduifent à un feul F C, (car F C eft le diamétre d'un parallellogramme F N C) & les deux mouvemens qu'il a en F C, l'un par lequel décrivant la ligne F C, il eft porté de F vers C, l'autre par lequel la ligne F C tâche de luy faire décrire la ligne F L, ces deux mouvemens, dis-je, fe réduifent à un feul droit & uniforme F O. Donc tous ces quatre mouvemens eftant réduits aux deux F C, F O par la premiére propofition, par la mefme propofition le point de commune fection des deux lignes F C, F O, aura décrit la ligne F M, qui eft ce qu'il falloit démontrer.

Je dirois ainsi : Le point F en F C, se mouvant vers L M, a deux mouvemens droits & uni-
formes, F L, L O, qui composent un mouvement droit F O.

Semblablement ledit point F en F O, se mouvant vers N M, à deux mouvemens F N, N C,
qui composent F C.

Donc des deux mouvemens F O, F C, sera composé un mouvement F M, qui sera composé de
tous ces quatre, & F M est diagonale, &c.

Nous aurons besoin de cette proposition comme d'un lemme, pour les touchantes de la quadratrice, & peut-estre de quantité d'autres lignes.

PROBLEME I.

Proposition cinquiéme.

DONNER les touchantes des lignes courbes par les mouvemens meslez.

Mais nous supposons qu'on nous en donne assez de propriétez spécifiques,
qui nous fassent connoistre les mouvemens qui les décrivent.

Axiome, ou principe d'Invention.

LA direction du mouvement d'un point qui décrit une ligne courbe, est la
touchante de la ligne courbe en chaque position de ce point-là.

Le principe est assez intelligible, & on l'accordera facilement dés qu'on l'aura
consideré avec un peu d'attention.

Regle générale.

PAR les propriétez spécifiques de la ligne courbe (qui vous seront données)
examinez les divers mouvemens qu'a le point qui la décrit à l'endroit où
vous voulez mener la touchante : de tous ces mouvemens composez en un seul,
tirez la ligne de direction du mouvement composé, vous aurez la touchante de
la ligne courbe.

La démonstration est mot à mot dans nostre principe. Et parce qu'elle est
tres-générale, & qu'elle peut servir à tous les exemples que nous en donnerons,
il ne sera point à propos de le répéter.

Vous trouverez dans les exemples suivans les touchantes des sections coniques, celles des autres lignes principales qu'ont connu les anciens, & celles de
quelques-unes que l'on a décrit depuis peu, comme du Limaçon de Monsieur
Paschal, de la Roulette de Monsieur Rob. de la Parabole du second genre de
Monsieur Desc. &c.

Premier exemple des touchantes de la parabole.

SOIT que l'on nous ait donné la parabole E F E, & le moyen de la décrire
par la cinquiéme méthode générale de Monsieur Mydorge livre second,
proposition 25. qui est telle.

Le sommet & le foyer de la parabole estant donnez de position, trouver
dans le mesme plan tant de points qu'on voudra par lesquels la parabole est décrite.

Soit A le foyer, & F le sommet : soit tirée la ligne A F, & prolongée de F vers
B, & soit F B égale à A F, la mesme ligne B F A sera l'axe de la parabole. Prenez
dans F A autant de points I qu'il vous plaira, tirez par ces points des lignes
perpendiculaires à F A ; du centre A & de l'intervale d'entre chaque perpendiculaire,

culaire, & le point B comme BI, décrivez des arcs de cercle dont chacun coupe
une de ces perpendiculaires comme en E, la Parabole paffera par les points E.

Cela pofé fi l'on demande la touchante de la Parabole au point E, foit tiré
la ligne A E prolongée comme en D, &
la ligne E I perpendiculaire à A B, & encore la ligne H E parallele à l'axe FA I,
alors il eft clair par la defcription cy-
deffus, que le mouvement du point E
décrivant la Parabole, eft compofé de
deux mouvemens droits égaux, dont l'un
eft la ligne A E, & l'autre eft la ligne H E
fur laquelle il fe meut de mefme viteffe
que le point I dans la ligne B A, laquelle viteffe eft pareille à celle de la ligne
A E par la conftruction, puifque A E eft
toûjours égale à B I. Partant puifque la

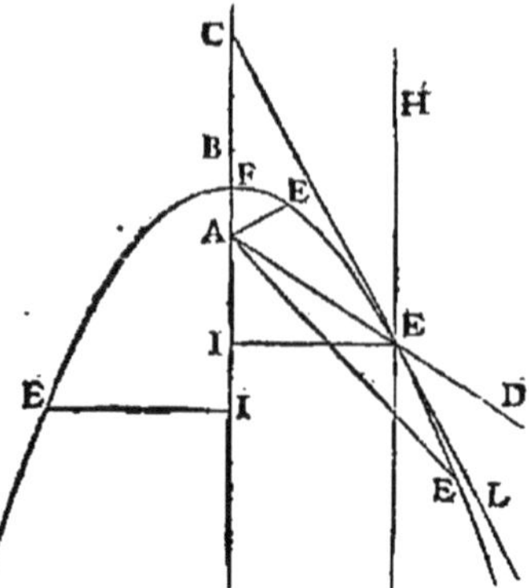

direction de ces mouvemens égaux eft connuë, fçavoir fuivant les lignes droites A E D, H E données de pofition, fi vous divifez l'angle A E H en deux
également par la ligne L E C, qui eft le diamétre d'un rhombe autour de
l'angle A E H, (& par conféquent la direction du mouvement compofé des
deux H E, A E,) la ligne L E C fera la touchante.

Avant que de paffer outre, remarquez deux chofes. La premiére, que nous
n'avons pas voulu confidérer le point E comme commune fection de deux lignes, dont l'une A E infinie fe meut circulairement autour du point A ; l'autre
I E auffi infinie defcend parallelement à foy-mefme, ayant toûjours fon extrémité I dans la ligne B A, puifqu'il a efté plus facile de confidérer les mouvemens A E, H E du point E en chaque endroit de la fection de ces lignes. Secondement, nous avons dit que les mouvemens A E, H E font égaux l'un à
l'autre, ce qui fera vray, quelque point de la parabole que nous prenions pour
E. Mais il ne s'enfuit pas que tous les mouvemens d'un point E foient égaux à
tous les mouvemens d'un autre point E de la parabole, chacun d'eux n'en ayant
qu'un réciproque de l'autre cofté de la parabole & également éloigné du fommet. Vous entendrez la mefme chofe en toutes les autres lignes courbes.

Pour montrer que noftre façon de trouver les touchantes de la Parabole,
s'accorde avec celle d'Apollonius livre 1. propofition 33, & pour le trouver en
quelque façon analitiquement, pofons qu'il foit vray que L E C touche la
Parabole en E. Si donc nous abaiffons l'ordonnée E I, I F fera égale à F C, &
ajoûtant F B à I F, & F A à C F, les toutes C A & I B feront égales (car les
ajoûtées le font par la conftruction) mais I B eft égale à A E par noftre conftruction, donc C A & A E font égales, & l'angle A C E égal à l'angle A E C ;
mais par noftre conftruction nous avons divifé l'angle A E H en deux également, & par conféquent nous avons fait A E C, C E H égaux entr'eux, dont
A C E eft égal à C E H fon alterne, ce qui eft vray, car par la conftruction
E H eft parallele à C I.

Ou fi vous aimez mieux, puifque C I, E H font paralleles, l'angle A C E
eft égal à C E H ; mais par la conftruction C E H eft égal à A E C, donc A C E
& A E C font égaux, & le triangle A C E ifofcéle, donc C A eft égale à A E.
Mais encore par la conftruction A E eft égale à B I, C A eft donc égale à B I,
& en oftant les égales A F, B F, C F fera égale à F I, & par conféquent la ligne
C E touche la parabole, ce qu'il falloit démontrer.

Que fi l'on nous euft donné la defcription de la parabole par un point,
comme E fe promenant le long de la ligne I E du mouvement uniforme, en mefme temps que la ligne I E defcend parallelement à foy-mefme d'un mouve-

X

ment tres-inégal, mais tel, que le quarré de I E est toûjours égal au rectangle sous
I F, & une ligne donnée nommée P, qui en ce cas est le costé droit de la Parabole, il auroit fallu démontrer ce probléme.

La premiére (comme P) de trois lignes continuellement proportionnelles
nous estant donnée, & un mouvement égal dans la seconde I E trouver le mouvement qui se fait dans la troisiéme F I, ce qui est un peu plus long, &c.

L'on pourroit encore proposer le moyen de décrire la Parabole par quelques
autres de ses proprietez, ce qui seroit plus difficile.

Second éxemple des touchantes de l'Hyperbole.

NOus la décrirons avec M. Myd. liv. 2. prop. 26. en cette sorte.
Le sommet & les deux foyers ou points de comparaison de l'Hyperbole estant donnez de position, décrire l'Hyperbole par des points dans le mesme plan.

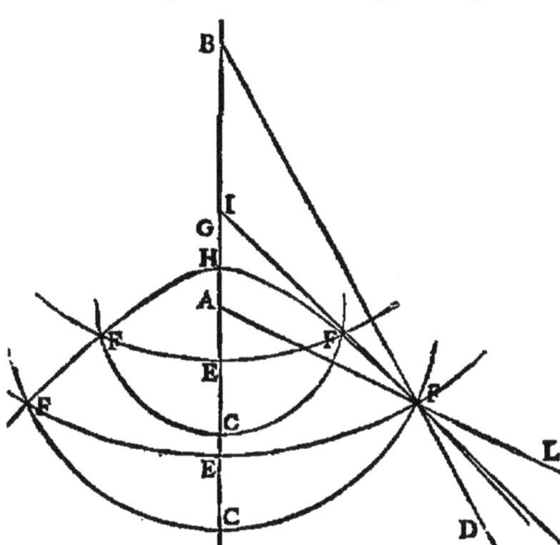

Soient les foyers A B,
& H le sommet, donc
la ligne droite A B pas-
sera par H. Prenons HG
égale à H A, & pre-
nons dans H A, prolon-
gée, s'il en est besoin,
tant de points que nous
voudrons, comme E,
par lesquels de B com-
me centre décrivons des
arcs de cercle E F, & du
centre A & de l'interva-
le, dont chaque point E
est éloigné de G, décri-
vons d'autres arcs de
cercle C F, qui coupent
les premiers, comme en
F, l'Hyperbole passera
par tous les points F.

Cela posé, si je veux tirer la touchante de l'hyperbole, comme en F, ayant
prolongé A F, comme en L, & B F, comme en D, sans m'amuser à considérer
que l'hyperbole est décrite par le point F, qui est toûjours la commune section
des deux lignes droites B F D, A F L, lesquelles se meuvent circulairement, la
premiére autour du centre B, l'autre au tour du centre A, je vois qu'en quel
lieu que je prenne le point F, si je le considére décrivant l'hyperbole à commencer du sommet, il a deux mouvemens ; l'un, par lequel il s'éloigne d'A, le
long de la ligne A L ; l'autre, par lequel il s'éloigne de B le long de la ligne
B D. Puis donc qu'il s'éloigne également d'A & de B, & que les deux directions
sont F L, F D, ayant fait un rhombe duquel l'angle soit D F L, c'est à sçavoir,
ayant divisé l'angle D F L en deux parties égales pour avoir le diamétre de ce
rhombe, qui sera la direction du mouvement composé, la ligne M F I qui par-
tage cét angle sera la touchante de l'hyperbole.

Apoll. démontre liv. 3. prop. 48. que l'angle I F A est égal à l'angle I F B.

Troisiéme éxemple des touchantes de l'Ellipse.

VOicy comme M. Myd. la décrit par sa cinquiéme méthode générale, l. 2.
prop. 27.

Les deux foyers, & l'un ou l'autre sommet de l'ellipse estant donnez de position, décrire l'Ellipse par des points trouvez sur le mesme plan.

Soient les foyers ou points de comparaison A & B , & H le sommet.

Donc la droite A B prolongée passera par H, soit pris H G égale à A H, & du centre B de tant & de tels intervales qu'on voudra plus grands, pourtant que A H, & moindres que B H, comme B E, décrivez des arcs de cercle, comme E F, & du centre A & de l'intervale, qui est entre chacun de ces arcs , & le point G décrivez d'autres arcs qui coupent chacun des premiers, comme en F, l'Ellipse passera par les points F F.

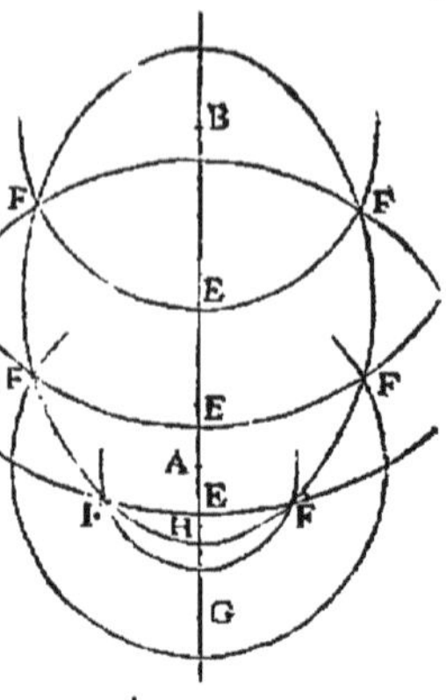

L'Ellipse estant ainsi décrite, s'il faut tirer sa touchante comme en F, ayant tiré les lignes B F C & A F D, soit que je considére les deux mouvemens du point F en B C & A D, ou comme s'éloignant de B dans F C, auquel cas il s'approche d'A dans F A, ou comme s'éloignant d'A dans F D, auquel cas il s'approche de B le long de F B, puisque le point F s'éloigne autant de l'un des points A B, qu'il s'approche de l'autre, & que les directions de ces deux mouvemens sont B F C & A F D, je n'ay qu'à diviser l'un des deux angles A F C, ou B F D en deux également par la ligne I F M, elle sera la touchante de l'Ellipse.

Apoll. dans la mesme 48. du troisiéme veut que l'angle A F I soit égal à l'angle B F M, ce qui s'accorde à nostre méthode, car les angles A F C, B F D (au sommet l'un de l'autre) estant égaux, leurs moitiez A F I, B F M le seront aussi, ce qu'il falloit démontrer.

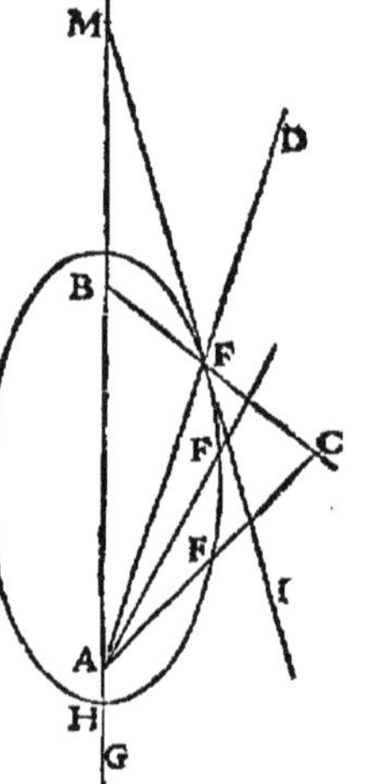

J'oubliois de mettre en deux mots la construction de ces trois éxemples , pour servir de régle générale.

Pour tirer les touchantes des sections coniques.

POUR la Parabole, estant donné le sommet & le foyer par le point où vous voulez la touchante, tirez une ligne parallele à l'axe, & une autre ligne jusques au foyer, divisez en deux également des quatre angles que ces deux lignes font, les deux que la Parabole coupe, la ligne qui fera cette division sera la touchante.

Pour l'Hyperbole & l'Ellipse, les deux foyers estant donnez par le point où vous voulez la touchante, tirez deux lignes aux deux foyers, des quatre angles que ces lignes feront en ce point, divisez en deux également les deux opposez que la section conique coupe, la ligne qui fera cette division sera la touchante.

Quatrième éxemple des touchantes de la Conchoïde de dessus, de Nicomede.

BIEN que l'on puisse décrire une infinité de lignes courbes, chacune desquelles sera conchoïde & asymptote à une mesme ligne droite, si est-ce que

nous n'en confidérons que de deux fortes ou genres, fuivant qu'elles font décrites, ou entre leur pole & la ligne droite, qui leur fert de bafe, régle, ou afympo-
te, ce que nous appellons la conchoïde de deffous ; ou que cette ligne droite foit
entre le pole & la conchoïde, ce que nous appellons la conchoïde de deffus, ou
de Nicomede ; parce que, quoy-que leurs courbures foient toutes différentes
les unes des autres, néanmoins la méthode pour en trouver les touchantes n'en
confidére que ces deux cas.

Vous remarquerez que le pole de la conchoïde ne peut pas eftre dans la ligne
qui fert de régle ou de bafe à la conchoïde, car la ligne qui feroit décrite de
cette forte feroit un demy-cercle, dont la ligne droite qu'on auroit prife pour
bafe de la conchoïde, feroit le diamétre, &c.

La Conchoïde de deffus fe décrit en cette façon.

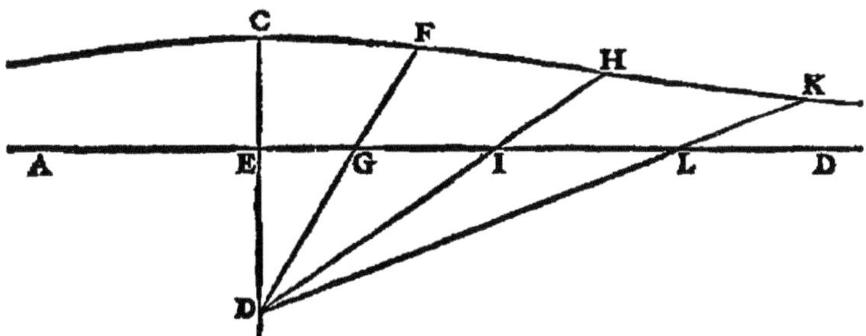

Soit la droite infinie A D à laquelle il faut tirer une conchoïde, de laquelle le
fommet foit C. Du point C tirez C D perpendiculaire à A B coupant A B en E,
& dans C D prenez un point comme D, en forte que la ligne A B foit entre les
deux points C & D, puis de D tirez quantité de lignes occultes, comme D G F,
D I H, &c. vers la ligne A B qui la rencontrent en G I L &c. puis prenez les
lignes G F, I H, L K chacune égale à E C, la Conchoïde paffera par les points
F H K &c.

Ayant ainfi décrit la Conchoïde, il fera facile d'en tirer les touchantes, par
exemple au point F.

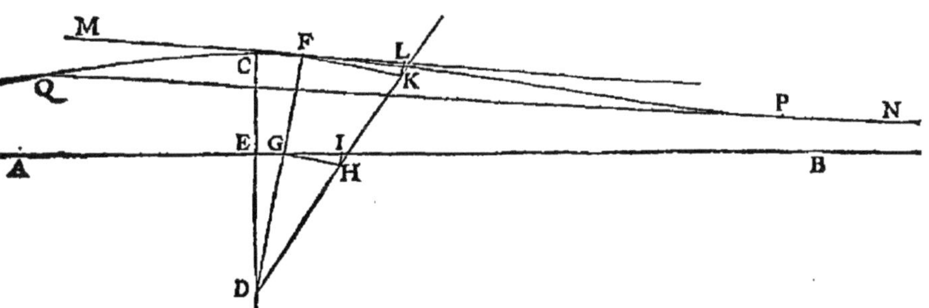

Confidérons que la conchoïde eft décrite par deux mouvememens du mefme point ; l'un par lequel il monte le long de la ligne D F ; l'autre par lequel
la ligne D F fe mouvant circulairement fur le centre D, emporte le mefme
point de C par F vers N ; & bien que nous fçachions que les directions de
ces deux mouvemens font l'une la ligne D F pour le mouvement droit, l'autre F K perpendiculaire à D F par noftre principe, pour le mouvement circulaire, fi eft-ce que nous n'en fçaurions découvrir la raifon ne les confidérant
que dans la conchoïde fi nous ne connoiffons la touchante de la conchoïde, qui
eft

æſt la direction du mouvement compoſé de ces deux. Cela nous oblige à éxaminer ou les meſmes mouvemens, ou d'autres qui leur ſoient proportionnez hors de la conchoïde.

Or il eſt tres-facile de les éxaminer dans la ligne droite, qui eſt la régle ou baſe de la conchoïde, ſi nous conſiderons qu'elle eſt décrite par un point G, qui monte dans la ligne D G F, autant que fait le point F dans la meſme ligne D G F; car puiſque les lignes E C, G F ſont égales par la conſtruction, l'excés de la ligne D F ſur la ligne D C eſt le meſme que l'excés de D G ſur D E. Donc le point E eſt autant monté allant de E juſqu'à G, que le point F allant de C juſqu'à F. Et pour le mouvement circulaire de G, non-ſeulement nous ſçaurons la raiſon qu'il a avec le mouvement droit G, leurs deux directions & celle de leur mouvement compoſé nous eſtant données, mais auſſi nous ſçaurons la raiſon qu'il a avec le mouvement circulaire F en cetté façon.

Tirez G H perpendiculaire à D G; d'un point de D H comme H, tirez H I parallele à D G, qui coupe la regle E G B en I : vous avez donc la raiſon du mouvement circulaire G au mouvement droit G, comme de G H à H I; & puis que le mouvement droit G eſt égal au mouvement droit F, reſte d'avoir la raiſon du mouvement circulaire F au mouvement circulaire G; & parce que ces mouvemens ſont entr'eux comme les circonférences de leurs cercles, c'eſt-à-dire en meſme raiſon que leurs demi-diamétres D F, D G, il faut donc faire que comme D G à D F, ainſi G H ſoit à une ligne priſe dans F K. Or la conſtruction en eſt tres-aiſée, car vous n'avez qu'à tirer la ligne D H K rencontrant F K en K, dautant que les triangles D G H, D F K ſeront ſemblables. Vous avez donc la raiſon du mouvement circulaire F au mouvement droit F, comme de F K à K L ou H I. Donc ſi par K vous tirez K L parallele à D F, & égale à H I; puiſque les deux F K, K L ſont les directions des deux mouvemens F, & en meſme raiſon que ces deux mouvemens, la droite L F eſtant menée, elle ſera la direction du mouvement compoſé de ces deux, c'eſt-à-dire, la touchante de la Conchoïde; ce qu'il falloit faire.

En deux mots le Pole D & la régle A B de la Conchoïde eſtant donnez de poſition, & un point de la Conchoïde F, tirez D F qui coupe A B en G, ſur les points G & F, tirez G H & F K perpendiculaires à D F, faites l'angle F D K aigu *ad libitum*, tirant la ligne D K qui coupe G H en H, & F K en K, tirez H I parallele à D F coupant A B en I, puis tirez K L égale & parallele à H I, le point L ſera dans la touchante au point F.

Remarquez que dautant que la Conchoïde change de courbure, le point L ſe peut rencontrer entre la Conchoïde & ſa baſe ou régle A B, puis qu'en ce cas le convexe eſtant en dedans, la ligne L F la touche auſſi en dedans entre la droite A B.

Remarquez encore qu'au lieu que les touchantes du Cercle, de la Parabole, de l'Hyperbole & de quantité d'autres lignes ne rencontrent ces meſmes lignes qu'au point de l'attouchement; en la Conchoïde tout au contraire, la ligne F L eſtant prolongée vers L coupera la Conchoïde prolongée vers N, & la touchante d'un point du convexe en dedans, comme de P, eſtant prolongée du coſté du ſommet C de la Conchoïde, rencontrera la Conchoïde comme en Q, ce qui eſt évident, puis que ces touchantes (excepté celle du ſommet C) n'eſtant point paralleles à la ligne A B, rencontrent néceſſairement la meſme ligne; & partant, puis que l'inclinaiſon de la touchante F L eſt vers L, & que la Conchoïde paſſe entre L & A B, elle rencontrera néceſſairement la Conchoïde, & la coupera vers L comme en N, ce que la touchante du point P ne pourra pas faire, quoy-qu'elle ait ſon inclinaiſon ſur A B, de meſme coſté que L : dautant que vers cét endroit elle eſt plus proche de A B que n'eſt pas la Conchoïde, mais elle rencontrera la Conchoïde vers le ſommet C, ou au-

delà, comme en Q, dautant qu'elle s'éloigne de A B vers ce cofté-là, où au
contraire la Conchoïde commence en C de s'en approcher.

Cinquiéme éxemple des touchantes de la Conchoïde de deſſous.

NOus nous ſervirons mot à mot de la régle de l'éxemple précédent; &
pour en faire l'application, il ne faut que ſçavoir décrire cette ligne.
Soit en la figure ſuivante la ligne droite & infinie A B, que nous prenons

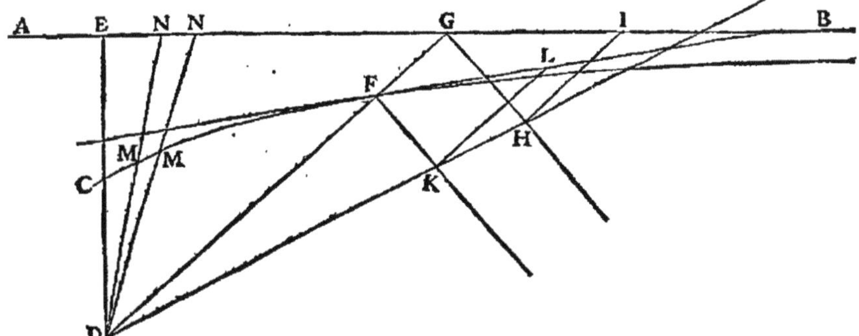

pour la régle ou baſe de noſtre Conchoïde de deſſous, & d'un point de la meſme ligne comme E, ſoit la perpendiculaire E D à la meſme ligne, dans laquelle
perpendiculaire prenons deux points C & D, le plus proche C pour le ſommet
de noſtre Conchoïde, & le plus éloigné D pour ſon Pole: alors ayant tiré au
point D quantité de lignes occultes D M N, qui coupent A B en N, ſi en chacune de ces lignes D M N de ſon point N, nous prenons N M égale à C F,
nous aurons dans chacune de ces lignes un point M, par lequel noſtre Conchoïde eſt décrite.

Cela poſé, puis que la ſeule différence, que nous remarquons entre les deux
mouvemens du point qui décrit cette ligne, & les deux qui décrivent ſa baſe,
d'une part; & les mouvemens ſemblables qui décrivent la premiére Conchoïde, & ſa baſe n'eſt autre, ſinon qu'en celle-cy le mouvement circulaire de la
ligne eſt moindre que le mouvement circulaire de ſa baſe, au lieu qu'en l'autre le mouvement circulaire qui décrivoit la ligne eſtoit le plus grand, &
qu'en l'une & en l'autre le mouvement droit de la ligne eſt égal au mouvement
droit qui en décrit la baſe, & qu'encore en l'une & en l'autre l'on peut comparer le mouvement circulaire de F au circulaire G par le moyen d'une ligne
D K H, qui fait un angle aigu G D H arbitraire avec la ligne G D, & laquelle
ligne D K H coupe les lignes G H, F K perpendiculaires à la ligne D G aux
points H & K : voulant tirer la touchante de cette ligne en un point, comme en
F, je tire la ligne D F, que je prolonge juſques à ce qu'elle rencontre la régle
A B en G, & ſur icelle des points F & G je tire deux perpendiculaires F K, G H,
qu'une ligne arbitraire D H coupe en K & en H; du point H je tire H I
parallele à D G coupant A B en I. J'ay donc, comme nous avons déja dit au
précédent éxemple, la raiſon du mouvement circulaire du point G de la ligne
D G (poſé que ce point doive décrire la régle A B) au mouvement droit du
meſme point, comme G H à H I; mais ce mouvement eſtant G H, le mouvement circulaire du point F de la ligne D F G décrivant la Conchoïde ſera F K,
& le mouvement droit du point F eſt égal au mouvement droit du point G : je
tire donc K L égale & parallele à H I; & puis que la Conchoïde, & par con-

féquent fa touchante eft décrite par un mouvement meflé des deux F K, K L,
la ligne L F fera fa touchante au point F ; ce qu'il falloit faire.

Sixiéme éxemple de quelques autres Conchoïdes.

L'ON peut décrire des Conchoïdes aux lignes courbes auffi-bien qu'à la
ligne droite ; & pour en trouver les touchantes, il faut premiérement connoiftre la touchante de la ligne courbe, qui eft comme la régle ou bafe de la
Conchoïde : or nous n'avons pas eû befoin d'une touchante de la régle ou bafe
aux deux éxemples précédens, parce qu'à proprement parler il n'y a que
les lignes courbes qui ayent des touchantes ; l'on peut néanmoins dire que la
ligne droite n'ayant point d'autre touchante, elle peut eftre confidérée comme fe touchant foy-mefme, & que c'eft en cette façon que nous l'avons confidérée aux deux éxemples précédens.

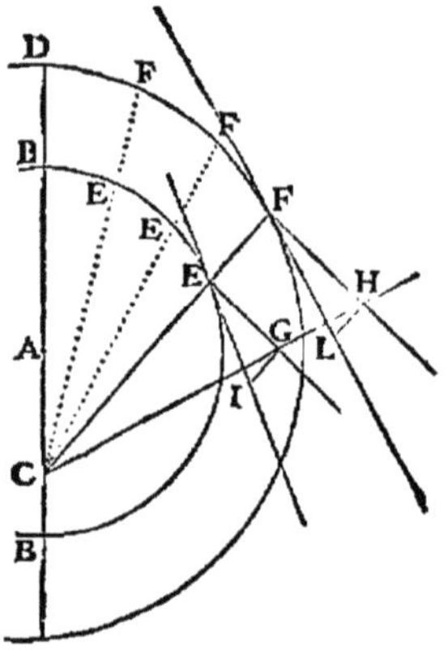

Pour donner un éxemple de ces Conchoïdes, foit propofé un cercle duquel le rayon eft
A B, le centre A, & foit pris un point dans A B,
prolongée, ou non, comme C, lequel nous
prendrons pour le Pole de noftre Conchoïde ;
puis ayant prolongé C A B hors le cercle, comme en D, foit pris B D arbitraire pour l'intervale de noftre Conchoïde ; enfin du Pole C tirons quantité de lignes occultes C E F coupant le cercle en E, & prenons du point E dans
lefdites lignes les intervales E F égaux à B D,
& d'une mefme part que B D, c'eft-à-dire, en
dehors du cercle fi nous avons pris D en dehors dans le diamétre prolongé, ou en dedans
fi le point D a efté pris en dedans, cette Conchoïde paffera par les points F F F &c.

Or il eft fort facile de tirer la touchante de
cette ligne fi nous confidérons qu'elle eft dé-
crite par un mouvement meflé d'un droit & d'un circulaire, defquels la direction nous eftant donnée, il eft tres-facile de trouver la raifon de l'un à l'autre ;
car fi nous voulons tirer une touchante de cette ligne en un point comme F,
ayant tiré la ligne C F qui coupe la circonférence du cercle en E, & des points
F E ayant tiré les perpendiculaires F H, E G fur la ligne C F ; il eft aifé de
remarquer que la ligne C B D ayant tourné fur le centre C, & ayant changé
la pofition par laquelle elle n'eftoit qu'une mefme ligne avec C E F, fon point
B eft defcendu en E, pour décrire le cercle, & fon point D eft defcendu en F,
pour décrire la Conchoïde du cercle, & qu'il s'enfuit que la ligne C E F eft la
direction du mouvement droit de chacun de ces points & de celuy qui décrit
le cercle, & de celuy qui en décrit la Conchoïde, & les lignes E G, F H font
les directions des mouvemens circulaires. Or les mouvemens droits font
égaux, puis que la différence des lignes C D & C F eft égale à celle des lignes
C B & C E, de forte qu'il ne refte qu'à connoiftre la quantité de l'un de ces
mouvemens droits, & la raifon des mouvemens circulaires entr'eux. Pour cét
effet tirez E I touchante du cercle, & C H qui faffe un angle aigu avec C F
(comme nous avons fait en la Conchoïde cy-deffus) & qui coupe E G, F H en
G H, les directions des trois mouvemens E C, E G, E I eftant données trou-
vez-en les proportions, ce que vous ferez tirant G I parallele à C F, le mouvement droit du point E fera G I, & fon mouvement circulaire fera E G : mais
le mouvement circulaire eftant E G, le mouvement circulaire du point F eft

FH (à cause que ces deux mouvemens sont entr'eux, à sçavoir E G à FH,
comme le demidiamétre C E est à C F.) vous n'avez donc qu'à prendre H L
égale & parallele à G I, pour le mouvement droit du point F, & tirer la ligne
de direction L F de celuy que les deux F H & H L composent, & vous aurez
la touchante de cette Conchoïde; ce qu'il falloit faire.

Dans la figure de cét éxemple nous avons pris le point C au dedans du cercle, & le point D en dehors : nous eussions pu les prendre ou tous deux en dedans, ou tous deux en dehors, ou le Pole en dehors, & le point de l'intervale
en dedans. De plus nous pouvions prendre l'intervale plus grand ou plus petit, de sorte que nostre Conchoïde eust fort approché de la figure d'une Ellipse.
Enfin de quel intervale que nous eussions décrit nostre Conchoïde, si nous
eussions pris pour son Pole le point A centre du cercle, il est évident que
nostre ligne eust aussi esté un cercle : mais ces choses estant tres-faciles, la méthode d'en tirer les touchantes n'ayant en toutes ces lignes qu'une mesme application, nous ne nous y arresterons pas davantage.

Mais nous remarquerons en passant, que l'on peut tirer des Conchoïdes par
cette mesme méthode, & en tous ces divers cas à l'Ellipse & aux autres sections
coniques, & généralement à toutes les lignes courbes, mesme aux Conchoïdes &c. & en tout ces cas l'application de nostre méthode de tirer les touchantes sera toûjours la mesme, si nous supposons qu'on nous ait donné la
touchante de la ligne principale, dont nous éxaminons la conchoïde, ou des
propriétez spécifiques pour la trouver.

Septiéme éxemple, du Limaçon de M. P.

C'est encore une espéce de Conchoïde de cercle, de laquelle voicy
la description.

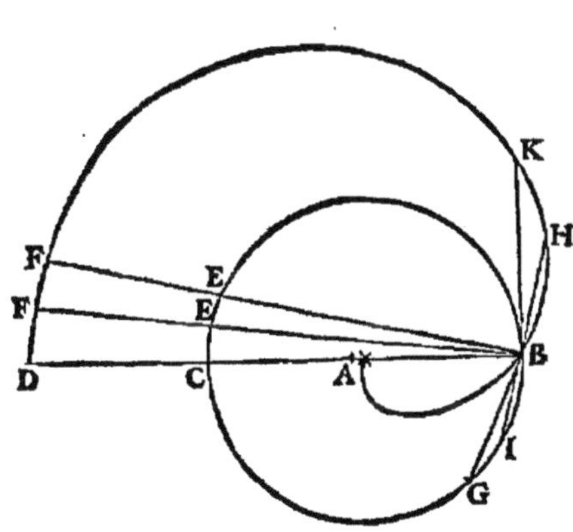

SOIT proposé le cercle C G
B E, duquel le centre est A,
le diamétre B C prolongé autant qu'il sera besoin, comme
en D soit pris B pour le Pole de
nostre Limaçon, & C D pour
l'intervale duquel on se doit
servir pour le décrire, moindre que le diamétre. De B tirez quantité de lignes occultes
B E F, qui coupent la circonférence du cercle en E, & prenez
E F en chacune de ces lignes
égale à C D, & de mesme costé,
le Limaçon passera par tous ces
points F F. Or il faut remar-
quer que l'on prend autant d'intervales que l'on peut à commencer de la partie convexe du cercle, qui est d'un mesme costé que le Limaçon au regard de
la ligne D C B, & que voulant continuër cette ligne il faut prendre les points
E dans l'autre demi-circonférence, qui a sa concavité tournée vers le Limaçon, ainsi le point B du Limaçon est le réciproque du point G de la circonférence du cercle lors que B G est égale à C D; & le dernier point du limaçon
que nous avons marqué d'une petite * est le réciproque du point C, & les
points du Limaçon d'entre B & * sont les réciproques des points de la circonférence

conférence G C, comme les points les plus proches de B audeſſus du diamétre
C B dans le meſme Limaçon, ſont les réciproques des points de la circonférence G B, ainſi H eſt le réciproque du point I juſqu'au point K qui eſt le réciproque du point B, & vous voyez par là la vérité de ce que nous avions remarqué que l'intervale C D ne doit pas eſtre plus grand que le diamétre C B,
car autrement l'on ne pourroit pas décrire la portion * B du Limaçon, meſme
ſelon les divers intervales que l'on auroit pris, on n'auroit pas pû décrire la portion du meſme Limaçon la plus proche de B audeſſus du diamétre C B. Il eſt
vray que pour ce qui eſt de cette méthode des touchantes, il ne nous importe
point que cette ligne ſoit grande ou petite, entière & terminée en un point du
demi-diamétre A B, ou tronquée &c. parce que les mouvemens de la deſcription de l'une & de l'autre de ces lignes eſtant par tout les meſmes, l'on
en donne les touchantes de la meſme façon. Mais voulant éxaminer un autre
moyen de décrire cette ligne, & dire quelque choſe de ſon uſage, ce que nous
ferons cy-aprés, il y a fallu ajoûter cette reſtriction.

Il eſt auſſi facile de
tirer les touchantes de
cette ligne que des
Conchoïdes précéden-
tes, la méthode en eſt
la meſme, & les deux
mouvemens, l'un droit,
l'autre circulaire, qui
décrivent cette ligne,
ſe doivent éxaminer de
la meſme façon : car il
faut conſidérer que la
ligne B E F ſe mouvant
circulairement autour
du Pole B juſqu'à ce
qu'elle ait la poſition
de B C D, les deux
points E & F s'éloi-

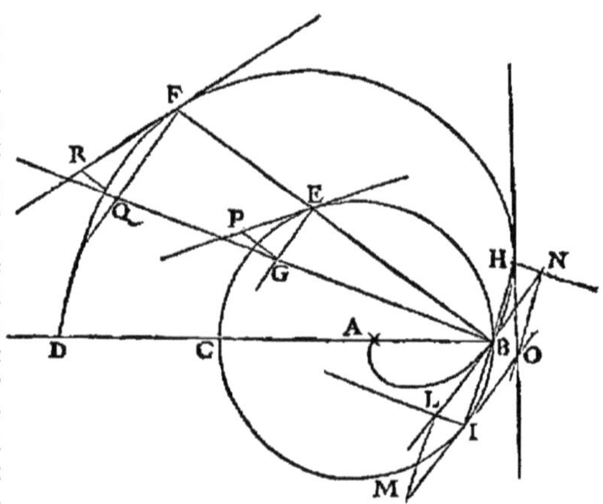

gnant de B, montent dans la ligne vers D : or puiſque EF eſt égale à C D, la
différence des lignes B E, B C eſt égale à la différence des lignes B F, B D;
d'où il ſuit que le point E qui décrit le cercle a le meſme mouvement droit
dans la ligne B E F, que le point F qui décrit le Limaçon, de ſorte que con-
noiſſant le mouvement droit du point E nous connoiſtrons auſſi le mouvement
droit du point F: il reſte donc à éxaminer les mouvemens circulaires de ces deux
points, deſquels les directions ſont perpendiculaires à la ligne B E F. Tirez donc
les perpendiculaires E G & F Q, & prenez dans E G ſa partie E G ad libitum,
pour la quantité du mouvement circulaire du point E, tirez encore la ligne
B G Q, puis faites que comme le demi-diamétre B E eſt au demi-diamétre
B F, ainſi E G ſoit à Q F (ce qui ſe fera par le moyen de la ligne B G Q, faiſant
un angle aigu ad libitum avec B F, & coupant E G en G, & F Q en Q) ſuppoſé
donc que le mouvement circulaire E ſoit E G, la quantité du mouvement circulaire F ſera F Q, mais ſuppoſé E G pour la quantité du mouvement E, l'on
trouve que le mouvement droit E eſt égal à G P (ce qui ſe fait, ayant tiré la touchante du cercle P E, par le moyen de la ligne G P parallele à B E, & coupant
la touchante en P) comme nous avons remarqué, & le mouvement droit de
F eſt égal à celuy de E, comme nous l'avons expliqué cy-devant. Suppoſé
donc F Q pour la quantité du mouvement circulaire F, le mouvement droit
ſera G P, c'eſt-à-dire Q R égale & parallele à G P; le point R eſt donc donné,

Z

& par mefme moyen R F pour la direction & la quantité du mouvement meſlé des deux F Q, Q R, c'eſt-à-dire, noſtre touchante ; ce qu'il falloit faire.

Remarquez qu'on doit toûjours éxaminer les deux mouvemens dans le cer-

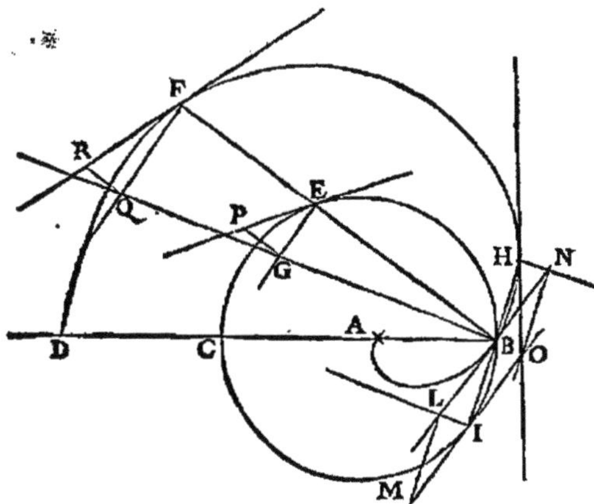

cle au point réciproque de celuy de la Conchoïde , pour lequel nous cherchons la touchante ; comme par éxemple, ſi l'on vouloit tirer la touchante du Limaçon au point H aſſez proche de B, ayant tiré la ligne H B, & l'ayant prolongée juſqu'à ce qu'elle coupe le cercle en I, qui ſera dans le cercle le point réciproque du point H, comme C eſt réciproque de D, car par la conſtruction H I eſt égale à C D, il faudra éxaminer les deux mouvemens du point I, & en ayant trouvé la raiſon, chercher la raiſon de ſon mouvement circulaire au mouvement circulaire de H &c. En deux mots imaginant que la ligne H I tourne ſur le point B, & que la partie B I eſt portée en dedans du cercle vers C, ayant tiré la perpendiculaire I L vers le coſté de C, & par conſéquent la perpendiculaire H N vers l'autre coſté, pour les deux directions circulaires ; puis ayant trouvé la raiſon des deux mouvemens I, comme de I L à L M (par le moyen de M I touchante du cercle B I C) &c. il faudra faire que comme B I eſt à B H, ainſi I L ſoit à H N, puis ayant pris N O égale & parallele à L M, la ligne O H menée par les points O & H , ſera la touchante de noſtre Limaçon.

L'on peut dire que cette ligne eſt décrite par le moyen d'une double équerre

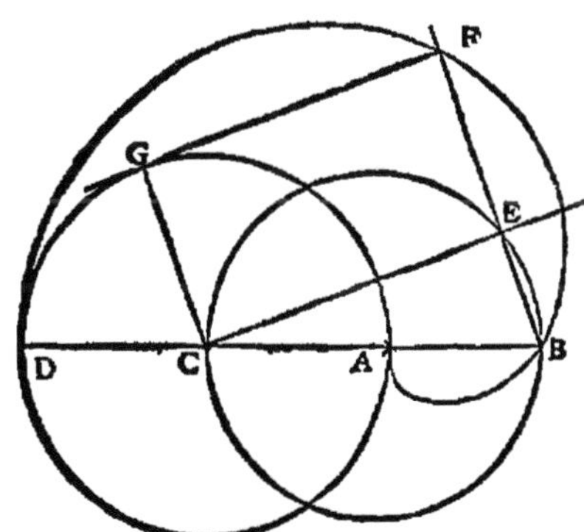

C E F B, de laquelle les coſtez C E, E B ſont prolongez autant qu'il eſt beſoin. Or il n'eſt pas beſoin que chacun d'eux ſoit plus grand que le diamétre C A B du cercle C E B, & l'autre coſté E F eſt toûjours égal à l'intervale que l'on prend de chaque point du cercle juſqu'à ſon réciproque dans le Limaçon ; de ſorte que faiſant tourner l'angle droit C E B, en ſorte que ſon point E décrive le demi-cercle C E B, ce qui ſe fait luy donnant diverſes poſitions, & toutes dans un meſme plan, & à condition que la ligne C A B doive eſtre toûjours l'hypotenuſe des triangles rectangles qu'elle fera avec les parties de C E & E B, l'on n'a qu'à marquer dans le meſme plan tous les points que le point F de la double équerre aura décrit.

Or ſur cette ſuppoſition l'on trouvera les touchantes de cette ligne de la meſ-

me façon que nous avons déja fait, parce qu'encore qu'on ne confidére pas
le point F, comme fe promenant le long de la ligne B E F, & mefme que cette
ligne tourne circulairement fur le Pole B, l'on ne laiffe pas de connoiftre les
deux mouvemens que luy donne la ligne B E F, qui en cette feconde fuppofi-
tion tournant fur le point B, s'éleve en mefme temps peu à peu pour conduire
l'angle droit B E C de B en C fur la circonférence du demi-cercle B E C.

Mais voicy une des belles fpéculations qui fe puiffe fur la defcription de cette
ligne, & par le moyen de laquelle elle a efté trouvée par le fieur de Roberval.

Soit propofé le cercle C E B, & l'intervale C D comme aux figures précé-
dentes: du point C & de l'intervale C D foit décrit le cercle D G *; je dis que
fi ce dernier cercle D G * eft la bafe d'un Cone fcalene du fommet duquel, que
nous appellerons S, la perpendiculaire S B tombe en B fur le plan du cercle
D G *; ayant tiré des touchantes G F à ce cercle, & du point S tiré des lignes
S F perpendiculaires à ces touchantes, que chacun des points F fera dans noftre
Limaçon, ou fi vous aimez mieux que la ligne qui paffe par tous ces points
F F eft la mefme que le Limaçon du cercle C E B, dont le Pole eft B, & l'intervale eft C D. Car fi du point B vous joignez la ligne B F, il eft certain par
un coroll. de la 6. du 11. qu'elle fera perpendiculaire à G F. Du centre C tirez
C E parallele à G F, & qui coupe B F en E; G E fera donc un parallelogramme rectangle, & la ligne E F fera égale à C G, c'eft à-dire à C D; mais l'angle C E B eftant auffi droit, il eft dans un demi-cercle décrit fur le diamétre
C B. Il s'enfuit donc que nous trouverons toûjours un mefme point F, foit
ayant décrit le cercle D G *, & ayant tiré fa touchante G F, & de S fommet
du Cone ayant mené la ligne S F, foit ayant décrit un cercle C E B, & tiré la
ligne B E F coupant le cercle en E, & pris E F égale à D C demi-diamétre du
premier cercle: mais nous avons montré que trouvant des points F par cette
feconde méthode, nous décrivons le Limaçon du cercle C E B, & partant trouvant les points F de la premiére façon, puifque ces points font les mefmes,
nous décrirons auffi noftre Limaçon; ce qu'il falloit démontrer.

Je diray en paffant une propriété de la petite portion de cette ligne, qui eft telle que fi l'on
prend l'intervale D C égale au
demi-diamétre C A, du cercle
auquel on décrit le Limaçon, &
que de cét intervale l'on décrive
le Limaçon, fa petite portion * B
fervira à couper un angle rectiligne propofé en trois parties é-
gales. Cette propriété eft du fieur
Pafcal.

Car foit propofé l'angle D B H,
dans l'une des deux lignes, qui le
contient, comme D B, je prends
le point *, duquel j'abaiffe * I
perpendiculaire fur l'autre ligne
B H, & qui coupe la partie * K B

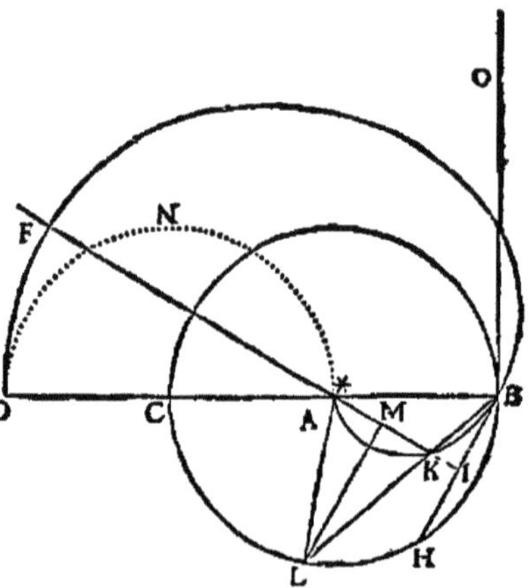

du Limaçon (décrit du Pole B au cercle dont le centre eft *, le rayon * B &
l'intervale du mefme Limaçon C D eft égal à * B) en K, je tire la ligne B K L,
je dis qu'elle fait avec la ligne B H l'angle K B H ⅓ de l'angle propofé C B H.

Pour le prouver foit décrit le cercle du Limaçon & la ligne B K prolongée
jufqu'à ce qu'elle rencontre la circonférence dudit cercle en L, tirez L *, &
ayant divifé * K *bifariam* en M, joignez L M, laquelle fera perpendiculaire fur

*K, car à cause du Limaçon, le triangle *L K a les coftez L *, & L K égaux, eftant égaux à un mefme C D. Puis donc que les triangles L M K, B I K font réctangles, & ont les angles oppofez égaux, ils font femblables, & l'angle M L K égal à I B K, mais M L K n'eft que la moitié de l'angle * L K (parce que le triangle * L K eft ifofcele ; & fa bafe * K divifée *bif.* &c.) c'eft-à-dire, de *B L, (car le triangle * L B eft encore ifofcele) & partant l'angle K B H n'eft que ½ de l'angle * B L, & partant ⅓ du tout * B H ; ce qu'il falloit démontrer.

Nota fi l'on euft propofé l'angle obtus H B O en ayant ofté l'angle droit D B O, & pris H B K ⅓ du reftant, il ne faut que luy ajoûter un angle de 30. degrez qui eft ⅓ de l'angle droit, pour avoir le tiers du total propofé D B O.

Monfieur de Roberval démontre que l'efpace contenu fous la ligne droite D C * (foit que D C foit égale ou non à C *) & fous la courbe * K B F F D eft égal à l'aggregé du cercle B H C, duquel la ligne * K B F D eft le Limaçon, & du demi-cercle duquel l'intervale de cette mefme ligne C D eft le demi-diamétre, de forte que fi du centre C & de l'intervale C D l'on décrit le demi-cercle D N * l'efpace curviligne contenu entre cette demi-circonférence, & le Limaçon eft égal au cercle B H C, dont cette ligne eft la Concboïde.

Si l'on continuoit cette ligne de l'autre cofté du cercle, elle repréfenteroit une forte de figure en cœur divifé en deux fuperficies curvilignes, defquelles l'on pourroit faire un femblable éxamen, les comparant à des portions de cercle &c.

De la Spirale ou Hélice.

L A première définition du Livre des Spirales d'Archiméde nous apprend le moyen de décrire cette ligne ; voicy les termes d'Archiméde.

Si recta linea in plano, manente altero termino, æquè velociter circunducta rursùs reftituatur in cum locum à quo primùm cœpit moveri ; & unà cum lineâ circumductâ, punctum feratur æquè velociter ipfum fibi ipfi, in eadem linea, incipiens à termino manente ; ejufmodi punctum fpiralem lineam in plano defcribet.

Sóit propofé la ligne A B égale à l'intervale duquel on veut décrire la Spirale du centre A & de l'intervale A B décrivez le cercle B 3, 6, 12, 18, 24, divifez-en la circonférence en autant de parties égales que vous pourrez commodément, à commencer en B, & divifez la ligne A B en tout autant de parties égales ; tirez les rayons A 1, A 2, A 3 &c. du point A fur le rayon A 1 prenez une des parties aliquotes du rayon A B, fur le rayon A 2 prenez deux des mefmes parties ; 3 fur A 3, 12 fur A 12, 15 fur A 15, & ainfi des autres, les

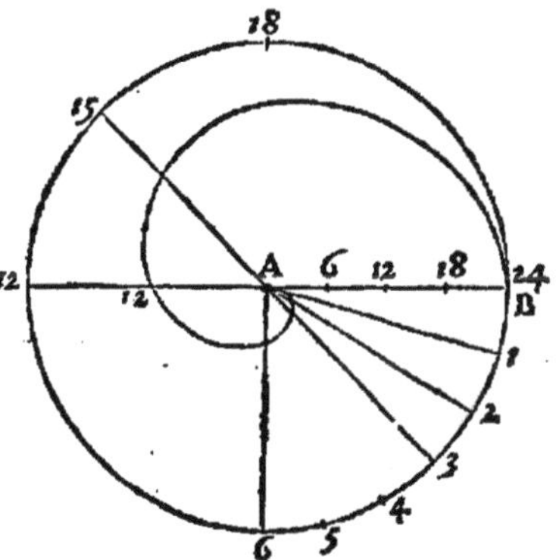

points que vous aurez marquez fur les demi-diamétres feront dans la Spirale que vous voulez décrire.

Que fi dans la mefme ligne A B vous prenez B C, C D, D E &c. tant que vous voudrez, chacune égale à A B, & que cependant qu'A B fera une feconde révolution du mouvement uniforme, le point qui eftoit venu en B s'avance du mouvement uniforme fur la ligne A B C D jufques en C, ce point décrira

l'Hélice

l'Hélice de la seconde révolution à commencer en B & finir en C, & ainsi de suite pour les autres révolutions.

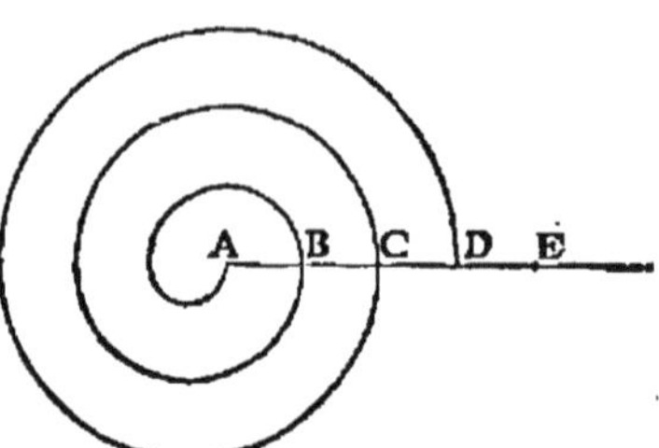

D'où il s'ensuit que la méthode est la mesme pour les autres révolutions que pour la premiére ; car voulant décrire la seconde révolution, il faudra décrire du centre A de l'intervale A C une circonférence de cercle, & l'ayant divisée en autant de parties que la premiére circonférence du rayon A B, à quoy les mesmes rayons tirez du centre A aux points de la premiére circonférence serviront s'ils sont prolongez, & chacun pris égal à A C ; sur le rayon A 1 de cette seconde circonférence, vous prendrez depuis le centre A une ligne égale à A B ─+─ 1 de ses parties aliquotes, sur A 2 vous prendrez une ligne égale à A B ─+─ 2 de ses parties aliquotes &c. & ainsi les points que vous aurez marquez sur les demi - diamétres de ce second cercle seront ceux par lesquels il faudra décrire la seconde révolution de l'Hélice.

Cecy posé, il faut considérer que le point qui décrit la Spirale, en quelque part qu'il se trouve, a toûjours le mesme mouvement droit sur la ligne A B C D E ; & ce mouvement est tel par la nature de cette ligne, qu'en mesme temps que la ligne A B a fait une révolution, ce point doit en mesme temps avoir parcouru une ligne égale à A B, mais en chaque endroit il change de mouvement circulaire ; de sorte que la vitesse de son mouvement circulaire s'augmente toûjours à mesure qu'il s'éloigne du centre A ; car son mouvement circulaire est tel que ce point décriroit la circonférence dont la portion de la ligne A B C D E, depuis A jusqu'où ce point se rencontre, est le demi - diamétre pendant le temps d'une révolution, c'est à sçavoir en autant de temps qu'il en employe à parcourir par son mouvement droit la ligne A B depuis A jusques en B, ou de B en C, de sorte que puis qu'en B son mouvement est tel que s'il en eust toûjours eû un circulaire égal depuis A jusques en B, il auroit décrit une circonférence dont A B est le rayon pendant le temps d'une révolution, & que le mouvement circulaire qu'il a en C est tel que pendant le temps d'une révolution (ou s'il faut ainsi dire d'une circulation de la ligne droite, car le terme de révolution s'attribuë plus ordinairement à la Spirale mesme) il auroit décrit une circonférence dont le rayon est A C double de A B, il s'ensuit que le mouvement circulaire qu'il a en C est double de celuy qu'il a en B, & que celuy qu'il a en D est triple de celuy qu'il a en B &c. & ainsi des autres.

Et parce que le mouvement circulaire de ce point est tel, comme nous avons dit, que pendant le temps d'une circulation de la ligne A B C D, il doit décrire une circonférence de cercle dont la ligne depuis le commencement A de la Spirale jusqu'à l'endroit de la Spirale où ce point se trouve, est le demi-diamétre : & de plus le mesme point doit décrire par son mouvement droit pendant le mesme temps d'une circulation, une ligne égale au rayon A B du cercle de la premiére circulation ; il s'ensuit que, quelque point de la Spirale que nous prenions, nous aurons la raison du mouvement circulaire du point qui la décrit au mouvement droit du mesme point, comme de ladite circonférence à la ligne A B, mais aussi les deux directions de ces mouvemens sont données (le commencement de la Spirale & le point où l'on veut la touchante estant donnez) car la direction du mouvement droit est la ligne droite tirée de A jusqu'audit point, & la direction du mouvement circulaire est la perpendiculaire à cette ligne ; ces deux mouvemens sont donc tout-à-fait con-

nus, & par conféquent le mouvement meflé de ces deux & fa direction, c'eft-
à-dire, la touchante de l'Hélice en ce point eft auffi donnée ; ce qu'il falloit
faire.

Ainfi pour tirer la touchante en B, je joins A B, & je tire B E perpendiculaire à A B, laquelle B E je fuppofe eftre égale à la circonférence, dont A B eft le

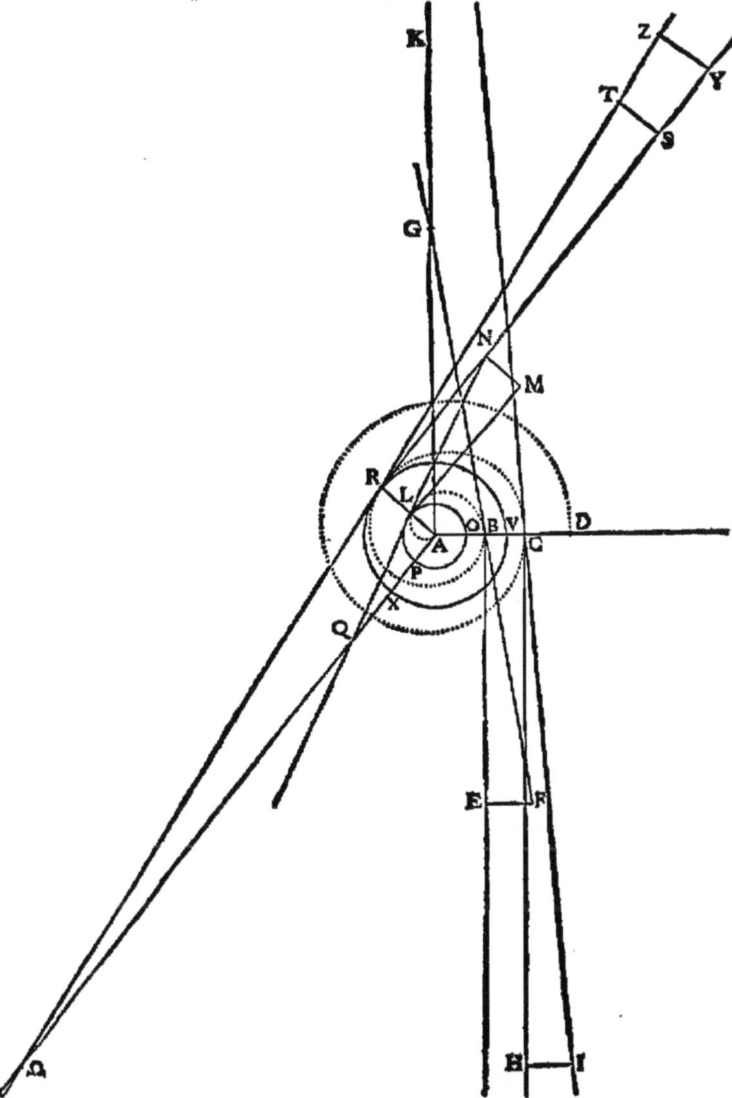

rayon ; puis ayant mené E F parallele & égale à A B, la ligne F B touchera
l'Hélice au point B. Et quand bien l'on auroit quelque difficulté à concevoir
cette méthode, il nous fera toûjours facile de montrer qu'elle s'accorde avec
les démonftrations des Anciens. Nous avons ainfi démontré que cette façon

de trouver les touchantes des sections coniques s'accorde avec celle d'Apollonius, & nous démontrerons icy que nostre construction s'accorde avec les
propositions d'Archiméde : car soit A G perpendiculaire à A B, il est évident
que F B prolongée la rencontrera en un point comme G, puis qu'elle rencontre B E sa parallele par la construction, & partant l'angle A G B sera égal à
l'angle E B F, & ces triangles semblables ; mais le costé A B est égal au costé
E F, & partant A G sera égal à B E, c'est-à-dire, à la circonférence du premier
cercle de la Spirale, ce qui est vray par la 18. du livre des Spirales.

De mesme pour le point C, qui est la fin de la seconde révolution, tirant
C H perpendiculaire à A C, & égale à la circonférence dont A C est le rayon,
puis tirant H I égale & parallele à A B, & joignant I C ce sera la touchante :
nous démontrerons qu'estant prolongée, elle coupera A G K, prolongée comme en K, & que les triangles I H C, C A K seront semblables : donc comme
A C est à H I, ainsi A K sera à C H, c'est-à-dire le double de C H à C H, &
partant A K est le double de la circonférence dont A C est le rayon ; ce qui
est vray par la 19. des Spirales.

Pareillement pour avoir la touchante en un autre point de la premiére révolution, comme en L, je tire A L & je décris la circonférence L O P L coupant A B en O, je prends L M perpendiculaire à A L, & égale à ladite circonférence ; par M je tire M N parallele à A L, & égale à A B rayon de la
premiére révolution, N L est la touchante, car soit tirée A P Q perpendiculaire à A L, par la mesme raison N L prolongée la rencontrera en un point,
comme en Q, & comme A L ou A O est à M N ou A B, ainsi sera A Q à L M,
c'est-à-dire à toute la circonférence O P L : mais par la nature & par la description de l'Hélice, comme A O est à A B, ainsi la portion O P L de ladite
circonférence est à toute la circonférence, donc la ligne A P Q est égale
à la portion O P L de la circonférence O P L ; ce qui est aussi démontré dans
la 20. propos. des Spirales d'Archiméde.

Semblablement pour avoir la touchante en un autre point de la seconde
révolution, comme en R, je tire A R & je décris la circonférence R V X R
coupant A B C en V ; je prends R S perpendiculaire à A R & égale à cette circonférence, & je tire S T parallelle à A R, & égale à A B ; T R est la touchante : car par la mesme raison ayant tiré A Q Ω perpendiculaire à R A, la ligne
T R prolongée la rencontrera comme en Ω, & comme A R ou A V sera
à T S ou A B, ainsi A Ω sera à S R, c'est-à-dire à la circonférence R V X R :
mais par la nature de la Spirale, comme A V est à A B, ainsi la circonférence
R V X R estant jointe à la circonférence V X R, est à la mesme circonférence
R V X R ; & partant A Ω est à la circonférence R V X R, comme la mesme
circonférence R V X R jointe à la circonférence V X R est à R V X R,
donc la ligne A Ω est égale à l'aggrégé des deux circonférences R V X R
& V X R, ce qui est vray par la 20. du livre des Spirales d'Archiméde.

L'on pouvoit dire d'abord tirez A R, & A X Ω qui luy soit perpendiculaire & égale à l'aggrégé de la circonférence R V X R & de V X R, on
aura la touchante Ω R ; ou bien ayant tiré A R & ayant décrit la circonférence du centre A & de l'intervale A R, & semblablement R Y perpendiculaire
à A R, faites que comme A B est à A R, ainsi cette circonférence du cercle
soit à R Y perpendiculaire, vous aurez le point Y ; tirez Y Z égale & parallelle
à A R, vous aurez le point Z, & Z R sera la touchante.

Mais il a semblé plus clair & plus facile de réduire ces mouvemens à la
droite A B & à la circonférence, dont A R est le demi-diamétre, & ainsi
des autres.

Nous avons supposé qu'on nous donne des lignes droites égales à des circonférences de cercle, ou pour le moins qu'on en entende d'égales, ce qui

estant posé nous avons par cette méthode les touchantes de ces lignes, ou pour mieux dire nous démontrons, que concevant une ligne droite égale à une circonférence de cercle, l'on peut par la connoissance des mouvemens composez concevoir quelle sera la ligne droite qui touchera l'Hélice en un point proposé : nous ferons la mesme supposition pour la quadratrice.

Exemple neuviéme de la Quadratrice.

Cette proposition est trop longue & fort embrouillée.

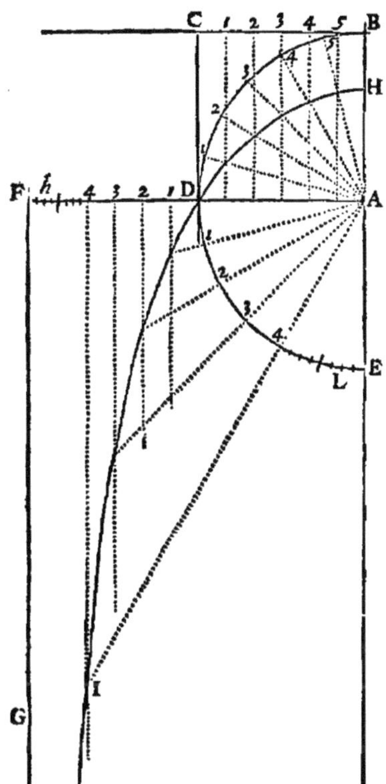

SOIT proposé le quarré ABCD avec son quart de cercle ABD qui luy est inscrit, duquel le centre est A, & le rayon est AB, l'un & l'autre plus grand ou plus petit, suivant que l'on veut décrire la Quadratrice grande ou petite. Soit divisé l'un des costez du quarré CB ou AD (perpendiculaire à AB rayon du quart) en autant de parties égales qu'on voudra 1 2 3 4 5. &c. & par ces points soit tiré des paralleles à AB jusques au costé opposé; divisez le quart de cercle en autant de parties égales 1 2 3 4 5. &c. à condition que si aux divisions de la ligne BC, vous avez commencé à compter 1, proche de B, vous commencerez aussi à compter au quart de cercle 1, proche de B; mais, si vous aviez commencé en C, vous commencerez en D sur le quart de cercle; tirez du centre A des demi-diamétres jusqu'aux points de ces divisions du quart de cercle A1, A2, A3, &c. là où A1 coupera la premiére des paralleles, A2 la seconde, A3 la troisiéme, A4 la quatriéme &c. vous aurez les points par où doit passer la portion DH de la Quadratrice de laquelle le sommet H est dans la ligne AB.

Nota que *Viete Responf. lib. 8. cap. 8.* appelle le point H *finis Quadratariæ;* mais il n'en considere que la portion HD pour la quadratute du cercle.

Pour prolonger cette ligne audessous du diamétre AD, ayant achevé le demi-cercle BDE du centre A, dans la droite AD prolongée vers D, je prends DF égale à AD, laquelle je divise en autant de parties égales que je juge à propos 1 2 3 4. &c. à commencer proche de D, & par ces points je tire des paralleles au diamétre du cercle BAE, lesquelles je prolonge audessous de DF, autant qu'il est nécessaire; puis je divise le quart de cercle DE, en autant de parties égales que j'ay divisé la ligne DF, à commencer aussi en D; par ces points & par le centre A je tire des lignes A1, A2, A3, &c. jusqu'à ce qu'elles rencontrent chacune sa parallele réciproque, c'est-à-dire A1 la premiére, A2 la seconde &c. & par ces divisions je décris la portion DI de la mesme quadratrice prolongée.   Or

Or il est manifeste que cette portion peut estre prolongée à l'infini, car ayant pris une tres-petite portion F *h* de la ligne F D, & une partie proportionelle E L du quart du cercle, l'une & l'autre estant divisées par la moitié, & ayant tiré les lignes, comme nous avons dit, nous trouverons un point de la quadratrice: mais de rechef l'on pourra diviser la moitié, puis le $\frac{1}{4}$, puis la $\frac{1}{7}$ &c. partie plus proche de F de la ligne F *h*, & la moitié, puis le $\frac{1}{4}$, puis la $\frac{1}{7}$ partie plus proche de E de la circonférence L E, & tirer de nouveau des lignes paralleles, & des demi-diamétres prolongez qui se coupent, pour avoir de nouveaux points de la quadratrice; & puis que l'on peut continuer ces divisions sans fin, l'on trouvera aussi sans fin des points de la quadratrice audessous de D & de I; car pour la finir, il faudroit que la derniére ligne tirée du point F de la ligne A D F parallele à A E rencontrast son demi-diamétre réciproque, c'est à sçavoir le dernier du quart de cercle D E, c'est-à-dire que F G perpendiculaire à D F en F rencontrast le diamétre B A E prolongé, auquel elle est parallele; ce qui est impossible.

Et par là vous voyez qu'aucun point de la quadratrice ne se rencontrera dans F G, puisque le demi-diamétre réciproque à F G ne la sçauroit jamais rencontrer: elle ne la coupera donc pas quoy-qu'elle soit prolongée à l'infini, & néanmoins elle s'en approche toûjours de plus en plus, car les points de la Quadratrice sont trouvez dans les paralleles à F G que l'on tire par des points toûjours plus proches de F que leurs précédentes, & partant la ligne F G est Asymptote de la quadratrice.

L'on peut achever le cercle entier, & continuër la quadratrice de l'autre costé du diamétre B E, avec son Asymptote &c.

Je ne dis rien ni du nom de la Quadratrice ni de son usage pour la quadrature du cercle au defaut de Dinostrate ou de Nicoméde, qui ne se trouvent point. *Voyez Pappus lib. 4. Collect. M.* ou *Viete lib. 8. resp. cap. 8. & Clavius Geom. pract. lib. 7. in appendice.*

Pour tirer par cette méthode les touchantes à la Quadratrice, il faut éxaminer les mouvemens qui la décrivent. On voit d'abord que le demi-diamétre A D du cercle B D E estant prolongé & tournant circulairement sur le centre A, & la ligne C D se mouvant en mesme temps parallelement à soy-mesme, soit qu'elle s'approche de B A, ou qu'elle s'en éloigne suivant que nous faisons tourner le demi-diamétre, ou de D vers B, ou du mesme D vers E, car tout revient au mesme, que le point, dis-je, qui décrit la Quadratrice a pour le moins deux mouvemens, l'un droit que la ligne C D luy communique, l'autre circulaire à cause du mouvement du demi-diamétre A D; mais outre ces mouvemens il a encore celuy qui l'oblige à se rencontrer dans la commune section des deux lignes A D, C D, ce que nous avons expliqué à la fin de la quatriéme proposition de ce Traité où vous trouverez une figure tres-semblable à celle-cy. En voicy pourtant l'application le plus intelligiblement qu'il m'est possible.

Soit proposé la quadratrice H D F, de laquelle le demi-cercle primitif, donnez-moy ce mot, soit B D E & le centre du demi-cercle soit A, & que l'on demande la touchante de la Quadratrice en un point, comme en F. Je prolonge le diamétre B H A E de part & d'autre, puis je tire la ligne A F, qui est celle qui communique le mouvement circulaire au point F; je tire encore par F une parallele au diamétre B E, c'est celle qui communique à nostre point le mouvement droit duquel la direction est F K parallele à D A & perpendiculaire à A E. Par F je tire F R perpendiculaire à A F pour la direction du mouvement circulaire. Et ayant supposé que la ligne A F tourne circulairement de D vers B ou de F vers G, du centre A je décris la portion de la circonférence F C G comprise entre les lignes A F & A B G. Cecy posé je suis

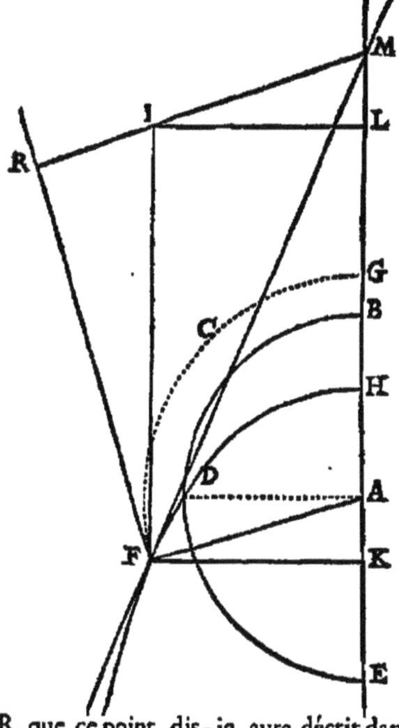

obligé d'imaginer que la ligne tirée de F parallele à A B G se meut de F vers ladite A B G, & par la nature de cette ligne, puisque cette parallele doit s'ajuster & ne faire qu'une ligne avec A B lors que la ligne A F ayant tourné de F vers L G aura la mesme position. Si je conçois deux points, l'un F à l'extrémité de ladite parallele F I, l'autre F au bout de la ligne A F, & que l'un & l'autre de ces points n'ait que le mouvement, le premier de la ligne I F le long de F K, l'autre celuy qui luy fait décrire la circonférence F C G ; ou pour mieux dire, puisque la direction de ce mouvement circulaire est F R, je suis asseûré que pendant que le premier point aura décrit F K, le second estant porté par la ligne A F que nous imaginons se mouvoir parallelement à soy-mesme, & partir du point F (comme nous avons pû faire cy - devant comme en la Spirale &c.) puisque la direction du mouvment circul..ire est FR, que ce point, dis - je, aura décrit dans F R prolongée une ligne F R égale à la circonférence F C G.

Mais dautant que ces deux mouvemens ne sont pas les seuls qu'a le point qui décrit la quadratrice, je ne tire pas du point R une ligne parallele & égale à F K, pour avoir à son autre bout un point de la touchante, mais j'examine plûtost tous les mouvemens du point F qui décrit la Quadratrice en cette sorte.

Je remarque donc premiérement ce que je viens d'expliquer, que le point F doit décrire la ligne F R égale à la circonférence F C G en autant de temps que la ligne F I se mouvant parallelement à soy-mesme & uniformement en emploira jusqu'à ce qu'elle ait la position de la ligne A B G.

Secondement. Faisant donc mouvoir la ligne A F parallelement & uniformement (puisque F R est la direction du mouvement circulaire du point F, comme nous avons dit) sans considérer le mouvement de la ligne I F, & partant considérant ladite ligne immobile, il est certain que, si nous gardons la condition des mouvemens qui décrivent la quadratrice, qui est que le point F doit toûjours estre en la commune section des lignes A F, F I, quand l'extrémité immobile de la ligne A F sera en R, le point mobile F se doit rencontrer là ou A F prolongée tant qu'il sera nécessaire, coupe la ligne F I ; tirez donc par R la ligne R I M parallele à A F & coupant F I en I & le diamétre E B M prolongé en M, vous voyez que le point mobile F se doit rencontrer en I.

Troisiémement. Mais outre ces mouvemens il faut encore considérer que la ligne F I emporte ce point de I vers L où il se devra trouver (ayant tiré I L parallele à F K, & coupant A B G prolongée en L) lors que la ligne I F sera une mesme avec la ligne A B G, c'est à sçavoir lors que son extrémité immobile F aura décrit la ligne F K, & son point immobile I, la ligne I L. Il est donc certain que ſi aux mouvemens précédens l'on ajoûte celuy du point mobile F ou I le long de I L, ſans conſidérer que ce point mobile doit toûjours eſtre dans la commune ſeƈtion des lignes A F, I F, le point mobile F ſe doit trouver en L.

Enfin il faut encore conſidérer que ce point F a toûjours deû eſtre la commune ſeƈtion des lignes A F, F I, & qu'ayant fait mouvoir A F juſqu'à ce que ſon extrémité immobile ait décrit F R, on luy a donné la poſition R I, à laquelle elle s'arreſte, poſé que I F ne doive ſe mouvoir que ſur F K, & que par cette condition le point eſtant porté de I vers L, doit décrire la ligne I M au lieu de I L & ſe rencontrer en M au lieu de L ; & partant tous les mouvemens de ce point eſtant éxaminez, l'on trouve que pendant que A F s'eſt promenée le long de F R, & I F le long de F K, le point de leur commune ſeƈtion eſt arrivé en M ; & partant ſi vous tirez la ligne M F, vous aurez la touchante de la Quadratrice en F ; ce qu'il falloit faire.

En deux mots, ayant tiré comme cy-deſſus la ligne F R égale à la circonférence F C G & les lignes F I, R I M, puiſque nous conſidérons un ſeul mouvement circulaire du point qui décrit la Quadratrice, ſçavoir celuy qu'il a en F, nous le conſidérons par noſtre principe, ce que nous avons pratiqué aux lignes précédentes, meſme en la Spirale le long de la touchante F R, ce point doit donc monter de F vers R, mais il doit encore eſtre porté vers la ligne A B, à cauſe du mouvement de la ligne F I, & outre ces deux mouvemens il doit toûjours eſtre la commune ſeƈtion des lignes A F, F I, en quelque lieu que nous tirions ces deux lignes, il ſera donc dans leur commune ſeƈtion lors que A F ſera en R I M, & I F en A B M, & partant il ſera en M. Voicy en deux mots une régle générale Quadrat.

Un point F de la Quadratrice eſtant donné, & le demi-cercle B D E, par le moyen duquel elle eſt décrite. Si du centre A de ce demi-cercle & de l'intervale A F, vous décrivez une circonférence F C G depuis F juſques en un point G du diamétre A B, dans lequel ſe rencontre le ſommet H de la quadratrice vers la partie de ce ſommet ; & ſi à cette portion de circonférence vous tirez une touchante en F, dans laquelle vous prenez une ligne F R égale à ladite portion de circonférence (d'où il ſuit que pour tirer la touchante en D, il ne faut que prendre dans A B prolongée depuis A une ligne égale au quart de cercle B D) la commune ſeƈtion du diamétre A B prolongé vers B, & d'une ligne R M tirée par R parallele à A F, ſera dans la touchante de la quadratrice.

Ou ſa converſe à la façon d'Archiméde au livre des Hélices.

Si quadratricem linea reƈta contingat, producaturque donec occurrat ſemidiametro circuli quadratricis, in qua reperitur quadratricis vertex, etiamſi fuerit opus ad partes verticis produƈtâ, & ab ejuſmodi punƈto ſeƈtionis reƈta linea ducatur parallela ei quæ à centro circuli quadratricis ad punƈtum contaƈtûs in quadratrice ducitur ; à punƈto verò contaƈtûs in quadratrice circunferentia circuli circulo quadratricis homocentri portio deſcribatur ad partes verticis quadratricis donec eidem ſemidiametro etiam produƈtæ occurrat, eique circunferentiæ portioni tangens ducatur ad punƈtum quod eſt communis ſeƈtio ipſius & quadratricis, occurret ejuſmodi tangens circuli ei quæ à communi ſeƈtione tangentis Quadratricis & diametri produƈtæ duƈta fuerat parallela, eritque linea circulum tangentis portio inter punƈtum (quod eſt communis ſeƈtio ipſius & produƈtæ parallelæ) & quadratricem intercepta æqualis prædiƈtæ portioni circunferentiæ circuli.

Nota, l'on peut rendre la régle plus générale, faiſant comme la circonférence F C G eſt à F K ; ainſi une ligne priſe dans F R, meſme prolongée, plus grande ou plus petite que F R, ſoit à une ligne plus grande ou plus petite que

F K prife dans F K, mefme prolongée ; mais ne la prenant pas égale, la conftruction en eft plus difficile.

Remarquez deux ou trois chofes avant de paffer outre. La première, pour plus
grande intelligence l'on peut déduire l'application de la feconde partie de la
quatriéme propofition de ce traité en cette façon.

La vîteffe du mouvement de la ligne I F, & partant de fon extrémité mobile F eftant donnée dans F K, elle fera auffi donnée dans F A ; & parce que
le point mobile F doit eftre la commune fection des deux I F, F A, la ligne I F
ayant la pofition K A B coupera F A, c'eft-à-dire en A ; ce point a donc eû
deux mouvemens, l'un de la gauche vers la droite égal à F K, l'autre en montant égal à K A, & ces deux fe réduifent à un feul F A : pareillement la vîteffe
de la ligne A F eftant donnée dans F R, fon point mobile F devant eftre la
commune fection de A F & F I fe trouvera en I, & partant il a eû les deux
mouvemens F R, R I, qui fe réduifent à un feul F I, qui eft le troifiéme cofté
du triangle F R I.

Ces quatre mouvemens (car nous avons divifé en deux parties celuy qui fait
que le point mobile F doit eftre la commune fection des deux lignes A F, I F)
eftant réduits aux deux I F, F A achevez-en le parallelogramme I F A M, la
diagonale F M fera la direction du mouvement meflé de ces deux.

Cecy avoit déja efté expliqué plus briévement, mais il y a plaifir de confidérer une chofe par divers biais & en différentes façons.

La feconde ; fi l'on demandoit la touchante de la quadratrice au point D,

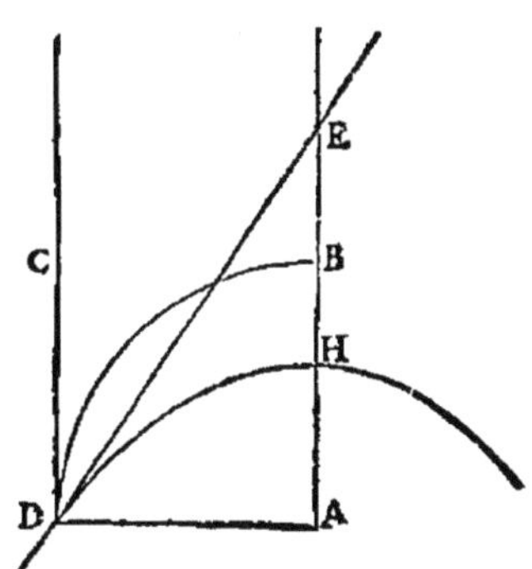

où la ligne A D eft d'abord perpendiculaire à D C, que puifque le mouvement
de A D eft donné dans D C, ou bien
A B, & celuy de D C eft donné auffi
d'abord dans D A, & la raifon de ces
deux mouvemens eft comme de la ligne D A au quart de cercle D B, il ne
faut que prendre dans A B prolongée
autant qu'il le faut une ligne A E, à
commencer en A, égale au quart de
cercle, & du point E l'on tirera la touchante E D.

L'on euft pû faire trois divers cas
pour les touchantes de cette ligne, mais
le difcours eft tout le mefme voulant
tirer la touchante au deffus de D entre D & H, que lors qu'on la tire en un
point plus éloigné de H & au deffous de D, comme au premier éxemple.

La troifiéme, que *Viete loc. cit.* appelle le point H *finis quadrataria*, &
le point D *principium ;* mais il ne confidére que la portion D H, qui luy fert
pour la quadrature du cercle, & puis il s'arrefte à la façon de décrire la quadratrice, & il eft manifefte que le point D fe trouve d'abord, & que décrivant la
quadratrice D H à l'ordinaire, le point H fe trouve après les autres qui font
entre D & H : mais nous pouvons concevoir le point H tout le premier ; &
parce que confidérant la Quadratrice prolongée des deux coftez, chacun des
autres points en a un réciproque de l'autre cofté également éloigné de H, &
que le point H eft le feul qui n'a point de réciproque, nous l'avons appellé le
fommet de la Quadratrice.

Dixiéme éxemple de la Cissoïde.

SOIT proposé le cercle A B C D, plus grand ou plus petit, suivant qu'on veut décrire la Cissoïde, avec ses deux diamétres à angles droits A C, B D : du point D prenez de part & d'autre des points également distans D 1 & D 1 sur les quarts de cercle D A, D C, puis D 2, D 2, puis D 3, D 3 &c. tirez par les points 1 2 3 4 &c. du quart de cercle D C des lignes paralleles au diamétre B D, puis du point C joignant les lignes C 1, C 2, C 3, C 4 &c. aux points 1 2 3 4 &c. du quart de cercle D A, là où C 1 coupera la parallele 1 1, & C 2 la parallele 2 2, & C 3 la parallele 3 3, & C 4 la parallele 4 4, vous aurez des points par lesquels la Cissoïde est décrite.

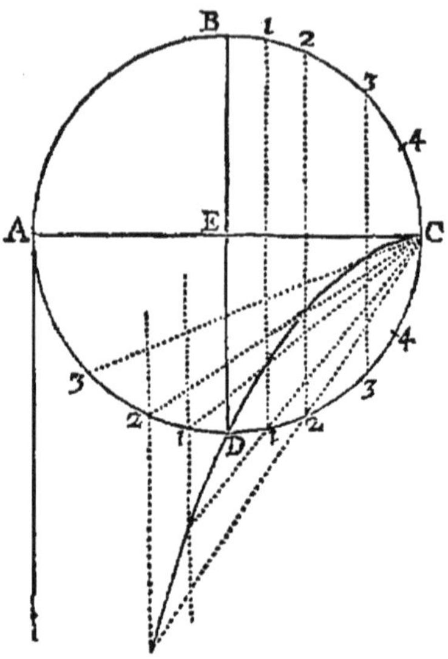

Que si vous voulez prolonger la Cissoïde C D en dehors du cercle, tirez par les points 1 2 3 4 &c. du quart du cercle D A des lignes paralleles au diamétre B D, & prolongez-les tant qu'il faudra en dehors du cercle du costé de D, puis par les points réciproques 1, 2, 3, 4 du quart de cercle D C, tirez du point C d'autres lignes occultes C 1, C 2, C 3, C 4, & prolongez-les autant qu'il le faudra hors le cercle, les points où chacune de ces lignes coupera sa réciproque, sçavoir C 1, la parallele 1 1 ; C 2 la parallele 2 2 &c. ces points seront dans la Cissoïde prolongée.

Par un discours semblable à celuy dont nous nous sommes servis pour la quadratrice, l'on montrera que cette ligne peut estre prolongée infiniment, & qu'elle ne rencontrera jamais une ligne droite infinie tirée du point A parallele au diamétre B D, ou si vous aimez mieux la touchante du cercle de la Cissoïde au point A.

Et parce que la Cissoïde peut estre continuée de l'autre costé par le moyen d'un autre cercle égal à A B C D, & décrit sur son diamétre A C prolongé vers C, en sorte que ces deux cercles se touchent en C, il nous sera permis d'appeller le point C, le sommet de la Cissoïde, puisque c'est l'unique dans la Cissoïde, qui n'en a point de réciproque, ou si vous voulez de semblable : car les points de la Cissoïde prolongée plus loin que D, à l'égard de C peuvent estre appellez réciproques des points de la portion D C de la Cissoïde. Ce qui est assez clair par la méthode de trouver ces points.

Cecy posé, il faut éxaminer les mouvemens particuliers du point qui décrit la Cissoïde, pour en donner les touchantes.

Il faut donc remarquer d'abord, que si vous faites tourner la ligne C D circulairement autour du point C, en sorte qu'elle passe successivement par C 1, C 2, C 3 &c. de D vers A, prenant les points 1 2 3 4 dans le quart de cercle D A, & qu'en mesme temps le diamétre B D soit porté parallelement à soy-mesme vers C, mais en montant de telle façon que son extrémité D décri-

ve le quart de cercle D C d'un mouvement égal & uniforme, & que lors que 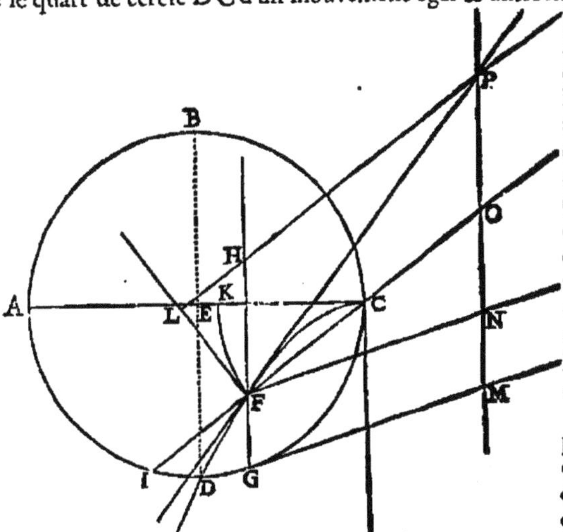
la ligne C D aura la position C A, le diamétre B D ait la position de la touchante du cercle en C, c'est-à-dire de l'axe de la Cissoïde, le point qui aura toûjours esté dans la commune section de ces deux lignes aura décrit la portion D C de la Cissoïde. Cecy posé.

Soit proposé le point F de la Cissoïde lequel soit pris dans cette figure entre les points C & D ; mais dans la suivante il sera plus éloigné du sommet, & au dessous de D à l'égard de C, tirez la ligne F G parallele au diamétre B D, coupant le cercle en G en sa partie inférieure dans le quart de cercle D C en cette premiére figure, & prolongez-la du costé de F vers H, puis tirez la ligne C F, & prolongez-la jusqu'à la circonférence du cercle en I, (dans la seconde figure elle coupe le cercle avant que d'arriver en F) vous voyez donc que la ligne C F I en tournant autour du centre C jusqu'à ce qu'elle ait passé par toutes les positions des lignes tirées du point C à tous les points de la circonférence I A jusqu'à ce qu'elle soit arrivée dans la position C A, dans ce mesme temps la ligne F G s'estant meüë, comme nous avons expliqué, parallelement à soy-mesme vers C, en sorte que son point G ait décrit la circonférence G C du cercle de la Cissoïde, sera arrivée en C, & aura la position de la touchante du cercle de la Cissoïde au point C.

Mais pendant le mouvement circulaire de la ligne C F vers A, si vous décrivez du centre C & de l'intervale C F un arc de cercle F K compris entre C F & C A & coupant C A en K, il se trouve que le point F de la ligne C F porté par le seul mouvement de la ligne C F, ce point, dis-je, a décrit l'arc F K, il a donc décrit l'arc F K en mesme temps que le point G porté par le mouvement que nous avons expliqué de la ligne F G, a décrit la circonférence G C, mais chaque point de la ligne F G décrit une ligne égale & semblable à celle que décrit le point G, & partant le point F de la ligne F G porté par cette ligne décrit une circonférence égale à G C : vous voyez donc que ne considérant que les deux mouvemens du point F, que les deux lignes C F, F G luy donnent sans considérer que ce point doit toûjours estre en leur commune section par le mouvement de la ligne C F, il aura décrit la circonférence F K en mesme temps que la ligne F G luy aura fait décrire une circonférence égale & parallele à G C, & partant que ces deux mouvemens sont proportionnez, comme les circonférences F K & G C, mais les directions de ces deux mouvemens sont l'une F L touchante de l'arc F K, & perpendiculaire à C F ; l'autre est F N parallele à G M, qui touche le cercle de la Cissoïde en G (car puis que la circonférence que le point F décrit est parallele à celle que décrit le point G, & puisque les points G F sont dans la mesme ligne

droite, les touchantes font paralleles) & partant si vous faites que comme
l'arc F K est à l'arc G C, ou comme le demi-diamétre C F de l'arc F K, au diamétre entier C A de l'arc G C, ainsi F L soit à F N, vous aurez les raisons de ces

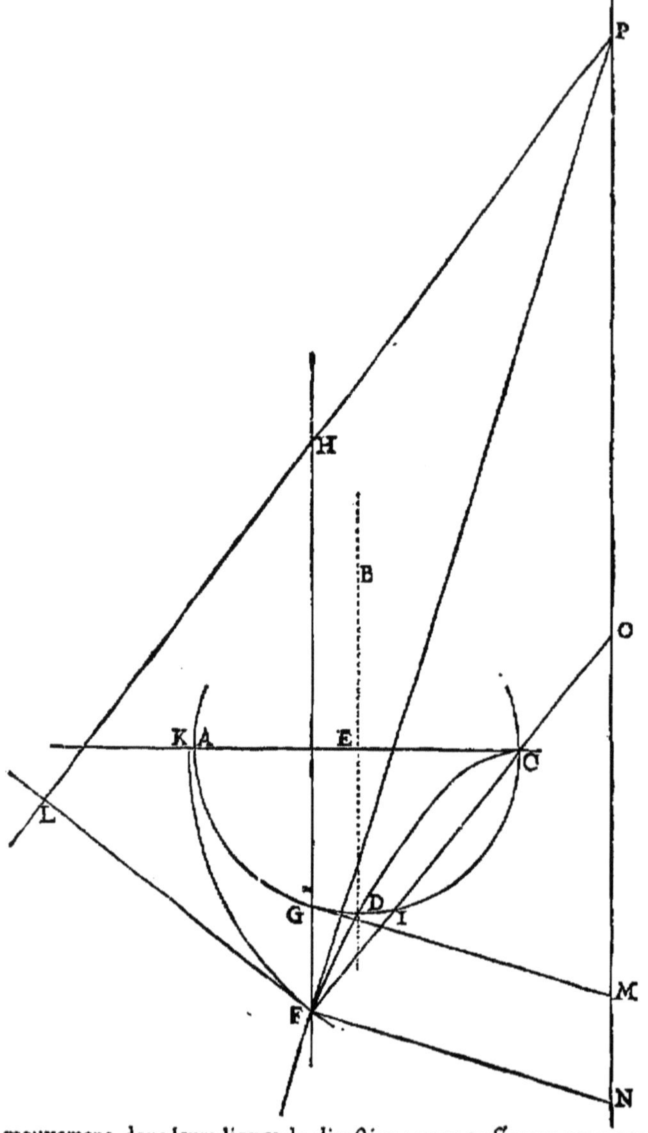

mouvemens dans leurs lignes de direction: cecy posé vous ne composez pas
un mouvement des deux seuls F L, F N, car vous vous souvenez qu'outre ces
deux mouvemens le point mobile F doit encore estre toûjours la commune
section des lignes C F, F G H. Voicy cette construction d'une autre façon.

Estant donné le cercle de la Cissoïde A B C D, son centre E, la Cissoïde

CDF &c. comme nous avons expliqué, & qu'il faille en trouver la touchante en un point comme F. Par le point F tirez FGH ou GFH parallele au diamétre BD, coupant le demi-cercle ADC en G, & prolongez-la vers le cofté du diamétre AC, comme en H; du fommet C de la Ciffoïde tirez la ligne CFI en la premiére figure ou CIF en la feconde coupant le demi-cercle ADC en I; du centre C & de l'intervale CF décrivez l'arc de cercle FK vers le diamétre CA coupant ledit diamétre mefme prolongé vers A s'il en eft befoin en K, tirez FL touchante de cette circonférence vers le diamétre AC, du point G tirez auffi GM touchante du cercle de la Ciffoïde, & par le point F menez FN parallele à GM, & prolongez-la vers le cofté de C à l'égard du point A, faites que comme l'arc FK eft à l'arc GC, c'eft à-dire comme la ligne CF eft à CA, ainfi FL dans la premiére touchante, & prife fi vous voulez *ad libitum*, foit à FN; par L tirez LHP parallele à FC, & prolongez-la vers le cofté de C à l'égard de F, puis par N tirez NOP parallele au diamétre BD, & prolongez-la jufqu'à ce qu'elle rencontre LHP, comme en P, de ce point tirez la ligne PF, ce fera la touchante de la Ciffoïde.

Dans cette conftruction nous ne faifons point mention des points H & O, ni du parallelogramme HFOP, quoy-qu'il euft efté befoin d'en parler auparavant pour éxaminer tous les mouvemens du point F de la Ciffoïde: l'on euft pû faire le mefme dans la quadratrice, où la feule interfection des lignes

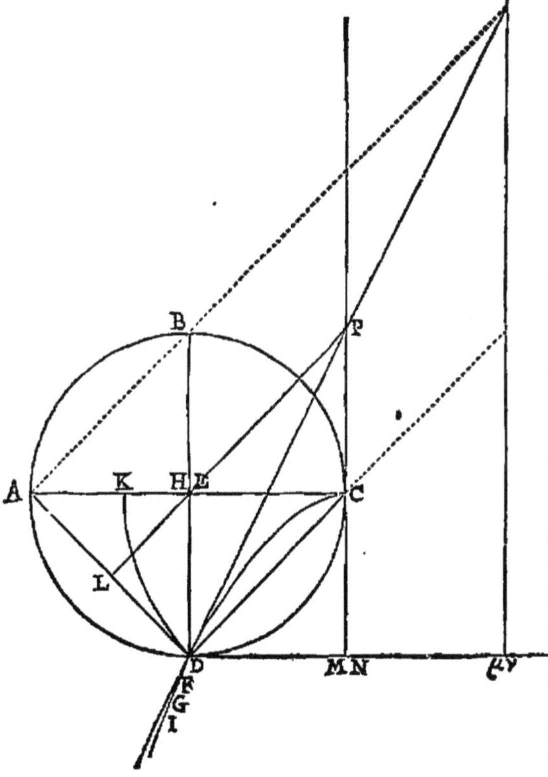

RIM & ABM, nous euft donné le point M, fans confidérer le parallelogramme IFAM &c.

L'on pourroit ajoûter des démonftrations Géométriques à ces conftructions, pour prouver tous ces points de rencontre, mais cela feroit un peu long.

L'on peut encore confidérer ces mouvemens de tous les biais que nous les a-avons confidérez dans la quadratrice, & énoncer ce Théoreme, que fi d'un point P de la touchante FP, l'on tire PL parallele à CF coupant FL en L, & PN parallele

parallele à BD coupant FN en N, & dire que comme l'arc F K est à l'arc
GC, ainsi F L est à F N, ce qui est facile.

Il suffira avant de passer outre, de dire quelque chose de la touchante de la
Cissoïde au point D, dont voicy la figure sur laquelle je remarque :

Premiérement, que faisant trois cas pour les touchantes de cette ligne, l'un
pour le point D, le second pour les points d'entre C & D, & le troisiéme pour
les points audessous de D (car la touchante au point C est le diamétre A C;
& généralement en toutes les lignes courbes qui ont un axe, leurs touchantes
au sommet sont perpendiculaires à cét axe;) l'on auroit pû mettre celuy-cy
le premier, n'eust esté qu'il falloit expliquer plus généralement & sans con-
fusion les mouvemens du point F: or en cette figure les points D F G I ne
sont qu'un mesme, le point H peut estre le mesme que le point E ou que le
point B, comme en la seconde construction de cette figure, que nous avons
marquée par des lignes ponctuées & avec des lettres Grecques, & les points
M N, ou μ ν sont un mesme point.

Secondement, sans supposer dans F L ou G M des lignes égales aux arcs
F K & G C, l'on fait par une construction Géométrique, que comme l'arc
F K est à l'arc G C, ainsi F L est à G M en cette façon.

Puisque l'angle A C D est à la circonférence de l'arc A D, & au centre de
l'arc F K, il s'ensuit que l'arc A D ou D C est double en ressemblance à F K,
& partant que comme le demi-diamétre E C est au demi-diamétre C D ou
D A, ainsi l'arc D C est au double de l'arc D K, & par conséquent que comme E C est à la moitié de D C ou de D A, ainsi l'arc C D est à l'arc F K : prenant donc D M égale à E C, & F L égale à la moitié de F A ou de D A, l'on
aura fait cette construction Géométrique, & la parallele à C F passera de L
par le centre E; ou encore prenez d'un costé la toute D A, & de l'autre G μ
double de D M, la parallele à C F sera A B &c.

Onziéme exemple, de la Roulette ou Trochoïde de M. de Roberval.

SOIT proposé le cercle duquel le centre est *a*, le demi-diamétre *a* B, &
sa touchante B C au point B prolongée en C, l'on imagine que le cercle

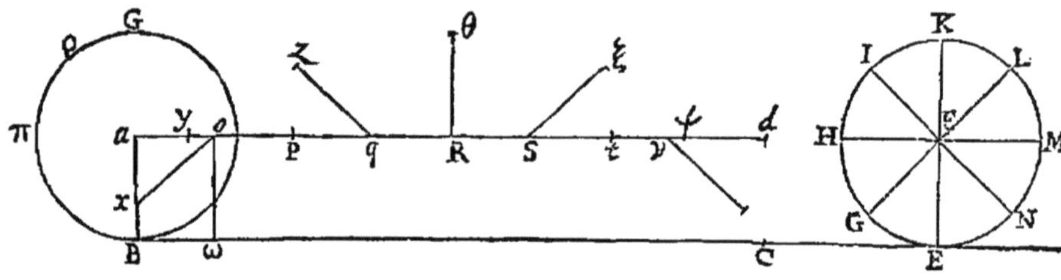

a B faisant une révolution sur la ligne B C, soit que B C soit égale à la circonférence du cercle, soit qu'elle soit plus grande ou plus petite (ce que je
suppose indifférent, & facile à démontrer) le point B de ce cercle estant
porté par les deux mouvemens, l'un droit qui le porte de B vers C, l'autre circulaire à cause de la révolution du cercle; que ce point, dis-je, décrit la
Roulette ou Trochoïde; ou si vous voulez, ayant tiré par le centre *a* la ligne
a d égale & parallele à B C vers le mesme costé, l'on imagine que le cercle
glissant de B vers C sans tourner à l'entour de son axe, en sorte que le centre *a* décrive la ligne *a* d par un mouvement uniforme, en mesme temps le
point B décrive la circonférence de son cercle passant de B par π Q G B d'un

mouvement uniforme, & que le centre *a* estant arrivé en *d*, ce point se retrouve en C, où la ligne B C touche le cercle, & qu'enfin ces deux mouvemens, l'un circulaire, par le moyen duquel le point B parcourt une fois la circonférence de son cercle, l'autre droit, par lequel il est emporté vers C, meslez comme nous avons dit, estant tous deux uniformes, font décrire la Roulette à ce point B.

D'où vous voyez que ces deux mouvemens estant uniformes, le point B peut décrire trois diverses sortes de Roulettes, suivant que son mouvement circulaire sera proportionné à son mouvement droit, ou si vous voulez suivant la raison de la circonférence de son cercle à la ligne *a d*, que le centre décrit, puisque cette circonférence peut estre ou égale à la ligne *a d*, ou plus grande ou plus petite.

Nous ne nous arrestons pas à considérer les lignes qui peuvent estre décrites, posé que l'un ou l'autre de ces mouvemens, ou mesme posé que ni l'un ni l'autre ne fust uniforme.

Cecy posé, pour décrire aisément cette ligne, soit prolongée la ligne B C, comme en E; du point E soit tiré E F égale & parallele à *a* B; du centre F décrivez le cercle E G H I K L M N, qui sera égal au premier, divisez sa circonférence en tant de parties égales que vous voudrez par les points G H I K L M N, & tirez par ces points les demi-diamétres du cercle. Divisez la ligne *a d* en autant de parties égales que vous avez divisé la circonférence G H I &c. aux points *o* P *q* R *S t u*, par le point *o* tirez *o x* égale & parallele au rayon F G, par P tirez P *y* égale & parallele à F H, puis *q z* égale & parallele à F I, & ainsi des autres, vous aurez les points B *x y* ζ θ ξ ψ C, par lesquels la Roulette doit estre décrite.

La raison de cette description est manifeste, car prenez dans la ligne *a d* un des points de sa division comme par éxemple le premier *o*, & tirez *o ω* perpendiculaire sur B C, & par conséquent parallele aux rayons *a* B, F E, mais par la description *o x* est parallele à F G, & partant l'angle *x o ω* est égale à l'angle G F E, & décrivant du centre *o* & de l'intervale *o x*, l'arc *x ω*, cét arc est égal à l'arc G E: mais posé que le centre *a* ait décrit la ligne *a o*, & soit en *o*, le point B doit avoir décrit un arc égal à F G; car par l'hypothese E G est à sa circonférence totale, comme *a o* est à *a d*, & les mouvemens sont uniformes; donc le point B a décrit l'arc *ω x*, il est donc en *x*, & par conséquent le point *x* est un point de la Roulette; ce qu'il falloit démontrer. L'on démontrera la mesme chose de tous les autres points.

Il s'ensuit de cette démonstration, que décrivant le cercle G H I K L M N d'un autre centre pris dans la ligne *a d*, comme du centre *o*, P, R &c. & faisant le reste de la construction, l'on trouvera les mesmes points de la Roulette.

Ces connoissances suffisent pour trouver les touchantes de la Roulette par les mouvemens composez; car ayant pris un point de la Roulette, & ayant trouvé les deux directions de son mouvement droit & de son mouvement circulaire; si l'on entend dans ces lignes de direction deux lignes qui soient entre elles comme la ligne B C ou la base de la Roulette, est au cercle de la Roulette, chacune de ces lignes estant prise dans la direction du mouvement homologue, la direction du mouvement composé de ces deux sera la touchante.

Car soit proposé la Roulette A B C de laquelle la base est A D C, le sommet B & l'axe B D, & que l'on en demande la touchante au point E. Décrivez le cercle B F D de la Roulette, soit autour de l'axe B D, soit sur quelque diamétre perpendiculaire à la ligne A D C; du point E tirez la ligne E F parallele à A C, & coupant en F la circonférence du demi-cercle de la Roulette (la plus proche du point E, si le point E estant pris entre A & B, vous avez décrit le cercle plus vers C que le point E, sinon au contraire &c.)

tirez F G touchante du cercle, puis faites que comme A C eſt à la circonférence du cercle, ainſi E F ſoit à F H, prenant le point H dans la touchante F G, du point H tirez H E, ce ſera la touchante de la Roulette.

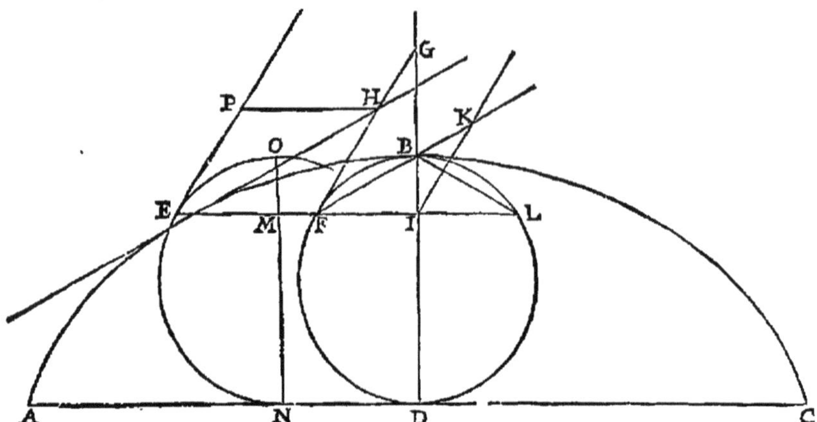

Mr de F. tire cette touchante en cette façon. Tirez la ligne E F, comme cy-deſſus. Tirez encore une ligne F B, & par le point E tirez E H parallele à F B, la ligne E H ſera la touchante.

Or il eſt facile de démontrer que cette méthode s'accorde avec la premiére, mais elle n'eſt pas ſi générale n'eſtant propoſée qu'au cas que la Roulette, ſoit du premier genre, c'eſt-à-dire que ſa baſe A C ſoit égale à la circonférence de ſon cercle, ce que vous remarquerez dans cette démonſtration que nous chercherons analytiquement, comme il s'enſuit.

Il faut démontrer qu'ayant tiré comme cy-deſſus la ligne E F & F G touchante du cercle au point F, & ayant pris F H dans F G égale à E F; ſi l'on tire deux lignes l'une H E, l'autre F B, elles ſeront paralleles.

Pour le prouver, tirez I K parallele à F H juſqu'à ce qu'elle rencontre au point K la ligne F B K prolongée vers B; prolongez encore la ligne E F I L juſqu'à l'autre coſté du cercle en L, & tirez la ligne B L, & ſuppoſons que les lignes F B, E H ſont paralleles; donc l'angle E H F eſt égal à l'angle F K I: mais par la conſtruction l'angle H E F eſt égal à l'angle E H F, parce que nous avons pris F H égale à E F; il faut donc montrer que l'angle K F I eſt égal à l'angle F K I: mais l'angle F K I eſt égal à G F K par la conſtruction, ayant tiré I K parallele à F G, il faut donc prouver que l'angle K F I eſt égal à l'angle G F K, mais G F K eſt égal à l'angle B L F, dans la ſection alterne; il faut donc prouver que K F I eſt égal à B L F; ce qui eſt certain.

En retournant, l'angle K F I eſt égal à B L F, mais B L F dans la ſection alterne eſt égal à l'angle G F K, donc K F I eſt égal à l'angle G F K : mais à cauſe des paralleles F G, I K, l'angle G F K eſt égal à F K I, donc K F I & F K I ſont égaux, & le triangle F I K eſt iſoſcele; mais le triangle E F H eſt auſſi iſoſcele par la conſtruction le triangle E F H eſt donc ſemblable à F I K, & l'angle H E F eſt égal à l'angle K F I, d'où il s'enſuit que la ligne E H eſt parallele à F B K; ce qu'il falloit démontrer.

Dans la figure précédente ayant fait décrire le cercle de la Roulette autour de ſon axe, & tiré la touchante F H, ç'a eſté toute la meſme choſe, comme ſi ayant fait tirer le cercle de la Roulette en la poſition qu'il doit eſtre lors que le point A du cercle eſt arrivé en E, nous luy euſſions tiré ſa

touchante par le point E, car ces pofitions de cercles eftant paralleles, & le
point E eftant auffi élevé fur la bafe A C, que le point F, les touchantes des
cercles font paralleles, & partant l'une peut fervir auffi-bien que l'autre,
pour en mefler un mouvement droit, puifque l'une & l'autre rencontre la
ligne E F, qui eft la direction de ce mouvement droit. C'eft pourquoy fi l'on
vouloit décrire le cercle de la Roulette en la pofition qu'il eft lors que le
point qui la décrit eft arrivé en E, ayant premiérement décrit le cercle B F D
autour de l'axe B D, & tiré la ligne E F I parallele à A D C, prenez E M dans
E F I égale à F I, qui eft comprife entre la circonférence & le diamétre du
cercle qui eft perpendiculaire à la bafe A C, vous aurez le point M par où
doit paffer ce diamétre perpendiculaire. Et partant fi vous tirez M N perpendiculaire à A C, & fi vous la prolongez vers M en O en forte que N M O foit
égale au diamétre du cercle de la Roulette, vous aurez le diamétre dudit cercle en la pofition requife; ce qui eft facile.

Je ne vous diray rien des propriétez de la Roulette, comme que la ligne
droite E F eft à l'arc F B, en mefme raifon que la bafe A C à toute la circonférence du cercle &c. M. de Roberval ne m'a pas encore fait voir le Traité
qu'il en a fait, où aprés en avoir démontré cette propriété & un grand nombre d'autres, il compare ces lignes les unes aux autres, les femblables, celles
de divers genres, les égales, les inégales, leurs ordonnées, leurs efpaces &c.
ce qu'il a expliqué dans un fi bel ordre, qu'il m'a dit que fon Traité eftoit
auffi limé comme s'il euft efté fur le point de le faire imprimer.

Douziéme éxemple, de la compagne de la Roulette.

C'Est ainfi que l'a voulu nommer M. de Roberval qui l'a inventée, &
qui en a imaginé l'hipothefe & la defcription en cette forte.

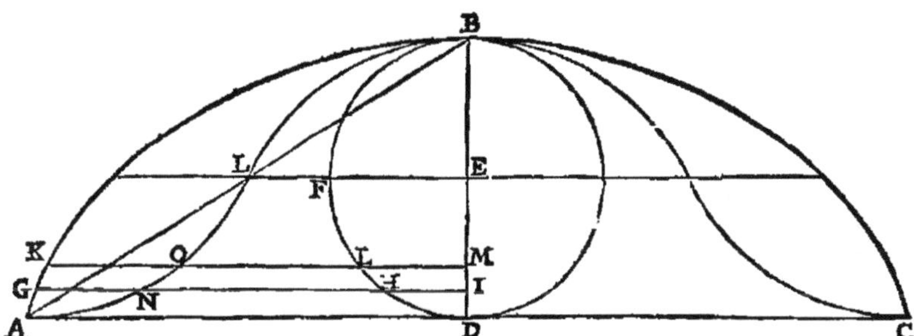

Soit propofé la Roulette A B C de laquelle la bafe eft A C l'axe B D, le
centre du cercle dans l'axe eft E, & le cercle de la Roulette B F D à l'entour
de l'axe. Entendez que la Roulette eft décrite par la feconde façon qui en
a efté donnée dans l'éxemple précédent; c'eft à fçavoir que pendant que le
cercle de la Roulette gliffe depuis A jufques en C, en forte que fon centre E
décrit d'un mouvement uniforme une ligne parallele & égale à A C, en mefme temps le point mobile A parcourt par un mouvement uniforme la circonférence de ce cercle, & décrit la Roulette par le mouvement compofé de
ces deux; imaginez maintenant que pendant que ce point parcourt ainfi la
circonférence D F B, un autre point A ou D mobile dans le diamétre du cercle, qui eft toûjours perpendiculaire à A C, monte le long de ce diamétre de
D vers B d'un mouvement inégal, en forte qu'il foit toûjours également élevé fur la bafe A C, comme eft le point qui décrit la Roulette, c'eft-à-dire

qu'ayant

qu'ayant tiré du point de la Roulette comme G, la ligne G H I coupant la
circonférence du cercle en H & l'axe en I, lors que le point mobile qui décrit la Roulette se rencontre en G dans la Roulette, c'est-à-dire en H,
dans le cercle, le point qui décrit cette compagne se rencontre en I dans l'axe.

De mesme tirant par un autre point K la parallele à la base K L M, qui coupe la circonférence B L H D en L & le diamétre B D en M, lors que le
point de la Roulette est en K, c'est-à-dire dans le cercle en tel endroit qu'en
L, le point de la compagne de la Roulette est dans B D en tel endroit que
M, & ainsi des autres.

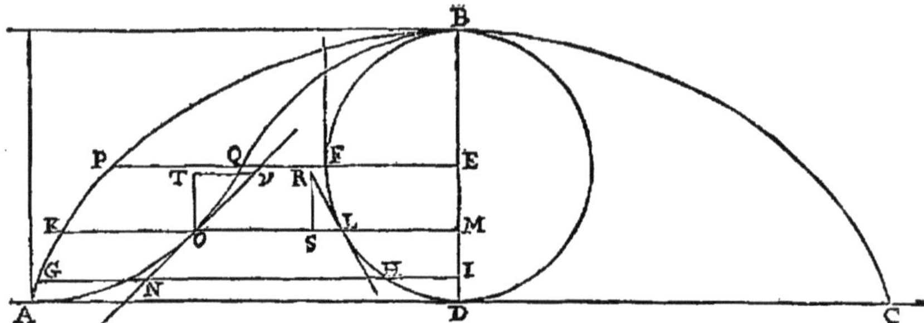

D'où il s'ensuit, que pour décrire cette ligne, ayant tiré des points de la
Roulette des lignes parallèles à A C, si dans chacune de ces lignes, à commencer aux points de la Roulette, l'on prend une ligne égale à la portion de
la mesme ligne comprise entre la demi-circonférence du cercle & son axe,
l'on aura les points par lesquels cette ligne est décrite. Ainsi tirant comme
nous avons dit, la ligne G H I, si dans la mesme ligne vous prenez G N égale
à H I, vous aurez le point N, par lequel passe la compagne de la Trochoïde;
de mesme prenant dans K L M la ligne K O égale à L M, vous aurez un autre
point O de la mesme ligne. Et si par le centre E vous tirez E F perpendiculaire à B D, & si vous la prolongez en P jusqu'à la Roulette; ayant pris de P
vers F la ligne P Q égale à E F, dans la mesme ligne P F vous aurez le point
Q, qui est le milieu de cette ligne-cy, & auquel elle change de courbure,
comme vous remarquerez mieux cy-après. Or ç'a esté la mesme chose de décrire le cercle autour de l'axe de la Roulette, que de luy donner toutes les
diverses positions qu'il a en glissant sur la ligne A C, ce qui a déja esté remarqué dans la Roulette.

Cecy posé vous voyez que le point qui décrit cette ligne-cy est porté par
un mouvement composé de deux droits, l'un uniforme, l'autre inégal, &
desquels les directions sont perpendiculaires l'une à l'autre, se prenant dans
les lignes A D, B D ou dans leurs parallèles.

Et parce que le point qui décrit cette ligne-cy monte de la mesme façon
que celuy qui décrit la Roulette monte dans le demi-cercle, tirant la touchante du point réciproque dans le demi-cercle, & composant le mouvement dont elle est la direction de deux mouvemens droits, l'un parallele à
A D & l'autre à B D, l'on aura dans la ligne parallele à B D la quantité du
mouvement qui fait monter ce point; & sçachant la raison de la base A C à
la circonférence du cercle, puisque le point qui décrit la compagne de la
Roulette est porté d'un mouvement uniforme & égal à A C, comme le point
qui décrit la Roulette a un mouvement uniforme & égal à ladite circonférence, si l'on fait que comme la circonférence du cercle est à A C, ainsi la
touchante du cercle soit à une ligne droite, cette ligne sera la quantité du

mouvement parallele à A C du point de cette ligne-cy qui eſt réciproque à celuy du cercle auquel l'on a tiré la touchante.

Par éxemple, ſoit en la derniére figure cy-deſſus la Roulette A B C du
premier genre, c'eſt-à-dire que ſa baſe A C ſoit égale à la circonférence de
ſon cercle & le reſte, comme il a eſté dit : pour tirer la touchante de cette ligne
au point O, je tire au cercle par le point L réciproque du point O, la touchante du cercle L R, & je compoſe le mouvement L R de deux R S, S L,
dont l'un R S eſt parallele à B D ; puis comparant les mouvemens du point O
à ceux du point L, puiſque par la ſuppoſition le point O monte autant que le
point L, je tire O T parallele & égale à R S, ce ſera la direction & la quantité de ce premier mouvement du point O ; puis aprés parce que le point O
a dans une ligne parallele à A C un mouvement égal à celuy du point L le
long de la circonférence de ſon cercle, c'eſt-à-dire un mouvement égal à
celuy du point L le long de la touchante L R, ayant tiré T V parallele à A C,
& égale à L R, j'auray les directions & la raiſon des deux mouvemens du
point O, & partant la ligne O V ſera la touchante de cette ligne au point O ;
ce qu'il falloit faire.

Treiziéme éxemple, de la Parabole de M. des Cartes.

MONSIEUR des Cartes nous apprend le moyen de décrire en deux
façons cette ligne courbe, qui eſt une eſpece de Parabole : la premiére
par ſa régle compoſée qui eſt en la 318. page de ſa Méthode, & la deuxiéme en
la page 405. de la meſme méthode, ou bien 337. qui eſt en faiſant mouvoir une
Parabole ordinaire avec ſon plan le long de ſon diamétre M C, & prenant un
point fixe comme G hors le meſme diamétre, mais dans un autre plan fixe ſur
lequel le plan de la Parabole ſe meuve en coulant, ces deux plans convenans
toûjours l'un à l'autre pendant le mouvement de celuy de la Parabole : puis
dans le diamétre B C ſoit marqué un point B, qui ne ſe puiſſe mouvoir qu'au
mouvement de la Parabole, demeurant toûjours à pareille diſtance du ſommet ; & ſoit entendu une ligne droite G B indéfinie, qui tourne à l'entour
du point fixe G comme centre, & qui paſſe toûjours par B pendant que la
Parabole ſe meut, cette ligne G B coupant la Parabole mobile continuellement en de nouveaux points, la ligne courbe qui paſſera par tous ces points
ſera la Parabole de M. des Cartes, laquelle à proprement parler eſt une
Conchoïde de Parabole, & peut-eſtre double, car la ligne G B peut couper
la Parabole propoſée en deux points.

Pour avoir la tangente de ladite ligne courbe, par éxemple en A, tirons
premiérement deux lignes paralleles au diamétre de la Parabole T S V, que
nous faiſons mouvoir ſur la ligne droite M C, deſquelles paralleles l'une
D G Z paſſe au point G, qui eſt comme le Pole, & l'autre parallele E A X
paſſe au point A auquel nous voulons la touchante ; en ſuite éxaminons
premiérement le mouvement du mobile au point B, ledit mobile eſtant porté
ſur la ligne G B F, laquelle ſe meut circulairement ſur le point fixe G en
tirant vers les points D C, duquel mobile au point B nous avons la direction,
à ſçavoir B C, parce que par la deſcription de la ligne courbe Q R A, ledit
mobile ſe maintient toûjours dans la ligne M C : nous avons auſſi les deux
autres directions deſquelles eſt compoſée B C, l'une la circulaire D B, la ligne D B eſtant perpendiculaire ſur G B, & l'autre direction la ligne droite
B F, nous aurons donc ces directions, & les raiſons des vîteſſes dudit mobile
au point B : or les points qui ſont dans la Parabole mobile montant tous
également, ſi nous menons du point C une parallele à B G, ſçavoir C D, les
lignes D G, E A & B C ſeront égales, & par conſéquent E A & D G ſeront

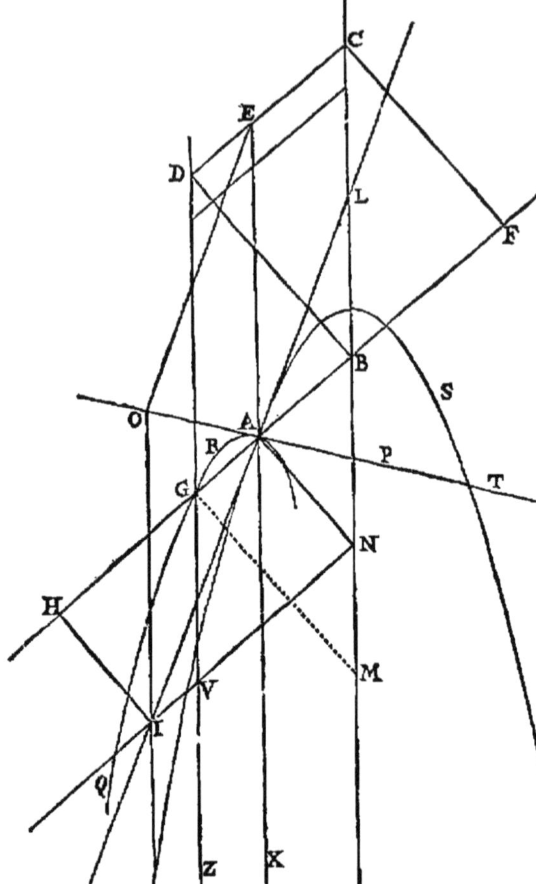

les mefmes directions que B C; enfuite éxaminons le mouvement du point A, auquel nous voulons avoir la touchante; & confidérons le point B comme eftant fixe & arrefté, autour duquel fe meuve circulairement la mefme ligne BG vers V M T, car c'eft le mefme mouvement circulaire que le précédent; donc l'une de ces directions, à fçavoir la circulaire, fera A N; & les angles D G B & G B M eftant égaux, en mefme temps que le point B ira en D, auffi le point G ira en M, & A en N, les lignes G M & A N eftant paralleles à B D; donc la direction circulaire du point A fera A N : mais le mefme point A fe maintenant toûjours dans la Parabole T S V, fa direction fera la touchante de la mefme Parabole T S V. Soit donc menée cette touchante, à fçavoir I L, & achevé le parallelogramme A H I N, nous avons donc A I pour direction de ce point A fe mouvant circulairement, & fe maintenant auffi dans la Parabole S T V, nous avons auffi la direction du mefme point A fe maintenant dans M G, à fçavoir A E égale à B C, & par conféquent le parallelogramme E O I A eftant achevé, la ligne droite O A diagonale du parallelogramme fera la direction du point A, & par conféquent la touchante de la ligne courbe Q G R A audit point A; ce qu'il falloit faire.

PROJET
D'UN LIVRE DE MECHANIQUE
traitant des Mouvemens composez.

PAR un mouvement composé j'entens celuy qui se fait de deux ou plusieurs mouvemens différens entre eux, soit par leurs directions ou leurs vîtesses, ou par toutes les deux, lors que tous ces mouvemens sont communiquez à un mesme mobile, ou en mesme temps, ou successivement, soit que la communication s'en fasse en un instant, ou avec du temps.

On peut considérer le mouvement composé en trois états différens ; sçavoir, ou dans ses causes, ou en soy-mesme pendant sa durée, ou dans ses effets.

Les causes d'un mouvement en tant que composé sont les mouvemens particuliers qui le composent, qui sont ou simples, ou composez eux-mesmes.

Icy on discourra des causes des mouvemens simples qui sont les principes actifs de la nature dans ses corps différens, soit qu'ils agissent par des causes ordinaires & réglées comme par la pesanteur, ou légereté, & par de pareilles qui nous paroissent uniformes ou à peu prés, soit que ces causes, quoy-qu'ordinaires, ne soient pas réglées, comme l'action du feu, celle des ressorts, celle des animaux &c. Ce qu'on amplifiera par les éxemples des feux artificiels, par la poudre à canon, ou autrement par les arcs, les arquebuses à vent, & les autres actions de l'air. On y ajoûtera les mouvemens particuliers du soleil & des étoiles : on y fera entrer l'artifice des hommes, qui par leurs propres forces, & par celles tant des animaux que des autres corps naturels, peuvent faire des mouvemens composez, d'autant plus diversifiez qu'ils ont de connoissance & d'industrie.

La nature en général possede les principes des mouvemens simples, dont il s'en compose une infinité d'autres dans les animaux, vegetaux, mineraux &c.

Quoy qu'on connoisse les mouvemens simples qui en font un composé, il n'est pas toûjours facile de connoistre ce composé, ni les lignes qu'il décrit par sa composition, particuliérement quand elles sont courbes, comme il arrive d'ordinaire. De là vient cette science spéculative qui tient beaucoup de la Géometrie, & qui traite des lignes & des figures déclites par les mouvemens composez ; de leurs tangentes & de leurs autres propriétez.

Le mouvement composé considéré en soy n'est point différent d'un mouvement simple ; & on le peut considérer comme simple, quand il est connu, de mesme que s'il estoit produit dans la nature par sa simplicité ; mesme on peut considérer non-seulement un mouvement composé ; mais aussi un mouvement simple droit ou courbe, comme estant composé de plusieurs autres tant simples que composez ; ce qui sert souvent pour la découverte de plusieurs belles veritez touchant la nature & les propriétez des lignes & des figures, qu'on ne découvriroit pas si facilement sans cette considération, quoy-que souvent elle ne soit qu'une fiction, mais pourtant une fiction d'une chose possible.

Il est remarquable que quand un mouvement composé se présenteroit à nous, si nous ne sçavons point qui sont ceux qui l'ont composé, quand mesme

nous

nous fçaurions qu'il n'eſt pas ſimple, nous ne fçaurions pourtant découvrir avec certitude qui ſont les compoſans. La principale raiſon de ce defaut vient de ce que tout mouvement peut eſtre compoſé de pluſieurs ſortes, & meſme d'une infinité de ſortes, entre leſquelles il ſeroit difficile, pour ne pas dire impoſſible, de rencontrer la véritable.

Touchant les effets du mouvement compoſé, ils ne ſont remarquables qu'au meſme temps qu'il ſe compoſe ; car aprés qu'il eſt compoſé, ſes effets ne ſont plus différens de ceux d'un mouvement ſimple.

En général ces effets ſont de changer de vîteſſe, ou de direction, ou de touces les deux, ſans compter que de deux ou de pluſieurs mouvemens actuels il ſe peut compoſer un repos.

Mais en particulier, ou ils ſont des lignes différentes, ou des figures différentes, ou ils changent des temps égaux en des inégaux, ou au contraire, & partant quelquefois ils réglent, quelquefois ils déréglent ; ils établiſſent, ils détruiſent, & ainſi d'une infinité d'actions cauſées dans toute la nature par une telle compoſition.

Mais il ne ſera pas hors de propos d'apporter icy pour éxemple quelques-uns de ces effets particuliers, pour porter les eſprits à la conſidération d'une infinité d'autres.

Les caroſſes courant viſte, & voulant tourner trop court, verſent. Il en eſt de meſme de ceux qui ſautent hors d'un caroſſe qui court.

De l'effet des lances, qui rompent, qui fauſſent, ou qui gliſſent ſur les cuiraſſes.

Des balles de mouſquet, de piſtolet &c. ſur des corps mobiles, tant ſur ceux qui les repouſſent que ſur ceux qui les laiſſent entrer plus ou moins, ou qui écraſent la bale ; du coup oblique qui eſt une eſpéce de mouvement compoſé, meſme ſur un corps immobile. On citera les ſillons des balles & des boulets ſur la terre & ſur l'eau, & on éxaminera ſi la réfraction ne feroit pas un pareil effet.

Les montres & les horloges ſe déreglent dans le tranſport, & les pendules y ſont des plus ſujettes.

Les pierres & quelques boulets de fer rougis au feu s'en vont en piéces au ſortir des canons.

Le choc de l'air, de l'eau & des corps terreſtres font des compoſitions de mouvemens ſurprenans & ſouvent dangereux tant ſur la terre que ſur la mer.

DE
RECOGNITIONE
ÆQUATIONUM.

ÆQUATIONEM recognoſcere, eſt ſtatum illius examinare, eo fine ut innoteſcat ejus conſtitutio hinc ab origine ejuſdem, uſque ad ultimam ordinationem: atque ut nota fiat laterum datorum, ad ea quæ quæruntur habitudo; item ut dignoſci poſſit, an de unico latere ignoto explicabilis ſit ipſa æquatio, an vero de pluribus, & quot; atque utrum aliqua ex ipſis ſint æqualia, an vero omnia inæqualia. Rurſus ſintne latera quæſita poſitiva, ſeu realia, ſeu etiam poſſibilia: an contra, ficta, ſeu nulla, ſeu etiam impoſſibilia. Quæ omnia ut melius intelligi poſſint, præmittenda ſunt quædam, tum circa vocabulorum ac notarum, ſeu ſignorum explicationem, tum etiam circa ordinem, quem in ordinando hoc opere ſequi decrevimus.

Ac primum, quod ad vocabula, notas, ſeu ſigna ſpectat, ſive de lateribus ſit quæſtio, ſive de potentiis eorumdem laterum, quædam agnoſcimus quæ ſuâ naturâ aliquid indicant ſupra nihilum; quædam verò quæ ſuâ naturâ aliquid indicant infra, dicantur omnia tum hæc, tum illa poſitiva; priora quidem poſitiva ſupra, poſteriora autem poſitiva infra.

Rurſùs tam poſitiva ſupra, quam poſitiva infra, vel affirmativa ſunt, vel negativa; ſed affirmativa ſupra æquivalent negativis infra, & è contrario. Et quidem, ſignum affirmationis tam ſupra quàm infra, eſt hoc vulgò receptum +. Signum negationis tam ſupra quàm infra, eſt hoc aliud vulgò quoque receptum —. Signum differentiæ inter duas magnitudines, eſt ejuſmodi ==. Quo ambiguum relinquitur quænam ex duabus magnitudinibus propoſitis, inter quas tale ſignum intercedit, major eſt aut minor. Signum æqualitatis tale eſt ∞; quo ſignificatur magnitudines inter quas illud intercedit, eſſe æquales; ſive una magnitudo uni magnitudini æquetur; ſive una pluribus; ſive plures uni; ſive denique plures pluribus.

Operæpretium fuiſſet ſi quæ ſuâ naturâ habentur infra magnitudines, certo aliquo ſigno ab aliis diſtincto notatæ eſſent: verùm quia paſſim, immò ferè ſemper accidit ut in eadem quæſtione, ſub iiſdem terminis, magnitudines quæſitæ ſint ſupra, vel infra, ex natura ipſius quæſtionis, ac vi æquationis ad ipſam pertinentis; ideò talis diſtinctio commodè fieri non potuit fiet tamen ut notâ ejuſmodi æquationis conſtitutione, innoteſcat etiam natura ipſorum laterum, & quicquid ad numerum eorumdem determinandum requiritur, ut magis patebit in ſequentibus.

Præterea omnis multiplicator nihilo æquivalens multiplicans quodvis multiplicatum (ſeu illud multiplicatum nihilo æquivaleat, ſeu aliquid ſupra, aut infra indicet) producit aliquid nihilo æquivalens. Idem accidit, ſive multiplicator nihilo æquivaleat, ſive aliquid indicet ſupra aut infra, dummodo multiplicatum æquivaleat nihilo.

Idem prorſus intelligendum de diviſione, quod de multiplicatione; diviſor enim hic gerit vices multiplicatoris, quotiens multiplicati, & diviſum producti; quandoquidem multiplicatio reſtituit diviſionem, & diviſio multiplicationem. Hæc de notis ſeu ſignis, nunc de ordine dicamus.

Multis quidem modis ordinari poteſt æquatio, præcipuè ſi multipliciter affecta fit; & revera à diversis authoribus diversimodè constitutus est ordo ipse, nobis accommodatissimus ille videtur qui omnia quibus æquatio constat homogenea ex una parte constituit; sic ut omnia simul nihilo æquivaleant, quod quidem nullo negotio semper efficitur; illud autem vel unico exemplo planum fiet. Proponatur methodo Vietæ hæc æquatio $A^3 - BA^2 + C^2A \infty Z^c$ manifestum est per anthitesim oriri hanc æquationem $Z^c - C^2A + BA^2 - A^3 \infty O$, vel hanc $A^3 - BA^2 + C^2A - Z^{sol.} \infty O$. Etsi vero utraque formula nostro instituto accommodari possit, priorem tamen eligimus, eam scilicet in qua magnitudo omninò data $Z^{sol.}$ afficitur semper affirmatè, ac secundum eam intelligi debent quæcumque postea dicturi sumus.

De constitutione æquationum quadraticarum.

CAPUT UNICUM.

Propositio prima.

SI $ZP - RA + A^2 \infty O$.

Sunt duo latera, ambo supra, quorum summa est R; rectangulum vero sub ipsis est ZP & fit A alterutrum ex istis.

Intelligatur enim $A - B \infty O$ sic ut $+A$ æquetur ipsi $+B$ vel $A - C \infty O$ sic ut $+A$ æquetur isti $+C$; unde si ducatur $A - B$ in $A - C$ quod inde orietur æquabitur nihilo. Productum autem illud est $BC \genfrac{}{}{0pt}{}{-BA}{-CA} + A^2$, proinde hoc æquatur nihilo, quod semper accidet. Sive enim A æquetur ipsi B ita ut $A - B \infty O$, quicquid valeat $A - C$, si $A - B$ ducatur in $A - C$, hoc est si nihilum per quodvis multiplicetur, producitur nihilum; sive A æquetur ipsi C, ita ut $A - C \infty O$, quicquid valeat $A - B$, si $A - C$ ducatur in $A - B$, hoc est si nihilum per quodvis multiplicetur, producitur nihilum.

Jam BC vocetur ex hipothesi ZP; & $B + C$ vocetur R; fietque id quod proponitur nempe $ZP - RA + A^2 \infty O$ qua in æquatione A potest explicari tam de ipso B quam de ipso C à quibus producitur BC sive ZP.

Pro determinatione.

DETERMINATIO alicujus æquationis est constitutio illa in qua vel omnia, vel quædam ex lateribus de quibus explicabilis est æquatio inter se æqualia sunt; unde cum de duobus tantum lateribus explicari potest æquatio, quales sunt quadraticæ, unica tantum potest esse determinatio, cum scilicet duo latera sunt æqualia. Cum autem de tribus lateribus æquatio explicabilis est, quales sunt cubicæ; tunc duplex esse potest determinatio, altera quidem major, cum omnia tria latera æqualia sunt, altera vero minor, cum duo tantum æqualia sunt. Atque ita quo plura erunt latera in aliqua æquatione, id est quo potentia illius altior erit, eo plures erunt illius determinationes.

Jam in proposita æquatione unica esse potest determinatio in qua duo latera de quibus A est explicabile erunt æqualia; cum scilicet ZP æquatur $\frac{1}{4}R^2$: tunc enim unumquodque ex ipsis lateribus A æquale est $\frac{1}{2}$ ipsius R.

Nam in prædicta formula $BC \genfrac{}{}{0pt}{}{-BA}{-CA} + A^2 \infty O$ in casu determinationis B intelligitur æquari ipsi C; unde illa æquatio æquivalet huic $B^2 - 2BA +$

$A^2 \infty O$, sive etiam huic per interpretationem $ZP - RA + A^2 \times O$ ut proponitur, ubi quoniam $R \infty 2B$ manifestum est ZP esse quadratum ipsius B, sive dimidii ipsius R, sive etiam ZP esse quartam partem quadrati ipsius R, & A quod æquatur ipsi B vel C, esse dimidium ipsius R.

Propositio secunda.

Sɪ $ZP + RA - A^2 \infty O$.

Sunt duo latera inæqualia, quorum alterum, idemque majus est supra; alterum minus est infra, differentia amborum est R, & rectangulum sub ipsis ZP & fit A, alterutrum ex ipsis, (intelligatur enim $B - A \infty O$ sic ut A dum erit supra, æquetur ipsi B; vel $C + A \infty O$ sic ut A dum erit infra, æquetur ipsi C. Atque ex hypothesi sit B majus quàm C.) Si igitur $B - A$ ducatur in $C + A$, quod inde orietur æquabitur nihilo.

Productum autem id est $BC {{+BA}\atop{-CA}} - A^2$ æquatur nihilo. Quo pacto æquatio explicabilis est de A supra, æquali ipsi B. Ubi tamen æquatio hanc interpretationem accipere debet ut $BC \times ZP$ & $B - C \infty R$. Quod si quis singulas æquationis partes conferre velit, ut noscat qua ratione ipsæ se invicem tollant, is reperiet $+BC$ & $-CA$ sese tollere, item $+BA$ & $-A^2$ se tollere quoque. Unde fit ut omnia homogenea simul nihilo æquivaleant.

Jam si C intelligatur æquari ipsi A, atque $+C+A$ multiplicetur per $+B - A$, productum erit rursus $BC {{+BA}\atop{-CA}} - A^2$, quæ æquatio est eadem quæ supra, unde illa explicabilis quoque est de A dum ipsum æquatur ipsi C, ita tamen ut ipsum sit infra ut indicat $C + A \infty O$, vide notas post æquationes cubicas. Hic autem $+BC + BA$ se invicem tollunt sicuti $-CA - A^2$; ut rursus omnia nihilo æquentur; atque æquatio eandem quam supra accipere debet interpretationem.

Propositio tertia.

Sɪ $ZP - RA - A^2 \infty O$.

Sunt duo latera inæqualia, quorum alterum idemque minus est supra, alterum majus est infra, differentia amborum R, & rectangulum sub lateribus ipsis ZP: A autem explicabile est de alterutro ex iisdem.

Intelligatur enim ut supra $B - A \infty O$ item $C + A \infty O$ & B minus sit quam C; fiet ergo productum $BC {{+BA}\atop{-CA}} - A^2 \infty O$ quod quidem si hanc interpretationem accipiat ut $BC \infty ZP$, & $C - B$ sit R, habebimus æquationem propositam: cætera se habent ut supra.

Nec ulla est in duabus prædictis propositionibus determinatio, quia in utraque duo latera, de quibus A explicabile est, sunt semper inæqualia.

Item nulla alia est inter duas hasce æquationes differentia, nisi quod in priori latus quod est supra majus est eo quod est infra, in posteriori autem illud quod est supra, minus est eo quod est infra.

Propositio quarta.

Sɪ $ZP - A^2 \infty O$.

Sunt duo latera æqualia, quorum alterum est supra, alterum infra, rectangulum sub ipsis est ZP & fit A alterutrum ex iisdem.

Intelligatur

Intelligatur enim B — A ∞ O sic ut + A ∞ + B supra. Item C + A ∞ O, sic ut A ex se æquetur ipsi C infra; ponaturque B æquari eidem C: itaque si fiat multiplicatio ut in antecedentibus, productum erit $B C \dfrac{+ B A}{- C A} — A^2$ ∞ O. Quod si hanc interpretationem accipiat ut B C ∞ Z p, quia tollunt se invicem $\dfrac{+ B}{- C}$ habebimus æquationem propositam Z p — A² ∞ O, quæ explicabilis est tam de A supra æquali ipsi B, quam de A infra æquali ipsi C.

Propositio quinta.

Si Z p + A² ∞ O.

Nullum propriè loquendo est latus, sed unicum planum æquale ipsi Z p de quo quidem est explicabile ipsum A².

Ejusmodi autem æquatio irregularis est, nec potest ipsa oriri ex multiplicatione, ut factum est in antecedentibus.

Nota ergo æquationes quasdam de planis tantum explicabiles esse, quod etiam ad solida & ultra in infinitum extendi, quivis satis doctus reperiet.

De constitutione æquationum cubicarum.

CAPUT PRIMUM.

Si Z c — S p A + R A² — A³ ∞ O.

Sunt tria latera positiva supra, quorum summa est R, summa trium rectan- *Vide postea* gulorum ex ipsis binis ac binis sumptis est S p, solidum autem sub iisdem *propositio-* contentum est Z c, & sit A quodvis ex ipsis tribus.   *nem specia-* *lem.*

$$B — A ∞ O$$
Intelligamus enim C — A ∞ O & per quodvis ex istis tribus binomiis, per
$$D — A ∞ O.$$

illud scilicet quod nihilo æquari intelligitur, multiplicetur productum ex aliis duobus, quicquid illa duo valeant, & quicquid valeat eorumdem productum, fiet productum ex omnibus tribus æquale nihilo illud autem est.

$$\begin{array}{l} — B C A + B A^2 \\ B C D — B D A + C A^2 — A^3 ∞ O \\ — C D A + D A^2 \end{array}$$

Omnia autem hanc interpretationem accipiunt ut B C D ∞ Z c

Item $\begin{array}{l} — B C ∞ S p\ \& \\ — B D \\ — C D \end{array}$ $\begin{array}{l} + B ∞ R \\ + C \\ + D \end{array}$

Quo pacto habebimus æquationem propositam Z c — S p A + R A² — A³ ∞ O.

Quia vero in multiplicatione binomiorum, ipsum A triplicem valorem inducere potuit, puta vel ipsius B, vel C, vel D, sic ut in eandem formulam semper incidamus, nec ullo modo mutetur æquatio, patet ipsam de eodem triplici A explicabilem esse, sub ipso triplici valore.

✱✱✱

Determinatio præcedentis æquationis.

HUjus æquationis determinatio duplex est, altera major, in qua omnia tria latera sunt æqualia; altera minor, in qua duo tantum æqualia sunt.

Major determinatio ejusmodi sortitur constitutionem ut Z^c æquale sit cubo tertiæ partis longitudinis R, sive ut ipsum $Z^c \infty \frac{1}{3}R^3$, & Sp æquale sit triplo quadrati ejusdem tertiæ partis longitudinis R, sive ut ipsum Sp $\infty \frac{1}{3}R^2$, patet hoc ex eo quod ex constitutione præcedenti, si B, C, D, intelligantur tria latera æqualia, erit solidum BCD, sive Z^c æquale ipsi B^3.

$$\begin{matrix} B\,C \\ \end{matrix} \qquad\qquad\qquad\qquad\qquad B$$

Item plana $\begin{matrix} B\,D \end{matrix}$ simul, sive Sp $\infty 3B^2$; & tandem latera $\begin{matrix} C \\ D \end{matrix}$ simul, sive R

$$\begin{matrix} C\,D \end{matrix}$$

æqualia 3 B.

Minor determinatio longiori eget apparatu, pro quo ponamus duo latera æqualia esse ea quæ in constitutione præcedenti referebantur per B & C, quo pacto sic æquatio explicari poterit, ut $B^2 D \infty Z^c$;

Item $B^2 + 2BD \infty$ Sp & $2B + D \infty$ R.

Atque ita $B^2 D - B^2 A + 2BA^2 - A^3 \infty O$
$\qquad\qquad - 2BDA + DA^2.$

Jam quia B est A & $2B + D$ est R, ideo $R - 2A$ est D. Hanc ergo speciem induat D in posterum, ut sit $R - 2A$.

Item B^2 est A^2, quod ductum in D id est in $R - 2A$, producit $RA^2 - 2A^3$ quæ species proinde æqualis est Z^c, & omnibus ordinatis

$$\frac{1}{2}Z^c - \frac{1}{2}RA^2 + A^3 \infty O.$$

Rursus B^2 est A^2: & $2BD$ est $2RA - 4A^2$ quæ ambas species simul constituunt, $2RA - 3A^2$ ambæ autem constituunt Sp. Itaque $2RA - 3A^2 \infty$ Sp, & omnibus ordinatis

$$\frac{1}{3}\text{Sp} - \frac{2}{3}RA + A^2 \infty O.$$

Hic nisi ambigua esset hæc æquatio plana, ac de duobus lateribus supra, explicabilis, jam haberetur valor ipsius A; sed quia duplex est valor ille, nempe, vel latus $(\frac{1}{2}R^2 - \frac{1}{3}\text{Sp}) + \frac{1}{2}R$, vel $\frac{1}{2}R -$ latere $(\frac{1}{2}R^2 - \frac{1}{3}\text{Sp})$ estque ex illis, alter quidem utilis, alter inutilis, atque etiam si utilem agnoscere non sit difficile, tamen quia ex comparatione quarumdem aliarum æquationum ad simplicem lateralem, ac de unico eoque vero latere explicabilem devenire possumus, ideo sic progrediemur.

Sed supra etiam $\frac{1}{2}Z^c - \frac{1}{2}RA^2 + A^3 \infty O.$

Ascendat per A depressior harum æquationum nempe hæc

$$\frac{1}{3}\text{Sp} - \frac{2}{3}RA + A^2 \infty O.$$

Atque ita fiet hæc $\frac{1}{3}\text{Sp}A - \frac{2}{3}RA^2 + A^3 \infty O.$
Huic ergo æqualis est $\frac{1}{2}Z^c - \frac{1}{2}RA^2 + A^3 \infty O.$
Sublatoque communi A^3 & addito $\frac{1}{2}RA^2$ puta per antithesim fiet hæc æquatio.

$$\frac{1}{2}Z^c \infty \frac{1}{3}\text{Sp}A - \frac{1}{6}RA^2.$$

Et communi divisore $\frac{1}{6}R$ adhibito $\dfrac{3Z^c}{R} \infty \dfrac{2\text{Sp}A - A^2}{R}.$

Atque omnibus ordinatis $3\,Z^{f}$ —— $2\,SPA$ + A^{2} ꝏ O.

$$\dfrac{}{R}\qquad \dfrac{}{R}$$

Sed rursus ut supra $\frac{1}{2}\,SP$ —— $\frac{1}{2}\,RA$ + A^{2} ꝏ O.

Ergo hæ duæ æquationes invicem æquales sunt, unde sublato communi A^{2} & per anthitesim fiet hæc æquatio $3\,Z^{f}$ == $\frac{1}{2}\,SP$ == $2\,SPA$ == $\frac{1}{2}\,RA$.

$$\dfrac{}{R}\qquad\qquad \dfrac{}{R}$$

Itaque $3\,Z^{f}$ == $\frac{1}{2}\,SP$

$$\dfrac{}{R}$$

$$\dfrac{\quad 2\,SP == \frac{1}{2}\,R\quad}{R}\ \ \text{est valor}$$
$$\text{ipsius A}$$

Si ergo accidat aliquam ex præmissis differentiis vel utramque esse æqualem nihilo, vel alteram esse nihilo minorem, alteram verò nihilo majorem, nulla erit ejusmodi determinatio : sed æquatio explicari poterit de tribus lateribus supra, at de uno tantum. Aliquo tamen casu fieri poterit, ut sub proposita initio æquationis formula unicum inveniatur latus supra, & unicum infra, quod propriè latus non est, sed planum, tunc autem p.opositio specialis est cujus explicandæ hic est locus.

Propositio secunda specialis.

S I Z^{f} —— SPA + RA^{2} —— A^{3} ꝏ O.
Sit autem Z^{f} ꝏ SP.

$$\dfrac{}{R}$$

Sunt duo latera, alterum suprà æquale ipsi R, alterum infrà non propriè latus, sed planum æquale ipsi SP, & A explicari potest de quolibet ipsorum. Fingatur enim BP + A^{2} ꝏ O quæ æquatio explicabilis est de unico plano infra æquali ipsi BP ut notatum est prop. 5^{a} Æquat. quadraticarum. Item C —— A ꝏ O tum fiat multiplicatio ut consuevimus.

Orietur ergo BPC —— BPA + CA^{2} —— A^{3} ꝏ O.

Hæc æquatio eam accipiat interpretationem ut BPC ꝏ Z^{f} & BP ꝏ SP, atque C ꝏ R.

Quo pacto incidemus in æquationem propositam, ubi manifestum est ex generatione Z^{f} ꝏ SP, & A esse æquale vel ipsi C, hoc est R supra, vel A^{2}

$$\dfrac{}{R}$$

est æquale ipsi BP, hoc est SP infra.

CAPUT SECUNDUM.

Propositio prima.

S I Z^{f} —— SPA + RA^{2} + A^{3} ꝏ O.

Sunt tria latera, quorum duo sunt supra, & tertium infra, idemque majus duobus reliquis simul sumptis, differentia seu excessus tertii, supra summam duorum priorum est R : at SP est differentia seu excessus summæ duorum rectangulorum, ejus scilicet quod sub primo & tertio, & ejus quod sub secundo & tertio, supra id, quod sub primo & secundo, solidum autem Z^{f} quod fit sub tribus, & A explicabile est de quolibet ex ipsis.

Intelligantur enim B —— A
C——A
D + A

Quorum D ſit majus ambobus B & C ſimul ſumptis; ſit autem quævis ex illis tribus ſpeciebus nihilo æqualis, & fiat multiplicatio ſolito modo orieturque,

$$\begin{aligned}
& -BDA + DA^2 \\
BCD\;&-CDA - BA^2 + A^3 \;\infty\; O \\
& + BCA - CA^2
\end{aligned}$$

& quia D majus ponitur quam B & C ſimul, manifeſtum eſt B C multo minus eſſe quam B D & C D ſimul ſumpta. Itaque omnia hanc interpretationem recipiant ut $+ D - B - C$ ſit $+ R$, item $- BD - CD + BC$ ſit $- SP$ & BCD ſit Z^f quo pacto incidemus in æquationem propoſitam

$$Z^f - SPA + RA^2 + A^3 \;\infty\; O.$$

Patet autem ex formula, A explicabile eſſe tam de B aut C ſupra quàm de D infra, quia in multiplicatione binomiorum ipſum triplicem hunc valorem induere potuit.

Determinatio præcedentis æquationis.

DETERMINATIO unica eſt, nempe minor, cum ſcilicet duo latera ſupra ſunt æqualia; aliter enim æqualia eſſe non poſſunt: ſiquidem illud quod eſt infra, duobus reliquis ſimul majus eſt.

Poſito ergo quod B & C ſunt æqualia, explicari poterit formula æquationis hoc modo.

$$\begin{aligned}
B^2D &- 2BDA + DA^2 \\
&+ B^2A - 2BA^2 + A^3 \;\infty\; O.
\end{aligned}$$

Quoniam autem B eſt A & $D - 2B$ eſt R, ergo $D - 2A$ eſt R & per antitheſim $R + 2A$ eſt D, hanc ergo ſpeciem induat D in poſterum ut ſit $R + 2A$.

Item B^2 eſt A^2, quod ductum in D, id eſt in $R + 2A$ producit $RA^2 + 2A^3$, quæ ſpecies proinde æqualis eſt Z^f & omnibus ordinatis

$$\tfrac{1}{2}Z^f - \tfrac{1}{2}RA^2 - A^3 \;\infty\; O.$$

Rurſus B^2 eſt A^2, & $2BD$ eſt $2RA + 4A^2$. Quarum ambarum ſpecierum differentia eſt $2RA + 3A^2$, hæc idcirco æqualis eſt SP & omnibus ordinatis.

$$\tfrac{1}{3}SP - \tfrac{2}{3}RA - A^2 \;\infty\; O.$$

Aſcendat hæc æquatio per A gradum, atque ita rurſus

$$\tfrac{1}{3}SPA - \tfrac{2}{3}RA^2 - A^3 \;\infty\; O.$$

Ergo huic æquationi æquatur hæc

$$\tfrac{1}{2}Z^f - \tfrac{1}{2}RA^2 - A^3 \;\infty\; O.$$

Additiſque communibus A^3, & $\tfrac{1}{2}RA^2$ fiet hæc

$$\tfrac{1}{3}SPA - \tfrac{1}{6}RA^2 \;\infty\; \tfrac{1}{2}Z^f.$$

Et communi diviſore adhibito $\tfrac{1}{6}R$, erit $\dfrac{2SPA}{R} - A^2 \;\infty\; \dfrac{3Z^f}{R}.$

Et omnibus ordinatis $\dfrac{3Z^f}{R} - \dfrac{2SPA}{R} + A^2 \;\infty\; O.$

Mutatísque omnibus fignis — $\dfrac{3Z^c}{R} + \dfrac{2SPA}{R}$ — A² ∞ O.

Sed rurfus fupra $\frac{1}{3}$ SP — $\frac{1}{2}$ R A — A² ∞ O.

Itaque addito communi A² & per antithefim fiet hæc æquatio

$$\frac{3Z^c}{R} + \frac{1}{3}SP \;\infty\; \frac{2SPA}{R} + \frac{1}{2}RA.$$

Itaque $\dfrac{\dfrac{3Z^c}{R} + \frac{1}{3}SP}{\dfrac{2SP}{R} + \frac{1}{2}R.}$ —————— eft valor ipfius A.

Propofitio fecunda.

SI Z^c — SP A + A³ ∞ O.

Sunt tria latera, quorum duo funt fuprà, & tertium infrà, idemque æquale duobus prioribus fimul fumptis.

SP eft exceffus fummæ duorum rectangulorum, ejus fcilicet quod fub primo & tertio, & ejus quod fub fecundo & tertio, fupra id quod fub primo & fecundo.

Z^c autem eft id quod fub tribus continetur, & A explicabile eft de quolibet ex ipfis tribus : ponantur enim eædem fpecies quæ fupra, nifi quod D intelligi debet æquale duobus B & C fimul, fietque rurfus eadem æquatio.

$$\begin{array}{l} -BDA+DA^2 \\ BCD-CDA-BA^2+A^3 \;\infty\; O \\ +BCA-CA^2 \end{array}$$

Quoniam autem D, ponitur æquale duobus B & C fimul, ideo evanefcet affectio fub A² quia — BA² — CA² tollunt D A², fupereft ergo tantum.

$$\begin{array}{l} -BDA+ \\ BCD-CDA+A^3 \;\infty\; O \\ +BCA \end{array}$$

Ubi rectangula B D & C D fimul majora funt quam B C.

Quæ æquatio fi hanc interpretationem accipiat, ut B C D æquetur Z^c

& — BD
— CD æquetur — SP,
+ BC

Incidemus in æquationem propofitam Z^c — SP A + A³ ∞ O.

Ubi manifeftum eft ipfum A explicabile effe tam de B & C fuprà, quàm de D infrà.

Determinatio rurfus unica eft, nempe minor, cum duo latera fuprà funt æqualia, neque enim aliter æqualia effe poffunt, cum illud quod eft infrà duobus reliquis fimul fumptis fit æquale.

Invenietur ergo hæc determinatio fic.

Pofitis B & C æqualibus, æquatio talis effe poterit,

B²D — 3B²A + A³ ∞ O unde SP ∞ 3B². *

Pofito ergo, quod B fit A ex hypothefi determinationis, tunc SP ∞ 3A².

Itaque $\frac{1}{3}$ SP eft valor ipfius A² & Z^c ∞ 2A³.

❦

H h

* Quoniam D æquatur B & C fimul; ac B & C fimul in D æquales funt 4 B², ex quibus fublato B C quod eft B² reftat 3 B².

Propositio tertia.

SI $Z^c - SpA - RA^2 + A^3 \propto O$.

Sunt tria latera, quorum duo sunt suprà, & tertium infrà, idemque minus duobus prioribus simul sumptis, excessus summæ duorum priorum supra tertium est R, at rursus ut in duabus præcedentibus propositionibus summa duorum rectangulorum, ejus scilicet, quod sub primo & tertio, & ejus quod sub secundo & tertio excedit id quod sub primo & secundo, & excessus est Sp; Z^c autem est id quod sub tribus continetur, & A explicabile est de quolibet ex ipsis tribus.

Ponantur enim eædem species quæ suprà, ea tamen lege ut D intelligatur minus quàm B & C simul, & rectangula B D & C D simul majora quàm BC, sietque rursus hæc æquatio ut suprà, nempe

$$BCD \begin{matrix} -BDA + DA^2 \\ -CDA - BA^2 + A^3 \\ +BCA - CA^2 \end{matrix} \propto O$$

Quæ æquatio si hanc interpretationem accipiat, ut excessus B & C simul suprà D, sit R; at excessus rectangulorum B C & C D simul suprà B C, sit Sp; item solidum BCD sit Z^c, incidemus in æquationem propositam

$$Z^c - SpA - RA^2 + A^3 \propto O.$$

Ubi manifestum est A explicari posse tam de B & C suprà, quàm de D infrà.

Determinatio præcedentis æquationis.

HUjus propositionis determinatio triplex esse potest, prima major, cùm omnia tria latera sunt æqualia; secunda, cùm duo latera suprà tantùm sunt æqualia; & tertia, cùm alterum eorum laterum, quæ sunt suprà, æquale est ei quod est infrà. Utraque autem harum posteriorum minor est, quàm idcirco hic accidit esse duplicem.

Et quidem major determinatio facillima est.

Positis enim B, C, D æqualibus, factaque binomiorum multiplicatione, & sublatis quæ se invicem destruunt, manifestum est superesse

$$BCD - BDA - BA^2 + A^3 \propto O.$$

Sive quod idem est $B^3 - B^2A - BA^2 + A^3 \propto O.$

Itaque Z^c est B^3 sive A^3.

Sp est B^2 sive A^2 & R, est B sive A.

Prior autem duarum minorum determinationum, cùm scilicet duo latera suprà sunt æqualia, instituitur modo præmisso, tam in prima propositione primi capitis æquationum cubicarum, quàm in prima secundi capitis: positis enim lateribus B & C æqualibus, & argumentando ut suprà in prædictis propositionibus, præcipuè vero ut in prima secundi capitis, nisi quod hic D invenietur esse $2A - R$, reperiemus tandem valorem ipsius A esse

$$\cfrac{\dfrac{3Z^c - \frac{2}{3}Sp}{R}}{\dfrac{2Sp + \frac{2}{3}R}{R}}$$

Tandem altera duarum minorum determinationum, cùm scilicet alterum laterum suprà æquale est ei quod est infra, facilis est : posito enim quod B sit æquale ipsi D in formula præmissa, ac sublatis iis quæ se invicem tollunt, remanebit hæc æquatio, $B^2C - B^2A - CA^2 + A^3 \infty O$.

Itaque in æquatione proposita $Z^c \infty B^2C$, $Sp \infty B^2$ & $R \infty C$:

At C est unum ex duobus lateribus suprà, itaque ipsum R est unum ex lateribus suprà.

Item eadem ratione B^2 sive S p est quadratum alterius lateris suprà, idemque quadratum ejus quod est infrà : ergo A explicabile est, tam de R suprà, quàm de S suprà & infrà.

Propositio quarta.

Si $Z^c - RA^2 + A^3 \infty O$.

Sunt tria latera quorum duo sunt suprà, & tertium infrà, idemque minus quovis duorum priorum, excessus summæ duorum priorum supra tertium, est R. At summa duorum rectangulorum ejus scilicet quod sub primo & tertio, & ejus quod sub secundo & tertio, æqualis est ei quod sub primo & secundo. Z^c autem est id quod sub tribus continetur & A explicabile est de quolibet ex ipsis tribus.

Resumatur enim formula hujus capitis.

$$\begin{array}{l} -BDA + DA^2 \\ BCD - CDA - BA^2 + A^3 \infty O \\ + BCA - CA^2 \end{array}$$

Intelligaturque D minus esse quàm B & C simul, & singula : at rectangulum B C æquale sit ambobus simul B D & C D, itaque tollunt se invicem ipsa rectangula, & sic evanescit affectio sub latere A, quia B & C simul superant D ; differentia esto R, & solidum BCD vocetur 2 solidum, quo pacto incidemus in æquationem propositam, nempe

$$Z^c - RA^2 + A^3 \infty O.$$

Ubi palam est A explicari posse, tam de B & C suprà, quàm de D infrà.

Determinatio.

Hujus propositionis unica est determinatio, eaque minor, cùm scilicet duo latera suprà sunt æqualia : neque enim aliter æqualia esse possunt, quia unumquodque eorum quæ sunt suprà, majus est eo quod est infrà.

Ponantur ergo æqualia B & C, unde in formula præmissa, sublatis quæ se invicem tollunt, talis erit æquatio.

$$\begin{array}{l} B^2D + DA^2 \\ - 2BA^2 + A^3 \infty O. \end{array}$$

Jam quia B est A & 2B — D est R, ideò 2 A — R est D. Item quia B D & C D simul æqualia sunt B C, ideò si loco tam B quàm C sumatur A, & loco ipsius D sumatur 2 A — R fiet hæc æquatio.

$$4 A^2 - 2RA \infty A^2 \text{ hoc est } 3A^2 - 2RA \infty O.$$

Et communi divisore 3 A fiet $A - \tfrac{2}{3} R \infty O$.
Quapropter $\tfrac{2}{3}$ R est valor ipsius A.

Propositio quinta.

SI $Z^c + SPA - RA^2 + A^3 \infty O.$

Sunt tria latera, quorum duo sunt suprà, & tertium infrà, idemque minus quovis duorum priorum, ita ut excessus summæ duorum priorum, suprà tertium sit R; at summa duorum rectangulorum, ejus scilicet quod sub primo & tertio, & ejus quod sub secundo & tertio, minor est eo rectangulo, quod fit ex primo & secundo; differentia autem est SP, Z^c autem est id quod sub tribus lateribus continetur, & A explicabile est de quolibet ex ipsis tribus lateribus.

In formula præcedentium quam hic resumimus

$$BCD - CDA - CA^2 + A^3 \;\; {-BDA - BA^2 \atop + BCA + DA^2} \;\infty O$$

Intelligantur latera B & C tam simul quàm sigillatim, majora esse quàm D, & rectangulum B C majus quàm duo simul B D & C D. Quo posito & adhibita hac interpretatione ut excessus summæ laterum B & C suprà D sit R; item excessus rectanguli B C suprà summam reliquorum B D & C D sit SP, at solidum B C D sit z^c manifestum est nos incidere in æquationem propositam, & A explicabile esse tam de B & C suprà, quàm de D infrà.

Determinatio.

HUjus æquationis determinatio unica est eaque minor, tum scilicet duo latera suprà æqualia sunt, neque alia reperiri potest laterum æqualitas, cum unumquodque ex duobus prioribus majus sit quàm tertium.

Posito ergo quod B sit æquale ipsi C in formula præmissa, & augmentando ut in prima propositione primi capitis, aut prima secundi æquationum cubicarum, inveniemus D esse $2A - R$, & SP esse $2RA - 3A^2$, unde tandem deducetur valor ipsius A,

$$\cfrac{\dfrac{3Z^c + \frac{1}{2}SP}{R}}{\dfrac{\frac{1}{2}R - 2SP}{R}}$$

Propositio sexta irregularis.

SI $Z^c + SPA + A^3 \infty O.$

In hac æquatione A est explicabile de unico latere infrà, nec ulla datur vel trium, vel etiam duorum laterum multiplicatio, ex qua ipsa oriri possit. Potest tamen constitutio illius deduci, ex quatuor proportionalibus, hac ratione ut differentia extremarum sit Z^c; rectangulum autem sub extremis vel mediis sit $\frac{1}{2}SP$, & A sit differentia mediarum.

Sed neque hæc, neque aliæ similes quæ de solis lateribus infrà explicari possunt æquationes ad usum cummunem revocari possunt, nisi per transmutationem aliarum æquationum, quod etiam ratò aut nunquam accidit.

Propositio

Propositio septima irregularis.

$$S_I \ Z^c + RA^q + A^c \ \infty \ O$$

Rursus in hac æquatione A explicabile est de unico latere infrà, nec ulla datur vel trium vel etiam duorum laterum multiplicatio, ex qua illa oriri possit. Facile tamen hæc æquatio transmutabitur in aliam similem ei, quæ habetur propositione 6^a seu præcedenti, unde constitutio ejus ex quatuor proportionalibus deducetur ut suprà; sed neque alia esse potest, quàm præcedentis, utilitas.

Propositio octava irregularis.

$$S_I \ Z^c + A^c \ \infty \ O.$$

Unicum etiam est latus infrà, idemque æquale lateri cubico ipsius Z^c.

CAPUT TERTIUM.

HOc caput tot propositiones habet, quot præcedens, atque has illarum sigillatim inversas, hac ratione, ut quæ illic suprà erant latera, hic sint infrà, & è contrario. Determinationes autem in utroque capite sunt penitus eædem: itaque exposita formula universali, quinque priorum propositionum regularium, enumeratisque breviter singulis octo propositionibus, reliqua ad idem caput præcedens remittemus.

Pro formula igitur universali, intelligantur duo latera infrà, & unum suprà hac ratione

$$B + A \ \infty \ O$$
$$C + A \ \infty \ O$$
$$D - A \ \infty \ O$$

fiatque multiplicatio qualem consuevimus habita ratione signorum, atque ita reperiemus.

$$\begin{array}{c} +BDA - BA^q \\ BCD + CDA - CA^q - A^c \ \infty \ O \\ -BCA + DA^q \end{array}$$

Qua ratione duo latera infrà intelliguntur æqualia ipsis B & C; illud autem quod est suprà, intelligitur æquale ipsi D.

Jam differentia inter summam laterum B & C & unicum D, esto R; differentia autem inter summam rectangulorum BD & CD atque unicum BC, esto SP: item solidum BCD esto Z^c. Hoc pacto prout excessus erit pænes hæc vel illud, vel etiam aliquando nullus, orientur quinque propositiones regulares.

Propositio prima.

$$S_I \ Z^c + SP\,A + RA^q - A^c \ \infty \ O.$$

Sunt tria latera, duo quidem infrà, & unum suprà, idemque majus summa duorum priorum, & differentia est R; rectangulum autem sub summa priorum & tertio excedit rectangulum sub duobus prioribus, & excessus est SP. At Z^c est id quod sub tribus continetur, & A explicabile est de quolibet ex ipsis.

Determinatio.

PRo determinatione, positis duobus lateribus quæ sunt infrà, inter se
æqualibus, recurremus ad primam propositionem secundi capitis, mutatis tamen iis quæ hic sunt infrà, in ea quæ ibi erant suprà, reperiemus
valorem ipsius A infrà, æquale esse.

$$\frac{\dfrac{3Z^f + \frac{1}{3}SP}{R}}{\dfrac{2SP + \frac{2}{3}R}{R}}$$

Propositio secunda.

SI $Z^f + SPA - A^3 \infty O.$
Vide secundam propositionem 2^i capitis, mutatis tamen suprà & infrà,
ut jam diximus, neque etiam determinatione differunt.

Propositio tertia.

SI $Z^f + SPA - RA^2 - A^3 \infty O.$
Vide tertiam secundi capitis, mutatione facta ut diximus, determinatio
eadem erit.

Propositio quarta.

SI $Z^f - RA^2 - A^3 \infty O.$
Vide iisdem mutatis, quartam secundi capitis ejusque determinationem.

Propositio quinta.

SI $Z^f - SPA - RA^2 - A^3 \infty O.$
Vide iisdem mutatis quintam propositionem 2^i capitis ejusque determinationem.

Propositio sexta irregularis.

SI $Z^f - SPA - A^3 \infty O.$
Unicum est latus suprà, pro quo vide sextam propositionem secundi capitis. Notabis tamen hanc utilem esse posse.

Propositio septima irregularis.

SI $Z^f + RA^2 - A^3 \infty O.$
Unicum est latus suprà pro quo vide sextam propositionem 2^i capitis. Notabis tamen hanc utilem esse posse.

Propositio octava irregularis.

SI $Z^f - A^3 \infty O.$
Unicum est latus suprà, æquale lateri cubico $Z^f.$

CAPUT QUARTUM.

HOc etiam caput inversum est primi cubicorum; differunt enim in eo tantum quòd quæ illic erant latera suprà, hic sunt infrà, idque in prima propositione, quæ prorsus regularis est: at in secunda, quæ aliquo pacto est irregularis, ambo latera remanent infrà, etiamsi illic alterum esset suprà, alterum infrà, nec etiam in ambabus formula est eadem, quapropter utramque hic apponemus etiamsi utraque sit inutilis, nisi ex transmutatione aliunde oriatur, quod etiam rarò, aut nunquam accidere potest.

Propositio prima.

SI $Z^c + SpA + RA^2 + A^3 \infty O$.
   Et Z^c non sit æquale ipsi SP.

$$\overline{\quad\quad}\\ R$$

Sunt tria latera positiva infrà, quorum summa est R, tria rectangula sub ipsis, binis ac binis sumptis simul, constituunt SP: at Z^c est quod sub tribus continetur, & A explicabile est de quolibet ex ipsis.

Statuantur enim tria latera positiva infrà, in binomiis ut consuevimus hoc pacto

$$B + A \infty O$$
$$C + A \infty O$$
$$D + A \infty O$$

& fiat multiplicatio ut in superioribus, orieturque

$$\begin{array}{l} \quad\quad + BDA + BA^2 \\ BCD + CDA + CA^2 + A^3 \infty O \\ \quad\quad + BCA + DA^2 \end{array}$$

quæ æquatio si hanc interpretationem accipiat, ut $B + C + D$ sit R; & $BD + CD + BC$ sit SP, item BCD sit $Z^{cub.}$, incidemus in æquationem propositam, ubi manifestum est A explicabile esse tam de B, quàm de C, & de D, infrà.

Determinatio eadem prorsus est, quæ in prima propositione primi capitis cubicarum, atque id tam in majori quàm in minori determinationum ibi expositarum.

Propositio secunda.

SI $Z^c + SpA + RA^2 + A^3 \infty O$.
   Sit autem $Z^c \infty SP$.

$$\overline{\quad\quad}\\ R$$

Sunt duo latera ambo infrà, alterum quidem æquale longitudine ipsi R, alterum autem non proprie latus, sed planum æquale SP, & Z^c est id quod continetur sub primo latere in planum, quod secundi locum obtinet sive SPR, & A explicabile est de quolibet.

Statuatur enim $R + A \infty O$
    & $SP + A^2 \infty O$
ut sint latus & planum, ambo positiva infrà, fiatque multiplicatio, atque ita orietur hæc æquatio.

$$RSP + SPA + RA^2 + A^3 \infty O.$$

Jam R Sᴘ esto Zᶜ, qua ascita interpretatione incidemus in æquationem propositam, quæ proinde explicabilis est, tam de A æquali, ipsi R, quàm de A æquali potentiæ ipsi Sᴾᵒ, ut est propositum.

Nota circa æquationes præmissas, & circa eas, quæ ad altiores gradus aut potentias pertinere possunt.

Prima.

OMɴɪs affectio sub latere positivo suprà, sequitur naturam sui signi, censetur enim affirmativa vel negativa suprà, prout illa afficitur signo affirmationis vel negationis. Idem intellige de affectionibus sub omnibus gradibus, atque etiam de omnibus potentiis ejusdem lateris positivi suprà.

Secunda.

UT autem innotescat etiam quid censendum sit de affectionibus sub latere positivo infrà ejusque gradibus, & potentiis, præmittendum est primum id quod jam notavimus, nempe affirmativum infrà æquivalere negativo suprà, & è contrario.

Deinde circa latera suprà, ideo ╼+╾ multiplicatum per ╼+╾ producere ╼+╾, quia multiplicator affirmativus affirmat affirmationem multiplicati. Ideo autem ── per ── producere ╼+╾, quia multiplicator negationis negat negationem multiplicati, atque ita constituit affirmationem. At ╼+╾ per ── vel ── per ╼+╾, ideo producere ──, quia multiplicator affirmativus affirmat negationem multiplicati, vel multiplicator negativus negat affirmationem multiplicati, atque ita constituit negationem.

Hinc igitur, quia latus affirmativum infrà, æquivalet negativo suprà, omnis affectio sub latere positivo infrà, sequitur contrariam sui signi naturam, ita ut si sit affirmativum infrà, æquivaleat negativo suprà & è contrario. Contra verò quadratum lateris positivi infrà, æquivalet quadrato lateris positivi suprà, quia fit ex ╼+╾ A in ╼+╾ A, vel ex ── A in ── A, unde quovis modo fit ╼+╾ A² suprà, vel æquivalens. Itaque omnis affectio sub quadrato lateris positivi infrà, sequitur naturam sui signi affirmativi vel negativi: in altioribus verò gradibus, simili argumento concludemus idem accidere affectioni sub cubo, quod sub suo latere: & quadratoquadrato, quod suo quadrato, atque ita continuè per gradus altiores, ut illi qui statuuntur in locis imparibus, imitentur latus ipsum; qui autem statuuntur in locis paribus, imitentur quadratum.

Insuper omnis affectio, quæ retinet naturam sui signi, ducta in affectionem, quæ itidem naturam sui signi retineat, producit aliam, quæ etiam naturam sui signi retinet. Sed & affectio quæ sequitur contrariam sui signi naturam, ducta in affectionem quæ contrariam sui signi naturam sequatur, producit aliam, quæ sequitur eandem sui signi naturam.

Contrarium autem accidit dum ducuntur inter se duæ affectiones, quarum una sui signi naturam sequatur, altera contrariam, quæ enim inde fit affectio, sequitur contrariam sui signi naturam.

Tertia.

EX duabus notis præmissis non difficile erit explicare, cùm ex multiplicatione binomiorum in omnibus capitibus jam expositis, circa

quadratas

quadratas & cubicas affectiones, producatur tandem æquatio quæ nihilo
æquivaleat, id autem uno aut altero exemplo illustrabimus.

Proponatur primum, ut in propositione secunda quadraticarum, hæc
æquatio

$$BC \overset{+\ BA}{\underset{}{—CA}} — A^2 \;\infty\; O.$$

Quæ quidem æquatio orta est ex ductu affectionum B — A & C + A in
se invicem, intelligatur ergo primo casu, B suprà æquari ipsi A suprà; unde
B — A æquatur nihilo; quia tam B quàm A, cùm sint suprà, sequuntur
naturam sui signi, quæ signa cùm sint contraria, manifestum est B & A tollere se invicem.

Jam C + A cujuscumque valoris sit ducatur in B — A, sit rursus manifestò

$$BC \overset{+\ BA}{\underset{}{—CA}} — A^2 \;\infty\; O.$$

Ubi omnes affectiones sequuntur naturam sui signi, quia quæ ipsas pro-
duxerunt, sui signi naturam sequebantur, & quia B æquatur A, ideo BC
æquatur CA, quare propter signa contraria tollunt se invicem + BC
— CA.

Item BA æquatur A², quare propter signa contraria tollunt se invicem
+ BA — A², atque ita omnes affectiones simul nihilo æquivalent, dum
scilicet B æquatur ipsi A suprà.

Sed secundo casu, esto C suprà æquale ipsi A infrà: unde C + A
æquatur nihilo, quia ipsum + A infrà sequitur contrariam sui signi naturam, æquivaletque ipsi — A suprà, sicque tollunt se invicem + C + A.

Jam B — A cujuscumque valoris sit, ducatur in C + A, sit manifestò

$$BC \overset{+\ BA}{\underset{}{—CA}} — A^2.$$

Ubi duæ affectiones sub latere A, scilicet + BA, sequuntur contrariam sui
$$—CA$$
signi naturam; at — A² & + BC sui ipsius signi naturam sequuntur; &
quia C æquatur A, ideo BC æquatur BA, & CA æquatur A², quare
tollunt se invicem + BC + BA, quia BC eandem, BA vero contrariam
sui signi sequitur naturam. Eadem ratione tollunt se invicem — CA — A²
quia CA contrariam, A² vero eandem sui signi naturam sequitur: atque
ita rursus omnes affectiones simul nihilo æquivalent, cùm ipsum C suprà
æquetur ipsi A infrà.

Cùm vero sic interpretamur æquationem ut BC sit ZP, at + B sit R,
$$—C$$
ut sic ZP + RA — A² ∞ O. Patet ipsum R, esse differentiam inter B
majus & C minus, quia illæ affectiones + BA & — CA habent signa
diversa, & præterea vel ambæ eandem, vel ambæ contrariam sui signi naturam sequuntur, impediunt ergo signa diversa ne simul jungi debeant.

Item in hac æquatione ZP + RA — A² ∞ O.

Dum A intelligitur esse suprà, omnes affectiones sunt suprà, sequuntur-
que naturam sui signi, & sic sola affectio A² æquatur reliquis duabus
simul.

E contratio vero cum A intelligitur esse infrà, tum ZP & A² sequuntur
naturam sui signi, RA vero contrariam, sicque + RA infrà æquivalet —
RA suprà. Unde + RA — A² simul æquivalent ipsi ZP.

Kk

Jam in secundo exemplo proponatur æquatio propositionis primæ secundi capitis cubicarum

$$Z^c - SpA + RA^z + A^3 \,\infty\, 0.$$

Cujus constitutionem deduximus ex multiplicatione sive ductu harum trium affectionum, B — A
C — A
D + A

Ex quo oritur hæc æquatio, posito tamen quod D majus sit quàm B & C simul.

$$BCD \begin{array}{l} - BDA + DA^z \\ - CDA - BA^z + A^3 \,\infty\, 0 \\ + BCA - CA^z \end{array}$$

Quam quidem æquationem legitimam esse, sive B suprà æquetur A suprà, sive C suprà æquetur A suprà, sive tandem D suprà æquetur A infrà, sic ostendimus.

Ponamus primo casu B suprà æquari A suprà, unde B — A ∞ 0.

Jam sub ipso valore A, quicquid valeat tam C — A, quàm D + A, multiplicentur invicem hæ duæ affectiones, orieturque

$$CD \begin{array}{l} + CA \\ - DA - A^z; \end{array}$$

Ubi omnes affectiones particulares sequuntur naturam sui signi, quia tam A, quàm B, C, D ex quibus ortæ sunt, sunt suprà. Hoc autem totum productum quicquid valeat ducatur in B — A, atque ita tandem orietur

$$BCD \begin{array}{l} - BDA + DA^z \\ - CDA - BA^z + A^3 \\ + BCA - CA^z \end{array}$$

Cujus omnes affectiones sequuntur sui signi naturam, propter rationem jam allatam. Quoniam ergo B ponitur æquale ipsi A, ideo BCD æquatur CDA, atque ita tollunt se invicem + BCD — CDA; eadem ratione tollunt se invicem — BDA + DA^z: item + BCA — CA^z, ac tandem — BA^z + A^3, unde patet omnes affectiones simul, nihilo æquivalere, dum B æquatur ipsi A.

Secundo casu C suprà æquetur ipsi A suprà; unde C — A ∞ 0.

Jam sub ipso valore A quicquid valeat tam B — A, quàm D + A, multiplicentur invicem hæ duæ affectiones, orieturque manifestò

$$BD \begin{array}{l} + BA \\ - DA - A^z \end{array}$$

Ubi omnes affectiones particulares sequuntur naturam sui signi, quia A, B, C, D ponuntur esse suprà. Hoc autem totum productum, quicquid valeat, ducatur in C — A, orietur rursus ut in primo casu

$$BCD \begin{array}{l} - BDA + DA^z \\ - CDA - BA^z + A^3 \,\infty\, 0 \\ + BCA - CA^z \end{array}$$

Ubi etiam omnes affectiones sequuntur naturam sui signi propter eandem rationem. Quoniam ergo C ponitur æquari ipsi A, ideo BCD æquatur ipsi BDA, atque ita tollunt se invicem + BCD — BDA: eadem ratione tollunt se — CDA + DA^z; item + BCA — BA^z: ac tandem — $CA^2 + A^3$. Unde patet quod existente C æquali ipsi A, omnes affectiones simul nihilo æquivalent.

Tertio & ultimo casu, intelligatur D suprà æquari A infrà. Quo pacto $D + A \infty O$.

Jam sub ipso valore A, quicquid valeat tam B — A, quàm C — A, ducantur invicem hæ duæ affectiones, orieturque

$$\begin{array}{c} - BA \\ BC - CA + A^2, \end{array}$$

Ubi, quia tam B, quàm C sunt suprà, A autem infrà, duæ affectiones BC & A^2 sequuntur naturam sui signi, duæ verò reliquæ BA contrariam. Hoc autem totum productum quicquid valeat, ducatur in $\overset{CA}{D + A}$, orieturque idem omnino quod primo & secundo casu, nempe

$$\begin{array}{c} - BDA + DA^2 \\ BCD - CDA - BA^2 + A^3 \\ + BCA - CA^2 \end{array}$$

Hic verò omnes affectiones sub latere A, atque etiam cubi A^3 sequuntur contrariam sui signi naturam per regulas præmissas, quia oriuntur ex multiplicatione affectionum, BD, CD, BC, & A^2, quæ omnes sequuntur naturam sui signi in A quod sequitur contrariam.

Quoniam ergo D suprà ponitur æquale A infrà, ideo BCD æquatur BCA, unde tollunt se invicem + BCD + BCA: nam etiam si signa sint eadem, tamen natura est contraria. Eadem ratione tollunt se invicem — BDA — BA^2, item — CDA — CA^2, & denique + DA^2 + A^3.

Unde patet quod existente D supra æquali ipsi A infrà, omnes affectiones simul nihilo æquivalent. Sive ergo B vel C suprà æquetur ipsi A suprà, sive D suprà æquetur A infrà semper stabit æquatio, & omnes affectiones simul nihilo æquivalebunt.

Itaque in æquatione proposita $Z^f - S^p A + RA^2 + A^3 \infty O$.

S^p intelligitur esse differentia inter summam duorum planorum BD, CD, & planum BC: at longitudo R est differentia inter summam laterum B, C, & latus D, quæ sunt æqualia tribus illis de quibus potest explicari A, in æquatione. Rursus cùm in eadem æquatione A intelligatur esse suprà, tunc omnes affectiones sequuntur naturam sui signi, unde sola affectio $S^p A$ æquatur tribus reliquis simul sumptis. Contrà verò cùm A intelligitur esse infrà, tunc affectiones sub latere A & ipsius cubo A^3 sequuntur naturam contrariam sui signi, duæ autem reliquæ eandem, unde — $S^p A$ infrà æquivalet + $S^p A$ suprà, & + A^3 infrà æquivalet — A^3 suprà, sicque sola affectio A^3 æquatur tribus reliquis simul sumptis.

His duobus exemplis rite perceptis, non erit difficile idem in omnibus æquationibus extendere, quæ ex duobus, tribus vel etiam pluribus lateribus efformabuntur.

Quarta.

CUM autem planum aliquod ex se ponitur sequi naturam contrariam sui signi, tunc occurrere posset difficultas circa affectiones lateris quod potentiâ æquale intelligitur eidem plano, & circa affectiones aliorum graduum ejusdem lateris, quæ difficultas etiamsi non difficilè solvi possit, speciatim in omnibus affectionibus oblatis, quia tamen prolixa esset solutio, præcipuè quia extendi deberet non ad planum tantùm, sed etiam ad

gradus altiores, ideò nos folutionem afferemus in univerfum, quæ ad quaf-
cumque æquationes, etiam eas de quibus jam egimus, extendi poteft, eamque aliquo exemplo illuftrabimus.

Intelligatur ergo BP fuprà ─┼─ A² infrà ꝏ O. Ubi manifefto A² quod planum eft, fequitur naturam fui figni contrariam. Sit autem quævis æquatio,
quæ orta fit ex multiplicatione hujus affectionis BP ─┼─ A² in aliam quamcumque affectionem, in qua æquatione A fit explicabile de latere A, quod
potentiâ æquale fit ipfi BP. Ut oftendamus omnes affectiones æquationis fimul
nihilo æquavalere fic ratiocinabimur. Quia affectio BP ─┼─ A² in aliam quamcumque affectionem ducitur, certum eft in ipfam duci primum feparatim
BP quod fequitur naturam fui figni, deinde in eandem duci feparatim A²
quod fequitur contrariam: quicquid ergo producat BP, id omne fimul,
æquale eft ei, quod producitur ab A² propter æqualitatem BP & A²; fed
& fingula producta fingulis productis funt æqualia propter eandem rationem, & in fingulis æqualibus figna erunt eadem, quia BP & A² habent
idem fignum. At propter contrariam naturam BP & A² fingula producta
æqualia contrariæ erunt naturæ, atque idcircò tollent fe invicem, ita ut
nihil omnino remaneat, & tota æquatio nihilo fit æqualis, ut proponitur.

Ut autem in omnibus æquationibus idem locum habere manifeftum fit,
intelligatur BP ── A² ꝏ O, fintque tam BP quàm A² fuprà, & utrumque
fequatur naturam fui figni. Tunc facta multiplicatione, ut dictum eft, fingula producta fingulis funt æqualia & ejufdem naturæ; fed figna erunt
contraria, quia BP & A² habent contraria, atque ita rurfus tollent fe invicem;omnes affectiones, ita ut nihil omnino remaneat, & tota æquatio
nihilo fit æqualis, ut proponitur.

In exemplo proponatur, ut in fecunda propofitione primi capitis cubicarum, BP ─┼─ A² ꝏ O. Ita ut BP fit fuprà, at A² infrà, & ambo æqualia,
ducatur autem hæc affectio in hanc aliam, cujufcumque fit valoris C ── A
órietur manifeftò BP C ── BP A ─┼─ C A² ── A³, fed ita ut ─┼─ BP C ── BP A
fiat fpeciatim ex ductu BP in C ── A; at ─┼─ C A² ── A³ fiat ex A² in
C ── A. Quia ergo ─┼─ BP ducitur in ─┼─ C & producit BP C, & ─┼─ A²
ducitur in idem C & producit C A², funt autem æqualia BP & A², atque
idem poffident fignum, erunt æqualia producta BP C, idemque fignum
poffidebunt: at quia diverfæ funt naturæ BP & A², illud fcilicet BP fequitur eandem fui figni naturam, hoc verò A² contrariam; idem ergo eorum productis accidet, ut alterum eandem fui figni naturam, alterum verò
contrariam fequatur: tollent igitur fe invicem ─┼─ BP C & ─┼─ C A². Eadem ratione quia BP & A² æqualia fub eodem figno, fed diverfæ naturæ
ducuntur figillatim in A & producunt ── BP A ── A³, erunt hæc producta æqualia & fub eodem figno, fed diverfæ naturæ: ipfa ergo tollent fe
invicem, unde tota æquatio nihilo æquivalet. Nec erit difficile fimili argumento uti in quibufcumque æquationibus, femper enim fingulæ affectiones fingulis erunt æquales, quia fient ex æqualibus in eandem: at vel figna
erunt eadem & natura contraria, vel natura erit eadem & figna contraria,
ficque tollent fe invicem fingulæ affectiones, & tota æquatio nihilo æqui-
valebit.

Quinta.

OPERÆ etiam pretium eft fcire quot modis complicati poffint affectiones fpeciales, ut ex iis affectiones univerfales oriantur ad condendas
æquationes omnium potentiarum quadraticarum, cubicarum, quadrato-
quadraticarum, quadratocubicarum &c.

Ad

Ad hoc autem habenda primum est ratio numeri graduum ex quibus ipsa potentia componitur: nam quot modis potentia ipsa ex suis gradibus gigni poterit, tot modis complicari poterunt affectiones speciales ad condendam æqualitatem. Sic latus per se, latus tantùm est. Planum fit vel per se, vel ex duobus lateribus. Solidum fit vel per se, vel ex plano & latere, vel ex tribus lateribus. Planoplanum fit vel per se, vel ex solido & latere, vel ex duobus planis, vel ex plano & duobus lateribus, vel ex quatuor lateribus. Planosolidum fit vel per se, vel ex planoplano & latere, vel ex solido & plano, vel ex solido & duobus lateribus, vel ex duobus planis & latere, vel ex plano & tribus lateribus, vel ex quinque lateribus. Solidosolidum fit vel per se vel ex planosolido & latere, vel ex planoplano & plano, vel ex planoplano & duobus lateribus, vel ex duobus solidis, vel ex solido & plano & latere, vel ex solido & tribus lateribus, vel ex tribus planis, vel ex duobus planis & duobus lateribus, vel ex plano & quatuor lateribus, vel ex sex lateribus. Atque eodem modo & ordine in infinitum.

Secundo habenda est ratio affectionum specialium ex quibus totalis gignitur: nam ex illis quædam aliquando per se æquationem aliquam constituunt, quæ de unico, vel etiam de pluribus lateribus explicabilis est, omnino autem quævis æquatio superioris ordinis formari potest ex duabus vel pluribus æquationibus inferiorum ordinum in se ductis, atque id tot modis quot jam diximus potentias ex suis gradibus gigni posse. Exempli gratia, æquatio cubocubica potest formari ex quadratocubica ducta in lateralem, vel ex quadratoquadratica in quadraticam, vel ex quadratoquadratica & duobus lateribus, vel ex duabus cubicis, vel ex cubica in quadraticam & lateralem, vel ex tribus quadraticis & cæt.

Hinc patet eò pluribus modis complicari posse affectiones speciales ad condendam æquationem aliquam, quò altior est illa æquatio, seu quò altior est illius potentia: atque ipsam altiorem gigni posse ex omnibus inferioribus debitè complicatis nullâ exceptâ, & præterea eandem per se ipsam constitui aliquando nullo inferiorum habito respectu.

Sexta.

Illud autem notatu dignissimum est, quamcumque æquationem de tot lateribus explicabilem esse, quot sunt illa de quibus explicari possunt omnes affectiones, seu æquationes speciales à quibus illa producta est. Immo & latera illius lateribus illarum singula singulis esse æqualia sive potiùs eadem; atque adeò ejusdem affectionis & naturæ.

Exempli gratia æquatio lateralis ut B — A ꝗ O de unico tantùm latere suprà explicabilis est, sicut & C — A ꝗ O. At ambæ invicem ductæ producunt quadraticam æquationem

$$\begin{array}{r} -\,\text{B A} \\ \text{B C} - \text{C A} + \text{A}^2 \,ꝗ\, \text{O}: \end{array}$$

Quæ de iisdem duobus lateribus suprà est explicabilis.

Rursus si hæc æquatio quadratica ducatur in hanc lateralem D + A ꝗ O; quæ de unico latere infià explicari potest, producetur hæc æquatio cubica

$$\begin{array}{r} -\,\text{B D A} - \text{B A}^2 \\ \text{B C D} - \text{C D A} - \text{C A}^2 + \text{A}^3 \,ꝗ\, \text{O} \\ +\,\text{B C A} + \text{D A}^2 \end{array}$$

Quæ de tribus iisdem lateribus explicabitur, duobus quidem suprà, altero verò infrà.

Eodem modo si ipsa æquatio cubica ducatur in aliam lateralem de unico latere explicabilem, producetur æquatio quadratoquadratica, quæ de quatuor lateribus explicari poterit.

Item hæc æquatio cubica $Z^c - SPA - A^3 \, \infty \, O$.

De unico tantùm latere suprà est explicabilis

$$\text{Hæc quadratica } BP - RA - A^2 \, \infty \, O$$

De duobus, altero suprà, & altero infrà: his ergo duabus æquationibus in se invicem ductis fiet hæc quadratocubica

$$-BPSPA + RSPA^2 - BPA^3$$
$$BPZ^c - RZ^cA - Z^cA^2 + SPA^3 + RA^4 + A^5 \, \infty \, O$$

Quæ de tribus iisdem lateribus, duobus quidem suprà, & tertio infrà, est explicabilis, atque ita de reliquis.

Cùm verò quædam æquatio per se ipsam constituitur, nec constare potest ex ductu duarum aut plurium inferiorum, tunc illam de unico tantùm latere contingit explicari posse, quales sunt omnes illæ irregulares de quibus diximus suprà cap. 2° & 3° cubicarum.

Præterea si accidat omnia latera alicujus æquationis esse fictitia, & impossibilia, ejusmodi æquatio in quamcumque aliam ducta tertiam producet, quæ de lateribus secundæ æquationis tantùm explicabilis erit; quòd si etiam secundæ illius latera omnia fictitia sint, quæ ex ambabus primâ scilicet & secundâ oritur æquatio, habebit latera omnia fictitia, & impossibilia. At si duarum priorum æquationum latera quædam fictitia sint & quædam positiva, tunc æquatio quæ ab ipsis duabus producitur, tot latera habebit positiva quot in duabus à quibus producta est, reperiuntur. Cætera erunt etiam fictitia.

In exemplo esto hæc æquatio quadratica

$$ZP - RA + A^2 \, \infty \, O$$

& intelligatur ZP majus esse quàm $\frac{1}{4} R^2$; unde duo latera de quibus aliàs explicabilis esset ipsa æquatio, sunt fictitia: esto quoque hæc æquatio lateralis $B - A \, \infty \, O$ de unico latere suprà explicabilis, ducanturque in se invicem æquationes ipsæ, unde producetur hæc æquatio cubica

$$-BRA + BA^2$$
$$ZPB - ZPA + RA^2 - A^3 \, \infty \, O.$$

Quæ quidem æquatio de unico tantùm latere suprà est explicabilis, reliqua duo sunt fictitia.

Corollarium.

EX hac nota intelligi potest methodus, quâ dignosci poterit num æquatio proposita habeat quædam latera fictitia, an verò omnia sint positiva, an etiam omnia fictitia: illud autem aliquando & longissimæ & difficillimæ indagationis est, præcipuè in æquationibus ultrà cubum elatis & multipliciter affectis. In universum autem considerandum erit quot modis æquatio proposita ex aliis inferioribus produci poterit, habitâ ratione formulæ, & quot modis accidere poterit ut illæ inferiores habeant latera, vel fictitia, vel positiva, quidve tam hæc quàm illa efficiant, dum inter se multiplicantur: nam hoc intellecto, dum proponetur illa æquatio, examinandum erit num id illi conveniat, quod à parte laterum fictitiorum produci debuit, num verò id quod à parte laterum positivorum exempli gratia, propositâ hac æquatione cubicâ

$$C^r - D_p A + F A^2 - A^3 \infty O.$$

Cujus formula similis est ei quam sub finem notæ sextæ adduximus, patet eam produci potuisse à duabus, alterâ planâ, sub hac formula

$$Z_p - R A + A^2 \infty O$$

Altera autem laterali sub hac formulâ B — A ∞ O. Unde æquationis productæ formula est hæc, quæ etiam ibi adducta est

$$\begin{aligned} & \quad\; -B R A + B A^2 \\ & Z_p B - Z_p A + R A^2 - A^3. \end{aligned}$$

Conferantur ergo inter se singula homogenea ambarum ipsarum æquationum, scilicet C^r cum $Z_p B$, item D_p cum ambobus simul B R & Z_p, & longitudo F, cum ambabus B & R : his enim collatis si reperiatur Z_p majus esse quàm $\frac{1}{4} R^2$, concludemus latera æquationis planæ fuisse fictitia, atque adeo & eadem, in æquatione cubicâ, fictitia esse. Quòd si Z_p non sit majus quàm $\frac{1}{4} R^2$, erunt in utraque æquatione latera positiva. Verùm tota difficultas consistit in modo & ratione examinandi : hic enim in exemplo, videndum esset, num longitudo F sic dividi possit in duas partes, quæ referant B & R, & rectangulum sub ipsis demptum ex D_p relinquat $\frac{1}{4}$ quadrati alterutrius partium, putà ipsius R. Ac præterea C^r applicatum ad reliquam partem exhibeat idem $\frac{1}{4} R^2$, hoc enim casu æquatio proposita explicabilis erit de tribus lateribus, duobus quidem æqualibus, tertio verò utcumque, & ambo æqualia simul æquivalebunt primæ portioni ipsius F, putà ipsi R, eritque hic casus minoris majorisve determinationis.

Aliter, quod tamen eódem recidit, dividatur longitudo F, sic ut rectangulum sub partibus unà cum $\frac{1}{4}$ quadrati unius portionum æquale sit D_p, est autem hujusce divisionis problema planum de duobus lateribus explicabile, & determinationi obnoxium, ac tunc si divisio fieri non possit, statim pronuntiare licet æquationis planæ latera fuisse fictitia. Si autem divisio fieri possit, sitque ipsa maxima eademque unica, cùm scilicet altera pars ipsi B correlata, erit $\frac{1}{4}$ F, altera autem ipsi R correlata, erit $\frac{1}{4}$ F, tunc nisi C^r sit præcise $\frac{1}{8}$ F^3, erit rursus æquatio plana, fictitia : existente autem C^r æquali ipsi $\frac{1}{8}$ F^3, erit tunc casus majoris determinationis, de qua dictum est propos. prima, cap. 1. cubicarum. At verò si factâ divisione longitudinis F, ut dictum est, non incidamus in maximam, cùm scilicet portio ipsi B correlata non erit $\frac{1}{4}$ F, sed major, vel minor (duplex enim hoc casu contingere potest solutio) tunc si ductâ alterutrâ ex iis duabus partibus quæ ipsi B correlatæ sunt, in $\frac{1}{4}$ quadrati alterius sibi congruentis, fiat solidum æquale ipsi C^r, habebitur casus minoris determinationis, in quo tria latera erunt positiva, duo quidem æqualia, ad æquationem quadraticam pertinentia, quorum summa erit illa portio longitudinis F, quæ ipsi R correlata est, & tertium singulis productis inæquale, quod ad æquationem lateralem pertinebit, eritque tertium illud portio ipsi B correlata. Quòd si ex duobus illis solidis quæ hac ratione fieri possunt, (videlicet ob duplicem solutionem, quæ contingere potest, divisa longitudine F, ut proponitur) neutrum æquale reperiatur ipsi C^r, sit autem hoc C^r, maximo prædictorum minus, minimo majus: tunc tria æquationis latera erunt positiva, sed inæqualia. Si tandem C^r, vel maximo prædictorum majus, vel minimo minus extiterit, hoc casu erunt duo illa latera fictitia quæ ad æquationem planam pertinebunt, ac solum reliquum illud erit positivum, quod æquationis lateralis proprium erit.

❧

DE

GEOMETRICA PLANARUM
ET CUBICARUM ÆQUATIONUM
RESOLUTIONE.

ÆQUATIONEM geometricè refolvere, eft invenire geometricè omnia latera de quibus ipfa æquatio explicabilis eft.

Inventio autem ejufmodi laterum dicitur effe geometrica, cùm illa deducitur ex locis propriis fecundùm geometriæ leges defcriptis, atque inter fe certo ac legitimo modo compofitis ; ita ut ex ipforum locorum fectione vel tactione, lineæ quædam rectæ deducantur quæ latera quæfita exhibeant.

Quoniam verò ifta laterum inventio pendet à locis geometricis, non abs re fuerit aliqua de ipfis locis præmittere, tum circa eorum naturam atque conftitutionem, tum etiam circa eorumdem divifionem, ac diverfos gradus ; ut quæ fimpliciora funt, à magis compofitis diftinguantur.

Locus ergo geometricus in univerfum, eft magnitudo quædam ex qua deduci poffunt quotcunque aliæ magnitudines fecundùm eandem atque uniformem quandam legem, quæ eandem aliquam atque uniformem fortiantur proprietatem.

De locis ejufmodi complures libros antiqui confcripfere, quorum numerum & titulos apud Pappum Alexandrinum legere licet; fed illi temporis injuria, fummo rei literariæ detrimento, perierunt. Neque nos eorum inftaurationem hic intendimus, quia ad noftrum inftitutum, paucis iifque non admodùm difficilibus, egemus. Non abs re tamen fore judicavimus felectiores aliquot ex illuftrioribus locis in exemplum hic afferre, quò eorum natura & conftitutio magis elucefcat. Nec ultra conftructionem feu compofitionem ipforum progrediemur : demonftrationem autem, quia plerumque nimis longa eft, ad eam partem geometriæ quæ talem materiam tractare debet, remittemus.

In primo ergo exemplo. Efto quævis circuli circumferentia A B C, cujus centrum fit D ; manifeftum eft ergo rectas omnes ab ipfa circumferentia ad centrum D ductas effe æquales. Itaque ex præmiffa loci definitione, circumferentia illa locus eft ; quandoquidem ea magnitudo eft ex qua deductæ quotcumque aliæ magnitudines, lineæ rectæ fcilicet, fecundùm eandem atque uniformem legem, puta quæ ad idem centrum D tendant, candem aliquam atque uniformem fortiuntur proprietatem, ut fcilicet omnes fint inter fe æquales.

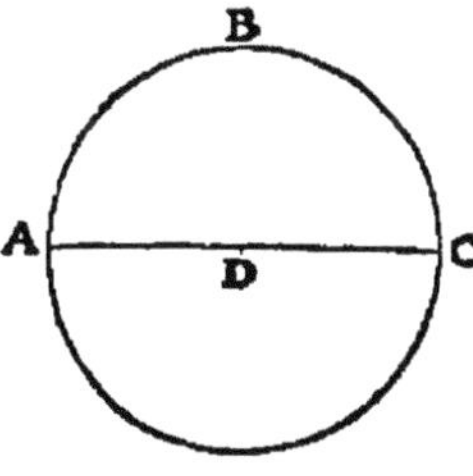

Geometræ autem, cùm magnitudinem aliquam ad quendam locum referre volunt, primùm magnitudinis iftius genus ac fpeciem, deinde ejufdem conditiones exprimunt, ac tandem locum ipfum enuntiant, addito modo quo ipfa magnitudo ad prædictum locum refertur.

In

In exemplo ergo præmisso sic illi loquerentur. Si ab aliquo puncto educantur quotcunque rectæ, quæ uni eidemque rectæ sint æquales, erit alterum cujusvis eductæ extremum ad circuli circumferentiam.

In altero exemplo. Esto quævis circumferentia circuli ABC, cujus diameter sit A C, atque in ea diametro statuatur punctum quodvis D, à quo erecta ad diametrum perpendicularis recta D B, terminetur ad circumferentiam in B: erit ergo hæc B D media proportionalis inter diametri portiones A D, D C; unde ipsa circumferentia, rursùs alio respectu locus erit, quippe ad medias proportionales.

Phrasis geometrica hujus loci talis esset. Rectâ lineâ utcunque terminatâ, si inter terminos illius sumatur quodvis punctum, à quo educatur ad rectos angulos ipsi rectæ quævis alia recta, quæ inter prioris rectæ portiones media proportionalis existat, erit alterum eductæ extremum ad circuli circumferentiam.

In tertio exemplo. Esto adhuc quævis circumferentia circuli A B C, atque in ea recta quædam A C quæ subtendat arcum A B C utcunque; atque in eo arcu, sumpto quovis puncto B, ducantur rectæ B A, B C ad ejusdem arcus sive chordæ ipsius extrema: manifestum est angulum A B C æqualem esse omni alii angulo qui in eadem portione A B C existet. Manifestum est quoque potuisse super rectam A C constitui portionem circuli A B C, quæ cujuscunque anguli A B C capax esset; unde circuli portio A B C hoc respectu locus erit; quippe ad angulos æquales.

Phrasis geometrica hæc erit. Rectâ lineâ utcunque terminatâ, & exposito quovis angulo rectilineo: si à rectæ lineæ terminis ad aliquod punctum inclinentur duæ aliæ rectæ quæ angulum exposito æqualem contineant: erit hoc punctum, sive vertex anguli, ad alicujus portionis circuli circumferentiam.

In quarto exemplo. Esto ut suprà quivis circulus cujus diameter A B; atque ex punctis A, B, ducantur ad quodvis punctum C in circumferentia existens, rectæ AC, BC. Patet ergo ambo simul quadrata A C, B C æqualia esse quadrato diametri A B, ac proinde ipsam circumferentiam locum esse ad summam duorum quadratorum uni eidemque quadrato semper æqualem.

Atque etiam si assumpta puncta non sint ipsa A, B, sed alia duo quæcunque in rectâ A B

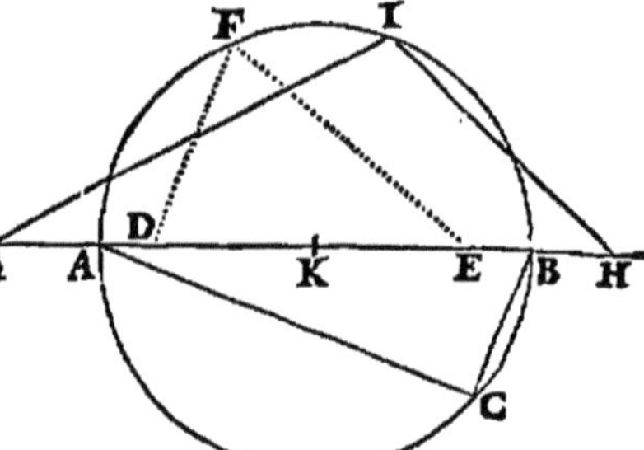

etiam productâ, si libuerit, modò ipsa puncta à centro K hinc inde æqualiter distent, vel intra circulum, qualia sunt D, E; vel extra, qualia sunt G, H; ducanturque ad quodvis circumferentiæ punctum F vel I rectæ DF, EF; vel rectæ G I, H I; semper ambo quadrata D F, E F simul sumpta uni eidemque spatio erunt æqualia, nempe summæ amborum quadratorum D B, B E, vel summæ amborum E A, A D: similiter ambo quadrata G I, I H simul

M m

fumpta, uni eidemque fpatio æqualia erunt, nempe fummæ amborum quadratorum G B, B H, vel fummæ amborum H A, A G. Hinc ergo circumferentia illa, lato illo refpectu, locus erit ad fummam duorum quadratorum
uni eidemque fpatio femper æqualem.

Phrafis geometrica. Rectâ lineâ quâcunque expofitâ, fignatifque in ea utcunque duobus punctis, fi ab ipfis punctis ad tertium quodpiam punctum duæ
rectæ inclinentur, & fint fpecies quæ ab ipfis fiunt fimul fumptæ expofito alicui fpatio æquales, tertium illud punctum erit ad alicujus circuli circumferentiam.

Species dicunt geometræ, non quadrata; ut indicent hoc univerfaliter verum effe, non de quadratis modò, fed etiam de figuris fimilibus, fimiliterque
fuper rectis de quibus agitur defcriptis. Quod enim de quadratis verum eft,
idem quoque de ejufmodi figuris verum effe omnino conftat. Immò, fi af-
fumpta puncta in fuperiori quarto exemplo plura fint quàm duo, five omnia
in eadem recta exiftant, five non, quicunque tandem fit illorum numerus, &
quæcunque pofitio; atque ab iifdem punctis ad aliud quoddam punctum
totidem rectæ ducantur, fingulæ fcilicet à fingulis punctis, & omnium ipfarum rectarum fpecies fimul fumptæ alicui fpatio fint æquales: erit illud aliud
punctum ad circuli circumferentiam. Dabitur quippe circulus quifpiam in
cujus circumferentia fumpto quovis puncto, atque ab eo ad omnia puncta
primò pofita ductis totidem rectis, erunt harum omnium ductarum fpecies fimul fumptæ eidem fpatio æquales: quo quidem refpectu circumferentia illa
erit locus, qui omnium locorum planorum elegantiffimus jure cenferi poffit;
fed illius, ficuti & aliorum difcuffio fpecialior, ad fpecialem de locis tractatum pertinet, nos autem hîc ad generalem quandam locorum notionem at-
tendimus.

In quinto exemplo. Efto item circulus, cujus diameter A B, quæ produ-

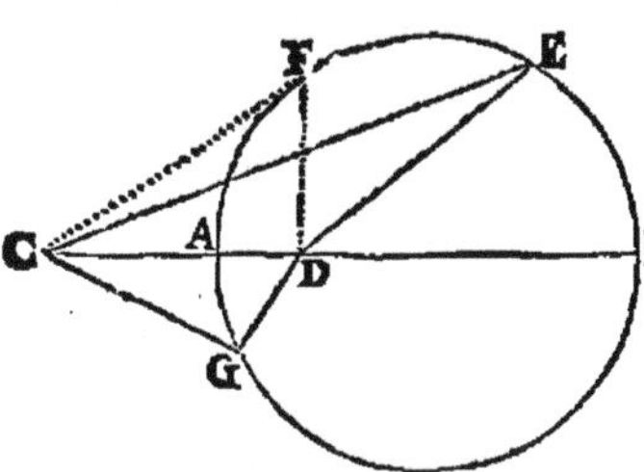

catur versùs A extra circulum utcunque in C; & ducatur recta C F tangens circulum in F, à quo demittatur
in diametrum perpendicularis F D.
Itaque erit ut C A ad A D, ita C B ad
B D. Jam in circumferentia fumatur
quodvis punctum E, vel G &c. à quo
rectæ ducantur E C, E D, vel G C,
G D &c. erit fanè femper E C ad E D,
vel G C ad G D, vel etiam F C ad
F D &c. ut C A ad A D, vel ut C B
ad B D; ut hoc refpectu circumferentia A F E B G fit locus nobiliffimus ad
binas & binas rectas in eadem ratione exiftentes.

Phrafi geometricâ. Si à duobus punctis C, D, ad idem aliud punctum E
duæ rectæ inclinentur C E, D E, in data ratione inæqualitatis exiftentes: erit
tertium illud punctum E ad cujufdam circuli circumferentiam.

Omninò, quot proprietates habet magnitudo aliqua, modò proprietates
ipfæ magnitudini conveniant, non autem punctis quibufdam tantùm numero
definitis: tot modis ipfa magnitudo locus effe poteft; ita ut fi infinitæ numero fint tales proprietates ad aliquam magnitudinem pertinentes, etiam infinitis modis, talis magnitudo locus effe poffit. Sed & uniufcujufque modi
locus denominationem fortietur à proprietate illa, refpectu cujus ipfe locus eft.

Sic, in quinque allatis exemplis, propter quinque nobiliffimas circuli proprietates, quinque etiam modis circumferentia illius locus effe oftenditur.
At cùm innumeræ aliæ fint ipfius circularis figuræ proprietates, quarum unaquæque in fuo genere eximia eft, fequitur ut innumeris etiam modis circum-

ferentia circuli locus esse queat: at nos quid sit locus geometricus indicare tantùm atque exemplis quibusdam illustrare decrevimus, non autem integrum eorum tractatum instaurare: itaque paucis aliis exemplis alterius generis locorum ad præcedentia additis, ad id quod propositum est accedemus.

In sexto ergo exemplo. Esto parabola A B, cujus diameter sit A C, vertex A, atque ad diametrum ordinatim applicata sit quævis recta BC, & latus rectum ponatur esse D. Notum est ergo ex conicis, quadratum rectæ B C æquale esse rectangulo contento sub latere recto D, & sub rectâ A C, quæ ex diametro inter verticem A & applicatam B C intercipitur, sive diameter illa sit axis, sive alia quæcunque. Itaque ordinatim applicata B C, quæcunque illa sit, media proportionalis est inter latus rectum D & portionem diametri A C. Ac proinde parabola quævis locus esse potest ad medias proportionales, quarum altera extrematum sit semper eadem.

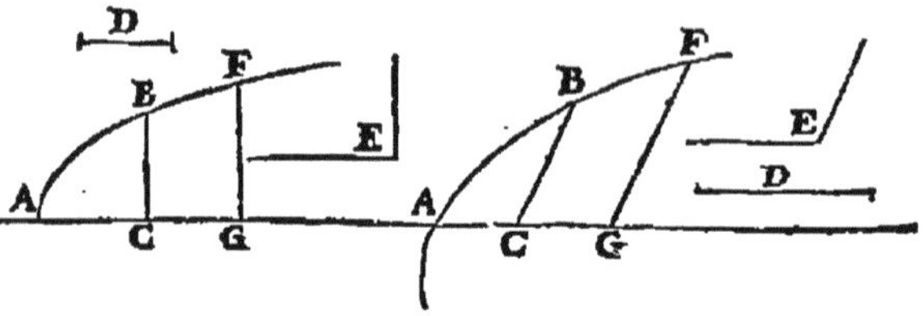

Phrasi geometricâ. Rectâ lineâ quacunque expositâ A C quæ indefinita sit, atque signato in ea quocunque puncto A; item aliâ rectâ quavis D, longitudine datâ, & dato angulo quocunque E, si in priori recta sumatur quodcunque punctum C ad unas partes ipsius A, & educatur recta C B in angulo A C B qui æqualis sit angulo E, & punctum B sit semper ad unas partes rectæ A C, ipsa autem B C media sit proportionalis inter expositam D & portionem A C: erit punctum B ad parabolam.

Quòd si plures sint in eadem parabola ordinatim ad eandem diametrum applicatæ, putà B C, F G, inter quas à vertice A interceptæ sint portiones diametri A C, A G: erunt hæ portiones A C, A G, inter se longitudine, ut applicatæ potentiâ; hoc est, erit quadratum BC ad quadratum F G ut recta A C ad rectam A G; quo pacto parabola erit locus ad quadrata rectis lineis proportionalia, quod satis ex dictis patet.

In septimo exemplo. Esto rursus parabola B A C, cujus diameter A D, atque ad ipsam diametrum ordinatim applicata sit recta B D C; sumpto autem in ipsa parabola quovis puncto H, ducatur recta H E parallela diametro A D, occurrens ipsi B C in puncto E. Erit ergo ut recta A D ad rectam H E, ita rectangulum B D C ad rectangulum B E C. Similiter, sumpto in eadem parabola alio quovis puncto I, & ductâ rectâ I F parallelâ ipsi A D vel H E, erit quoque recta A D ad rectam I F, ut rectangulum B D C ad rectangulum B F C, & recta H E ad rectam I F erit, ut rectangulum B E C ad rectangulum B F C: atque ita de reliquis similiter ductis. Unde parabola erit locus ad rectas lineas rectangulis proportionales.

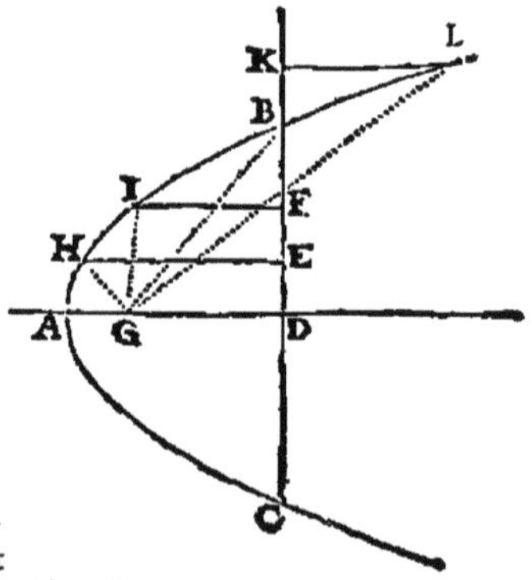

Phrasi geometricâ. Si expositâ quacunque rectâ B C, sumptisque in ea quotcunque punctis D E F &c. educantur ad easdem partes ipsius rectæ B C aliæ rectæ totidem terminatæ DA, EH, FI &c. atque omnes inter se parallelæ, ſintque rationes eductarum eædem cum rationibus rectangulorum quæ ſub portionibus rectæ primò expoſitæ continentur, quæ quidem portiones ſumantur à ſingulis punctis eductarum uſque ad extrema B, C, prout ſingula puncta ſingulis eductis reſpondent : erunt reliqua eductarum puncta extrema A, H, I, &c. ad parabolam.

Quòd ſi recta B C ordinatim applicata producatur in directum extra parabolam ex quacunque parte versùs B vel

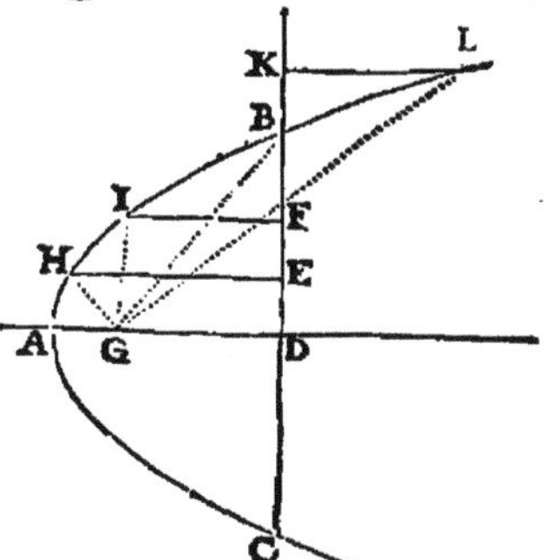

C quantùm quiſquis voluerit uſque in K, & ducatur recta K L prædictis A D, H E, I F, &c. parallela, quæ parabolæ etiam productæ occurrat in L, ſed ad alteras partes ipſarum A D, H E, I F, &c. tunc quoque erit recta A D ad rectam K L ut rectangulum B D C ad rectangulum B K C, atque ita de reliquis.

Nec ideo phraſis geometrica à præcedenti diverſa eſt, niſi in eo tantùm quod rectæ K L, A D, ſunt ad diverſas partes ipſius B C; quandoquidem ſic exigit loci natura.

Neque etiam refert an rectæ A D, I I E, I F, K L, &c. ſint perpendiculares ipſi B C, vel ad illam obliquæ; hoc enim vel illo modo ſemper verum erit quod proponitur.

In octavo exemplo. In alterutra figurarum præcedentium ponatur recta A D eſſe axis parabolæ, ad quam ideo perpendicularis ſit ordinatim applicata B C, exiſtentibus angulis A D B, A D C rectis; ſitque in axe A D producto, ſi opus ſit, focus G, à quo ad puncta H, I, B, L, &c. quæcunque in parabola exiſtunt, ducantur totidem rectæ G H, G I, G B, G L, & reflectantur aliæ rectæ H E, I F, L K ad quamvis ordinatim applicatam B C quantùm ſatis productam, perpendiculares : tunc verò (eximia ſanè parabolæ proprietas) quævis ducta G H cum ſua reflexa H E, æqualis erit cuivis alii ductæ G I cum ſua reflexa I F &c. Siquidem reflexæ ipſæ reſpectu ipſius B C, omnes ſint ad partes verticis A, & ſumma cujuſvis talis ductæ cum ſua reflexa, putà ſumma G H E, æqualis erit ſummæ ambarum G A D, ſive uni rectæ G B quæ ſola ducta eſt, cui nulla convenit reflexa reſpectu ordinatæ B C. Quòd ſi ductæ quædam, ut G L &c. ſuas reflexas L K &c. habeant ad alteras partes verticis A reſpectu ordinatæ B C : tunc differentia inter ductam G L & reflexam L K æqualis eſt eidem G B. Erit ergo parabola locus ad quotcunque rectas ab eodem puncto ductas, atque à parabola ad eandem aliquam aliam rectam perpendiculariter reflexas, ita ut ſumma vel differentia cujuſvis ductæ & ſuæ reflexæ æqualis ſit alicui datæ rectæ lineæ.

Phraſi geometricâ. Expoſitâ quacunque rectâ lineâ indeterminatâ B C, ſignatiſque in ea duobus punctis B, C, atque ad eandem erectâ perpendiculari rectâ quadam longitudine datâ A D, exiſtente puncto D in ipſa B C; ſumpto etiam quocunque puncto G in eadem A D : ſi ductâ quâcunque rectâ G H ad partes puncti A, eâdemque reflexâ perpendiculariter ad rectam B C in punctum E inter puncta B, C, ſumma ambarum G H E æqualis ſit datæ alicui rectæ : vel ſi ductâ quâcunque rectâ G L ad alteras partes puncti A, eâdemque reflexâ perpendiculariter ad rectam B C in punctum K ultra puncta B, C, differentia ambarum G L, L K, æqualis ſit datæ alicui rectæ, ei ſcilicet cui ſumma G H E æqualis eſt : punctum reflexionis H, vel L, erit ad parabolam cujus ipſum punctum G erit focus ; recta A D, axis ; & recta A G erit quarta pars lateris recti.

Talis

Talis verò locus parabolicus ad fpecula uftoria pertinet. Nam fi affumatur pars concava B A C, & radii folis fint rectæ F I, E H, &c. qui ad fen-
fum funt paralleli; illi ad puncta I, H, &c. reflectentur à forma parabolica,
& reflexi concurrent ad focum G; ubi fi fpeculum fit fatis amplum, & fol
in debita difpofitione, intenfiffimus calor excitabitur. Hoc autem ideò fit,
quia fi per punctum I duceretur recta parabolam tangens, tunc rectæ F I,
G I, ad ipfam tangentem angulos æquales conftituerent: eorum autem angulorum alter effet angulus incidentiæ, alter autem angulus reflexionis,
atque ita de reliquis ad alia puncta H, &c. pertinentibus.

Quod fi candela in puncto G conftitueretur, ejus radii G H, G I, &c.
poft reflexionem à fpeculo fierent paralleli, putà H E, I F, &c. atque ita lu-
men candelæ longiffimè produceretur; fed hæc funt alterius loci.

Nono exemplo. Efto ellipfis vel hyperbola, cujus axis fit A B, centrum C,

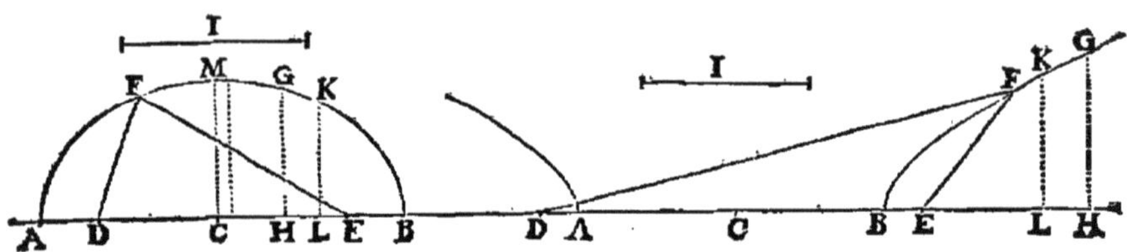

vertices autem fint A & B, & foci D, E, quorum D propior fit vertici
A, at E fit propior vertici B; atque in fectione fumatur quodvis punctum
F, à quo ad focos ducantur rectæ D F, F E. Patet ergo ex conicis, in ellipfi fummam ambarum D F E, in hyperbola autem, differentiam ipfarum D F,
F E, axi A B æqualem effe. Unde hoc pacto ellipfis locus erit ad fummam,
hyperbola autem ad differentiam duarum rectarum à duobus certis punctis
procedentium & ad idem tertium aliud quodpiam punctum inclinatarum.

Phrafis geometrica, ad imitationem præmiffarum, facilis eft.

Decimo exemplo. In iifdem fectionibus noni exempli, efto I recta latus
rectum fuæ fectionis, & recta A B fit quæcunque diameter cui conveniat tale latus rectum, five ipfa diameter fit axis, five non, atque ad ipfam diametrum fint ordinatim applicatæ quotcunque rectæ G H, K L, &c. quarum
puncta K, G fint in fectione, puncta autem L, H fint in diametro A B quæ
in hyperbola producta fit indefinitè. Ergo ex conicis, rectangulum A L B
eft ad quadratum L K, ut diameter A B ad latus rectum I; item rectangulum A L B eft ad rectangulum A H B, ut quadratum L K ad quadratum H G:
unde utraque fectio ad utramque talem proprietatem locus eft.

Nec phrafis geometrica difficilis eft, modò quis ea quæ fuperiùs expofita
funt imitari voluerit.

Si A B fit axis, fitque ipfi æquale latus rectum I, vel rectangula ad quadrata fint in ratione æqualitatis: tunc loco ellipfis habebimus circulum, ut
in fecundo exemplo. At non mutabitur hyperbola, nifi fpecie tantùm, illa
enim in genere femper erit hyperbola; fed hoc cafu æqualitatis, affymptoti
illius erunt inter fe ad angulos rectos, cùm in ratione inæqualitatis illæ
affymptoti fint ad angulos obliquos; fed hæc omnia ex conicis manifefta
funt.

Undecimo exemplo. Efto quæcunque fectio conica, cujus axis A B, vertex A, & focus B; atque producto utrinque axe, fumatur in eo ultra verticem punctum C, ita ut, in parabola quidem, recta A B æqualis fit rectæ A C,
in hyperbola verò ipfa A B major fit quàm A C, in ea fcilicet ratione quam
habet diftantia focorum ad longitudinem axis inter vertices fectionum op-

pofitarum intercepti ; at in ellipfi, A B minor fit quàm A C, in ea rursùs ratione quam habet diftantia focorum ad axem ellipfis inter vertices interceptum.

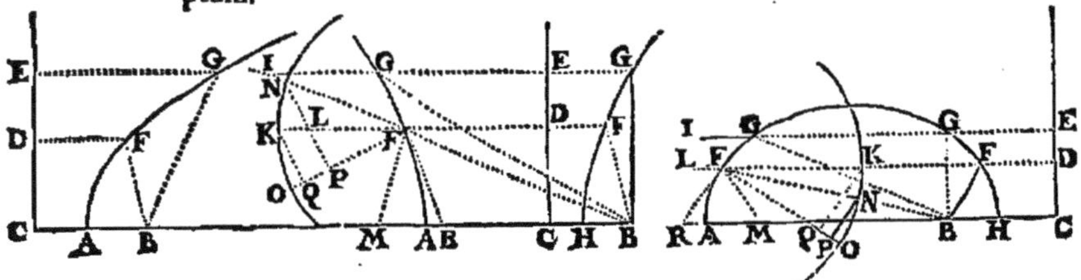

Hæc autem utraque ratio eft ea quam in figuris noni exempli habet recta D E ad rectam A B; tum ex C excitetur C D perpendiculariter ad C B, eademque C D indefinitè utrinque producatur. His pofitis, fumantur in fectione quotcunque puncta F, G, &c. à quibus ducantur totidem rectæ D F, E G, &c. ipfi B C parallelæ quæ occurrant rectæ C D in punctis D, E, &c. ac tandem jungantur rectæ B F, B G, &c. ac tunc erit ut B A ad A C, ita B F ad F D, vel B G ad G E, atque ita de reliquis : unde quævis trium illarum fectionum locus eft ad pulcherrimam illam proprietatem.

Phrafi geometrica. Expofitis duabus rectis C B, C D ad angulum rectum conftitutis, fignato in altera illarum unico puncto B quod à puncto C diverfum fit, in altera verò fumantur quotcunque puncta D, E, &c. à quibus ductæ fint rectæ F D, G E, &c. ipfi C B parallelæ, quæ in punctis F, G, &c. inclinentur ad punctum B, & fint rationes B F ad D F, B G ad E G, &c. omnes inter fe cædem : puncta F, G, &c. erunt omnia in una eademque fectione conica, cujus punctum B focus erit.

Hujus propofitionis, in parabola quidem, unicus eft cafus, quia in ea unicus eft focus, & vertex unicus ; at in hyperbola atque in ellipfi, quia in utraque duplex eft focus B, M, & vertex duplex A, H : ideò in unaquaque ex illis fectionibus, quadruplex eft cafus, duo quidem refpectu unius focorum propter duplicem verticem, & duo refpectu alterius focorum propter eundem duplicem verticem. At quoniam id quod de uno ex iftis focis verum eft, verum quoque eft de altero fimiliter confiderato ; ideò ad explicandos iftos cafus fufficiet, fi unum focorum, putà B, affumpferimus.

Ille ergo focus B neceffariò propior eft uni verticum quàm alteri. Efto vertex propior H, remotior autem efto A. Itaque, five puncta F, G. &c. fint prope verticem remotiorem A, five eadem puncta F, G fint prope verticem propiorem H, femper vera eft propofitio, nempe B F rectam effe ad rectam F D fibi conterminam ad punctum F, ut recta B G ad rectam G E fibi conterminam ad punctum G. Hinc verò quædam deduci poffunt confequentiæ quæ apud Apollonium in fuis conicis non reperiuntur, nec tamen forfan illis cedunt quas ipfe habet ibidem, qualis eft hæc. In hyperbola, fumma ambarum B F, B F, fuprà diverfos vertices A, H tendentium, & ad eandem rectam F F axi A H parallelam pertinentium, fe habet ad ipfam F F, ut recta B M, quam diftantiam focorum effe fupponimus, ad axem A H. In ellipfi, differentia earumdem B F, B F ad eandem F F, fe habet ut diftantia focorum B M ad axem A H ; ac proinde in hyperbola, fumma ipfarum B F, B F eft ad fummam B G, B G, ut recta F F ad rectam G G. In ellipfi, differentia ipfarum B F, B F eft ad differentiam B G, B G, ut recta F F ad rectam G G ; atque ita de multis aliis quas confultò omittimus, quia id tantùm, quid fit locus geometricus, declarare, atque exemplis quibufdam illuftrare intendimus.

Illud tamen minimè prætereundum putamus quod ad Dioptricam pertitinet, nec ita pridem innotuit, nempe talem proprietatem sumptam in ratione inæqualitatis, ad refractiones pertinere, atque illis esse specificam, ad hoc ut radii omnes qui ante refractionem erant ejusdem ordinis (hoc est vel paralleli, vel ad idem punctum inclinati, sive illi ad ipsum punctum tendant, sive ab eo divergant) iidem post refractionem fiant adhuc ejusdem ordinis, qui tamen ordo diversus sit à priori. Et convertendo. Si superficies quædam refractiva talis sit, ut qui ante refractionem ejusdem ordinis erant radii, iidem post refractionem sint adhuc ejusdem ordinis, sed ab ordine priori diversi: fiet necessario ut tali superficiei talis conveniat proprietas, quam in hoc undecimo exemplo sectionibus conicis convenire diximus, in ratione tamen inæqualitatis.

Hic vero in universum tres sunt casus. Primus est, cùm radii qui ante refractionem erant paralleli, post refractionem fiunt adhuc paralleli, sed diverso à priori parallelismo; qui quidem casus ad sola refractiva plana pertinet, nec admodum utilis est. Secundus casus est, cùm radii qui ante refractionem erant paralleli, post refractionem ad idem punctum inclinantur; vel contrà, qui ante refractionem ad idem punctum inclinabantur, post fiunt paralleli; qui casus ad ellipsim pertinet atque ad hyperbolam, quibus proprietas illa convenit in ratione inæqualitatis, non autem ad parabolam, cui ipsa convenit in ratione æqualitatis. Tertius casus est, cùm radii qui ante refractionem ad unum punctum inclinabantur, post refractionem ad unum aliud punctum inclinantur; qui casus aliquando ad superficiem sphericam pertinet, sed in aliquo tantùm casu admodùm particulari, aliàs enim ac multò magis universaliter, ipse pertinet ad alias superficies de quibus in exemplo sequenti dicturi sumus.

Quomodò autem secundus casus ad ellipsim pertineat vel ad hyperbolam, aut, quod universalius est, ad superficiem spheroïdis vel conoïdis hyperbolici, quæ superficies ab ipsis ellipsi vel hyperbolâ circa suos axes conversis gignuntur: non inutile erit hoc loco declarare. Posthàc enim, sequenti exemplo, quomodò tertius casus ad alias superficies pertineat, aperiemus.

In figura ellipsis vel hyperbolæ undecimi hujus exempli, sumpto in sectione quovis puncto F, quâ parte illa sectio magis distat à foco B, eademque vertici A propior est, & factâ constructione ut ibidem; producatur recta D F ad partes F utcunque in L, tum circa axem A H intelligatur circunvoluta sectio, ut habeatur sphæroïdes, vel conoïdes hyperbolicum, ad cujus formam perficiatur perspicillum vitreum vel crystallinum, vel ex aliqua ejusmodi materia quæ aëre densior sit, & radios ab ipso aëre in eandem obliquè incidentes refringat; & ratio inter aërem & talem materiam, quòd ad rarefactionem & condensationem spectat; sive, ut vulgò jam loquimur, ratio refractionis inter aërem & ipsam materiam, eadem sit ei rationi quæ est inter rectas B A, A C; sive inter rectas A H, B M; conferendo semper majorem terminum rationis ad minorem, dum confertur corpus rarius ad densius: (quid sit autem ratio refractionis inter duo corpora diversæ densitatis, jamjam explicabimus) dico quod in tali perspicillo, si radius incidentiæ sit L F, qui axi A H parallelus est, idemque progrediatur ab L ad F, frangetur radius ille in F, & fractus inclinabitur ad punctum B. Quòd si radius incidentiæ sit B F progrediens à puncto B, ille frangetur in F, & post fractionem fiet radius F L axi H A parallelus. Nam in refractione, sicuti & in reflexione, progressus cujusvis radii, & regressus ejusdem, fiunt per easdem lineas: atque omninò quævis species visibilis eundo & redeundo idem servat iter.

Quoniam ergo ponimus superficiem sphæroïdis vel conoïdis hyperboli-

ci, exhibere nobis perspicillum ipsum à quo radii refringantur in ingressu
vel in egressu ejusdem superficiei ; & superficies illa duplici modo accipi
potest, primo quidem prout convexa est, ita ut convexitas pertineat ad
corpus densius ; secundo prout concava est, ita ut cavitas pertineat ad idem
corpus densius : sciendum est nos de priori modo jam locutos esse : quod
si de secundo modo loquamur, contrarium accidet : nam si radius incidenti-
æ sit F F axi parallelus, atque ipse radius à parte foci remotioris B inci-
dat in sectionem cujus vertex est A, is post refractionem in puncto F, fiet
radius F I qui diverget tanquam si ab ipso foco remotiore B profectus sit,
eritque in directum cum recta linea B F. Si autem radius incidentiæ sit
I F, qui ad focum B inclinatur, is post refractionem fiet F F axi parallelus.

In his duobus modis manifestum est sphæroïdem à conoïde hyperbolico
in eo differre, quod priori modo radius L F in conoïde sit intra densum
corpus, & F B intra rarum ; in sphæroïde autem, L F sit intra rarum & F B
intra densum : at secundo modo, è contrario in conoïde radius L F sit in
raro, & F B in denso, in sphæroïde autem, L F sit in denso, & F B in
raro.

Jam quid sit ratio refractionis inter duo corpora diaphana diversæ densitatis, putà inter aërem & vitrum, sic explicabimus.

Esto A B superficies communis duorum corporum propositorum ; sitque
rarius, putà aër versùs
partem superiorem C ;
densius autem, putà vi-
trum, sit versùs partem
inferiorem E : & sumpto
in rariori, quovis puncto
C, progrediantur ab eo
quotcunque radii C D,
C F, C P &c. cadentes
in superficiem A B, in
punctis D, F, P, &c. per
quæ ingrediantur in vi-
trum : ex iis autem ra-
diis, C D perpendicula-
ris sit ad illam superfi-
ciem ; cæteri autem obli-
qui, ita ut C F minùs
obliquus sit quàm C P.
Omnes ergo, præter C D
frangentur in ingressu
vitri ; at C D solus rectà sine fractione transibit ad E. Jam cujusvis aliorum,
putà ipsius C F, fractio sic se habebit. Centro F & intervallo F C describantur duo circuli quadrantes A C I quidem intra aërem, K G 4 autem intra
vitrum, ita ut recta I F K sit diameter ad superficiem A B perpendicularis,
& quadrantes habeant angulos A F I, K F 4 rectos, ad verticem oppositos ;
quo pacto illi jacebunt in eodem plano, eruntque sibi invicem oppositi. Producatur in directum recta C F intra vitrum usque ad circumferentiam quadrantis in G.

Si igitur radius C F fractus non esset in F, ille rectà progrederetur in G ;
at propter fractionem fit contrà, ut deviet ab ipsa rectitudine C F G, fiatque
C F H ex duabus rectis C F, F H angulum obtusum ad F constituenti-
bus, sic ut intra aërem angulus inclinationis C F I major sit quàm angulus
H F K qui est quoque angulus inclinationis intra vitrum ; hîc enim inclinationem

nationem radiorum menfuramus per angulos quos illi faciunt cum perpendiculari erecta à puncto incidentiæ, & hi anguli refpectu ejufdem radii fracti, majores funt intra rarum quàm intra denfum.

Præterea producatur in directum recta H F ultra centrum F ufque ad circumferentiam in Y; atque à quatuor punctis C, Y, G, H in circumferentia exiftentibus, cadant in rectam I F K totidem perpendiculares C M, Y L, G O, H N, ex quibus duæ majores C M, G O inter fe æquales erunt, ficuti & duæ minores Y L, H N inter fe. Ratio ergo quam habet utravis majorum ad utramvis minorum, ea eft quam vocamus rationem refractionis ab aëre ad vitrum, putà ratio C M ad H N vel ad Y L; & convertendo, ratio minoris ad majorem, putà H N ad C M vel ad G O, vocabitur ratio refractionis à vitro ad aërem; ac univerfaliter major ratio vocatur ratio refractionis à rariori ad denfius; minor autem, ratio refractionis à denfiori ad rarius.

Et hæc quidem ratio refpectu duorum eorumdem corporum nunquam mutatur, fed eadem femper manet per omnes radiorum in fuperficiem communem incidentium inclinationes, ut conftanti experientia comprobatur: neque enim hoc, cùm à corporum natura pendeat, aliter haberi potuit quàm ab experentia, ex qua tale Dioptricæ fundamentum longè præcipuum atque nobiliffimum depromptum eft.

Sed efto in eandem fuperficiem A B alius radius C P priori C F obliquior; ac centro P, intervallo P C defcribantur ut priùs duo circuli quadrantes 5 C S, T Q B prior in aëre, pofterior in vitro, ambo ad verticem oppofiti, atque in eodem plano jacentes, & communem diametrum habentes rectam S P T quæ ad planum A B perpendicularis exiftat; hic autem radius C P frangatur in P, & poft fractionem abeat in R, ita ut angulus inclinationis C P S intra rarum major fit angulo inclinationis R P T intra denfum; producatur quoque C P in directum in Q, & R P producatur in directum in V, fintque puncta 5, C, V, S, T, R, Q, B in eadem circuli circumferentia, in cujus diametrum S P T cadant quatuor perpendiculares C Z, Q G, R 3, V X, quarum duæ majores C Z, Q G funt inter fe æquales, ficuti & duæ minores R 3, V X inter fe. Rursùs ergo, ratio cujufvis majoris ex quatuor illis perpendicularibus ad quamvis minorem, putà ratio C Z ad R 3 vel ad V X, eft ratio refractionis à raro ad denfum; & ratio cujufvis minoris ad quamvis majorem, eft ratio refractionis à denfo ad rarum, putà R 3 ad C Z vel ad Q G; & hæ rationes eædem funt cum præcedentibus C M ad H N, vel H N ad C M, &c.

Tale autem fundamentum refractionis ad prædictas fectiones ellipfim & hyperbolam fic accommodatur. Sumpto in quavis illarum fectionum Vide figuras praecedentes pag. 142. puncto F, & facta conftructione omninò ut fuprà, ac pofito quòd fectionis fpecies talis fit ut ratio axis A H ad diftantiam focorum B M, fit ratio refractionis à raro ad denfum in ellipfi, & à denfo ad rarum in hyperbola, inter duo corpora propofita aërem & vitrum; ducatur recta F R quæ fectionem tangat in F; tum recta F O ipfi tangenti perpendicularis, atque adeo perpendicularis quoque ipfi fectioni, quæ quidem F O utrinque producatur indefinitè, fed hoc loco fpeciatim, ad partes concavas fectionum; deinde centro F & intervallo quocunque F O, defcribatur circuli quadrans cujus arcus fecet rectam F L in K, & rectam B F in N; & à punctis K, N in rectam F O deducantur perpendiculares K Q, N P: demonftrabitur ex natura conicorum, harum perpendicularium K Q, N P rationem eandem effe cum ratione axis A H ad diftantiam focorum B M, ac proinde effe rationem refractionis inter duo corpora propofita aërem & vitrum. Pofito ergo quòd L F in ellipfi, in hyperbola autem K F fit radius incidentiæ, erit F B radius refractionis; & contrà, si BF sit radius incidentiæ, erit LF in ellipsi, & KF in hyperbola, radius refractionis.

Cætera quæ plurima sunt, minutatim persequi, Dioptricæ sunt partes; nobis verò qui de locis agimus hoc ostendendum restat, cur tale argumentum, quod manifestò ad Dioptricam pertinet, hoc loco attigerimus.

Id ergo ostendere voluimus, non solùm in rebus purè geometricis locorum geometricorum vim cerni posse, sed etiam in aliis Mathescos partibus quæ objectum suum à Physica mutuantur, modò talis objecti actiones per lineas geometricas producantur : quod sanè radiis specierum visibilium accidere satis superque notum est. Idem autem in Mechanica locum habere facilè ostenderetur; atque etiam in Astronomia : sed istam segetem, quia ad hanc materiam directè non spectat, alio tempore metendam relinquamus.

Porrò, si quis phrasi dioptricâ uti voluerit in enuntiando ejusmodi loco dioptrico, is hoc modo loqui poterit.

Si perspicilli alicujus superficies, radios omnes parallelos in eam incidentes sic refringat ut ad idem punctum inclinentur : vel si omnes radios ad idem punctum inclinatos, parallelos efficiat, talis superficies erit superficies sphæroïdis, vel conoïdis hyperbolici, & punctum inclinationis erit focus ab ipsa superficie remotior, qui autem paralleli erunt radii, iidem & axi ipsius superficiei erunt paralleli, sed & axis ipse inter vertices interceptus, ad distantiam focorum eam rationem habebit quæ est ratio refractionis inter corpus ex quo fit illud perspicillum, & medium diaphanum per quod transeuntes radii in tale perspicillum incurrunt.

Duodecimo exemplo. Ostendamus quomodò tertius ille casus de quo undecimo exemplo locuti fumus, & quem hûc remisimus, aliquando ad superficiem sphæricam, sed multò magis universaliter ad alias superficies pertineat, quas antiquis notas fuisse nullibi apparet.

Sunto ergo in figuris sequentibus, duo puncta A, B; & quæratur perspicillum quod radios ad punctum A inclinatos sic refringat, ut post refractionem iidem ad punctum B inclinentur. Et quidem jam monuimus perinde esse, sive radii ad punctum A convergant, sive ipsi radii à puncto A divergant, utroque enim modo, eosdem dici ad punctum A inclinari : quod idem de quocunque alio puncto B &c. intelligi debet, ne quis circa ea quæ dicta sunt, vel quæ dicenda sunt, hærere possit.

Hinc ergo quadruplex casus particularis oriri potest. Vel enim radii ab uno punctorum A, B, divergentes, sic refringendi sunt ut post fractionem iidem ad alterum convergant; vel radii ab uno punctorum A, B divergentes, sic refringendi sunt, ut post refractionem ab altero divergant : vel radii ad unum punctorum A, B, convergentes, sic refringendi sunt, ut post refractionem ad alterum convergant; vel denique radii ad unum punctorum A, B convergentes, sic refringendi sunt, ut post refractionem ab altero divergant.

Et quidem omnes illi quatuor casus differunt inter se perspicillis duplici modo inter se diversis. Priori modo, cùm perspicilla ipsa diversi sunt generis, quòd ad formam sive figuram spectat : quemadmodum diversi sunt generis sphæroïdes, & conoïdes de quibus undecimo exemplo egimus. Posteriori modo, cùm talia perspicilla differunt tantùm secundùm convexum & concavum, prout scilicet hoc vel illud ad corpus densius pertinet, vel ad rarius.

Verùm, in universum, eorum omnium constructio non multò magis diversa est quàm constructio ellipsis à constructione hyperbolæ, quam suprà initio undecimi exempli ostendimus differre tantùm secundùm rationem

majoris inæqualitatis, & rationem minoris inæqualitatis. Dicamus ergo
breviter de ejusmodi constructione, ut appareat ipsam ad quosdam eosque
pulcherrimos geometriæ locos pertinere.

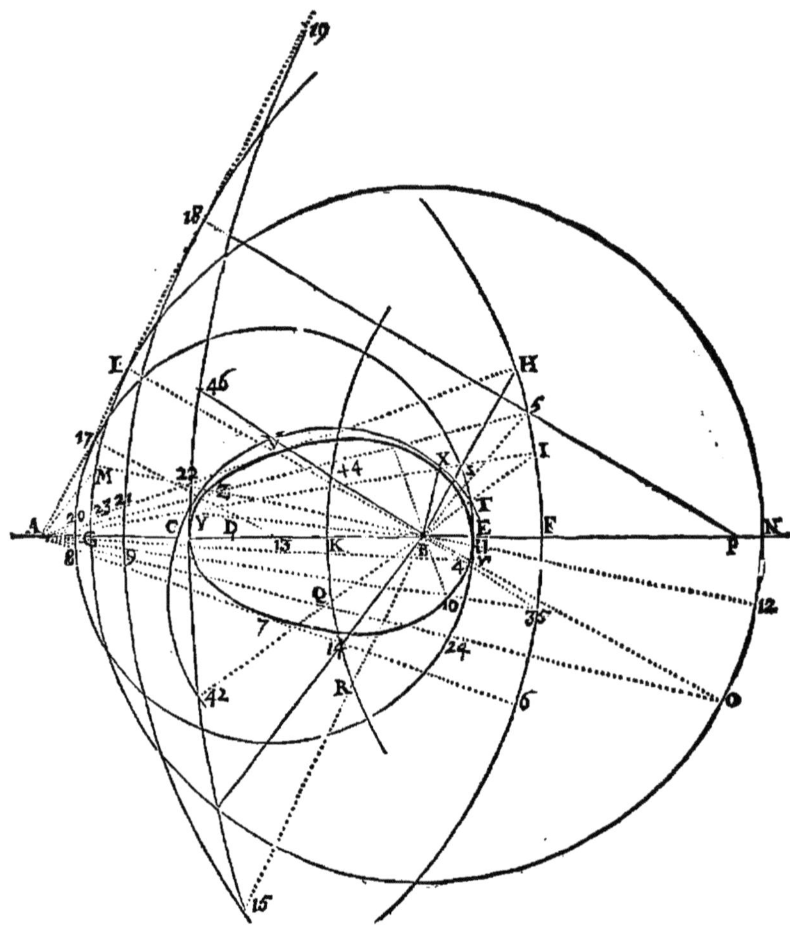

Sunto ergo puncta A, B data, oporteatque in plano figuram describere,
quâ circa rectam A B circumvolutâ, gignatur forma ad perspicillum apta,
ita ut radii à puncto A divergentes, quotquot in perspicillum ipsum incide-
rint, refringantur ad punctum B. Ex duobus autem mediis diaphanis per quæ
radii sive species transibunt, alterum, idemque rarius sit aër; alterum autem, idemque densius esto vitrum, atque inter illa duo corpora ratio refractionis data sit.

Ducatur recta A B, quæ indefinitè producatur ultra B versùs E (ad alteras enim partes versùs A inutile fuerit) ac inter puncta A, B, sumatur quodvis punctum C in recta A B, quod punctum C futurum sit vertex figuræ
planæ quæsitæ, quæ ad ovalem formam apprimè accedet, caret tamen ad-

huc fpeciali nomine, proptereaquòd ipfa geometris hucufque ignota fuiffe apparet. Nec multùm refert an vertex ille C punéto A, an verò punéto B propior fit; hoc enim liberum eft, quamquam ad praxim utilior futurus fit,

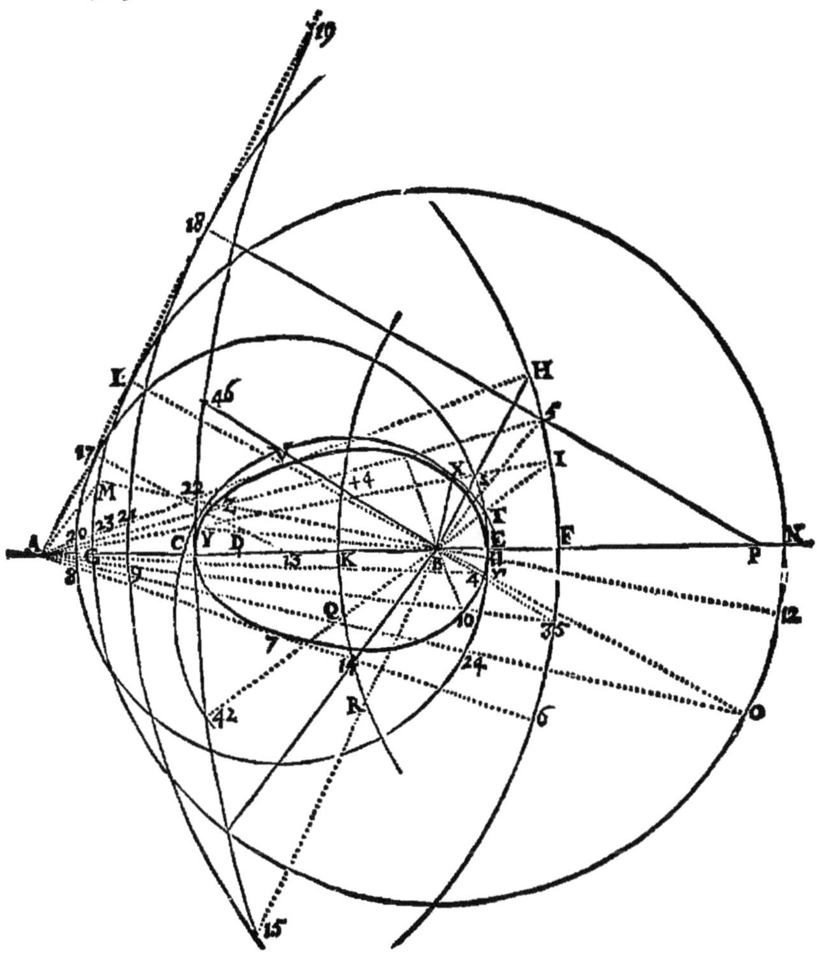

fi ad punétum A magis accedat. Pofito autem hoc primo ac præcipuo vertice C ex arbitrio, jam vertex alter E à punéto A remotior erit, immò ultra punétum B in reéta AB produéta; neque ex arbitrio pendebit illud punétum E, fed illius pofitio ex prædeterminatis fic habebitur. Fiat ut fumma terminorum (id eft antecedentis & confequentis fimul) eorum inter quos ratio refraétionis confiftit, ad eorumdem differentiam, ita reéta CB ad BE, & habebitur fecundus vertex quæfitus E; fiétque ut fi ex CB fecetur CD æqualis ipfi BE, tum reéta CE quæ axis erit futuræ ovalis, fit ad reétam BD in ratione refraétionis à raro ad denfum; fiat quoque BE ad EF in eadem fed inverfa ratione nempe ut BD ad CE; & ut CE ad BD, ita AF ad BG; fed punétum F fit in reéta AE produéta ultra E, punétum autem G è contrario
trario

trario fit propè A. Tum centro A intervallo A F defcribatur circulus F H, (fufficiet aliqua hujus circuli portio) & centro B intervallo B G alius circulus integer G M L N O, quem tangat recta A L in puncto L, à quo ducatur diameter L B O quæ angulum A L B rectum conftituet; ducatur quoque recta B H ipfi A L parallela, five ad L B perpendicularis, ita ut anguli recti A L B, L B H fint alternatim oppofiti, & recta B H occurrat circumferentiæ F H in puncto H, & jungatur recta A H fecans B L in puncto V: hæc A H determinabit portionem circuli F H quæ ad propofitum noftrum utilis erit, fed & eadem A H tanget ovalem defcribendam in puncto V, & ratio B V ad V H erit ratio refractionis ut B E ad E F, ficuti & L V ad V A. Jam conftructio ovalis per puncta talis erit.

Sumpto in arcu F H quocunque puncto I, ducatur recta A I, in qua tale reperiatur punctum X, ut ducta recta B X, ratio hujus B X ad X I fit ratio refractionis ut B E ad E F, five ut B V ad V H; fic enim punctum X erit in ipfa ovali. Et quia in eadem recta A I aliud reperiri poteft punctum Y, ad quod fi ducatur recta B Y, erit quoque B Y ad Y I in eadem ratione refractionis : tale punctum Y ad eandem ovalem adhuc pertinebit. Quoniam autem recta A I ducta eft utcunque, fi multæ ducantur eodem modo ad quotlibet puncta in arcu F H aflumpta, habebuntur fimili conftructione in fingulis ex illis rectis, duo puncta ad ovalem pertinentia. Inventis ergo hac ratione quotcunque punctis per quæ ipfa ovalis tranfire debet, defcribetur illa ut defcribi folent multæ lineæ curvæ per quotlibet puncta inventa per quæ linea illa tranfire debet.

Porrò , ex tali conftructione methodus non inelegans deduci poteft quâ ipfa ovalis motu aliquo continuo defcriberetur, nec machina ad talem defcriptionem requifita, quamquam fatis compofita, admodum difficilis eflet, nec unico modo perficeretur, immò forfan innumeris : at verò hæc ad organicam potius pertinent, nos autem de locis geometricis hîc agimus.

Patet ergo talem ovalem locum efle ad rectas in ratione data exiftentes; fiquidem B E ad E F, B X ad X I, B Y ad Y I, B V ad V H, &c. funt femper in eadem ratione, nempe in ratione refractionis à denfo ad rarum.

At phrafi geometricâ fic loquemur. Expofitâ quâcunque rectâ A B indefinitâ, fignatifque in ea duobus punctis A, B, ac defcripto centro A & intervallo A F majori quàm A B, circulo F I H, ductâque ad ejus circumferentiam quâcunque rectâ A I quæ fic fecetur in X, ut ratio rectæ B X ad X I data fit, fed minoris inæqualitatis : erit punctum X ad lineam quampiam alicujus generis quod nec ad rectas nec ad conicas pertinet, & tamen ad Dioptricam utile efle poterit.

Quomodò autem, & quando ejufmodi ovalis Dioptricæ inferviet, fic declarabimus. Ad hoc fanè duæ conditiones præcipuæ requiruntur. Prima eft, ut ratio data B X ad X I fit ratio refractionis à denfo ad rarum inter duo corpora diaphana per quæ radius opticus five fpecies vifibilis tranfire debet. Secunda, ut datis duobus punctis A, B, femidiameter A F non fit cujufcunque longitudinis, fed illa major quidem fit quàm A B, at minor quàm ea recta ad quam A B habet rationem refractionis à denfo ad rarum, fequàm B E ad E F; ut fic poftquàm factum fuerit ut F E ad E B, ita F A ad B G, ipfa B G minor fit quàm A B; nam his conditionibus aut altera earum deficientibus, defcriberetur quidem aliqua linea curva, fed quæ ad Dioptricam inutilis eflet : cùm autem aderunt illæ conditiones, tunc ufus illius in Dioptrica talis erit.

Duæ quidem funt partes ejufmodi curvæ. Prior ac præcipua eft ea quæ exiftit circa verticem C ufque ad duo puncta contactus V, 7; pofterior eft reliqua circa alterum verticem E ufque ad eofdem contactus : fed hæc pofte-

P p

rior pars inutilis eft, prior verò facit ut exiftente corpore denfo diaphano ab ipfa ovali comprehenfo , atque ad formam illius perpolito, putà vitro cui alterum corpus rarius undique contiguum fit, putà aër qui vitrum am-biat; radii omnes à punſto A procedentes, atque in fuperficiem V C 7 in-cidentes refringantur præcisè in punctum B; atque è contrario, radii om-nes à punſto B procedentes, atque in eandem fuperficiem V C 7 inciden-tes refringantur præcisè in A : qua ratione primo cafui particulari ex qua-tuor præmiffis factum eft fatis. Sic, fi radius incidentiæ in raro fit A Y, ra-dius refractionis in denfo erit Y B; atque è contrario, fi radius incidentiæ in denfo fit B Y, erit radius refractionis in raro Y A.

Quòd fi corpora permutentur, ut rarius five aër contineatur fub forma ovali propofita, denfiote five vitro ipfum coarctante: tunc radii omnes qui intra denfum dirigebantur versùs punctum B, inciduntque in fuperficiem V C 7, fic refringuntur, ut intra rarum divergant, tanquam fi à punſto A progrediantur. Atque è contrario, radii omnes qui intra rarum ad pun-ctum A convergebant inciduntque in eandem fuperficiem, fic refringuntur intra denfum, ut divergant tamquam fi à punſto B progrediantur. Sic ra-dio incidentiæ exiftente L V, M Z, fiet radius refractionis V H, Z 5 ; & è contrario, exiftente radio incidentiæ H V, 5 Z, fiet radius refractionis V L, Z M; hoc autem pacto fatisfecimus quarto ex quatuor cafibus particulari-bus.

Alio modo, nec minus eleganti, defcribi poteft ejufmodi ovalis per punſta, beneficio circuli G M L N O fuperiùs defcripti. Ducatur enim ab ejus centro B ad illius circumferentiam ex utraque parte, quæcunque diameter L B O, in qua productâ fi opus fit, inveniatur tale punctum V, ut ducta recta A V fit ad V L in ratione refractionis, fed à raro ad denfum; (in priori conftructione, B X ad X I habebat eandem rationem, fed inverfam, quippe à denfo ad rarum) fic enim rursùs punctum V erit ad eandem ovalem. Simili modo , fi in eadem diametro L B O productâ fi opus fit, inveniatur punctum aliud 4, ita ut ducta recta A 4 fit ad 4 O in eadem ratione refractionis à raro ad denfum ut A V ad V L, five ut F E ad E B, erit punctum 4 ad ovalem. Quòd fi ducantur aliæ quotcunque diametri per centrum B, fed diverfæ à dia-metro L B O, putà M B 12, &c. habebuntur fimili conftructione in una-quaque duo punſta, putà Z, 11, &c. ac per omnia illa punſta ducetur ovalis.

Nec admodùm difficile erit invenire ex tali conftructione motum ali-quem continuum qui ipfam ovalem uno tractu perficiat; quod rursùs ad Organicam pertinet.

Mirum autem eft quanta in præmiffa ovali fit locorum geometricorum feges ; nec verò qualiumcunque, fed talium qui inter elegantiffimos an-numerari poffint & debeant. Lubet ergo ex ampliffima illa meffe fpicas ali-quas felectiores metere, ex quibus geometræ de tota judicium ferre poffint.

In prima ergo conftructione diximus B X effe ad X I in ratione refra-ctionis à denfo ad rarum. Quòd fi ergo, ductâ utcunque femidiametro A I, quæratur in ea punctum X quod ad ovalem effe debet: manifeftum eft in triangulo B X I (intellige ductam effe rectam B I) dari bafim B I, angulum I, & rationem laterum B X, X I. Quia etiam infinitæ funt femi-diametri, putà A 35, A H, &c. manifeftum eft quoque infinita effe talia triangula B 10 35, B V H, &c. in quibus omnibus bafis data eft unà cum angulis qui funt ad punſta 35, H , &c. & ratione laterum, quæ femper eft ratio refractionis à denfo ad rarum. Jam ergo eò ducta eft quæftio, ut omnium illorum triangulorum inveniantur vertices X, 10, V, &c. Et qui-dem tale problema vulgare eft : at in praxi propofita , fi conftructio illius toties repetenda esset quot sunt triangula, sive quot sunt invenienda puncta per quæ ovalis ducenda sit, id sanè & tædiosum esset, & errori valdè obnoxium. Huic ergo difficultati pulcherrimè occurret geometria, exhibendo nobis locos quosdam, nempe circulorum circumferentias quæ brevissimo compendio dabunt puncta quæsita. Sed quoniam loci illi ex vulgari constructione problematis deducuntur, operæ prætium erit ipsam explicare; pendet autem illa ex loco quinti exempli præmissi, hoc modo.

Propositâ basi B I cujusvis ex triangulis, putà B X I, cujus vertex X inveniendus sit; secetur ipsa B I in T, ita ut I T ad T B sit quemadmodum F E ad E B, hoc est in ratione refractionis, ita tamen ut B T sit minor terminus, quandoquidem latus B X debet esse minus quàm X I, atque in eadem ratione. Tum productâ rectâ I B ultra B usque in 4 2, fiat I 4 2 ad 4 2 B in eadem ratione, seceturque bifariam recta T 4 2 in Q; ac centro Q, intervallo autem Q T, vel Q 4 2, describatur circulus T X Y 4 2, qui secabit rectam A I, dabitque in ea punctum X quæsitum: sed & idem circulus dabit in eadem A I punctum Y: erunt ergo illa puncta vertices duorum triangulorum B X I, B Y I, quorum latera erunt in ratione proposita refractionis, ut quidem B X ad X I, ita B Y ad Y I, & utraque ratio est ut B E ad E F, sive ut B T ad T I.

Quòd si super omnibus basibus datis B 3 5, B H &c. fiat similis constructio; habebuntur hâc vulgari constructione vertices omnium triangulorum. Patet autem in unaquaque ex illis constructionibus dari centrum unum quale est centrum Q, & duo intervalla qualia sunt Q T, Q 4 2, ad describendos tot circulos quot sunt bases datæ, sive quot sunt centra.

Sed, quod mirum permultis videri possit, omnia illa centra existunt in una eademque quadam circuli circumferentia, qualis est R Q K, quæ secat bifariam axem E C in K; & centrum illius P existit in eodem axe producto ultra E, sic ut ratio F B ad B K eadem sit cum ratione semidiametri A F ad semidiametrum K P: unde respectu duorum circulorum F H, R K, quorum centra sunt A, P, punctum B ad utrumque ex istis circulis est similiter positum: ita ut si per punctum illud B ducatur recta quæcunque I B Q, arcus I F, Q K, qui ad ipsos circulos pertinent, sint similes, ut si unus illorum sit 30. grad. exempli gratia, erit & alter 30. grad. Similiter si ducatur alia recta H B R, erunt arcus H F, R K similes, & punctum R erit centrum respectu basis B H, ad inveniendum verticem V trianguli B V H in recta A H; atque ita de reliquis. Verùm in hac recta A H hoc speciale est (quia ipsa tangit ovalem) quòd circulus centro R descriptus, exhibeat in ipsa unicum duntaxat punctum V in quo circulus ille tangit tantùm rectam ipsam A H, non autem secat, sicuti secant suas rectas reliqui circuli quorum centra sunt in arcu R K, à puncto R ad K.

Manifestum est ergo circumferentiam R Q K centro P descriptam, esse locum ad centra infinitorum aliorum circulorum, quorum beneficio inveniuntur vertices infinitorum triangulorum: hæc ergo circunferentia dicatur primus centrorum locus; dabitur enim alius, ut infrà patebit; dicetur etiam aliquando circulus R Q K primus centrorum circulus.

Præterea, sicuti in basi B I inventum est supra punctum T; sic in unaquaque alia basi putà B 3 5, B H &c. reperiri potest punctum ipsi T analogum: erunt ergo infinita talia puncta, sicuti numero infinitæ sunt tales bases: at illa omnia existunt in una eademque circuli circumferentia E T 24 8, quæ ovalem tanget in vertice E; centrum autem illius erit punctum 13 in recta E A inter B & A: eritque ut F B ad B E, ita semidiameter F A ad semidiametrum E 13: quo pacto rursùs punctum B ad utrumque circulum F I H, E T 8, similiter positum erit. Sicuti autem ad inveniendum punctum

X verticem trianguli B X I ufi fumus intervallo Q T à centro Q ad punctum T in bafi B I ; fic ad inveniendum punctum 10 verticem trianguli B 10 35, utemur intervallo 44 *r* à centro 44 in circulo R Q K, ad punctum *r* in circulo E T 8.

Patet igitur circumferentiam E T 8 centro 13 defcriptam, effe locum ad infinita intervalla infinitorum aliorum circulorum, quorum beneficio inveniuntur vertices infinitorum triangulorum. Hæc ergo circumferentia dicatur primus intervallorum locus, dabitur enim ftatim alius, dicetur etiam aliquando circulus E T 24 8, primus intervallorum circulus.

Rurfus, quemadmodum in eadem bafi B I productâ ultra B, inventum eft punctum 42; fic in unaquaque alia bafi reperietur punctum ipfi 42. analogum : ac infinita illa puncta exiftunt in una eademque circuli circumferentia 15 46 42 C quæ ovalem tanget in vertice C; centrum autem ipfius circumferentiæ erit 27 in axe C E producto ultra E; fed in præmiffa figura centrum illud 27. nimis remotum effet à reliquis, unde non potuit in ea fignari : atque ut fuprà, punctum B refpectu hujus circuli, fimiliter pofitum eft ut refpectu circuli F I H; quia ut recta F B ad rectam B C, ita eft femidiameter A F ad femidiametrum hujus circuli C 27. Quoniam etiam hic circulus terminat intervallum Q 42 æquale intervallo Q T, & intervallum 44 46 æquale intervallo 44 *r*, & fic de reliquis; dicetur idem, fecundus intervallorum circulus; & circumferentia illius, fecundus intervallorum locus.

Huc ufque ergo habemus quatuor circulos, quorum refpectu punctum B fimiliter pofitum reperitur, nempe F I H qui primus omnium eft; K Q R qui primus eft centrorum circulus; E T 8 qui primus eft intervallorum circulus; & C 42 46 qui intervallorum fecundus eft. Atque etiamfi punctum B nullius ex ipfis quatuor circulis centrum exiftat; tamen quia ipfum in unoquoque fimiliter pofitum eft, fit ut omnis recta quæ per B ducta circulos omnes illos fecat, abfcindat ab omnibus quatuor circumferentiis, arcus fimiles ad axem C E productum utrinque fi opus fuerit, terminatos. Sic recta I T B Q 42 abfcindit quatuor arcus I F, T E, Q K, & 42 C omnes inter fe fimiles, atque ita de cæteris.

Cur autem fiat ut in uno ex iftis circulis centrum P fit ad unas partes puncti communis B; in alio verò centrum 13 fit ad alteras; nulla alia eft caufa quàm quòd vertices ipforum circulorum funt ad diverfas partes ejufdem puncti B: fed minima quæque perfequi in exemplis, non vacat : hæc enim facilè fupplebit vel mediocris geometra.

Suprà dedimus duas noftræ ovalis conftructiones per puncta, quarum prior utebatur circulo F I H ad determinandas triangulorum bafes B I, B H, &c. Pofterior verò utebatur circulo G M L N O ad determinandas aliorum triangulorum bafes, putà bafim A M trianguli A Z M; bafim A L trianguli A V L; bafim A O trianguli A 4 O, &c.

Itaque circumferentia prioris horum duorum circulorum F I H dici poteft primus bafium locus; & circulus dicetur primus bafium circulus.

Eodem jure circumferentia pofterioris circuli G M L N O dicetur fecundus bafium locus; & circulus, fecundus bafium circulus.

Quæcunque autem diximus de primo centrorum loco, ac de primo & fecundo intervallorum, referuntur omnia ad primam conftructionem; ficuti & primus bafium locus. At fi ad fecundam conftructionem refpiciamus, ad quam pertinet fecundus bafium locus G M L N O; tunc refpectu illius conftructionis dabitur fecundus centrorum locus hoc modo.

Primus intervallorum locus E T 24 8 fecat axem E C productum inter C & A, in puncto 8. & idem locus tangit rectam A L in puncto 17; ficuti

ex

ex conſtructione ſecundus baſium locus eandem A L tangit in L; ſecetur bifariàm recta C 8 in puncto 9; tum centro P (hoc enim commune eſt centrum tam primi quàm ſecundi centrorum circuli) intervallo autem P 9, deſcribatur circulus 9 18, qui eandem rectam A L productam ultra L tanget in 18; hic ergo erit ſecundus centrorum circulus, & circumferentia illius erit quoque ſecundus centrorum locus; quomodo autem centra ſecundæ conſtructionis in tali loco accipiantur, poſteà declarabimus. Sed & ſecundus intervallorum locus 15 42 C tangit eandem rectam A L ſupra punctum 18 in puncto 19; eritque recta 18 19 æqualis rectæ 18 17, proptereà quòd recta 9 8 æqualis eſt rectæ 9 C.

Quòd autem tres circuli, nempe ſecundus centrorum, & ambo intervallorum, tangant rectam eandem A L productam quantùm ſatis, id vi geometriæ deducitur ex conſtructione illorum , atque ex eo quòd ſecundus baſium circulus eandem tangat ex conſtructione; ſed demonſtratio, ut elegantiſſima eſt, ita & longiſſima: nos ergo ipſam cum plurimis aliis relinquimus.

Quoniam itaque quatuor illi circuli, ſecundus baſium, ſecundus centrorum, & ambo intervallorum, eandem rectam tangunt, habentque omnes centra ſua in eadem recta A B producta quantum ſatis ; atque huic rectæ A B occurrit ipſa tangens A L in puncto A; ſequitur tale punctum A reſpectu omnium quatuor illorum circulorum, eſſe ſimiliter poſitum. Sed & in omnibus quatuor, erunt diſtantiæ à puncto A uſque ad illorum vertices 8, G, 9, C, ſemidiametris illorum proportionales : erit quippe recta A 8 ad rectam A G ut ſemidiameter 13 8 ad ſemidiametrum B G. Et ut recta A 8 ad rectam A 9, ita ſemidiameter 13 8 ad ſemidiametrum P 9 : atque ita de reliquis.

Unde ſi per punctum illud A ducatur quæcunque recta quæ circulos illos omnes ſecet, auferet hæc ab omnibus ſimiles arcus circunferentiarum, à recta A B uſque ad puncta ſectionum extenſos; putà arcus 8 20, G 23, 9 21, & C 22, inter rectas A B, A V &c.

Dicamus verò nunc quâ ratione ſecundæ conſtructionis noſtræ ovalis centra in circunferentia 15 9 18, quæ ſecundus centrorum locus eſt, accipiantur. Ad hoc autem ducatur à centro B ad ſecundum baſium locum G M L, quævis ſemidiameter B L, quæ producta perficiat integram diametrum L B O ut ſuprà; ducaturque tam A L, quàm A O, quarum utraque baſis erit, illa quidem trianguli A V L, hæc autem trianguli A 4 O, quorum vertices quæruntur: illi ergo vertices, beneficio talis ſecundi centrorum loci, ſic reperientur. Prima baſis A L occurrit illi ſecundo centrorum loco in puncto 18; & eadem occurrit primo intervallorum loco in puncto 17; ſecundo autem, in puncto 19 : ſumetur ergo pro centro punctum 18, pro intervallo, 18 17, vel 18 19, (æqualia enim ſunt illa ut ſuprà notavimus) tale enim intervallum dabit in ſemidiametro B L, punctum V quæſitum. Sed & hoc ſpeciale eſt huic puncto V, quòd ducta A V tangat ovalem in ipſo V, eò quòd centrum 18 eſt punctum contactus rectæ A L & ſecundi loci centrorum. Similiter, ſi altera baſis A O producatur quouſque illa ex altera parte verſùs O, occurrat tam ſecundo centrorum loco in puncto 26, quàm ambobus intervallorum , in punctis 24, & 25, dabit illa centrum aliud 26, & duo intervalla æqualia 26 24, & 26 25 ; quorum illud quod erit 26 24, terminabitur in primo intervallorum loco ; (centrum 26, & alterum intervalli punctum 25, in noſtra figura, nimis longè diſtarent à puncto A) tali ergo centro, ac tali intervallo, inveniemus in ſemidiametro B O, punctum quæſitum 4 in ovali.

Simili modo, ſi in ſecundo baſium circulo, ducatur diameter M B 12 :

huic convenient duæ bafes, A M, & A 12, pro triangulis A Z M, A 11 12; (finge triangula illa effe abfoluta, quod vitandæ confufionis gratiâ hîc factum non eft) ac unaquæque ex illis bafibus fecabit tam fecundum locum centrorum, quàm utrmuque intervallorum; dabitque in illo quidem centrum, in his verò, intervallum, cujus beneficio, in utraque femidiametro B M, B 12, invenietur punctum Z, vel 11, quæfitum.

In hac verò fecunda conftructione unicum centrum, putà 18 dat in ovali unicum punctum putà V; quod idem de omnibus aliis verum eft; cùm è contrario, in prima conftructione unicum centrum Q dederit duo puncta X & Y.

Neque verò prætereundum eft quomodo talium locorum beneficio, & centra, & intervalla, ac denique puncta ad ovalem pertinentia facillimè inveniuntur. Quod fanè in prima ex duabus præmiffis conftructionibus .præftitiffe fufficiet: hinc enim, quâ ratione eadem methodus ad fecundam conftructionem accommodari poffit, illicò patebit. Quæcunque autem circa tale argumentum dicturi fumus, praxim refpiciunt, quæ hoc modo expeditiffima, & certiffima reddi poteft.

Defcriptis ergo fecundùm præfcriptas leges fex circulis five fex locis ut fuprà, duobus quidem bafium, duobus centrorum, & duobus intervallorum: affumatur in primo loco bafium, quodvis punctum I inter F & H (ultrà enim inutile fore fuprà notatum eft) & jungatur recta A I, in ea enim reperiri debent duo puncta X, Y, ad ovalem pertinentia: tum arcui F I fumantur duo alii arcus fimiles, alter K Q in primo centrorum loco, alter E T in primo loco intervallorum: ac fumpto intervallo Q T, & pede circini manente in centro Q, notentur altero pede mobili duo puncta X, Y, in recta A I, ut propofitum eft.

Verùm, inquiet aliquis, poffuntne promptè ac expeditè haberi arcus fimiles in diverfis iifque inæqualibus circulis? Poffunt fanè, nec uno modo; fed hic omnium facillimus jure videri poffit. Duc quamcunque bafim B H (extrema ad extremum punctum H pertinens, in hac prima conftructione, reliquis præftat, in fecunda conftructione, nihil refert) quæ producta quantùm fatis, dabit in primo loco centrorum arcum K R; ac in primo intervallorum, arcum E S, qui inter fe, & ipfi F H fimiles erunt. Dividantur omnes illi tres arcus finguli in quotcunque partes æquales, ita tamen ut partes unius fint quoque numero æquales partibus alterius: putà, dividatur unufquifque primùm bifariàm, deinde quælibet pars rursùs bifariàm, atque ita continuè quantùm quis voluerit. Hoc enim pacto, puncta arcus F H terminabunt femidiametros A I, A H, &c. Puncta autem prædictis ordine correfpondentia in arcu K R, dabunt centra Q, R &c. ac tandem puncta eodem ordine fumpta in arcu E S, terminabunt intervalla. Cætera funt facilia, nec eft cur in iis immoremur.

Expeditis ut fuprà, quæ ad primum & quartum ex cafibus particularibus refractionum pertinebant, fupereft nunc ut reliquis duobus, fecundo fcilicet & tertio, fatisfaciamus: nempe ut explicemus rationem componendi loci qui duobus illis cafibus inferviat. Sed antequàm ad rem ipfam veniamus, lubet hîc aliquantifper immorari circa quatuor præcipua puncta figuræ præcedentis, duo nempe focorum A, B; & duo verticum C, E: ex tali enim confideratione magis elucefcet analogia quæ inter cafus jam expeditos, & eos de quibus agendum fupereft, intercedit; quæ quidem analogia ad eorumdem cafuum figuras extenditur, habetque aliquid fimile ei analogiæ quæ in doctrina conica reperitur inter hyperbolam & ellipfim.

Statuamus primùm ex illis quatuor punctis, duo B, & C, effe immobilia, eademque remanere in eo ftatu in quo hucufque conftituti funt: at

Vide Figur. pag. 148.

punctum A (quod primum ac præcipuum est) mobile esse, idemque diversas positiones successivè ad arbitrium obtinere, ac tandem quartum E eatenus mobile esse, quatenus necessitas geometrica id exiget: existant tamen omnia quatuor in una eademque recta linea A B, quæ ad hoc negotium, utrinque indefinitè producatur.

Ergo, respectu puncti B, vel ipsum punctum A erit versùs C, vel versùs E. Et siquidem illud sit versùs C; vel erit intra figuram inter B, C; vel illud erit in vertice C; vel idem erit extra figuram ultra C, ut in figura præmissa; sed ita ut ab ipso puncto C longissimè, immò infinitè distare possit. Rursùs, si respectu puncti B, punctum A sit versùs E; vel illud A erit inter puncta B, E intra figuram; vel illud erit in vertice E; vel idem erit extra figuram ultra E, sic ut ab ipso puncto E longissimè, immò infinitè distare possit. Tandemque illud idem punctum A considerari potest tanquam si puncto B congruat, ita ut ambo simul unicum punctum efficiant.

Incipiamus ab hoc ultimo statu quo punctum A puncto B congruit: I. Status. tunc verò loco ovalis C V E 7 habebimus circulum, cujus centrum erit idem punctum commune A vel B, & intervallum sive semidiameter B C, cui æqualis erit B E; unde punctum E vi geometricâ, tantùm distat à puncto B quantùm C ab eodem B. Duo loci basium describentur circa idem centrum B vel A secundùm præscriptas leges in præcedenti constructione: ex duobus locis centrorum, alter, nempe primus coalescet in unicum punctum B, alter erit circunferentia ejusdem circuli C V E 7 qui loco ovalis succedet: tandemque ipsa eadem circuli C V E 7 circunferentia referet duos reliquos locos intervallorum. Sed omnia ad Dioptricam erunt planè inutilia.

Esto deinde punctum A intra ovalem inter B & C: ac tunc fiet figura II. Status. ovalis in qua præcipuus vertex C propior erit præcipuo foco A quàm vertex E foco B; attamen distantia B E minor erit quàm B C; atque ita excessus rectæ A E supra rectam A C major erit quàm excessus rectæ B C supra rectam B E; ac duorum illorum excessuum ratio erit ipsa ratio refractionis. Sex loci, nempe duo basium, duo centrorum, & duo intervallorum, non aliter invenientur quàm in præcedenti figura, sed illi paulò aliter erunt dispositi, quod tamen nullius momenti est, quia hæc omnia ut priùs, ad Dioptricam sunt inutilia.

Esto jam punctum A in præcipuo vertice C: quo pacto fiet ovalis quàm III. Status. acutissima esse potest versùs ipsum C, versùs E autem, quàm obtusissima: siquidem, dum focus A procedit à B ad C, ipsa ovalis in vertice C fit semper acutior; in E autem, obtusior, quousque ipse focus A pervenerit in C, à quo procedendo extra ovalem, vertex C fit minùs acutus, E verò minùs obtusus. At hoc in statu foci primarii A in præcipuo vertice C constituti, ratio axis C E ad excessum quo recta B C superat rectam B E, est ipsa ratio refractionis. Primus locus basium, primus centrorum, & primus intervallorum inveniuntur ut in superiori constructione factum est, inter quos ille qui primus est intervallorum transit etiam per C vel A; quo pacto idem cùm transeat per extrema axis C, & E, tangit ovalem in ambobus illis punctis, & centrum illius est in medio axis ejusdem in K. Secundus locus basium, secundus centrorum, & secundus intervallorum omnes transeunt per idem punctum C vel A, sed centris differunt: illa tamen, quia hæc ovalis ad Dioptricam nihil confert, relinquenda judicavimus.

Existat nunc focus A extra ovalem, ultra verticem C, non tamen infinitè: IV. Status. tunc autem omnia se habebunt prorsùs ut in præmissa figura; ita tamen ut, quò major erit ratio rectæ A B ad rectam B C, eò magis ovalis ipsa ad figu-

ram veræ ellipſis conicæ accedat, neque tamen unquam vera ellipſis fiat. Ac
in illa, portio circa præcipuum verticem C ad Dioptricam utilis eſt, ut in deſ-
criptione figuræ præmiſſæ notavimus.

V.
Status.
Vide Figur.
pag. 142.
    Abeat nunc punctum A in infinitum ultrà C, qui ſtatus nobiliſſimus eſt,
præbet enim veram ellipſim conicam, ac prorsùs eam quæ undecimo exemplo expoſita eſt, quamque ibidem ad Dioptricam pertinere monuimus, cùm
ſcilicet ratio axis A H ad diſtantiam focorum B M eſt ipſa ratio refractionis.
Hîc verò omnes ſex loci baſium, centrorum, & intervallorum abeunt in lineas rectas: ſed ex illis, ſecundus baſium, & ſecundus centrorum infinitè diſ-
tant à præcipuo vertice, qui in figura ejuſdem exempli erit A; reliqui quatuor tranſeunt per puncta quæ ibidem ſunt C, H, A, & centrum ellipſis,
ſuntque illi omnes quatuor ad axem ejuſdem ellipſis perpendiculares. Quoniam autem à puncto illo qui præcipuus vertex eſt & infinitè diſtat, duci
debent rectæ: ſciendum eſt ipſas duci debere axi ellipſis parallelas. Cætera
facilè intelligentur ab eo qui doctrinæ Infiniti in Geometria aſſuevit.

    Similiter, ſi præcipuus focus A infinitè diſtet ab altero foco B ex altera
parte versùs ſecundum verticem E, idem omninò accidet quod jamjam diximus, cùm idem infinitè diſtaret versùs C; nam ex doctrina infiniti, idem
eſt diſtare infinitè versùs C, ac diſtare infinitè ad contrarias partes versùs E:
quod ſanè illis qui tali doctrinæ minimè aſſuefacti ſunt mirum videri ſolet,
& pleriſque abſolutè impoſſibile.

    Apparet ergo ex ſuprà dictis, id quod hucuſque latuiſſe opinamur, nempe in
ellipſi conica, quatenùs illa ad Dioptricam referri poteſt, tres intelligi debere
focos, duos ſcilicet internos, & unum externum qui infinitè diſtet à quovis
ex duobus verticibus. Unum dicimus externum, non duos, etiamſi cuivis doctrinæ infiniti imperito, ille minimè unus, ſed duo infinitè à ſe invicem diſ-
tantes videri poſſint. Ille enim quandiu in diſtantia finita à foco B diſtitit,
ut ſuprà, unicus fuit A; poſtquàm autem abiit in infinitum versùs C, idem
eodem modo ſe habet, ac ſi uno ſaltu tranſilierit ad alteram partem versùs
E, paratus regredi ab illa parte versùs E ſecundùm rectam lineam N F E B,
uſque ad B unde moveri cœperat: immò, ſive versùs C, ſive versùs E infinitè diſtare ipſe intelligatur, perinde eſt, quod ad conſtructionem pertinet:
quæcunque enim recta ab eo duci intelligetur, illa axi C E ſemper exiſtet parallela.

    Supereſt nunc ut ipſum focum A conſideremus ab infinita diſtantia ver-
sùs E regredientem uſque ad B ſecundùm rectam N F E B, hic enim ſtatus
dabit locos illos qui duobus reliquis particularibus caſibus refractionum ſa-
tisfacient. De his agemus poſtcà, ſed priùs operæprætium fuerit ſtatuere puncta A & C fixa, B verò mobile ad arbitrium; at E rursùs catenùs mobile tantùm, quatenùs vis geometriæ id poſtulabit. Neque enim hujus ſpeculationis
fructus minor futurus eſt quàm præcedentis cum qua ſanè multa habet com-
munia, ſed multa etiam planè diverſa, cùm ſcilicet punctum B in infinitum
abibit.

    Itaque vel puncta immobilia A & C ſunt ſimul, vel illa à ſe invicem ſe-
juncta ſunt. Si ſimul ſint, vel punctum mobile B eiſdem congruit, ita ut tres
ſimul exiſtant, vel idem B ab ipſis A, C, diſtat; idque vel ſecundùm diſtantiam finitam, vel infinitam.

VI.
Status.
    Si tria puncta A, B, C ſimul exiſtant, tum quartum E cum iiſdem exiſtet,
evaneſcetque ipſa ovalis, quæ in idem punctum coaleſcet, atque unà cum ea
omnes ſex loci: eſtque ſtatus hic prorsùs inutilis.

VII.
Status.
    Si puncta A C ſimul exiſtant, B autem ab iis utcunque diſtet, ſed finitâ
diſtantiâ, habebimus tertium ſtatum ex iis qui ſuprà expoſiti ſunt, cùm punctum A mobile erat, idemque in C conſtituebatur.

Si

Si punctis A, C, invicem constitutis, punctum B ab utroque infinitè distet ex utravis parte (perinde enim est ex doctrina infiniti, ut suprà,) tunc nulla habebitur ovalis, sed loco illius succedent duæ rectæ secantes se invicem in puncto communi A C, ita ut recta A B angulum ab illis contentum bifariàm dividat; eritque ille angulus tantus quantus debetur assymptotis hyperbolæ illius de qua undecimo exemplo dictum est, posito quòd ratio axis ad focorum distantiam sit ipsa ratio refractionis. Sex loci abeunt in lineas rectas ad rectam A B perpendiculares, sed ex iis tres primi infinitè distant, sicuti & punctum B; tres secundi in unicam coalescunt rectam quæ per punctum commune A C transit: at illa omnia ad Dioptricam sunt inutilia. *VIII.*
Status.

Jam puncta A C, quâcunque distantiâ finitâ à se invicem distent, & punctum mobile B incipiat ab A, moveaturque ad C, & ultrà usque in infinitum.

Existente ergo puncto mobili B in A, loco ovalis habebimus circulum, cujus centrum erit punctum illud commune A vel B, intervallum A C. Et hic status suprà expositus est, fuitque primus. *I X.*
Status.

Existente autem ipso puncto mobili B inter A & C, multi habebuntur status inter se diversi, de quibus agemus posteà; illi enim sunt qui reliquis duobus casibus particularibus refractionum satisfaciunt. *X.*
Status.

Existente jam ipso B in C, evanescet ovalis, eademque in idem punctum B vel C coalescet; quod jam suprà notatum est, atque inter inutilia repositum: is status sextus fuit. *X I.*
Status.

Existente deinde puncto B ultra C, ita ut C sit inter duo B, A, habebimus statum figuræ præmissæ in qua tamdiu immorati sumus: & idem status suprà fuit quartus. *X I I.*
Status.

Existente porrò puncto B ultra C vel ultra A in distantia infinita ex quacunque parte (perinde enim est, ut jam non semel notavimus) tunc statum nobilissimum habebimus: abibit enim ovalis nostra in hyperbolam illam de qua undecimo exemplo dictum est, cùm scilicet ratio axis ad focorum distantiam est ipsa ratio refractionis. Ac hujus quidem hyperbolæ vertex præcipuus erit, hoc loco, in C; alter minus præcipuus E abibit in infinitum: quæ autem huic hyperbolæ opponitur alia hyperbola, respectu præcipui foci A erit inutilis. Sex loci abeunt in lineas rectas ad axem infinitè productum perpendiculares; sed ex iis duo primi infinitè distant versùs C, nempe primus basium, & primus centrorum; primus intervallorum transit per verticem hyperbolæ inutilis, secundus intervallorum transit per præcipuum verticem C. Secundus centrorum transit per centrum hyperbolarum; secundus autem basium transit per illud punctum in quo recta A C sic dividitur, ut tota A C ad portionem ipsi puncto C conterminam, habeat rationem refractionis à raro ad densum. *X I I I.*
Status.

Apparet ergo idem hyperbolæ conicæ accidere quod de ellipsi suprà dictum est, quodque antiquos latuisse opinamur; nempe, præter duos focos vulgates de quibus in conicis agitur, quique distantiâ finitâ à centro ultra vertices removentur, dari tertium qui ex utravis parte infinitè distet ab eodem centro, quatenùs scilicet ipsa hyperbola ad Dioptricam refertur, &c. ut suprà de ellipsi.

Tandem verò punctum mobile B ab infinita distantia ultra A regrediatur versùs ipsum A à quo moveri incœpit, ita ut idem A existat inter C & B; ac tunc habebimus secundum statum illum inutilem de quo dictum est dum punctum A mobile statuebatur, atque illud existebat intra ovalem inter B & C; nec est quod hîc ultrà addamus. *X I V.*
Status.

Quòd si quærat aliquis quinam hujusce speculationis circa mobilia puncta fructus futurus sit, præcipuè circa locorum doctrinam ad quam pertinere debent hæc nostra exempla: sciat ille primùm quidem in universum, tali,

R r

vel aliâ simili consideratione apprimè detegi naturam figurarum omnium ; cùm scilicet ritè notaverimus quid ex diverso situ præcipuorum punctorum ad illas pertinentium, eisdem figuris accidere possit, unde illæ immutari queant.

At in specie, quòd ad locos attinet, meminerit vix aliter detegi posse quomodo illi invertantur, aut in figuras genere, aut specie diversas permutentur ; quemadmodum suprà vidimus locum illum de quo hoc duodecimo exemplo agimus, nunc esse ovalem aliquam, nunc circulum, & aliquando ellipsim, aut etiam hyperbolam: quod adhuc in iis quæ statim dicturi sumus, non minùs evidenter apparebit.

X V.
Status.

Præteriimus suprà eum statum in quo punctum B mobile procedens ab A, progreditur, non quidem versùs C, sed ad contrarias partes usque in infinitam distantiam, quia status ille ad Dioptricam inutilis est: quandiu enim ipsum existit in distantia finita, habetur secundus status in quo A statuitur inter B & C, de quo suprà ; cùm autem idem existit in distantia infinita, habetur hyperbola inutilis, cujus focus internus est A, vertex autem inter A & C ; ac illud C est vertex hyperbolæ oppositæ, quæ sanè opposita poterit esse utilis, sed illa eadem prorsùs erit cum ea de qua duodecimo statu locuti sumus.

Nihil etiam diximus de puncto C infinitè distante, quia tunc evanescit omnis figura, atque unà cum ea, quæcunque puncta ad eandem pertinebant: quæ omnia in infinitum abeunt.

In universum ergo, res eò reducitur ut vel A focus infinitè distet, ac tunc habetur ellipsis utilis ; vel B focus infinitè distet, ac tunc habetur hyperbola, cujus altera ex oppositis utilis est, altera inutilis ; vel ex tribus punctis A, C, B medium sit C, ac tunc habetur status utilis, cui inservit figura præmissa ; vel A & C simul existant, vel A sit medius inter C & B, vel idem A sit in B, qui tres status sunt inutiles, sicuti & inutiles sunt duo illi in quibus vel tria puncta A, C, B, vel, quod eodem recidit, duo B & C simul existunt ; vel tandem punctum B medium sit inter C & A: unde septem oriuntur status nondum expediti, atque omnes utiles, de quibus agendum nobis superest, quia illi omnes & soli duobus reliquis particularibus refractionum casibus satisfacient. Nec multùm in singulis immorabimur ; illi enim omnia habent præmissis anologa, scilicet focos, vertices, & locos basium, centrorum, & intervallorum ; sed illa omnia positione differunt, atque ex diversa illa positione, figuræ diversissimæ evadunt.

Primus ergo status ex illis septem reliquis esto ille in quo duo puncta B, & E media sunt inter focos C, A ; ac vertex secundus E medius quoque est inter B & A ; cui statui inservit figura sequens: in qua quatuor puncta C, B, E, D, se habent prorsùs ut anteà ; ita scilicet ut rectæ C D, B E, sint æquales ; sicuti & C B, D E ; sitque tota C E ad mediam B D in ratione refractionis à raro ad densum. At quia præmissæ conditiones omnes non solùm huic statui, sed etiam tribus sequentibus conveniunt, ideò huic primo illud peculiare esto, quòd ratio rectæ A E ad rectam E B sit major ipsâ ratione refractionis à raro ad densum. In secundo autem statu ponetur hæc ratio A E ad E B esse præcisè ratio refractionis à raro ad densum. In tertio è contrario, ponetur A E esse ad E B in ratione minori quàm sit ratio refractionis à raro ad densum, non minori tamen quàm à denso ad rarum. In quarto, ponetur ratio A E ad E B esse minor ratione refractionis à denso ad rarum, quousque punctum A pervenerit ad verticem E. In quinto, ponetur punctum illud A esse in E. In sexto, ponetur idem A esse inter B & E intra ovalem ; ita tamen ut ratio totius B E ad portionem E A major sit quàm ratio refractionis à raro ad densum. In septimo denique statu, ponetur ipsum A rursùs intra ovalem inter B & E, sed propiùs ad idem B ; ita ut ratio B E ad E A non major sit ratione refractionis à raro ad densum, sed vel eidem æqualis, vel ipsâ minor.

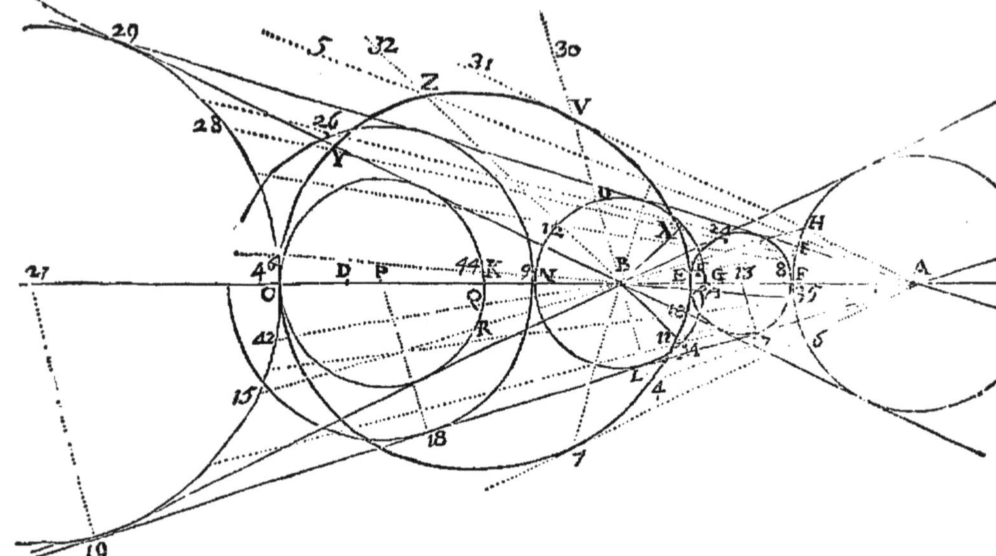

Etsi verò figuræ omnes, quæ singulis ex istis casibus propriæ sunt, differant
tam inter se, quàm ab ea quam primam suprà exposuimus, ipsæ tamen plurima habent inter se similia : immò illæ omnes sic delineari ac notis distingui possunt, ut una eademque explicatio omnibus inserviat, nec alia distinctio
adhibenda sit, quàm circa positionem aliquot punctorum, quorum quæ in una
figura priora fuere, eadem in alia figura fient posteriora, & quæ erant media, fient extrema, aut omninò quid simile. Talis sanè est præmissa explicatio,
quæ etiamsi primæ figuræ usqueadeò quadret, ut illi soli propria esse appareat, & reverà soli illi propria sit strictè loquendo ; eadem tamen paucis tantùm mutatis, omnibus inservire potest. Id verò in hac secunda figura clarè
intueri licet : sed ad hoc monendus est lector ut quotiescumque in dicta aliqua inciderit quæ secundæ illi figuræ quadrare non videbuntur, tum ipse huc
recurrat ad ea quæ statim dicturi sumus, quæque continent præcipua capita
in quibus discrepant ejusmodi figuræ.

Ac primùm, in hac secunda figura, quia punctum A est ultrà tria puncta
C, B, E, versùs E, quod contrarium est primæ figuræ : fit ut punctum G sit quoque ad easdem partes ipsius E, cùm in prima esset versùs C.

Secundò, anguli recti A L B, L B H, in secunda figura sunt interiores
& ad easdem partes respectu parallelarum A L, B H, qui tamen in prima
erant alterni.

Tertiò, in secunda figura, intervallum A F minus est quàm A B, quod in
prima majus erat.

Quartò, cujuscunque longitudinis reperiatur intervallum A F in secunda
figura, semper ovalis utilis erit ; quod in prima verum non erat.

Quintò, hæc secunda figura satisfacit secundo & tertio casui ex quatuor
illis particularibus casibus refractionum ad perspicilla pertinentium qui suprà
expositi sunt, cùm prima satisfaceret primo & quarto, ut dictum est. Nam in
eadem secunda, posito corpore denso diaphano ab ipsa ovali comprehenso,
atque ad formam illius perpolito, putà vitro, cui alterum corpus rarius undi-

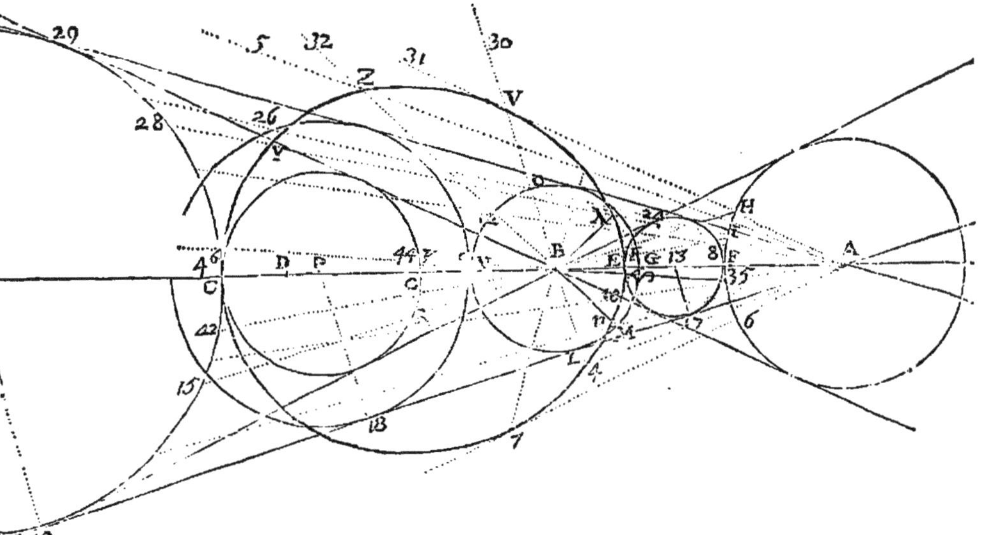

que contiguum fit, putà aër qui vitrum ambiat: radii omnes ad punctum A tendentes, atque in superficiem V C 7 incidentes, refringuntur præcisè in punctum B; hic verò est terius ex iisdem quatuor casibus. Atque è contrario, radii omnes à puncto B procedentes, atque in eandem superficiem V C 7 incidentes, post refractionem divergunt extra ovalem tanquam si omnes ex puncto A progressi sint: & hic est secundus casus. Sic, si radius incidentiæ in raro sit 28 Y tendens versùs A, radius refractionis in denso erit Y B: atque è contrario, si radius incidentiæ in denso sit B Y, erit radius refractionis in raro Y 28.

Quòd si corpora permutentur, ut rarius sive aër contineatur sub forma ovali proposita, densiore seu vitro ipsum coarctante: tunc radii omnes qui intra rarum procedunt à puncto A, inciduntque in superficiem V C 7, sic refringuntur, ut intra densum divergant tanquam si à puncto B progressi sint. Atque è contrario, radii omnes in denso ad punctum B convergentes, atque in eandem superficiem V C 7 incidentes, sic refringuntur, ut intra rarum ad punctum A convergant. Sic radio incidentiæ existente A Z intra rarum, fiet in denso radius refractionis Z 32 qui à puncto B procedit; & è contrario, existente intra densum radio incidentiæ 32 Z qui ad punctum B tendit, fiet intra rarum radius refractionis Z A. Quo pacto rursùs alio modo satisfactum est secundo ac tertio ex prædictis quatuor casibus particularibus.

Sextò, centra circulorum illorum sex quos suprà assignavimus pro locis centrorum, intervallorum, & basium, multò aliter in hac secunda figura, quàm in prima, disposita sunt. Nam in hac secunda figura centrum P quod ad locos centrorum pertinet, reperitur inter vertices C, E, quod tamen in prima figura erat ultrà. Item, in eadem secunda figura, centrum 27. quod ad secundum locum intervallorum pertinet, abit ultra verticem C, quod tamen in prima abibat ultrà E.

Septimò, quoniam ambo foci A, B in hac secunda figura reperiuntur extra utrumque circulum intervallorum: fit ut tam ambæ rectæ quæ à puncto A procedentes, tangunt secundum locum basium G L N O, quàm ambæ quæ

à

à punĉto B procedentes, tangunt primum locum basium F I H: tam hæ tangentes, inquam, quàm illæ, tangant quoque utrumque circulum intervallorum ET 24 8, & 19 C 29, si scilicet tangentes illæ quantùm satis producantur.

Cæteras differentias quivis facilè percipiet: ideò nos ultrà progrediemur.

Assignavimus suprà differentiam quæ intercedit inter septem illos status in quibus punĉtum B reperitur inter A & C, diximusque primum in hoc à cæteris distingui, quòd in eo ratio AE exterioris ad BE interiorem (intellige respeĉtu ovalis) major sit ratione refraĉtionis à raro ad densum. Huic autem statui omninò accommodata est secunda figura præmissa, in qua ideò primus locus intervallorum ET 24 8 totus extra ovalem existit versùs A, & punĉtum F inter duo A & E constituitur.

Jam secundus status nobilissimus est, in quo scilicet ratio A E ad EB est *Vide Figur* ipsa ratio refraĉtionis à raro ad densum, unde punĉta A & F in unum idem- *sequentem.* que punĉtum coalescunt.

In tali autem statu, loco ovalis habemus circulum qui utilis est eodem prorsùs modo quo utilis est præmissa ovalis secundæ figuræ, putà portio illa quæ est circa verticem C usque ad contaĉtus V, 7, quæ portio satisfacit secundo & tertio ex quatuor casibus particularibus refraĉtionum, ut diximus in quinto ex septem capitibus, quibus præmissa secunda figura à prima discrepat. Nec quicquam circa talem explicationem immutandum est, ita ut illa conveniat tam ovali secundæ figuræ, quàm circulo tertiæ sequentis, in qua, etiamsi punĉta B, C, D, E eodem prorsùs modo disposita sint quo in secunda figura, tamen, propter rationem refraĉtionum à raro ad densum quæ intercedit inter reĉtas A E, E B, sit ut sex loci de quibus toties suprà diĉtum est, singuli amissâ suâ extensione seu magnitudine, in punĉta coaluerint; primus scilicet locus basium in punĉtum A; secundus basium in punĉtum B; ambo centrorum in punĉtum K, quod est centrum propositi circuli C V E 7; primus intervallorum in punĉtum E; ac tandem secundus intervallorum in punĉtum C.

At verò, quòd proprietas adeò insignis circulo C V E 7 conveniat; posito scilicet quòd tam ratio A E ad EB, quàm ratio diametri E C ad B D sit ratio refraĉtionis à raro ad densum, ac proinde etiam ratio A C ad CB; (hæc enim tertia ex duabus prioribus sequitur) quòd, inquam, quivis radius 36 33 à raro quod est extra circulum, putà ab aëre incidens in densum quod est intra circulum, putà in vitrum, in punĉtum 33 quod est in circumferentia, si dirigatur ad punĉtum A, non tamen ad idem A perveniat, sed frangatur in ingressu 33, ac fraĉtus abeat in B, illud ex sequenti demonstratione manifestò patebit: quæ quidem demonstratio circulo specialis est, nec prolixa; universalis enim, quæ tam ovalibus quàm circulo conveniret, longiori indigeret apparatu, ut jam suprà monuimus.

Ad hoc autem tria notanda sunt. Primum, quoniam est ut A E ad EB, ita A C ad CB, & quatuor punĉta A, B, C, E sunt in eadem reĉta linea, estque A extra circulum, B intra, at EC est diameter; sit necessariò ut eduĉtâ ex B punĉto reĉtâ perpendiculari ad diametrum E C, atque eâ utrinque produĉtâ usque ad circumferentiam, punĉta in quibus ipsa circumferentiæ occurrit, sint ipsa V & 7, in quibus reĉtæ A V, A 7 ipsum circulum tangunt, ita ut duĉtâ reĉtâ K V, angulus K V A reĉtus sit, atque ita, ratio reĉtæ A V ad V B sive K V ad K B, rationi reĉtæ A K ad K V sit similis: atque earum rationum conversæ similes, scilicet B V ad V A, B K ad K V, & V K ad A K. Secundum, propter eandem rationem A E ad E B, & A C ad C B, sit ut duæ quæcunque reĉtæ A 33, B 33 quæ ad idem punĉtum 33 in circumferentia utcunque assumptum ducuntur, in eadem quoque ratione existant, putà ut A E ad EB, sive ut A C ad C B: nam circumferentia E V 33 C 7 talem locum exhibet, qualem quinto loco explicuimus, atque ideò etiam eadem est ratio A V ad

VB, & AZ ad ZB, & AY ad YB, &c. unde, quoniam ponitur ratio A E
ad EB effe ratio refractionis à raro ad denfum, erit quoque A V ad VB,
A 33 ad 33 B, &c. ratio refractionis à raro ad denfum. Tertium, ductâ rectâ
5 33 34 quæ circulum tangat in puncto 33, tum rectâ 33 K ad centrum K,
erit angulus K 33 34 rectus; ac eodem modo fient refractiones radiorum in
punctum 33 incidentium à circuli circumferentia E 33 C, quo à linea recta
tangente 5 33 34; fiquidem in univerfum, linea quæcunque curva, & recta
ipfam tangens, eafdem efficiunt refractiones radiorum in punctum contactus
incidentium. Pofitâ ergo curvâ C 33 E, vel rectâ 5 33 34 pro dioptrica, five
pro fuperficie refractiva, & exiftente puncto 33 puncto incidentiæ, erit recta
33 K perpendicularis ad dioptricam.

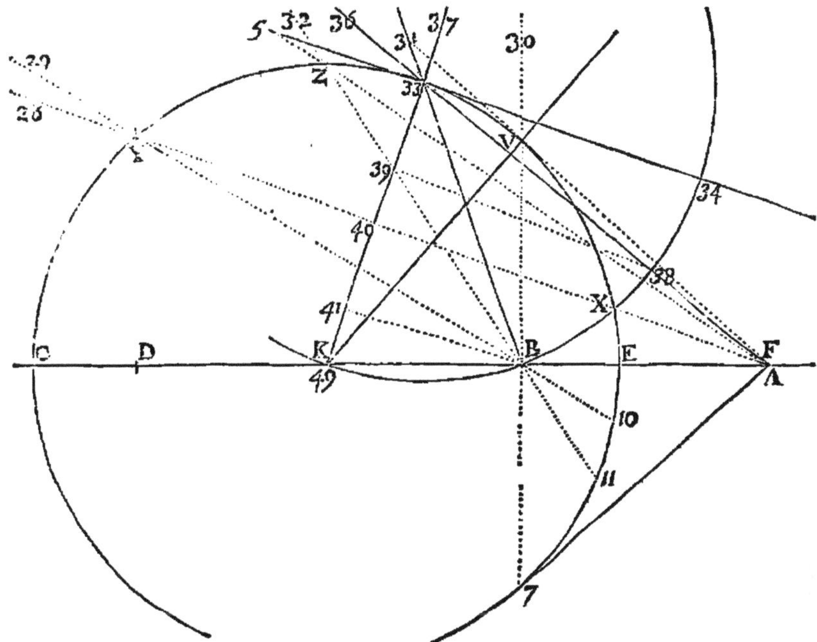

His præmiffis, centro 33 intervallo quocunque, putà 33 B, defcribatur
circulus fecans perpendicularem 33 K in puncto 49, rectam 33 A in puncto
38, & rectam 33 34 in puncto 34; eritque arcus 49 34 quadrans; & rectæ 33 49,
33 B, 33 38, & 33 34 erunt æquales. Sed, quod præcipuum eft, demiffis in rectam 33 49 productam fi fit opus, perpendicularibus A 40, B 41, & 38 39:
oftendendum eft 38 39 ad B 41 effe in ratione refractionis, putà ut A E ad
E B; hoc enim demonftrato, manifeftum erit ex lege refractionum quam undecimo exemplo fuprà expofuimus, fore ut fi radius incidentiæ fit 36 33 38 A,
tunc radius refractionis fit 33 B, & viciffim, fi radius incidentiæ fit B 33, tunc
radius refractionis fit 33 36: hoc autem fic demonftramus.

Ratio perpendicularis 38 39 ad perpendicularem B 41, componitur ex rationibus 38 39 ad A 40, & A 40 ad B 41: eft autem 38 39 ad A 40, ut 38 33
ad 33 A, five ut B 33 ad 33 A; & ut A 40 ad B 41, ita A K ad K B: quare

ratio 38 39 ad B 41 componitur ex rationibus B 33 ad 33 A, & A K ad K B:
ut autem B 33 ad 33 A, ita BV ad V A, ut jam fecundo loco notavimus, &
ita B K ad K V; ideoque ratio 38 39 ad B 41 componitur ex rationibus A K
ad K B, & B K ad K V, quæ ambæ conftituunt rationem A K ad K V. Ut
ergo 38 39 ad B 41, ita A K ad K V, five A V ad V B, five A E ad E B,
quæ eft ratio refractionis, ut propofitum eft. Cùmque idem accidat omnibus punctis quæ in arcu V C 7 affumi poffunt, patet arcum illum effe locum
ad propofitas refractiones, quarum ratio erit ut A E ad E B ; quæ fanè perin-
fignis eft circuli proprietas huc ufque, ut exiftimamus ignota.

Hoc pacto iis fatisfecimus quæ initio duodecimi exempli oftendere polliciti fumus, nempe cafum tertium ex tribus univerfalibus Dioptricæ cafibus,
de quibus undecimo exemplo dictum eft, aliquando ad fuperficiem fphæricam
pertinere, fed multò magis univerfaliter ad alias fuperficies (nempe ovales de
quibus fuprà) quas antiquis notas fuiffe nullibi apparet. Patet enim hunc fecundum ftatum qui ad circulum, atque adeo ad fphæram pertinet, effe fpe-
cialiffimum, alios verò qui ad ovales, effe univerfaliores.

Porrò, qui fuperfunt ftatus quinque, ad alias ovales pertinent, quas figurâ
exhibere fupervacaneum hoc loco duximus; neque enim ex prædictis difficile fuerit eafdem fatis accuratè defcribere. Quamobrem, poftquàm ea breviter expofuerimus in quibus illæ à prædictis præcipuè differunt, tunc ulteriùs exemplis parcemus, duodecim præmiffis contenti, quæ fanè perilluftria
funt; atque ita ad id quod initio propofitum eft, accedemus.

Tertius ergo ftatus ad ovalem quandam pertinet, in qua fex loci bafium,
centrorum & intervallorum defcribuntur. Sed quia punctum A reperitur in-   *Vide Figur.*
ter E & F, hinc fit ut quinque ex illis locis, integri intra ovalem conftituan-   *pag.* 160.
tur, nempe præter primum bafium, reliqui omnes; primus enim bafium, vel
totus eft extra ovalem, vel aliquid tantùm habet intrà; punctum N eft versùs E; punctum G eft versùs K; punctum 8 eft versùs B, atque ita pleraque
ex punctis contrario modo difpofita funt quo in fecunda figura: eft tamen
ovalis ipfa tota, ut omnes de quibus hucufque egimus, ad eafdem partes cava,
quod tribus proximis fequentibus ftatibus non accidit. Cùmque A E eft ad
E B in ratione refractionis à raro ad denfum, tunc ipfa ovalis ultima eft earum quæ ad eafdem partes totæ cavæ exiftunt; ulteriùs enim, puncto A propiùs accedente ad E, tunc partes ovalis vertici E hinc inde vicinæ, incipiunt
effe ad exteriores partes cavæ, ut mox declarabimus.

Quartus ftatus omnia habet tertio fimilia, nifi quòd circa verticem E,
partes aliquæ ipfius ovalis quæ ad talem ftatum pertinet, nempe partes illæ
quæ circa verticem E proximè difponuntur, exteriùs versùs A cavæ funt. At
poft aliquam diftantiam hinc inde ab ipfo vertice E, eadem ovalis incipit
rurfus ad interiores partes versùs centrum K effe cava, nec pofteà mutatur
talis cavitas interior, fed durat per totum ovalis reliquum circa præcipuum
verticem C; & quò minor eft ratio A E ad E B, eò major eft cavitas circa
verticem E. Quo pacto ejufmodi ovalis aliquo modo accedit ad formam
cordis alicujus animalis, cum hac tamen differentia, ut pars quæ eft circa E
cava fit exteriùs, non ad formam anguli ut cor, fed ad formam quafi rotun-
dam; ut fi fingas ovalem aliquam quæ priùs tota interiùs cava erat, ictu quodam alterius ovalis fortioris circa verticem E inflicti, retufam effe ad interiores partes, ut communiter accidit corporibus rotundis debilioribus, dum
in firmiora rotunda illidunt. In hac verò ovali, ficuti & in omnibus præmiffis, femper reperitur aliqua pars circa verticem E, quæ ad Dioptricam inutilis eft, nempe ufque ad ea puncta V, 7, in quibus ductæ rectæ A V, A 7,
ipfam ovalem tangunt, ut jam fuprà fæpiùs dictum eft.

Quintus ftatus dum A eft in E; quod ad fex locos bafium, centrorum, &

intervallorum attinet, non admodùm differt à tertio & quarto ftatu præmiffis. Ejus verò ovalis circa verticem E exteriùs cava eft quàm maximè. Cæterùm eadem integra ad Dioptricam utilis effe poteft, eftque prima earum quæ nullas partes habent inutiles; quæ proprietas duobus reliquis ftatibus etiam convenit. In hoc etiam ftatu hoc fpeciale eft circa locos, quòd quatuor ex illis, nempe duo loci intervallorum, fecundus centrorum, & fecundus bafium tangant fe invicem, atque etiam ovalem in ipfo vertice E; unde quæ ab eodem E vel A excitatur perpendicularis ad axem C E, eofdem quatuor locos tangit in ipfo eodem E.

In fexto ftatu, ovalis adhuc cava eft circa verticem E, fed minùs quàm in quinto in quo illa circa idem punctum E maximè cava erat; & quò major eft ratio rectæ B E ad E A, eò minùs cava eft eadem ovalis. In ea fex loci reperiuntur, fed ita ut quatuor de quibus in quinto ftatu dictum eft, extra ovalem excurrant ultra E; unde evanefcit tangens A L, quam tamen refert analogicè ea recta quæ ex puncto A excitatur perpendiculariter ad axem C E: exhibet enim illa punctum L ubi fecat fecundum locum bafium; punctum 17, ubi fecat primum intervallorum; punctum 18, ubi fecat fecundum centrorum; & punctum 19, ubi fecat fecundum intervallorum, quod in feptimo cafu verum quoque reperitur. Sed & pro diverfis rationibus refractionum in diverfis mediis, atque etiam pro diverfis rationibus B E ad E A, accidere poteft ut evanefcat tangens B 24, quæ ex puncto B educta tangebat quatuor locos, nempe duos intervallorum, primum centrorum, & primum bafium, quam tamen analogicè hoc cafu referet ea recta quæ ex puncto B ad axem C E perpendiculariter excitabitur, eo modo quo de tangente A L jamjam dictum eft, quod quivis Geometra facilè intelliget.

At ubicunque exiftat hoc punctum B, five extra quatuor illos locos; five in vertice eorumdem, dum vertex ille eft in B; five intra ipfos, ut in hoc ftatu accidere poteft: femper punctum B ad prædictos quatuor locos fimiliter pofitum eft; ita ut duæ quæcunque rectæ ab eodem B eductæ, & vel tangentes vel fecantes quatuor illos circulos, auferant ab illis totidem arcus fimiles, fi fumantur ut fibi refpondent. Eadem eft ratio puncti A refpectu fuorum quatuor locorum, de quibus hoc & quinto ftatu dictum eft. Unde inferre licet tam punctum A ad duos locos intervallorum fimiliter pofitum effe, quàm punctum B ad eofdem, etiamfi pofitio puncti B pofitioni puncti A minimè fimilis exiftat.

Tandem, in feptimo ftatu fex loci non longè aliter fe habent quàm in fexto; fed ovalis circa verticem E non ampliùs cava eft ad partes exteriores: verùm illa tota interiùs cava exiftit, nec quicquam in ea fpeciale reperitur quod fit alicujus momenti.

De tangentibus & rectis ad prædictas omnes ovales perpendicularibus, multa dici poffent elegantiffima, quæque hanc materiam, atque adeo totam Geometriam maximè illuftrarent: verùm illa ideò præterimus, quia propriè non funt hujus loci. Hoc tamen monebimus: In omni ftatu in quo puncta A & C funt ad eafdem partes refpectu puncti B, five ipfa A, C fint fimul, five illorum alterum propiùs accedat ad B, quodcunque illud fit, vel A, vel C: tunc omnem rectam quæ ad ovalem perpendicularis erit, occurrere axi ejufdem ovalis in puncto aliquo quod erit inter ipfum B & alterum ex prædictis duobus A, C, quod eidem B propinquius erit. At verò in omni ftatu in quo punctum B exiftet inter prædicta A, C, tunc omnem rectam ejufmodi quæ ad ovalem perpendicularis exiftet, vel axi parallelam effe, vel eidem occurrere ultra puncta A, B, nullam autem vel in ipfis punctis, vel inter ipfa. Sed de his fatis: nunc ad propofitam nobis materiam de locis ad analyfim aptis accedamus.

De

De locorum divisione in diversos gradus.

MUlti sunt locorum gradus, immò infiniti; alii enim simplicissimi sunt; alii autem magis ac magis compositi, idque in infinitum. Eorum tamen omnium Antiqui duo in universum genera statuerunt.

Primum genus est eorum qui solis constant lineis, sive illæ rectæ sint, sive curvæ. Ac de his sanè intelligi debet omnis sermo in quo de locis simpliciter agitur, nullo addito vocabulo quod contrarium indicet.

Secundum genus est eorum qui superficiebus constant, vocanturque illi communiter loci ad superficiem; quorum quidam per se subsistunt, nec ab aliis oriuntur; quidam contrà oriuntur sive generantur à locis simplicibus primi generis, dum illi circa axes aliquos conversi, superficies aliquas producunt.

Rursùs, primum genus locorum in tres classes communiter distribui solet, nimirùm in locos planos, in locos solidos, & in locos lineares.

Loci plani duo sunt tantùm, nempe linea recta, & circuli circumferentia.

Loci solidi tres sunt, nempe parabola, hyperbola, & ellipsis; qui ex sectione superficiei conicæ & plani alicujus quod nec per verticem coni transeat, nec basi sit parallelum, nec subcontrariè positum, originem ducunt.

Loci lineares sunt omnes aliæ quæcunque lineæ præter rectam, circuli circumferentiam, & conicas sectiones, putà conchoïdes omnis generis, spirales, cissoïdes, quadratrices, trochoïdes, & infinitæ aliæ, quæ tales sunt & tam multiplices ut etiam nomine careant. Neque enim aliter comparari debent loci lineares cum locis planis aut cum solidis, quàm genus polygonorum quæ laterum multitudine triangulum aut quadrangulum excedunt, cum ipso triangulo aut quadrangulo. Nam, quemadmodum sub tali nomine polygoni continentur pentagonum, hexagonum, eptagonum, octogonum, &c. quæ omnes figuræ non minùs inter se differunt & specie & proprietatibus quàm triangulum à quadrangulo, & utrumque horum à cæteris: sic sub uno nomine linearium infiniti loci continentur qui non minùs differunt inter se naturâ & proprietatibus, quàm linea recta aut circuli circumferentia à parabola, hyperbola, aut ellipsi; aut quàm hæ quinque lineæ ab iisdem locis linearibus, seu à conchoïdibus, spiralibus, cissoïdibus, &c.

At verò non omnes loci lineares ad analysim nostram apti sunt, sed illi tantùm quos ad æquationes analyticas revocari posse contingit. Quid sit autem locum aliquem ad æquationem revocare, posteà declarabimus, & exemplis illustrabimus. Nunc autem, quoniam à multis quæri solet an ejusmodi loci tam plani quàm solidi & lineares, omnes in universum geometrici dici debeant, extiterunt non pauci inter Geometras vulgò habiti, qui præter locos planos, nullos alios admittebant, ac cæteros tanquam à Geometria prorsùs alienos respuebant, ita ut problema quodvis insolutum existimarent, quod beneficio locorum planorum solvi non posset, quantumcumque idem aut per locos solidos aut per lineares solveretur: ideò non abs re fuerit hoc loco disquirere quid geometricum, quid verò minimè geometricum censeri debeat, positis tamen iis omnibus quæ vulgò in elementis omnibus geometricis admitti solent.

Sanè in universum, quæstio est de nomine, ut manifestò patet: tamen, quia multi præ arrogantia, ea omnia damnare consueverunt quæ ignorant, ne scilicet re quadam alicujus pretii privari videantur; ac sic multa respuunt quæ à doctis communiter recipiuntur.

Ut talium sic leviter sub appositis suo modo falsis nominibus res bonas damnantium malitiam quivis veritatis studiosus vitare possit, lubet rem ipsam à fundamentis resumere, quibus intellectis, facile erit cuicunque propositionem aliquam geometricè aut secùs solutam, temerè affirmanti aut neganti res-

T t

pondere, atque ipsius affirmationem aut negationem falsam, levem, aut temerariam esse, ex ipsius scientiæ principiis evidenter demonstrare.

Ac primùm omnium convenit propositiones arithmeticas à geometricis distinguere; siquidem illas arithmeticè, hoc est per operationes sive regulas arithmeticas; has verò geometricè, hoc est per locos geometricos, solvi consentaneum est, ut debito seu legitimo modo solutæ dici debeant. Neque tamen negamus utrasque operam sibi mutuam præbere, ac sibi invicem auxiliari, idque multipliciter; quod ideò non impedit ne arithmetica arithmeticè, geometrica geometricè tractentur.

Arithmeticæ ergo propositiones solvuntur vel addendo, vel subtrahendo, vel multiplicando, vel dividendo, vel radices extrahendo; atque id tam in numeris rationalibus seu unitati commensurabilibus, quàm in numeris irrationalibus seu surdis, vel unitati incommensurabilibus; &, sive in numeris simplicibus, sive in compositis ejusmodi operationes instituantur, juvante ubicunque Geometria si opus fuerit, cujus præcipuæ partes sunt distinguere atque imperare ubi & quando addere, aut subtrahere, ubi & quando multiplicare aut dividere, ubi & quando radices extrahere conveniat.

Quo in opere non multùm refert utrùm solutio in minimis aut in simplicissimis numeris exhibeatur, vel in majoribus aut magis compositis; sæpè enim accidit ut vel multiplicationes, vel divisiones, vel radicum extractiones adeò intricatæ sint, ut ipsas explicare nimis arduum opus sit, nec quodpiam tantæ operæ prætium satis dignum existat.

Neque tamen diffitendum est ea ingenia longè aliis prælucere, quibus datum est quæstiones quascunque simplicissimo modo solvere : at illa bonis suis gaudeant, modò ne aliorum solutiones minùs simplices tanquam spurias ac minimè recipiendas, nimis arroganter damnare contendant.

In exemplo. Proponatur in numeris hæc æquatio cubica numericè solvenda. B ^{solidum} — C ^{plano} in A — A ^{cubo} ∞ O, & B$^{\text{f.}}$ sit numerus infrà positus, nempe apotome, sicuti & CP. 729.

$$\text{B}^{\text{f.}}_{\text{Apotome.}} \left\{ \begin{array}{l} + \quad 142884 \\ - V^{q}\ 17962705800 \end{array} \right. \quad -729\text{A} - \text{A} \, \infty \, \text{O}.$$

Ponamus autem quendam vel nescire, vel non admodum curare methodum quâ ejusmodi æquatio brevissimo aut simplicissimo modo solvi queat, sed tantùm id curare, quo modo illa utcunque solvatur.

Equidem ex constitutione illius, patet ipsam irregularem esse, nec de tribus lateribus explicabilem, verùm de unico tantùm, eodemque suprà : hoc ex nostro opere de æquationum cubicarum recognitione, cap. 3. prop. 6. patebit.

At illius constitutio ex Vieta elegantissimè deducitur. Sunt quippe quatuor quidam numeri continuè proportionales, quorum qui continetur sub extremis vel mediis est tertia pars numeri radicum, sive tertia pars affectionis sub A; qui numerus in nostro exemplo est C. 729, & ejus tertia pars est 243: differentia autem extremorum est ille numerus qui oritur diviso B$^{\text{f.}}$ per eandem tertiam partem numeri C. Quia ergo numerus ille solidus est hæc apotome 142884 — V 17962705800; eo per 243 diviso, oritur hæc alia apotome 588 — V 304200, quæ ideò est differentia numerorum extremorum. Est autem numerus quæsitus A in eadem serie, differentia numerorum mediorum. Eò itaque res reducitur, ut ex quatuor numeris continuè proportionalibus, datâ differentiâ extremorum, nempe 588 — V 304200; dato etiam producto ex mediis vel ex extremis 243, inveniatur differentia mediorum. Et extremi quidem facili viâ habentur ex data differentia ipsorum, & producto eorumdem; nam semidifferentia est 294 — V 76050, & hujus femidifferentiæ quadratum eſt hæc apotome $162486 - V\,26293831200$, quod additum ipſi produĉto 243, dat hanc aliam apotomen $162729 - V\,26293831200$, cujus radix quadrata eſt dimidia ſumma extremorum $V\,88200 - 273$. Huic apotome ſi addas ſemidifferentiam extremorum prædiĉtam, nempe $294 - V\,76050$, fit major extremorum quæſitorum, hoc nempe binomium $V\,450 + 21$. Quòd ſi ex eadem apotome $V\,88200 - 273$, ſeu ex dimidia ſumma extremorum, demas eandem ſemidifferentiam extremorum $294 - V\,76050$, fit minor extremorum quæſitorum, nempe hæc apotome $V\,328050 - 567$. Hoc paĉto, datis extremis, quærendi ſunt duo medii proportionales, ut habeatur eorum differentia quæ dabit numerum A quæſitum.

At in quatuor numeris continuè proportionalibus, hoc univerſale theorema eſt : Produĉtus ex majori extremo in quadratum minoris extremi eſt cubus minoris medii. Item, produĉtus ex minori extremo in quadratum majoris extremi eſt cubus majoris medii. Hac igitur regula ex datis extremis, majori quidem $V\,450 + 21$, minori autem $V\,328050 - 567$, dabuntur duo cubi mediorum. Nam quadratum majoris extremi eſt binomium $891 + V\,793800$: hoc multiplicatum per minorem extremum dat hoc aliud binomium $V\,26572050 + 5103$, & hic eſt cubus majoris medii. Simili modo, quadratum minoris extremi eſt hæc apotome $649539 - V\,421857865800$; hoc multiplicatum per majorem extremum dat hanc aliam apotomen $V\,19371024450 - 137781$, & hic eſt cubus minoris medii.

Inventis ergo duobus cubis numerorum mediorum, ſupereſt ut cuborum ipſorum radices extrahantur. At verò, talium cuborum alter, nempe major, eſt binomium : alter autem, ſeu minor, eſt apotome ; quicunque ergo artem callucrit quâ ex binomiis & apotomis cubicæ radices extrahuntur, is quæſtionem, ſi non ſimpliciſſimo modo, at certè accuratè omninò ſolverit ; ſiquidem earum radicum differentia erit numerus A quæſitus, nec alio quovis modo , quamquam ſimpliciori, alius invenietur numerus. Quòd ſi reperiatur aliquis qui talem artem ignoraverit, is poſtquàm cubos prædiĉtos invenerit, ibi ſubſiſtet, ac dicet numerum quæſitum A eſſe differentiam radicum cubicarum talium numerorum exhibitorum ſic $V^{cub\cdot}$ hujus binomii $|V_{q}26572050 + 5103|$ $- V^{c\cdot}$ hujus apotomes $|V_{q}19371024450 - 137781.|$ Et ſanè ea dici poterit aliqua eſſe ſolutio, quoniam ipſa ad numeros certos ac determinatos reduĉta eſt. Adde quod plerumque accidit ut binomia aut apotomæ non habeant radices cubicas explicabiles, unde ipſarum differentia per ejuſmodi radicum extraĉtionem exhiberi non poteſt, quamvis illa aliquando rationalis exiſtat ; quò fit ut eâdem, vel aliâ viâ quærenda ſit, vel eâ ratione quâ ſuprà, per ipſos cubos irrationales exhibenda.

Verùm in propoſito exemplo, radices cubicæ à perito reĉtè extrahi poſſunt, quibus exhibitis ſolutio longè erit elegantior ; ſunt enim radices illæ binomii quidem, hoc binomium $V_{q}162 + 9$; apotomes verò, hæc apotome $V_{q}1458 - 27$. Sint ergo hi numeri duo medii quæſiti, quorum differentia eſt hæc apotome $36 - V_{q}648$ quæ exhibet numerum A quæſitum ; quo paĉto habemus hoc modo ſatis longo atque intricato, ſolutionem quæſtionis propoſitæ : atque etiamſi methodus talis ſolutionis ſimpliciſſima non ſit, tamen numerus A inventus eſt ſimpliciſſimus.

Verumenimverò ſagacior aliquis Analyſta, multò compendioſiori viâ eandem inveniet ſolutionem. Is enim ſtatim propoſitâ hâc eâdem æquatione cubica ,

$$B^{c\cdot} \begin{cases} + \quad 142884 \\ - V_{q}17962705800 \end{cases} - 729A - A^{3},$$

animadvertet illam ad minores numeros reduci poſſe ; quandoquidem datur

numerus 3, cujus quadratus 9 dividere poteſt CP ⊃ 729, ita ut ejuſdem numeri 3 cubus 27 dividere quoque poſſit B^c. 142884 — √q 1796270 5800;
ac diviſione per quadratum oritur 81, per cubum autem oritur 5292 — √q
24640200.

Hoc paĉto dabitur alia æquatio in minoribus numeris, nempe hæc,

$$D^c \begin{Bmatrix} & 5292 \\ -\,& √q\,24640200 \end{Bmatrix} — FP\ 81\ E — E^c ⊃ O.$$

Cujus æquationis radix E cùm inventa fuerit, ac per 3 prædiĉtum multipli-
cata, dabitur prioris æquationis radix A quæſita. Eſt tamen hæc nova æquatio ejuſdem cònſtitutionis cum ea quæ initio ꝑcpoſita eſt ; quare concludemus in ea contineri quatuor numeros continuè proportionales, ita ut numerus contentus ſub extremis vel mediis ſit 27 tertia pars FP, ſive numeri 81 ;
differentia verò extremorum ſit hæc apotome 196 — √q 33800, quæ oritur
diviſo ſolido D per prædiĉtum numerum 27. Datâ autem differentiâ extremorum, & produĉto ab iiſdem, dantur vulgari methodo iidem extremi, major nempe hoc binomium √q 50 —+— 7, & minor hæc apotome √q 36450
—+ 189. His datis extremis darentur cubi mediorum methodo ſuperiùs tra-
ditâ ; verùm, eidem Analyſtæ, quem ex ſagacioribus aliquem ſupponimus, dabitur locus ſubtili ſanè compendio ; datur nempe cubus quidam numerus 27
per quem illorum extremorum alter dividi poteſt, putà minor ſive √q 36450
— 189, quâ diviſione reperitur hæc apotome √q 50 — 7 ; ſumatur ergo talis apotome √q 50 — 7 loco minoris extremi, majore eodem ſemper remanente binomio √q 50 —+— 7, ut ſuprà. Hac tamen lege, ut poſtquàm inter illos extremos duo medii inventi fuerint, tum alter illorum minori proximus
multiplicetur per 9, quadratum ſcilicet numeri 3, cujus cubus 27 diviſor
fuerit minoris ipſius extremi, nempe √q 36450 — 189 : alter autem eorumdem inventorum mediorum ab extremo minore diviſo remotior, multiplicetur per 3 radicem ejuſdem cubi 27 diviſoris ; hac enim duplici multiplicatione dabuntur veri duo medii inter duos extremos quos ex ſecunda æquatione præmiſſa ad minimos numeros reduĉta deduximus, nempe inter binomium √q 50 —+— 7, & apotomen √q 36450 — 189.

Reſumamus ergo duos minimos extremos ultimò inventos poſt diviſionem per cubum 27, qui ſunt √q 50 —+— 7, & √q 50 — 7, inveniamuſque inter eoſdem, duos medios continuè proportionales.

Rursùs autem hîc quiddam accidit notandum. Nam ſi quis per traditam
ſuprà regulam, datis extremis, quærat cubos duorum mediorum, is inveniet
tales cubos eſſe eoſdem ipſos extremos : quod ideò accidit, quia binomium
& apotome quæ ipſos extremos conſtituunt, iiſdem conſtant nominibus ; ac
præterea quadrata ipſorum nominum unitate tantùm differunt, quod quoties accidit, toties duo extremi ſunt cubi duorum mediorum, unuſquiſque
ſcilicet illius qui ſibi proximus eſt.

Habeantur ergo duorum illorum extremorum radices cubicæ ; binomii
quidem, ſive √q 50 —+— 7, hoc binomium √q 2 —+— 1 : at apotomes, ſive √q 50 — 7,
hæc apotome √q 2 — 1 ; atque ita tandem habebimus quatuor continuè proportionales,
$$√q\ 50\ {—}{+}\ 7,\ |\ √q\ 2\ {—}{+}\ 1,\ |\ √q\ 2\ —\ 1,\ |\ \&\ √q\ 50\ —\ 7,$$

in numeris multò minoribus quàm anteà. Quòd ſi intaĉto primo, ut ſuprà decrevimus, ſecundum illorum multiplicemus per radicem 3, tertium verò per
ejus quadratum 9, at quartum per cubum 27, qui anteà diviſor extitit, habebimus quatuor illos proportionales qui ad æquationem de E ſuperiùs expo-
ſitam, pertinent, quorum primus erit in utraque ſerie idem √q 50 —+— 7 ; ſecundus √q 18 —+— 3 ; tertius √q 162 — 9 ; & tandem quartus, √q 36450 —
189.

189. Horum quatuor, differentia mediorum est $12 - \sqrt{q}72$; is autem est numerus E quæsitus in æquatione, qui numerus, si tandem per 3 multiplicetur, per eum scilicet numerum cujus beneficio depressa est suprà æquatio de A , & ad æquationem de E reducta : dabitur numerus A quem initio quærebamus ; & is erit idem qui anteà $36 - \sqrt{q}648$, sed multò breviori multóque simpliciori methodo inventus, propter quam tamen non est quòd, qui illam calluerit, nimiùm arroganter superbiat.

Hîc quærere posset aliquis an detur certa aliqua regula quâ dignoscamus num binomia aut apotomæ radices habeant cubicas explicabiles, & quomodo illæ eruantur.

Sciat igitur ille talem dari regulam, quam non abs re fuerit paucis indicare. Ac primùm, ponamus binomium aut apotomen propositam, esse primi vel secundi, quarti vel quinti ordinis, tum sic fiet:

Ex quadrato majoris nominis dematur quadratum minoris, ac tum si differentia reperiatur esse cubus numerus habens radicem minimè surdam, sed unitati commensurabilem, benè est, nec alia præparatione est opus: sin secùs, tunc aliqua præparatione utendum est, de qua dicemus posteà. Ponamus ergo prædictam differentiam habere radicem cubicam, quæ radix vocetur B planum; at majus nomen binomii aut apotomes, vocetur M solidum; minus autem vocetur N solidum: tum alterutra ex sequentibus duabus æquationibus cubicis solvatur, nempe

$$\tfrac{1}{3} M^{c.} + \tfrac{1}{3} BP \cdot A - A \jmath \;\infty\; O,$$

$$\text{vel } \tfrac{1}{3} N^{c.} - \tfrac{1}{3} BP \cdot A - A \jmath \;\infty\; O:$$

prior quidem, si binomium vel apotome primi vel quarti ordinis extiterit ; posterior autem, si secundi vel quinti. Talis autem æquationis radix reperiri debet esse numerus minimè surdus, atque ideò inventu facillimus. Quòd si illa radix non reperiatur esse rationalis, seu unitati commensurabilis, tunc certò pronuntiare licebit, binomium aut apotomen non habere radicem cubicam explicabilem. Esto ergo illa cubicæ æquationis radix numerus rationalis integer vel fractus, tunc illa priori quidem æquatione erit majus nomen, à cujus quadrato si dematur B planum, relinquetur quadratum minoris nominis, ex quibus nominibus constituetur binomium vel apotome : atque hæc vel illud erit radix cubica quæsita. At secunda æquatione radix erit minus nomen, cujus quadrato si addatur B planum, fiet quadratum minoris nominis ; atque ab illis nominibus constitutum binomium vel apotome, erit radix cubica quæ quæritur.

Jam verò existente binomio vel apotome primi, secundi, quarti, vel quinti ordinis, quadrata nominum non differant cubo numero, sed quocunque alio : tunc hac præparatione utemur. Differentia illa quæ cubus non est, vocetur $C^{ff.}$, ac per eandem differentiam multiplicetur utrumque propositorum nominum binomii vel apotomes cujus radix investigatur, putà $M^{c.}$ & $N^{c.}$; hac enim multiplicatione habebimus binomium aliud vel aliam apotomen ejusdem ordinis, cujus quadrata nominum cubo numero different. Atque omninò non refert quis sit multiplicator per quem multiplicentur nomina $M^{c.}$ & $N^{c.}$ modò quadrata nominum inde ortorum cubo numero differant ; is ergo multiplicator quicunque ille sit, vocetur $C^{ff.}$ sive ille sit idem qui suprà, sive non ; est tamen primus communiter simplicissimus.

Talis ergo binomii vel apotomes tali multiplicatione constitutæ radix cubica inveniatur ea methodo quam jamjam tradidimus mediante æquatione cubica convenienti: tum radix inventa dividatur per CP hoc est per radicem cubicam $C^{ff.}$ quæcunque sit illa radix, surda, vel rationalis ; quotiens enim talis divisionis dabit radicem cubicam initio quæsitam.

Ponamus tandem propositum binomium vel apotomen, esse tertii vel sexti ordinis; atque, ut supra, majus nomen esto M ᶠ· minus autem N ᶠ·; & C ᶠ· esto differentia quadratorum nominum ipsorum. Tum inveniatur numerus aliquis D ᶠ·, qui multiplicans C ᶠ· faciat cubum, multiplicans autem vel M ᶠ·, vel N ᶠ· faciat quadratum: (dantur infiniti tales numeri, & facile inveniuntur) ac per D ᶠ·, hoc est per radicem quadratam numeri D ᶠ·, multiplicetur utrumque nominum M ᶠ· & N ᶠ·; tali enim multiplicatione orietur aliud binomium vel alia apotome primi, secundi, quarti, vel quinti ordinis, cujus quadrata nominum different cubo numero; illius ergo radix cubica (si illa explicabilis sit) habebitur per præmissam regulam mediante congruenti æquatione cubica, ut dictum est: hæc ergo radix cubica divisa per D, hoc est per radicem solido-solidam, seu cubo-cubicam numeri D ᶠ·, dabit radicem cubicam binomii vel apotomes, cujus nomina sunt M ᶠ· & N ᶠ·, quam invenire propositum erat.

Plurima super hac re dici poterant; sed nos regulam pulcherrimam indicare duntaxat, non minutatim persequi voluimus, & quæ dicta sunt sufficient Analystæ non omnino rudi ad cætera detegenda.

Nec est quòd quis dicat, hoc modo proponi obscurum per obscurius explicandum, dum inventionem radicis cubicæ alicujus binomii vel apotomes ad resolutionem æquationis cubicæ reducimus. Quandoquidem enim talis æquationis solutio reperiri debet numerus rationalis integer vel fractus (aliàs enim, si surdus existat non erit radix binomii vel apotomes explicabilis) non aliter, nec majori difficultate solvetur æquatio illa, quàm si simplex divisio absolvenda esset; quod sanè callere debet quicunque Analysim vel mediocriter coluerit. Legatur Vieta lib. de æquationum recognitione & emendatione, ac præcipuè capite illo quo æquatio sic transmutari potest, ut coefficiens sit quæ præscribitur: statuatur enim coefficiens unitas; tum verò solidum comparationis erit cubus aliquis suo latere auctus vel mulctatus: cætera plana sunt, unde nihil ultrà addemus.

Hoc exemplo satis declaravimus quid requiratur ad hoc ut problema aliquod arithmeticum arithmeticè solutum dici possit: qua de re tantis operibus egerunt Vieta, Cardanus, Bombellius, Tartalia, & alii quidam illustres præteriti sæculi viri, inter quos longé excelluit ipse Vieta, dum talium problematum solutionem, non quidem singularem pro singulis problematis, sed universalem pro qualibet specie problematum, per species ad id à se inventas inquisivit.

Neque abs re fuerit Analystam monere, quæstionem omnem in numeris propositam, in qua ex datis quibusdam numeris, alius aliquis numerus quæritur secundùm leges quasdam in eadem quæstione præscriptas, semper esse quæstionem singularem; atque etiamsi illa ad æquationem analyticam revocata, ad æquationes cubicas, aut ad altiores pertinere videatur: tamen non temerè statim pronuntiandum esse, talem quæstionem solidam esse aut linearem, sæpissimè enim accidit, ut illa vi inductionis logicæ plana sit; dico vi inductionis logicæ, quoties scilicet solutio illius datur in numeris qui logicâ inductione initâ, necessariò reperiuntur. Ut si experiar num æquatio aliqua de unitate sit explicabilis, num de binario, num de ternario, de quaternario, quinario, senario, &c. neque enim in infinitum abit tale experimentum, quandoquidem, ex hypothesi, numeri in ipsa æquatione expressi sunt, qui radicem quæsitam intra certos ac præfinitos terminos coercent. Aut si certâ aliquâ conjecturâ deprehenderim illam, non de integro numero, sed de fracto explicabilem esse, cujus numeri fracti denominator ex recognitione ipsius æquationis innotescat: tum inductione factâ, quæram numeratorem binarium, ternarium, quaternarium, quinarium, senarium, septenarium, &c.

donec illum invenero, qui experiundo satisfaciat propositæ quæstioni; neque enim rursùs in infinitum abit tale experimentum. Eodem modo, si ex recognitione talis æquationis deprehendero ipsam nec de integro numero nec de fracto explicari posse, sed de surdo aliquo, cujus tales ex ipsa recognitione innotescant conditiones, ut ille, quamquam surdus, inductione factâ detegi possit: tales omnes æquationes planæ censeri debent, non autem solidæ aut lineares, sub quarum specie aliquâ contineri primo intuitu apparuerunt. Ac planè talis exiftit præmissa æquatio cubica numerica, in qua satis jamjam immorati sumus, quæ tamen prima fronte alicui minùs perito Analyftæ, solida quædam quæstio ex iis quæ insolubiles vulgò censentur, potuit apparere.

Nunc ergo ad geometriam redeamus, & quid geometricum sit, aut censeri debeat explicemus. Geometricum in universum vocamus quodcunque intelligibile est in materia geometrica, nullâ habitâ ratione sensuum externorum, putà visus, auditus, tactus, gustus, vel olfactus, nisi quatenùs illi intellectum movere possunt ad suas operationes exercendas. Verbi gratiâ, dum species visibilis circuli alicujus materialis in oculum incidens visum movet, illa ex occasione causa esse poterit cur intellectus ab illo sensu excitatus talem figuram considerandam suscipiat, ac multas easque insignes proprietates detegat, atque evidenter ex certis atque indubitatis principiis demonstret. Ejusmodi igitur cognitio ab intellectu elicita, atque in ipso intellectu residens tanquam species aliqua intellectiva circa materiam geometricam, est id quod geometricum appellamus.

Materia verò geometrica est omne extensum quatenùs extensum, & quidquid ad illud pertinet sub eadem ratione; quales sunt termini illius, quales figuræ, quales rationes & proportiones magnitudinum ad invicem, & si quid aliud ad tale argumentum pertineat. Itaque lineæ omnes, omnesque superficies quæ certis atque intellectu planè perceptis regulis describuntur, omninò geometricæ sunt, sicuti & figuræ quæcunque talibus lineis, ac talibus superficiebus continentur. Nec refert quòd illæ omnes lineæ, superficies, & reliquæ, mediante motu aliquo vel simplici vel composito, ut plurimùm sub intellectum cadant. Nam primùm, motus ille, sive sit puncti alicujus ad lineam aliquam describendam, sive sit alicujus lineæ ad describendam superficiem, sive superficiei ad solidum describendum, est simpliciter intelligibilis; non autem sensu externo perceptibilis, nisi quatenùs ad meram praxim refertur, quæ sensus externos respicit, nec ad puram geometriam, hoc est purè intelligibilem, reducitur; sed & puncta, lineæ, aut superficies quæ moveri intelliguntur, purè sunt geometricæ, abstrahuntque à materia sensibili; & per spatium purè geometricum, atque à materia sensibili abstractum, motus suos perficere intelliguntur, transeuntque à termino noto ad notum terminum per notum medium, secundùm leges notas, & clarâ ac distinctâ intellectus notione, aut firmo ratiocinio stabilitas; aliàs enim, nisi has sortiantur conditiones, illæ tanquam spuriæ, atque à Geometria prorsùs alienæ respuuntur.

Secundò, etiamsi, qui rerum geometricarum minùs periti sunt, putent lineas, superficies, & solida, motu punctorum, linearum, & superficierum reverà gigni, ita ut iidem existiment magnitudines illas tum primùm esse incipere, cùm primùm à tali motu producuntur: tamen ei qui rem penitùs inspexerit, manifestò patebit illam longè aliter se habere; quippe, posito tantùm spatio geometrico omnimodè extenso, (illud autem spatium, etiam nemine cogitante, in rerum natura ponitur) ponuntur statim tales magnitudines in tali spatio, etiam nemine cogitante & abstrahendo ab omni motu, atque omnes simul in ipso existunt absque omni intellectus operatione. At motus ad hoc inservit, ut per omnes partes ipsarum magnitudinum intellectum successivè perducendo, illum faciliùs ad earumdem cognitionem pertrahat. Sic enim comparatus est humanus intellectus, ut vix quippiam, præcipuè si extensum est, simul ac totum apprehendat, sed tantùm successivè ac per partes; quod sanè est motu intellectivo moveri per tale extensum, nec tamen illud motu ipso in rerum natura ponitur, sed tantùm eodem mediante intelligitur, cùm priùs absque omni motu, atque ab intellectu independenter extaret.

Cùm ergo Euclides sphæram, conum, ac cylindrum; cùm Apollonius superficiem conicam; cùm Archimedes sphæroïdem, conoïdem, & helices; cùm alii conchoïdes, cissoïdes, quadratrices, trochoïdes, atque innumeras ejusmodi lineas & figuras per motus describunt; immò quidam lineam rectam per motum puncti, & circulum per motum rectæ lineæ: illi omnes sic intelligendi sunt, ut voluerint magnitudines ipsas priùs existentes, eodem modo quo à se conciperentur, aliorum intellectui exponere, seu ostendere; quod cùm aliter faciliùs non possent, hoc modo per motus, vel simplices, vel compositos omninò feliciter effecerunt.

Rursùs, quòd quædam lineæ aut quædam superficies, beneficio instrumentorum mechanicorum faciliùs describantur, quædam difficiliùs, id non facit ut illæ magis, hæ minùs sint geometricæ: ejusmodi enim mechanicæ descriptiones praxim respiciunt, & ad sensus externos referuntur, non autem ad puram Geometriam, quæ, ut sæpè diximus, solum respicit intellectum.

Quòd etiam ex iisdem lineis aut superficiebus, quædam simpliciores, quædam verò magis compositæ intellectui videantur; id etiam non impedit quin hæ & illæ æquè geometricæ dici debeant; quippe illud non ex natura talium magnitudinum, sed ex debilitate intellectus humani procedere manifestum est: ex nostra autem imperfectione rerum natura non immutatur.

Demus itaque hoc humanæ imbecillitati, quòd quæ simpliciori modo, saltem nostro respectu, solvi poterunt, eo solvi debeant; & contra talem regulam peccasse censeatur quisquis, cùm simpliciori loco uti posset, ad magis compositum recurrerit. Dicemus autem paulò pòst de distinctione locorum in magis aut minùs simplices ex constitutione Geometrarum qui nos hac in re præcesserunt, ut sic quis cuique quæstioni locus proprius sit innotescat.

Sed ut magis elucescat in hac materia locorum, nec facilitatem descriptionis, nec majorem aut minorem simplicitatem intellectionis alio modo attendendam esse quàm respectu imbecillitatis intellectus humani: videamus quis sit Geometriæ finis in locis ipsis constituendis. Constat autem nullum alium finem apud Geometras reperiri, nisi ut talium locorum beneficio ea detegant quæ intellectui latebant, ut quod verum est, verum esse; quod falsum est, falsum esse; quod fieri potest, fieri posse, & quo modo, & quot modis, manifestum fiat, idque semper in materia geometrica; quod tamen non impedit ne talis cognitio posteà materiæ sensibili applicetur. Ac planè ejusmodi loci primò & per se quædam sunt cognoscendi instrumenta; secundariò verò, & per applicationem mechanicam, illi sunt instrumenta faciendi. Et quidem, quòd ad cognitionem, scientiam, vel intelligentiam attinet, sive illa faciliùs, sive difficiliùs acquiratur, & sive per media simplicia, sive per composita, modò talia media sint clarè ac distinctè nota, qualia sunt quæ principiis purè geometricis innituntur, ita ut ab ejusmodi principiis incipiendo, & per media ipsa progrediendo, tandem ad intelligentiam illam deveniamus: certum est eandem fore perfectam, nec in genere intelligentiarum aut scientiarum, perfectiorem fore aliam, quamquam facilioribus aut simplicioribus mediis acquisitam. Atque omninò una eademque intelligentia seu scientia est, sed diversis mediis acquisita; quæ media, si faciliora aut simpliciora sint, vel secùs, hoc ex debilitate intellectus humani repetendum est; aliàs enim, si perfecta esset humana intelligendi potentia, tunc vel mediis non egeremus, vel certè & principia

cipia

cipia cognitionis, & media omnia, fed & ipfam cognitionem uno intuitu, nullo prorsùs labore nullaque difficultate haberemus, nec fimplicis aut compofiti ulla effet ratio.

Jam verò, fi ad materiam fenfibilem, feu ad praxim mechanicam applicetur cognitio aliqua geometrica, ita ut inde oriatur opus aliquod externum ex tali materia conftans, multò minùs media aut operandi rationem accufabimus in ipfo opere jam confecto, fi illud his aut illis mediis æquè benè abfolutum fit; nec ullo jure tali refpectu quis dixerit hæc aut illa media effe refpuenda tanquam erronea ac minimè legitima, fed tantùm alia aliis effe præferenda ; quippe faciliora difficilioribus , & fimpliciora magis compofitis : quod fanè ex noftra agendi debilitate rursùs repetendum eft; fecus enim , pofitâ perfectâ agendi potentiâ, tunc agens & media & opus ipfum nullo labore confequeretur, ac proinde nec facilitatis nec difficultatis, ficuti nec fimplicioris nec magis compofiti ratio haberetur.

Propofitum locum geometricum ad æquationem analyticam revocare , & qui fimpliciores fint loci , aut fecùs , explicare.

Dicitur locus aliquis geometricus ad æquationem analyticam revocari, cùm ex una aliqua, vel ex pluribus ex illius proprietatibus fpecificis, quædam deducitur æquatio analytica, in qua una vel duæ vel tres ad fummum fint magnitudines incognitæ.

Ac duplici quidem modo talis locus ad talem æquationem revocari poteft. Primus modus abfolutus eft, alter refpectivus.

Modus abfolutus dicitur ille in quo unicus proponitur locus per fe abfolutè ac nullo aliorum refpectu confiderandus, ita ut æquatio ex eo deducta, ad ipfum præcisè pertineat, non verò ad ullum alium.

Modus refpectivus ille eft in quo duæ communiter, aliquando etiam, fed raiò, tres vel plures loci proponuntur inter fe comparandi , ut ex eorum fectione, vel tactione, vel datâ aliquâ diftantiâ, vel omninò ex præfcripta aliqua conditione, vel inter ipfos habitudine deducatur æquatio aliqua analytica quæ ad omnes iftos locos fimul tali refpectu pertineat ; ita tamen ut nihil referat fi æquatio illa ad alios etiam locos pertinere poffit.

Et hi quidem modi ambo admodum univerfales funt, continentque fub fe finguli infinitos particulares modos, non folùm habita ratione multitudinis locorum geometricorum qui & genere,& fpecie,& numero infiniti funt, fed etiam in unico ex talibus locis dantur plerumque innumeri tales modi, ex quorum fingulis innumeræ æquationes deduci poffunt; fiquidem tot dabuntur modi particulares, quot dabuntur diverfæ loci illius proprietates fpecificæ: unde numerus talium modorum non magis finitus eft, quàm artificis in indagandis proprietatibus vis & induftria; fed & ex infinita locorum ipforum complicatione, id eft, fectione, tactione, &c. innumeri etiam oriuntur modi refpectivi, fiquidem duorum tantùm diverfimodè complicatorum modi nullo certo aliquo numero comprehendi poffunt.

At verò, etiamfi nullus ex talibus modis ad noftrum inftitutum inutilis dici poffit, fi fcilicet ad abundantiam doctrinæ refpiciamus: tamen fi neceffitatis tantùm ratio habeatur, pauciffimi fufficiunt, iique non admodùm intricati aut difficiles exiftunt.

Dicamus ergo pauca, primùm de modo abfoluto, tum de refpectivo, atque utrumque, felectis aliquibus exemplis ex locis nobilioribus defumptis, illuftremus.

DE CIRCULO.

PROPONATUR ergo primùm circulus cujus centrum sit A, circumferentia B D C, & sit una diametrorum B C, ad quam referre oporteat omnia circumferentiæ puncta, mediante aliqua æquatione analytica; ac fundamentum hujus relationis esto proprietas illa, quòd omnis recta, putà D E, cadens à circumferentia in diametrum ad rectos angulos, sit media proportionalis inter portiones diametri B E, E C; hæc ergo proprietas specifica dabit unum aliquem ex modis particularibus circa circulum. Ex illo modo innumeræ deducentur æquationes, quales sunt quæ sequuntur.

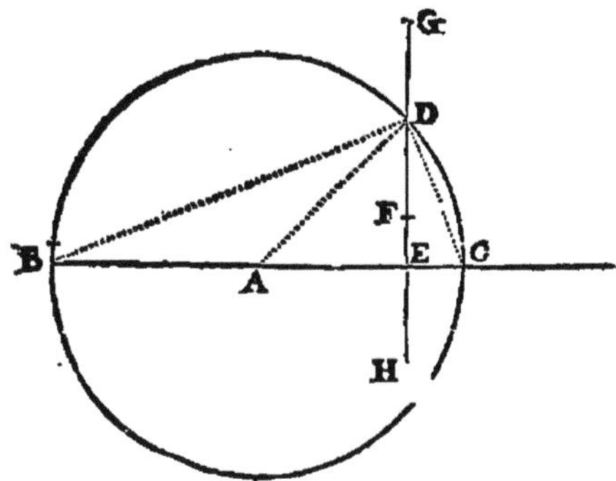

Prima Æquatio.

A B esto	b,		Item A B esto	b,
D E	a,		D E	a,
D E quadratum	a^2,		D E quadratum	a^2,
B E	e,		C E	e,
E C	$2b-e$,		B E	$2b-e$,
B E C rectangulum	$2be-e^2$.		B E C rectangulum	$2be-e^2$.

Ergo æquatio,

$$+\,2be - e^2 \infty a^2,$$

vel

$$+\,2be - e^2 - a^2 \infty 0.$$

Unde æquatio erit ut suprà,

$$+\,2be - e^2 - a^2 \infty 0.$$

Itaque proposità lineà curvà B D C, atque ab eadem in aliquam rectam utrinque terminatam B C, demissà perpendiculari D E, si talis reperiatur æquatio qualem jam invenimus: tum pronuntiare licebit ejusmodi curvam esse circuli circumferentiam; est enim reciproca proprietas, & simpliciter converti potest quæ de illa concipitur propositio, ut satis facilè consideranti apparebit. Omnis autem recta data referre poterit $2b$.

Quòd si loco circumferentiæ circuli assumpta esset ellipsis; tum sub iisdem speciebus, $2be - e^2$ fuisset ad a^2 in data ratione majoris aut minoris inæqualitatis, nempe ut transversum latus ad rectum, quam rationem supponimus esse datam. Conversa etiam vera est.

Rursùs, si D E in B C incidisset ad angulos obliquos, reliquis ut suprà positis, in omni ratione haberetur ellipsis. Sed hæc ex conicis clara sunt.

Secunda Æquatio.

Iisdem positis: ex D E detrahatur data E F quæ vocetur c, & D F vocetur i, atque ideò D E quadratum erit $+ c^2 + 2ci + i^2$. Unde iisdem vestigiis insistendo, talis erit æquatio, $+\,2be - e^2 \infty c^2 + 2ci + i^2$,

vel $- c^2 \begin{array}{l} +\,2be - e^2 \\ -\,2ci - i^2 \end{array} \infty 0.$

Itaque ex tali vel simili æquatione concludemus circuli circumferentiam : immò, si $+ c^2 + 2 ci + i^2$ vocetur una specie a^2 ; (species enim illa de i quadrata est) tunc in primam æquationem omninò incidemus, ut manifestum est. Vicissim, facile erit ex prima in hanc secundam devenire.

De ellipsi eadem quæ suprà enuntiabimus.

Hæc æquatio non est reciproca, unde eam in ordinem non reduximus ; siquidem ex illa non minùs ellipsim, parabolam, aut hyperbolam, quàm circulum concludere licet : quod etiam infrà satis patebit.

At verò ad tales æquationes reducetur alia quæ sequitur $+ 2 be — u^2 \infty 0$, intelligatur enim u^2 majus esse quàm e^2, & differentia eorum vocetur a^2. Fiet ergo manifestò hæc æquatio $+ 2 be — e^2 — a^2 \infty 0$, & hæc est prima præcedentium, ex qua ad secundam facilè deducemur. Hîc autem longitudo u æqualis erit rectæ BD, vel CD, cujus quadratum æquale est, vel duobus quadratis BE, DE simul, vel duobus CE, DE simul, quandoquidem ipsum u^2 æquale ponitur esse duobus simul $a^2 + e^2$.

Tertia Æquatio.

Iisdem positis, eidem DE addatur in directum quævis DG, & tota EG data sit sub specie c, & DG ignota vocetur i ; atque ideò DE quadratum erit $c^2 — 2 ci + i^2$. Unde iisdem vestigiis, $+ 2 be — e^2 \infty c^2 — 2 ci + i^2$,

vel per antithesim, $— c^2 \begin{matrix} + 2 be — e^2 \\ + 2 ci — i^2 \end{matrix} \infty 0$.

Ex tali ergo vel simili æquatione concludemus circulum.

Quòd si recta DG sit data sub specie c, & EG ignota vocetur i : tunc iisdem vestigiis in eandem prorsùs æquationem incidemus. Idem accidet, si DE producatur versùs E in H, & vel tota DH sit c, EH autem sit i, vel è contrario, EH sit c, DH autem sit i.

Jam, vel $c — i$, vel $i — c$ esto a ; quo pacto dabitur prima æquatio, ut manifestum est.

Sicut autem secta est DE in F, vel producta in G vel H : sic potuit secari vel produci CE, & vel ipsâ solâ manente DE insectâ & sine productione, vel etiam utraque tam CE quàm DE ; quod satis per se atque ex præmissis clarum est. Idem de BE quàm de CE dictum esto.

Quarta Æquatio : ex eo quòd omnes rectæ à centro circuli ad ejus circumferentiam ductæ, sint æquales.

Iisdem positis, esto AE ignota sub specie y ; & quoniam AD seu AB est b, & DE est a, ideò talis erit æquatio, $b^2 \infty a^2 + y^2$, sive $b^2 — a^2 — y^2 \infty 0$. Itaque, ex ejusmodi æquatione concludemus circulum, quia illa reciproca est.

Jam verò, ut suprà, esto a æqualis, vel $c + i$, vel $c — i$, vel $i — c$, prout scilicet vel EF erit c, & DF erit i ; vel EG erit c, & DG erit i ; vel DG erit c, & EG erit i : tumque habebimus alterutram ex duabus sequentibus

æquationibus $\begin{matrix} + b^2 \\ — c^2 \end{matrix} — 2 ci \begin{matrix} — i^2 \\ — y^2 \end{matrix} \infty 0$, vel $\begin{matrix} + b^2 \\ — c^2 \end{matrix} + 2 ci \begin{matrix} — i^2 \\ — y^2 \end{matrix} \infty 0$:

ex quibus circulum quoque concludere licet, modò sub similibus speciebus proponantur ; sic enim illæ sunt reciprocæ, seu specificæ.

Eodem modo hîc AE secari vel produci poterit quo suprà dictum est de ED, BE, vel CE.

Quòd si proponatur aliqua ex his tribus $+ d^2 — fi — u^2 \infty 0$, vel $+ d^2 + fi — u^2 \infty 0$, vel $— d^2 + fi — u^2 \infty 0$: tunc licebit illas ad alterutram ex duabus præmiſſis poſtremis reducere. Nam $+d^2$ intelligetur æquale eſſe $\dfrac{+b^2}{-c^2}$, vel $-d^2$ æquabimus $\dfrac{+b^2}{-c^2}$; ac $+a^2$ ponemus æquale eſſe $\dfrac{+i^2}{+y^2}$: unde ſequetur id quod propoſitum eſt.

Non ſunt tamen illæ tres reciprocæ; ſiquidem ex illis non minùs ellipſim, parabolam aut hyperbolam, quàm circulum concludere licet. Licebit autem quartam hanc æquationem ad primam aut ad duas ſequentes reducere, poſito quòd $b - y$ ſit e, ut ſatis patebit ei qui attendere voluerit. Et reciprocè, tres priores poterunt ad quartam reduci, poſito quòd $b - e$ ſit y.

Hæc de circulo ad æquationem analyticam reducto, pauca quidem, ſed ea præcipua ſufficiant. Nunc pauca etiam de parabola dicamus.

DE PARABOLA.

ESTO parabola B D, cujus latus rectum ſit A B, diameter B E, ſive illa ſit axis, ſive non; atque ad hanc diametrum ordinatim applicata ſit D E. Oporteat autem omnia parabolæ puncta referre ad diametrum B E, mediante aliqua æquatione analyticâ, ac fundamentum relationis eſto proprietas illa, quòd quadratum applicatæ cujuſvis, putà D E, æquale ſit rectangulo contento ſub latere recto A B & ſub B E portione diametri interceptâ inter verticem B & ordinatam D E; quæ proprietas parabolæ ſpecifica eſt, dabitque modum unum particularem ex quo multæ deducentur æquationes, quales ſunt quæ ſequuntur.

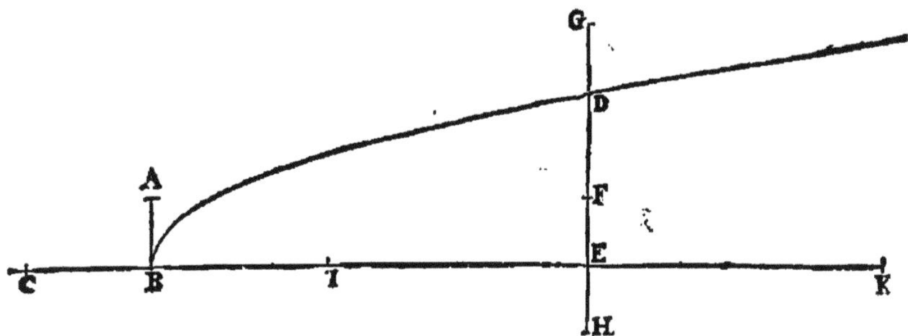

Prima Æquatio.

A B eſto	b,
D E	a,
D E quadratum	a^2,
B E	e,
A B E rectangulum	be.

Æquatio.

$$be \infty a^2,$$
$$\text{vel}$$
$$be - a^2 \infty 0.$$

Itaque, propoſitâ curvâ aliquâ B D, atque in ea ſumpto quovis puncto D; tum ductâ quâpiam rectâ B E quæ ad unas quidem partes B terminetur ad eandem curvam, ad alteras autem partes ſit indefinita: ſi ductâ recta D E datæ cuipiam rectæ terminatæ A B parallela, media proportionalis ſit inter A B, B E: pronuntiabimus curvam illam eſſe parabolam. Eſt enim reciproca proprietas, ex vi hypotheſis, quòd D E ſit ſemper datæ parallela; aliàs enim poſſet æquatio præmiſſa circulum exhibere, ut notatum eſt ad ſecundam circuli æquationem, dum propoſita eſt æquatio 2 $be - a^2 \infty 0$. Hoc autem planè manifeſtum eſt.

Secunda

Secunda & tertia Æquatio.

Nec aliter habebuntur secunda & tertia æquatio, quàm in circulo dictum est, divisâ scilicet D E in F, aut eâdem productâ in G vel H; quo pacto talis erit secunda æquatio $be \backsim c^2 + 2ci + i^2$, vel $-c^2 + be - 2ci - i^2 \backsim o$, atque id ex divisâ D E.

Tertia autem æquatio ex D E productâ talis erit $be \backsim + c^2 - 2ci + i^2$, vel $-c^2 + be + 2ci - i^2 \backsim o$.

Et hæ quidem omnes æquationes sub speciebus exhibitis sunt reciprocæ, existente rectâ D E datæ alicui rectæ semper parallelâ; unde ex quavis illarum parabolam concludere semper licebit, speciebus tamen immutatis.

Quòd si recta B E dividatur in I, vel eadem producatur, sive versùs B in C, sive versùs E in K, reliquis eodem modo quo suprà positis, multæ inde orientur æquationes, quædam scilicet manente D E indivisâ ac sine productione, reliquæ autem ipsâ D E divisâ vel productâ. In exemplo enim esto B E divisâ, ac B I esto data sub specie d, I E autem esto y; unde rectangulum sub A B, B E, quia æquale est duobus simul, ei scilicet quod continetur sub A B, B I, & ei quod continetur sub A B, I E, talem induet speciem $bd + by$: itaque positâ D E indivisâ sub specie a, talis erit æquatio $bd + by \backsim a^2$, vel $bd + by - a^2 \backsim o$. At positâ D E divisâ sub specie $c + i$, æquatio erit ejusmodi $bd + by \backsim c^2 + 2ci + i^2$; vel $bd - c^2 + by - 2ci - i^2 \backsim o$. Quod si C B sit data sub specie d, C E autem sit y, erit ipsius B E species $y - d$: contrà autem, si C E sit d, & C B sit y, erit ipsius B E species $d - y$; hinc autem facile erit reliquas æquationes deducere, atque ex singulis, sub iisdem speciebus, parabolam concludere.

Ad prædictas autem æquationes reduci poterunt quæcunque ad circulum suprà, tam directè quàm indirectè pertinebant, si species debitè atque ex arte permutentur: at propter talem permutationem, æquationes illæ non erunt reciprocæ. Sed hoc indicasse sufficiat; nunc ad hyperbolam progrediamur.

DE HYPERBOLA.

EX infinitis modis quibus hyperbola aliqua ad rectam quandam referri potest, duo videntur præcipui: alter quidem, cùm illa ad aliquam ex suis diametris refertur; alter autem, cùm illa refertur ad unam ex suis asymptotis.

Esto hyperbola B D, cujus vertex sit B, rectum latus A B, transversum B C, centrum L in medio ipsius B C, cæteris ut suprà in parabola positis. (Vide figuram parabolæ, & finge esse hyperbolam) nisi quod distinctionis gratiâ, species transversi lateris hîc erit f, unde C E B rectanguli species erit $fe + e^2$. Est autem in omni hyperbola tale rectangulum ad quadratum cujusvis ordinatæ D E ut transversum latus ad rectum: in speciebus ergo, ut f ad b, ita $fe + e^2$ ad a^2. Ductis itaque extremis inter se, tum etiam mediis inter se, fiet æquatio universalis ad omnem hyperbolam pertinens.

Prima Æquatio.

$$bfe + be^2 \backsim fa^2, \text{ sive } bfe + be^2 - fa^2 \backsim o.$$

Ex tali igitur æquatione concludemus hyperbolam cujus latus rectum erit b, & transversum f, existente a ordinatâ ad diametrum, e verò intercepta inter ordinatam & verticem, sive diameter sit axis, sive non, prout angulus ad E rectus erit vel obliquus.

Y y

Secunda Æquatio.

Secunda æquatio ex divisâ D E in F, ita ut species rectæ D E sit $c + i$, talis erit, $bfe + be^2 \bowtie fc^2 + 2cfi + fi^2$, sive $- fc^2 + bfe + be^2 - 2cfi - fi^2 \bowtie 0$.

Tertia Æquatio.

Tertia æquatio ex D E productâ in G vel H, ita ut species ipsius D E sit $c - i$, vel $i - c$, talis erit $bfe + be^2 \bowtie fc^2 - 2cfi + fi^2$, sive $- fc^2 + bfe + be^2 + 2cfi - fi^2 \bowtie 0$.

Poterit autem non tantùm recta B E, sed etiam recta D E, vel utraque dividi, vel produci; unde multæ nascentur æquationes magis intricatæ, quas, quia vix utiles esse possunt, curioso Analystæ relinquimus.

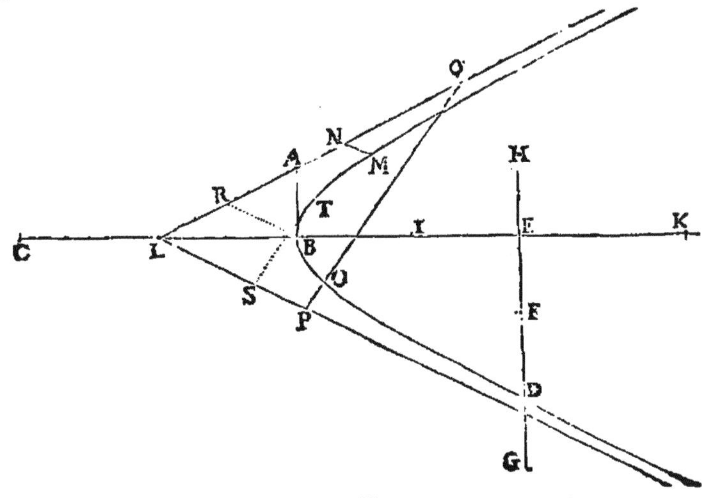

Quarta Æquatio.

Speciatim verò resumamus primam hyperbolæ æquationem, putà $bfe + be^2 - fa^2 \bowtie 0$, & ponamus transversum latus f æquale esse lateri recto b, quod accidit in quacunque hyperbola cujus asymptoti sunt ad angulos rectos. Itaque divisâ æquatione per f vel b, fiet hæc æquatio simplicior, $be + e^2 - a^2 \bowtie 0$, vel $fe + e^2 - a^2 \bowtie 0$.

Ex tali ergo æquatione concludere licebit hyperbolam rectangulam, cujus latus rectum erit b, ordinata a, sive ad axem, sive ad aliam quamcunque diametrum, & latus transversum erit f æquale ipsi b, e autem erit quævis intercepta inter applicatam seu ordinatam & verticem.

At ex hac speciali ac simplici æquatione multæ aliæ deduci possunt, si scilicet dividatur D E in F, vel ipsa D E producatur in G vel H, vel si B E dividatur in I, aut ipsa eadem B E producatur in K vel in L; vel rursùs, si utraque tam D E quàm B E dividatur aut producatur, vel denique multis aliis modis, pro majori & majori Analystæ sagacitate.

Quinta Æquatio.

Resumamus adhuc primam hyperbolæ æquationem, nempe $bfe + be^2$

—— $fa^2 \propto 0$, oporteatque talem æquationem reddere simplicem, ita tamen ut illa ad quamcunque hyperbolam pertineat.

Intelligatur esse ut b ad f, ita a^2 ad u^2, unde fa^2 æquale erit ipsi bu^2. Itaque in æquatione, loco ipsius fa^2 succedat ipsum bu^2, & omnia applicentur ad b, ac tum $fe + e^2 — u^2 \propto 0$.

Ex tali ergo æquatione licebit non solum hyperbolam rectangulam, ut suprà, directè concludere, sed etiam per fictionem poterimus eandem æquationem ad quamcunque hyperbolam extendere, cujus latus transversum sit f, latus autem rectum sit recta quævis, & e sit quæcunque intercepta inter ordinatam & verticem ; at ordinata non erit u (nisi si latus rectum æquale ponatur esse lateri transverso f, ut fiat hyperbola rectangula.) Verùm ut ipsa ordinata habeatur, fiet ut transversum latus f ad rectum quod vocabimus b, ita u^2 ad aliud quod vocabitur a^2, ac tum a erit ipsa ordinata : hoc autem ex præmissis manifestum est. Ex tali enim analogia fiet $fa^2 \propto bu^2$: at in æquatione simplici proposita habemus $fe + e^2 — u^2 \propto 0$; quibus per b multiplicatis invenitur $bfe + be^2 — bu^2 \propto 0$. Jam loco ipsius bu^2 succedat fa^2, & sic tandem fiet prima hyperbolæ æquatio, nempe $bfe + be^2 — fa^2 \propto 0$.

Porrò ad prædictas æquationes reduci poterunt quæcunque suprà ad circulum & ad parabolam directè aut indirectè pertinebant, si species debitè atque ex arte permutentur, ut convenientem sortiantur interpretationem : at propter talem mutationem non erunt reciprocæ æquationes illæ ; omninò enim nulla æquatio reciproca est, nisi sub iisdem omninò speciebus sub quibus illa ad locum aliquem directè pertinet.

In analysi speciosa communiter liberum est ex infinitis hyperbolarum speciebus eam eligere quam libuerit : quo sanè casu præstabit rectangulam assumere, propter illius majorem simplicitatem. Aliquando etiam sectio ipsa ex hypothesi data est, sed rarò, putà cum beneficio analyseos quæritur aliqua ejusdem sectionis proprietas, ut si quis ex dato puncto extra axem datæ sectionis, minimam rectam quæ ad ipsam sectionem duci possit inquirat, incidet ille in æquationem solidam quæ solvi poterit beneficio circuli & hyperbolæ, ita ut vel circulus quivis, vel quæcunque hyperbola ad arbitrium eligi possit. Eligetur ergo ipsa hyperbola data, cui circulus conveniens ex arte accommodabitur : aliàs enim peccatum multi existimarent, si neglectâ ipsâ hyperbolâ datâ, assumeretur vel alia hyperbola vel parabola vel ellipsis, ut liberum est in omni æquatione solida ; at hunc rigorem, ut elegantiorem concedimus, sic non omninò necessarium existimamus, propter rationes suprà allatas, cùm quid geometricum censeri debeat examinaremus.

Sexta Æquatio.

Iisdem positis, sunto hyperbolæ asymptoti L N, L P ad angulum quemcunque ; atque ex vertice B ducatur recta B R parallela uni asymptotωn L D, quæ B R occurrat alteri asymptotωn L N in puncto R. Itaque, ex hypothesi quòd data sit hyperbola, data quoque erit utraque L R, R B, unde & rectangulum sub ipsis datum est, sit species illius b^2. Tum sumpto in hyperbola quocunque puncto M, ducatur recta M N parallela cuivis asymptoto, putà L P, occurrensque alteri L N in puncto N ; atque species rectæ L N esto a, species autem rectæ N M esto e. Quoniam itaque ex natura hyperbolæ, rectangulum sub L R, R B æquale est rectangulo sub L N, N M : dabitur hæc æquatio hyperbolarum generi propria seu specifica $b^2 \propto ae$, seu $b^2 — ae \propto 0$.

Ex tali ergo æquatione semper hyperbolam concludere licebit, cujus b^2 erit rectangulum sub L R, R B, at a erit quævis portio unius asymptotωn,

Vide Figur. sequentem.

putà L N ad centrum terminata, *e* verò recta intercepta inter hyperbolam & alterum ipfius fpeciei *a* extremum, quæ tamen recta *e* alteri afymptoto parallela exiftet, putà afymptoto L P exiftente *e* ipfà rectà M N.

Quòd fi recta L N dividatur vel producatur, ut fpecies illius fit vel *c* $+$ *i*, vel *c* $—$ *i*, vel *i* $—$ *c*, manente N M indivisâ; aut fi hæc N M dividatur vel producatur, ut fpecies illius fit *d* $+$ *u*, vel *d* $—$ *u*, vel *u* $—$ *d* manente L N indivisâ; aut fi utraque L N, N M dividatur aut utraque producatur, aut denique altera earum dividatur, altera producatur: habebuntur inde multæ æquationes inventu faciles, atque omni hyperbolæ fpecificæ; unde ex qualibet illarum hyperbolam concludere licebit.

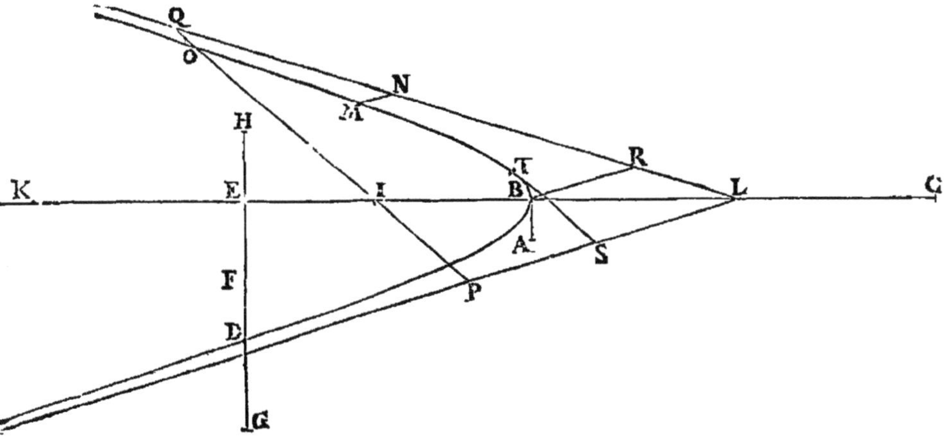

Apparet quoque tales æquationes ad quamcunque hyperbolam poffe pertinere, nifi aut angulus afymptotωn datus fit, aut rectum latus, aut tranfverfum, aut alia quædam proprietas, quæ cum dato b^2, hyperbolæ ipfius fpeciem determinare poffit.

Septima Æquatio.

Iifdem adhuc pofitis, ducatur quæcunque recta P O Q fecans hyperbolam in O, afymptotos autem in P & Q; atque illi P Q parallela exiftat T S tangens hyperbolam in T, occurrenfque alteri afymptotωn, putà L P in S; & data fit pofitione & magnitudine ipfa T S, cujus fpecies fit *b*, ex hypothefi quòd hyperbola fit quoque data; fit etiam rectæ O P fpecies *a*, rectæ verò O Q fpecies efto *e*. Quoniam itaque ex natura hyperbolæ, rectangulum P O Q æquale eft quadrato tangentis T S, fiet hæc æquatio hyperbolarum generi propria feu fpecifica $b^2 \backsim a e$, feu $b^2 — a e \backsim 0$.

Ex tali ergo æquatione, eadem quæ fuprà in fexta concludere licebit, atque id tam divifis ipfis P O, O Q, quàm iifdem productis.

DE ELLIPSI.

IN ellipfi præcipuæ æquationes non multùm differunt à tribus circuli prioribus æquationibus, ut ibi monuimus. Omninò autem, non alio modo fe habet circuius ad ellipfes, quo hyperbola rectangula ad alias hyperbolas minimè rectangulas. Sicuti ergo in tali hyperbola rectangula æquatio fimplex fuit, quæ refpectu totius generis hyperbolarum compofita extitit, fic in circulo,

culo, prædictæ priores tres æquationes simplices fuere, quæ in genere ellipsium fient compositæ. At illud hîc breviter exponamus.

Prima Æquatio.

Esto ellipsis B D, cujus vertex B, rectum latus A B, diameter B C, sive illa sit axis sive non, D E ordinata ad illam diametrum, cui parallela sit A B; species autem ipsius A B esto b; ipsius B C, f; ipsius D E, a; ac tandem ipsius B E, e: unde rectanguli C E B species erit $f e - e^2$. At in omni ellipsi, ut diameter B C ad latus rectum A B, ita rectangulum C E B ad quadratum D E;

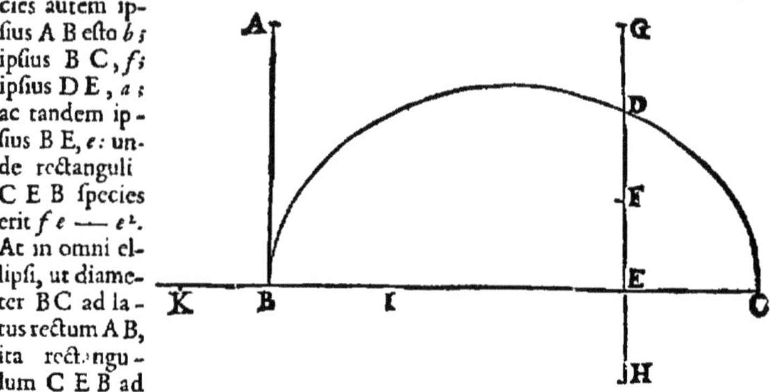

itaque in speciebus, ut f ad b, ita $f e - e^2$ ad a^2: hinc æquatio $b f e - b e^2 \propto f a^2$, sive $b f e - b e^2 - f a^2 \propto 0$.

Poterit autem vel recta B E, vel recta D E, vel utraque dividi vel produci; unde multæ nascentur æquationes inventu non admodum difficiles; sed id indicasse sufficiat.

Ex ejusmodi ergo æquationibus semper ellipsim concludere licebit, cujus latus rectum erit b, diameter f, ordinata ad diametrum a, vel quæcunque ipsam a in æquatione referet, ac tandem intercepta inter ordinatam & verticem erit e, vel quæcunque ipsam e in æquatione referet. Immò, dabitur quoque ipsius ellipsis species, ex hypothesi quòd angulus A B C vel D E C datus sit; si tamen angulus ille rectus esset, & rectæ b & f æquales, loco ellipsis haberemus circulum: quod demonstrare non erit difficile.

Secunda Æquatio.

Potest præmissa prima æquatio reddi simplicior, si fiat ut b ad f, ita a^2 ad u^2; unde $f a^2 \propto b u^2$. Itaque in æquatione illa, loco ipsius $f a^2$ succedat illi æquale $b u^2$, ac tum $b f e - b e^2 - b u^2 \propto 0$: omnia applicentur ad b, fietque æquatio simplex $f e - e^2 - u^2 \propto 0$.

Et hæc quidem æquatio directè pertinet ad circulum, at indirectè & per fictionem pertinere poterit ad quamcunque ellipsim, cujus diameter erit f, latus autem rectum erit recta quæcunque; at verò ordinata non erit u, (nisi latus rectum æquale sit ipsi f diametro, & angulus D E C obliquus) sed ut ipsa habeatur ordinata, fiet ut f ad latus rectum quod vocabimus b, ita u^2 ad aliud quod vocetur a^2, ac tum a erit ipsa ordinata; ex tali enim analogia fiet $f a^2 \propto b u^2$: at æquatio simplex erat $f e - e^2 - u^2 \propto 0$, quâ in b ductâ, sit $b f e - b e^2 - b u^2 \propto 0$. Jam loco ipsius $b u^2$ succedat ipsi æquale $f a^2$, & sic tandem fiet prima ellipsis æquatio $b f e - b e^2 - f a^2 \propto 0$.

Ad prædictas æquationes reducentur quæcunque suprà ad circulum, ad parabolam & ad hyperbolam directè pertinebant, si species debitè atque ex arte permutentur, at iis conditionibus de quibus sæpiùs suprà dictum est.

Z z

Corollarium.

IN omnibus præmiffis æquationibus liquidò conftat, quatuor curvas ex quibus illæ deductæ funt, nempe circuli circumferentiam, parabolam, hyperbolam, & ellipfim ad fuas diametros relatas eo modo quo fuprà, non tranfcendere fecundum gradum, hoc eft quadratum incognitarum magnitudinum *a, e, i, u,* &c. Quòd fi quis eafdem ad alias rectas quàm ad ipfas diametros referat, ille rursùs in fimiles, five ejufdem gradus æquationes incidet; unde in univerfum, ex talibus æquationibus aliquam ex ipfis quatuor curvis femper concludere licebit: & hoc fufficit ad omnia loca plana & folida Antiquorum invenienda & componenda; fi tamen his æquationibus paucæ addantur quæ pertinent ad lineas rectas, dum illæ ad alias rectas referuntur, quæ fanè æquationes ipfum eundem fecundum gradum non excedunt; at verò ad hanc inventionem & compofitionem requiritur Analyfta non vulgaris. Sed hoc etiam indicaffe fufficiat: nunc pauca de locis linearibus ad æquationes geometricas abfoluto modo revocatis fuperfunt dicenda, quod nos in conchoïde Nicomedis tantùm exequemur, fiquidem illa etiam in fequentibus ad noftrum inftitutum fatis erit, videturque eadem effe locorum omnium linearium fimpliciffimus.

DE CONCHOÏDE NICOMEDIS.

ETSI multa fint linearum curvarum genera quæ in infinitas fpecies multiplicentur, tamen hac in parte, conchoïdum genus omnia alia genera longiffimè, immò infinities infinitè fuperat. Siquidem nulla datur curva ex qua infinitæ conchoïdes deduci non poffint, atque omnes fpecie, immò etiam genere differentes; ac præterea, cujufvis conchoïdis infinitæ rursùs dantur conchoïdes fpecie ac genere inter fe diftinctæ, ita ut propofitâ quâcunque curvâ putà circuli circumferentiâ, ftatim ex ea innumeræ conchoïdes deducantur, quæ quamquam genere inter fe diftinctæ, tamen omnes fint primi cujufdam ordinis; tum ex unaquaque illarum innumeræ rursùs aliæ nafcantur genere diverfæ, quæ omnes fecundi cujufdam ordinis exiftant, ex quibus fingulis eodem modo innumeræ tertii cujufdam ordinis oriuntur; atque ita in infinitum infinities abit talis multiplicatio.

Nos verò ex omnibus illis generibus duo tantùm feligere decrevimus, quæ quamquam fimpliciffima exiftant, tamen illa per fe fingula ad æquationes analyticas quinti ac fexti gradus, hoc eft quadrato-cubicas ac cubo-cubicas folvendas fufficiunt; ita ut beneficio cujufvis illorum generum poffit angulus quicunque rectilineus in quinque partes æquales dividi. Horum generum prius erit illud cujus conchoïdes vulgò vocantur à Nicomede earum inventore, funtque conchoïdes circulares primi ordinis, de quibus Eutocius in Archimede, necnon alii permulti authores fcripfere; quandoquidem per medium talis conchoïdis Nicomedes ipfe famofiffimum problema de cubo duplicando folvere aggreffus eft, quamquam fanè modo non ufque adeò legitimo, cùm tale problema ad lineas fimpliciores, putà conicas, pertineat: folidum enim illud eft tantùm, at conchoïdes omnes funt loci lineares. Alterum duorum generum conchoïdum noftrarum erit parabolicarum, de quibus primus egiffe putatur Renatus *des Cartes* in fua Geometria, qui etiam modo prorsùs legitimo iifdem ufus eft ad problemata analytica fexti gradus folvenda, ad quem gradum illa quoque afcendere cogit quæ funt quinti gradus; quod fanè ei liberum, at non omninò neceffe fuit, fed modum quo aliter ab iis fe expediret, aut non advertit, aut aliqua de caufa neglexit.

In his duobus conchoïdum generibus hoc notatu dignum accidit, quòd quamquam simplicius sit circulare quàm parabolicum, si linearum genitricium ratio habeatur, (simplicior enim est circuli circumferentia quàm parabola) tamen, cùm ad æquationes ventum fuerit, reperiuntur illæ in conchoïde parabolica simpliciores quàm in circulari ; non quidem ratione gradus ad quem illæ ascendunt, qui in utraque suâ naturâ sextus est existente æquatione universali, sed ratione multiplicitatis affectionum, seu homogeneorum per signa ╾╂╼ & ─── distinctorum ; at illud magis in sequentibus patebit.

Cùm autem dicimus ejusmodi conchoïdes ad sextum gradum pertinere , hoc intelligendum est dum illæ ad æquationes analyticas revocantur modo respectivo, non autem simplici seu absoluto ; quod etiam rursùs infrà clariùs innotescet.

Antequàm ad æquationes accedamus, pauca præmittenda sunt de natura conchoïdum in universum ; tum etiam pauca de conchoïde circulari in specie.

In universùm ergo concipiatur quævis linea curva in plano jacens, quod planum moveri possit unà cum eadem curva motu quolibet tam lationis quàm circumvolutionis: hæc linea vocetur genitrix, à qua conchoïs describenda denominabitur, planum verò posteà vocabitur planum mobile : in hoc plano mobili notetur punctum quodcunque intra vel extra genitricem, quod vocetur polus mobilis : per hunc polum transeat quædam linea recta quæ circa talem polum liberè moveri possit, & tamen in ipso plano semper jaceat, ut recta illa sit instar regulæ mobilis quam communiter nomine Arabico vocare solent alhidaam in permultis instrumentis ; hanc posteà vocabimus regulam. Concipiatur deinde quæcunque linea, recta vel curva, in aliqua superficie jacens, (nos hanc superficiem planam assumimus, quam tamen curvam etiam assumere licebit) quæ superficies, quia immobilis statui debet saltem ad faciliorem intelligentiam, dicatur superficies immobilis ; & linea in ea concepta dicatur semita, quandoquidem per illam ac secundùm eandem moveri debet polus plani mobilis, dum planum illud posteà motu lationis secundùm præscriptas leges aliquas deferetur. Prætereà, in superficie immobili extra semitam, ultrà citráve, notetur punctum quodcunque quod vocetur polus immobilis, circa quem movebitur regula de qua jam dictum est, ita ut eadem per duos polos, mobilem scilicet & immobilem, perpetuò transeat, jaceatque interim semper in plano mobili.

His positis, si statuamus planum mobile cum immobili, ita ut polus mobilis existat in semita, & regula per utrumque polum transeat , tum moveatur planum mobile secundùm certam quandam ac constitutam legem, quæ tamen lex ad arbitrium Geometræ initio pendet, modò posteà illam inviolatam servet , polo mobili secundùm semitam delato, neque ab ea usquam evagante, notenturque interim puncta in quibus regula genitricem secat, ac per omnia illa sectionum puncta, linea duci intelligatur : hæc erit conchoïs de qua nunc agimus.

Fieri autem potest, ac reverà fit sæpissimè, ut in una eademque plani mobilis atque ideò lineæ genitricis positione, regula ipsam genitricem in duobus vel pluribus punctis secet ; unde etiam accidit non raro, ut conchoïs inde orta non sit unica linea continua, sed duplex, triplex, aut multis modis multiplex, ita ut partes illius aliquando, etiam in infinitum productæ, nunquam sibi invicem occurrant ; aliquando, è contrario, illæ partes se secent, & aliquando cædem se tangant tantùm : sed & illud fieri potest, ut aliqua positione, regula lineæ genitrici nullo modo occurrat, quo pacto conchoïs non erit ad utramque partem infinitè extensa, vel certè ipsa erit interrupta, non verò continua. Sed hæc indicasse sufficiat in tam vaga atque multiplici linearum infinitis modis infinitarum descriptione.

In fpecie. Ponamus in aliqua ex tribus his figuris, planum mobile effe illud in quo eft circulus cujus diameter eft C D vel G F; atque in eo plano lineam genitricem effe ejufdem circuli circumferentiam ; polum mobilem effe ipfius centrum B vel E, & regulam effe rectam A B, vel A E. Ponamus deinde planum immobile effe id in quo eft recta B E in infinitum utrinque producta, quæ recta eadem fit femita per quam feratur polus mobilis B vel E, atque unà cum ipfo planum mobile deferens circulum C D vel G F, polus verò immobilis in hoc plano immobili efto A, per quem tranfeat regula A B vel A E.

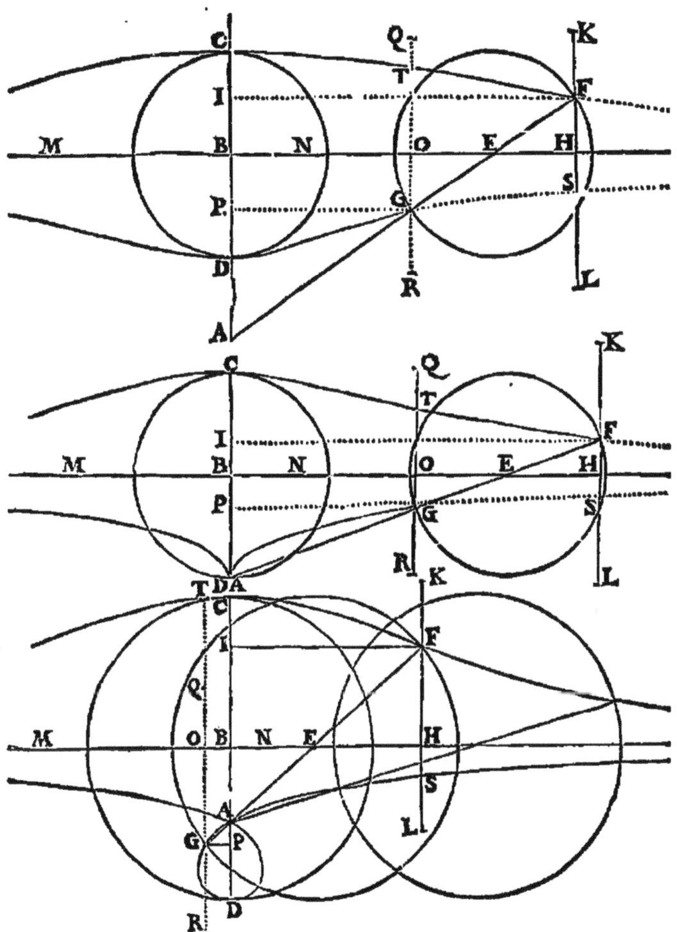

Manifeftum eft ergo, quòd dum centrum circuli, five polus mobilis feretur fecundùm femitam B E, regula per hunc polum mobilem ac per immobilem A femper tranfiens, pofitionem fuam continuò mutabit. Jam lex motus efto , ut planum mobile femper inter movendum jaceat fecundùm fuam planitiem in plano immobili; hæc enim lex fola fufficit ad certam at-

que

que indubitatam defcriptionem. Hoc pacto, quia in quacunque circumferentiæ genitricis pofitione, regula ipfam circumferentiam in duobus punctis, nec
pluribus, femper fecat, quorum punctorum unum eft ad unas partes femitæ
versùs polum immobilem A, quale eft punctum D vel G, alterum ad alteras
partes ejufdem femitæ, quale eft C vel F: fit neceffariò ut conchois circularis inde orta componatur ex duabus lineis ad utrafque partes femitæ B E exiftentibus, quarum linearum unaquæque ex utraque parte in infinitum extenditur fic ut femita utriufque afymptotos exiftat. Illæ lineæ in figuris præmiffis
funt C T F, D G S, quarum exterior C T F (exteriorem voco eam quæ refpectu poli immobilis A jacet ad alteras partes femitæ B E) circa verticem C,
ad aliquam diftantiam ex utraque parte ipfius verticis, interiùs cava eft versùs
femitam B E : eft autem vertex C punctum id in quo recta A B ad femitam
B E perpendiculariter producta occurrit ipfi conchoïdi ; at ultra talem diftantiam mutatur cavitas ipfa, fitque ad partes exteriores, convexitas verò ref-
picit femitam ufque in infinitum. At conchois interior D G S, præter id quod
de exteriori jam diximus, quibufdam accidentibus obnoxia eft, prout recta
A B vel femidiametro D B major eft, vel eidem æqualis, vel ipsâ major;
exiftente enim A B majore quàm D B, idem accidit quod de exteriori jamjam attulimus, quodque in prima trium figurarum fatis apparet; exiftentibus
verò rectis A B, D B æqualibus, ut in fecunda figura, tunc conchois interior
ad punctum A vel D qui vertex eft, angulum conftituit quolibet acuto rectilineo minorem, ut fic conchois ex duabus lineis ad verticem A D fefe tangentibus componi videatur, quarum utraque ad partes femitæ B E femper
convexa eft ufque in infinitum. Verùm, exiftente rectâ A B minore quàm
D B, ut in tertia figura, tunc conchois inter puncta A, D ita involvitur, ut
fpatium comprehendat laquei inftar, cujus funiculi poftquàm ad punctum A
decuffatim fefe fecuerunt, abeunt ex utraque parte in infinitum, ita tamen ut
convexitas eorum ad partes femitæ B E femper refpiciat.

Sic ergo fe habet conchois circularis Nicomedis. Quòd fi polus mobilis
non fit centrum circumferentiæ genitricis, fed quodvis aliud punctum in
plano mobili affumptum: fient aliæ conchoïdes circulares à prædicta & à fe
invicem diverfæ in infinitum; quod tamen indicaffe fufficiat. Sed & femita
poterit effe non recta linea ut B E, verùm alia circuli circumferentia in plano
immobili jacens; quo etiam pacto aliæ atque aliæ conchoïdes circulares gi-
gnentur, quales habentur apud Vietam in fupplemento Geometriæ, quamquam
fanè idem, ficuti de Nicomede diximus, modo non ufque adeo legitimo quàm
par fuerat ufus eft, in folvendis fcilicet problematis fuâ naturâ folidis, cùm conchoïdes illæ fint loci lineares. Sed hoc rursùs indicaffe fufficiat, ut inde poffit
quivis colligere quàm immenfa fit conchoïdum, etiam circularium, omnium
inter fe fpecie differentium multitudo : nunc ad æquationes analyticas modo
abfoluto, ipfam Nicomedeam revocemus, ut protinùs ad conchoïdem para-
bolicam deveniamus. Itaque in conchoïde exteriori C T F cujufvis ex tribus
guris præmiffis funto fpecies :

A B	b,	E H	$\dfrac{a\,e}{b+a}$
B C, E F	c,		
F H, B I	a,	E H quadratum $\dfrac{a^2\,e^2}{b^2+2\,b\,a+a^2}$.	
F I, B H	e,		

Et quoniam ut recta A I ad I F, ita eft F H ad E H : erit in fpeciebus,

ut $b+a$ ad e, ita a ad $\dfrac{a\,e}{b+a}$

Ponitur autem triangulum E F H effe rectangulum. Hinc æqualitas in quadratis laterum,

$$e^2 \,\infty\, a^2 + \frac{a^2\,e^2}{b^2+2\,b\,a+a^2}$$

& omnibus in communem diviforem ductis,

$$b^2 c^2 + 2 b c^2 a + c^2 a^2 \;\infty\; b^2 a^2 + 2 b a^3 + a^4 + a^2 e^2 ;$$

$$\text{vel } b^2 c^2 + 2 b c^2 a \genfrac{}{}{0pt}{}{+\ c^2 a^2}{-\ b^2 a^2} - 2 b a^3 - a^4 - a^2 e^2 \;\infty\; 0 :$$

unde ex tali æquatione fub iifdem fpeciebus licebit pronuntiare ipfam æquationem ad conchoïdem circularem Nicomedis exteriorem pertinere.

Neque verò in conchoïde interiori DGS magna erit differentia; omnibus enim rité ordinatis differet æquatio, non quidem fpeciebus, fed fpecierum affectionibus fecundùm figna + & ——, idque in quibufdam affectionibus tantùm, ut ex formula fequenti appareat. Sunto ergo fpecies :

A B efto	b,	OE quadratum $\dfrac{a^2 e^2}{b^2 - 2 b a + a^2}$	
B C, E F, E G	c,	Ponitur autem triangulum E O G efle rectangulum. Unde fiet æqualitas in quadratis laterum, nempe	
G O, B P	a,		
G P, B O	e,		
Ut $b - a$ ad e, ita a ad $\dfrac{a\,e}{b-a}$		$c^2 \;\infty\; a^2 + \dfrac{a^2 e^2}{b^2 - 2 b a + a^2}$	
O E $\dfrac{a\,e}{b-a}$		& omnibus ductis in communem diviforem,	

$$b^2 c^2 - 2 b c^2 a + c^2 a^2 \;\infty\; b^2 a^2 - 2 b a^3 + a^4 + a^2 e^2 ;$$

$$\text{vel } b^2 c^2 - 2 b c^2 a \genfrac{}{}{0pt}{}{+\ c^2 a^2}{-\ b^2 a^2} + 2 b a^3 - a^4 - a^2 e^2 \;\infty\; 0.$$

Itaque ex ejufmodi æquatione fub iifdem fpeciebus concludemus conchoïdem circularem Nicomedeam interiorem, ex qua æquatio illa ortum duxerit.

Porrò multis modis, immò innumeris, variari poffunt magnitudines ignotæ a & e; quippe fi altera earum vel ambæ datâ magnitudine augeantur vel minuantur, ut factum eft fuprà in circulo, parabola, hyperbola, & ellipfi. Finge enim productam efle HF in K, ita ut FK data fit fub fpecie d, HK autem in fpecie fit i : tum verò HF erit in fpeciebus $i - d$ quæ priùs erat a; unde loco fpeciei a & graduum ejus in æquatione, fubftitui poterunt $i - d$ & gradus ipfius; quo pacto fiet alia quæpiam æquatio à præmiffis diverfa, ac multò pluribus nominibus conftans, quæ fub fuis fpeciebus ad conchoïdem Nicomedis pertinebit. Idem etiam concludemus fi FH producatur in L, & ipfius HL fpecies fit d, ipfius autem FL fpecies fit i, fic enim rursùs HF erit in fpecie $i - d$, &c. Quòd fi iifdem productis, HK vel FL data fit fub fpecie d, & ipfius FK vel HL fpecies fit i, erit ipfius FH fpecies $d + i$ quæ priùs erat a; unde, &c. ut fuprà.

Potuit etiam dividi FH in V, ita ut ex duabus portionibus FV, VH, altera, putà VH, data effet fub fpecie d, altera FV ignota fub fpecie i; atque ita ipfius HF fpecies fuiffet $d + i$ quæ priùs erat a; unde, &c. ut fuprà.

Nec minùs produci potuit recta FI vel HB in M, vel eadem dividi in N. Sed hoc indicaffe fufficiat.

Eodem modo ratiocinabimur de rectis GO & GP vel OB, quo de rectis FH & FI vel HB, ut manifeftum eft.

Infinitos modos relinquimus, quia prædictos fufficere putavimus, ad hoc ut quivis fuopte ingenio quotvis alios ut libuerit, inquirat, & analyticè profequatur.

Appendix ad Isagogen topicam continens solutionem Problematum solidorum per locos.

PAtuit methodus quâ lineæ locales deteguntur: inquirendum restat quâ ratione Problematum solidorum solutio possit ex supradictis elegantissimè derivari. Hoc ut fiat, coarctanda illa quantitatum ignotarum extra limites suos evagandi licentia. Infinita enim sunt puncta quibus quæstioni propositæ satisfit in locis; commodissimè igitur per duas æqualitates locales quæstio determinatur, secant quippe se invicem duæ lineæ locales positione datæ, & punctum sectionis positione datum quæstionem ex infinito ad terminos præscriptos adigit. Exemplis breviter & dilucidè res explicatur.

Proponatur *a* cubus + *b* in *a* quadratum æquari *z* plano in *b*.

Commodè utraque æqualitatis pars potest æquari solido *b* in *a* in *e*, ut per divisionem istius solidi, illinc per *a*, hinc per *b* res deducatur ad locos. Cùm igitur *a* cubus + *b* in *a* quadratum æquetur *b* in *a* in *e*; ergo *aq* + *b* in *a* æquabitur *b* in *e*.

Et erit, ut patet ex nostra methodo, extremitas ipsius *e* ad parabolam positione datam.

Deinde cùm *zp* in *b* æquetur *b* in *a* in *e*, ergo *zp* æquabitur *a* in *e*.

Et erit ex nostra methodo extremitas ipsius *e* ad hyperbolam positione datam. Sed jam probavimus esse ad parabolam positione datam. Ergo datur positione, & est facilis ab analysi ad synthesin regressus.

Nec dissimilis est methodus in omnibus æquationibus cubicis. Constitutis enim ex una parte solidis omnibus ab *a* adfectis, ex altera solido omninò dato, vel etiam cum solidis ab *a* vel *aq* affectis, poterit fingi æqualitas superiori similis.

Proponatur exemplum in æquationibus quadrato-quadratorum.

$$aqq + b^c \text{ in } a + zp \text{ in } aq \propto dpp; \text{ ergo } aqq \propto dpp - b^c \text{ in } a - zq \text{ in } aq$$

æquentur hæc duo homogenea *zq* in *aq*.

Cùm igitur *aqq* æquetur *zq* in *aq*; ergo per subdivisionem quadraticam, *aq* æquabitur *z* in *a*, & erit extremitas E ad parabolam positione datam.

Deinde cùm *dpp* — *b^c* in *a* — *zq* in *aq* ∝ *zq* in *aq*, omnibus per *zq* divisis,

$$\frac{dpp - b^c \text{ in } a}{zq} - aq \propto aq.$$

Et erit ex nostra methodo extremitas E ad circulum positione datum, sed est & ad parabolam positione datam: ergo datur.

Non difficili methodo solventur quæstiones omnes quadrato-quadraticæ. Expurgabuntur enim methodo Vietæ cap. 1. de emend. ab affectione sub cubo & quadrato-quadrato ipsorum ab una parte, reliquis homogeneis ab altera constitutis, per parabolam, circulum vel hyperbolam solvetur quæstio.

Proponatur ad exemplum inventio duarum mediarum in continuâ proportione.

Sint duæ rectæ B major, D minor, inter quas duæ mediæ proportionales sunt inveniendæ, fiet *a* cubus ∝ *bq* in *d*, posito nempe quòd major mediarum ponatur *a*.

Æquentur singula homogenea *b* in *a* in *x*.

Illinc fiet *aq* ∝ *b* in *x*.

Istinc *a* in *x* ∝ *b* in *d*.

Ideoque quæstio per hyperbolæ & parabolæ intersectionem perficietur.

Exponatur enim recta quævis positione data O V N in qua detur punctum O. Sint rectæ datæ B & D inter quas duæ mediæ proportionales inveniendæ.

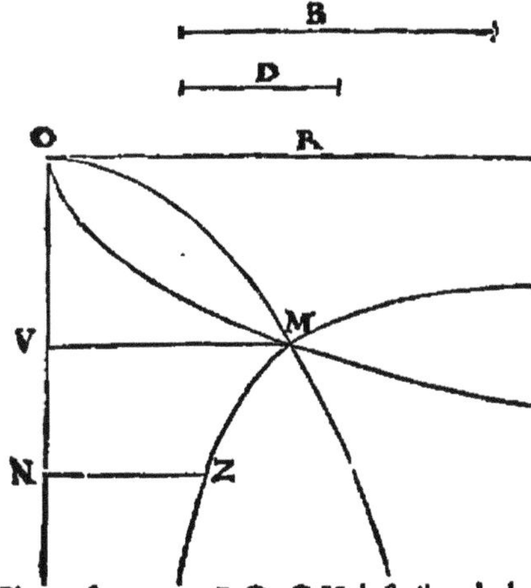

Ponatur recta O V æquari *a*, & recta V M ipsi O V ad rectos angulos æquari *e*. Ex priori æqualitate, qua *a*q æquatur *b* in *e*, constat per punctum O tanquam verticem, describendam parabolam cujus rectum latus sit *b*, diameter ipsi V M parallela & applicatæ ipsi O V: transibit igitur hæc parabola per punctum M.

Ex secunda æqualitate quâ *b* in *d* æquatur *a* in *e*, sumatur punctum ubilibet in recta O V, ut N, à quo excitetur perpendicularis N Z, & fiat rectangulum O N Z æquale rectangulo *b* in *d*. Excitetur perpendicularis O R.

Circa asymptotos R O, O V describenda hyperbola per punctum Z, ex nostra methodo locali dabitur positione, & transibit per punctum M. Sed parabola etiam quam suprà descripsimus datur positione, & per idem punctum M transit: datur igitur punctum M positione, à quo si demittatur perpendicularis M V, dabitur punctum V, & recta O V major duarum continuè proportionalium quas quærimus.

Inventæ igitur sunt duæ mediæ per intersectionem parabolæ & hyperbolæ.

Si ad quadrato-quadrata lubeat quæstionem extendere, omnia ducantur in *a*, tunc *a*qq æquabitur *b*q in *d* in *a*.

Æquentur singula homogenea juxta superiorem methodum *b*q in *e*q.

Fient duæ æqualitates, nempe *a*q & *b* in *e*,

Et *d* in *a* & *e*q.

Quæ singulæ dabunt parabolam positione datam. Fiet igitur constructio mesolabii per intersectionem duarum parabolarum hoc casu.

Prior constructio & posterior sunt apud Eutocium in Archimede, & huic methodo facillimè redduntur obnoxiæ.

Abeant igitur illæ paraplerofes Vietææ quibus æquationes quadrato-quadraticas reducit ad quadraticas per medium cubicarum abs radice plana; pari enim elegantiâ, facilitate & brevitate solvuntur, ut jam patuit: perinde quadrato-quadraticæ ac cubicæ quæstiones, nec possunt, opinor, elegantiùs.

Ut pateat elegantia hujus methodi, en constructionem omnium problematum cubicorum & quadrato-quadraticorum per parabolam & circulum.

Ponatur *a*qq + z*ƒ* in *a* ∞ *d*pp: ergo *a*qq ∞ — z*ƒ* in *a* + *d*pp. Fingatur quadratum abs *a*q — *b*q, aut alio quovis quadrato dato, fiet quadratum *a*qq + *b*qq — *b*q in *a*q bis. Addantur ad supplementum singulis æqualitatis partibus *b*qq — *b*q in *a*q bis: fiet *a*qq + *b*qq — *b*q in *a*q bis ∞ *b*qq — *b*q in *a*q bis — z*ƒ* in *a* + *d*pp; sit *b*q bis ∞ *n*q, & singulis homogeneis sive partibus æqualitatis æquetur *n*q in *e*q: fiet illinc per subdivisionem quadraticam *a*q — *b*q ∞ *n* in *e*; ideóque punctum extremum *e* erit ad parabolam ex nostra methodo: isthinc fiet,

$$\frac{b\,qq}{n\,q} - a\,q - \frac{z\,{}^{ƒ}\,in\;a + d\,pp}{n\,q} \;\infty\; e\,q.$$

Ideóque

Ideóque ex noftra methodo, punctum extremum *e* erit ad circulum. Def-
criptione igitur parabolæ & circuli folvitur quæftio.

Hæc methodus facillimè ad omnes cafus tam cubicos quàm quadrato-
quadraticos extenditur. Curandum eft tantùm ut ex una parte fit *a* qq ; ex
altera quælibet homogenea, modò non afficiantur ab *a* cubo. At per ex-
purgationem Vietæam omnes æquationes quadrato-quadraticæ ab affectione
fub cubo liberantur: ergo eadem in omnibus methodus. Cùm autem æquationes cubicæ liberentur ab adfectione fub quadrato per methodum Vietæam, homogeneis omnibus in *a* ductis, fiet æquatio quadrato-quadratica,
cujus nullum ex homogeneis afficietur fub cubo; ideóque folvetur per fupe-
riorem methodum.

Id folùm in fecunda æqualitate curandum eft, ut *a* q ex una parte, ex altera *e* q fub contraria affectionis nota reperiantur, quod eft femper facillimum.

Sit enim in alio cafu, ut omnia percurramus, *a* qq ꝋ *z* P in *a* q —— *z*ᶠ in *d*.
Fingatur quodvis quadratum abs *a* q —— quovis quadrato dato ut *b* q , fiet
a qq ╌╂╌ *b* qq —— *b* q in *a* q bis. Adjiciatur utrique æqualitatis parti ad fup-
plementum *b* qq —— *b* q in *a* q bis, fiet *a* qq ╌╂╌ *b* qq —— *b* q in *a* q bis ꝋ *b* qq
—— *b* q in *a* q bis ╌╂╌ *z* P in *a* q —— *z*ᶠ in *d*.

Ut igitur commoda fiat divifio in fecunda æqualitate , fumenda differentia inter *b* q bis & *z* P quæ fit verbi gratiâ *n* q , & utraque æqualitatis pars
æquanda *n* q in *e* q.

Ut illinc fiat *a* q —— *b* q ꝋ *n* in *e*.

Ifthinc $\dfrac{b\,qq}{n\,q}$ —— *a* q —— $\dfrac{z^{f}}{n\,q}$ in *d* ꝋ *e* q.

Advertendum deinde *b* q bis debere præftare *z* P, alioquin *a* q non afficc-
retur figno defectus, & pro circulo inveniremus hyperbolam, cui promptum
remedium; *b* q enim ad libitum fumimus , ideóque ipfius duplum majus *z* P
nullius eft negotii fumere. Conftat autem ex methodo locali, circulum creari
femper ex æqualitate in cujus parte altera quadratum unum ignotum afficitur figno ╌╂╌ ; in altera aliud quadratum ignotum figno —— .

Si fumas ad hoc exemplum inventionem duarum mediarum, erit *a*ᶜ ꝋ
b q in *d*.

Et *a* qq ꝋ *b* q in *d* in *a*.

Adjiciatur utrinque *b* qq —— *b* q in *a* q.

a qq ╌╂╌ *b* qq —— *b* q in *a* q æquabitur *b* qq ╌╂╌ *b* q in *d* in *a* —— *b* q in *a* q

Sit *b* q ꝋ *n* q.

Et fingulæ æqualitatis partes æquentur *n* q in *e* q

Fiet illinc *a* q —— *b* q ꝋ *n* in *e*.

Ideóque extremum *e* erit ad parabolam.

Ifthinc fiet *b* q $\div$ ╌╂╌ *d* $\div$ in *a* —— *a* q ꝋ *e* q; ideóque extremum *e* erit ad
circulum.

Qui hæc adverterit, fruftrà quæftionem mefolabii, trifectionis angularis ,
& fimiles tentabit deducere ex planis, hoc eft per rectas & circulos expe-
dite.

TRAITÉ
DES INDIVISIBLES.

POu r tirer des conclusions par le moyen des indivisibles, il faut supposer que toute ligne, soit droite ou courbe, se peut diviser en une infinité de parties ou petites lignes toutes égales entr'elles, ou qui suivent entr'elles telle progression que l'on voudra, comme de quarré à quarré, de cube
à cube, de quarré-quarré à quarré quarré, ou selon quelqu'autre puissance.

Or d'autant que toute ligne se termine par des points, au lieu de lignes
on se servira de points; & puis au lieu de dire que toutes les petites lignes
sont à telle chose en certaine raison, on dira que tous ces points sont à telle
chose en ladite raison.

Quand toutes les petites lignes ont entr'elles pareille différence, comme
est la suite des nombres 1, 2, 3, 4, 5, &c. alors elles sont
toutes ensemble à la plus grande d'icelles prise autant de
fois qu'il y en a de petites, comme le triangle au quarré
qui a pour costé la plus grande ligne, c'est-à-sçavoir, comme 1 à 2, comme on voit au triangle qui est icy, que la
surface contient la moitié de l'espace que contiendroit le
quarré qui auroit 4 de costé comme le triangle; & encore qu'il ne falluft
pas 1 o points pour achever le quarré, parce que le costé A B seroit commun
à l'autre moitié du quarré, néanmoins dans les indivisibles cela n'est pas considérable, parce que le triangle n'excéde jamais la moitié du quarré que de
la moitié de son costé : or y ayant une infinité de costez audit quarré pris
dans les indivisibles, la moitié d'un d'iceux n'entre pas en considération;
ainsi ce triangle-cy qui a 4 de costé n'excéde la moitié du quarré collatéral,
(c'est-à-dire qui a pareil costé) que de 2 qui est $\frac{1}{4}$ de ladite moitié, ou la moitié du costé. Si le triangle avoit 5 de costé, il n'excéderoit que de $\frac{1}{5}$ de la
moitié du quarré collatéral : s'il en a 6, il n'exédera que de $\frac{1}{6}$, & ainsi de suite;
& puis qu'on voit que l'excés diminuë toûjours, il s'anéantira enfin dans la
division indéfinie.

De mesme si les lignes suivoient entr'elles l'ordre des quarrez, la somme de toutes ces lignes ou des points qui les représentent, seroit à la derniére prise autant de fois, comme la somme des quarrez au cube, ou comme
la pyramide à la colonne, sçavoir comme 1 à 3; car quoy-que prenant un
nombre fini de quarrez leur somme soit plus grande que le tiers du cube
collatéral au plus grand quarré, néanmoins dans la division infinie elle ne seroit que le tiers; car ladite somme ne passe jamais le $\frac{1}{3}$ du cube que de la moitié du plus grand quarré $+\frac{1}{6}$ du costé. Or dans le cube il y a une infinité
de quarrez, & partant la moitié d'un d'iceux n'est pas considérable, & encore moins $\frac{1}{6}$ de la ligne ou costé du mesme cube.

Ainsi le cube estant 6 4, pour avoir la somme des quarrez dont le plus
grand soit collatéral audit cube, on prendra le tiers d'iceluy, sçavoir 2 1 $\frac{1}{3}$,
auquel joignant la moitié du plus grand quarré, sçavoir 8, on aura 2 9 $\frac{1}{3}$, à
quoy joignant encore $\frac{1}{6}$ de 4 qui est le costé, sçavoir $\frac{2}{3}$, on aura 3 o pour la
somme des quatre premiers quarrez. Et ainsi par les propriétez des puissances
suivantes, on montrera que la somme des cubes est $\frac{1}{4}$ du quarré-quarré collatéral au plus grand cube; que la somme des quarrez-quarrez est $\frac{1}{5}$ de la cin-

quiéme puiſſance; que la ſomme des cinquiémes puiſſances eſt ⅟₇ de la ſixiéme
puiſſance, & ainſi des autres. Mais il faut remarquer que les puiſſances ont
ainſi rapport l'une à l'autre de proche en proche, & non point ſi on en omet
une entre deux. Ainſi la ligne ou coſté n'a point de rapport au cube, ni le
quarré au quarré-quarré, ni le cube à la cinquiéme puiſſance, &c. car les lignes priſes à l'infini ne faiſant qu'un quarré, & y ayant une infinité de quarrez dans le cube, ſi l'on ajouſte ou ſi l'on oſte un ſeul quarré cela n'opérera
rien. La meſme choſe ſe montrera du quarré eû egard au quarré-quarré, &
du cube eû égard à la cinquiéme puiſſance, &c.

La ſuperficie ſe diviſe auſſi en une infinité de petites ſuperficies, leſquelles ou ſont égales, ou ont égale différence, ou gardent entr'elles quelqu'autre progreſſion, comme de quarré à quarré, de cube à cube, de quarré-
quarré à quarré-quarré, &c. Et d'autant que les ſuperficies ſont enfermées
dans les lignes, au lieu de comparer les ſuperficies, on comparera les lignes
à une autre choſe, & la ſomme de toutes les petites ſurfaces ou des lignes
qui les repréſentent, ſont à la grande ſurface priſe autant de fois comme
1. à 3, comme il a eſté dit.

De meſme les ſolides ſe diviſent en une infinité de petits ſolides ou
égaux, ou qui gardent quelque proportion, comme il a eſté dit des ſurfaces :
& d'autant que les ſolides ſont terminez par des ſurfaces, au lieu de dire
que ces petits ſolides ſont au grand ſolide pris autant de fois, je dis, l'infinité des ſurfaces ſont à la plus grande priſe autant de fois, comme le cube
au quarré-quarré de ſon coſté, ou comme 1 à 4.

Par tout ce diſcours on peut comprendre que la multitude infinie de
points ſe prend pour une infinité de petites lignes, & compoſe la ligne entiére. L'infinité de lignes repréſente l'infinité des petites ſuperficies qui compoſent la ſuperficie totale. L'infinité des ſuperficies repréſente l'infinité de petits ſolides qui compoſent enſemble le ſolide total.

EXPLICATION DE LA ROULETTE.

NOus poſons que le diamétre A B du cercle A E F G B ſe meut parallelement à ſoy-meſme, comme s'il eſtoit emporté par quelqu'autre corps,
juſques à ce qu'il ſoit parvenu en C D pour achever le demi - cercle ou
demi-tour. Pendant qu'il chemine, le point A de l'extrémité dudit diamétre
marche par la circonférence du cercle A E F G B, & fait autant de chemin que le diamétre, en ſorte que quand le diamétre eſt en C D, le point A
eſt venu en B, & la ligne A C ſe trouve égale à la circonférence A G H B.
Or cette courſe du diamétre ſe diviſe en parties infinies & égales tant entr'elles qu'à chaque partie de la circonférence A G B, laquelle ſe diviſe auſſi
en parties infinies toutes égales entr'elles & aux parties de A C parcouruës
par le diamétre, comme il a eſté dit. En aprés je conſidére le chemin qu'a
fait ledit point A porté par deux mouvemens, l'un du diamétre en avant,
l'autre du ſien propre dans la circonférence. Pour trouver ledit chemin, je
voy que quand il eſt venu en E il eſt élevé audeſſus de ſon premier lieu duquel il eſt parti; cette hauteur ſe marque tirant du point E au diamétre A B
un ſinus E 1, & le ſinus Verſe A 1 eſt la hauteur dudit A quand il eſt venu en E.
De meſme quand il eſt venu en F, du point F ſur A B je tire le ſinus F 2, & A 2
ſera la hauteur de A quand il a fait deux portions de la circonférence, & tirant
le ſinus G 3, le ſinus Verſe A 3 ſera la hauteur de A quand il eſt parvenu en G,
& faiſant ainſi de tous les lieux de la circonférence que parcourt A, je trouve
toutes ſes hauteurs & élevemens pardeſſus l'extrémité du diamétre A, qui
ſont A 1, A 2, A 3, A 4, A 5, A 6, A 7; donc, afin d'avoir les lieux par où paſſe

ledit point A, & ſçavoir la ligne qu'il forme pendant ſes deux mouvemens,
je porte toutes ſes hauteurs ſur chacun des diamétres M, N, O, P, Q, R, S, T,
& je trouve que M 1, N 2, O 3, P 4, Q 5, R 6, S 7 ſont les meſmes que
celles qui ſont priſes ſur A B. Puis je prends les meſmes ſinus E 1, F 2, G 3, &c.
& je les porte ſur chaque hauteur trouvée ſur chaque diamétre, & je les tire
vers le cercle, & des extrémitez de ces ſinus ſe forment deux lignes, dont
l'une eſt A 8 9 10 11 12 13 14 D, & l'autre A 1 2 3 4 5 6 7 D. Je ſçay comme s'eſt fait la ligne A 8 9 D: mais pour ſçavoir quels mouvemens ont
produit l'autre, je dis que pendant que A B a parcouru la ligne A C, le
point A eſt monté par la ligne A B, & a marqué tous les points 1, 2, 3,
4, 5, 6, 7, le premier eſpace pendant que A B eſt venu en M, le ſecond
pendant que A B eſt venu en N, & ainſi toûjours également d'un eſpace à
l'autre juſques à ce que le diamétre ſoit arrivé en CD; alors le point A eſt
monté en B. Voilà comment s'eſt formée la ligne A 1 2 3 D. Or ces deux
lignes enferment un eſpace, eſtant ſéparées l'une de l'autre par tous les ſinus,
& ſe rejoignant enſemble aux deux extrémitez A D. Or chaque partie contenuë entre ces deux lignes eſt égale à chaque partie de l'aire du cercle A E B
contenuë dans la circonférence d'iceluy; car les unes & les autres ſont com-
poſées de lignes égales, ſçavoir de la hauteur A 1, A 2, &c. & des ſinus E 1,
F 2, &c. qui ſont les meſmes que ceux des diamétres M, N, O, &c. ainſi la
figure A 4 D 12 eſt égale au demi-cercle A H B. Or la ligne A 1 2 3 D diviſe
le parallelograme A B C D en deux également, parce que les lignes d'une
moitié ſont égales aux lignes de l'autre moitié, & la ligne A C à la ligne
B D; & partant, ſelon Archiméde, la moitié eſt égale au cercle, auquel ajouſ-
tant le demi-cercle, ſçavoir l'eſpace compris entre les deux lignes courbes,
on aura un cercle & demi pour l'eſpace A 8 9 D C; & faiſant de meſme pour
l'autre moitié, toute la figure de la cycloïde vaudra trois fois le cercle.

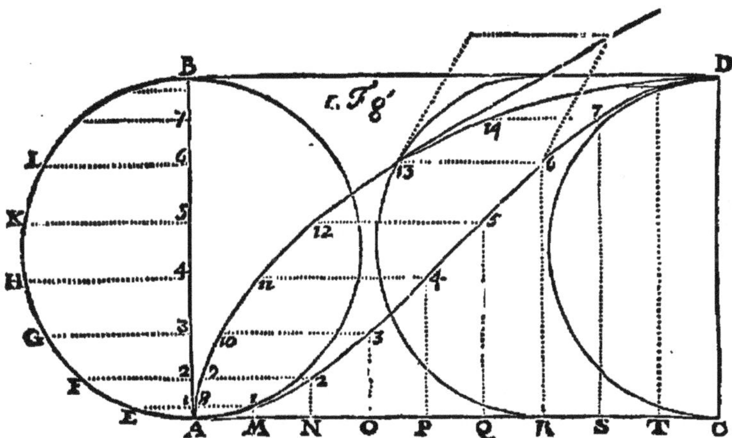

Pour trouver la tangente de la figure en un point donné, je tire dudit
point une touchante au cercle qui paſſeroit par ledit point, car chaque point
de cercle ſe meut ſelon la touchante de ce cercle. Je conſidére enſuite le
mouvement que nous avons donné à noſtre point emporté par le diamétre
marchant parallelement à ſoy-meſme. Tirant du meſme point la ligne de ce
mouvement, ſi je paracheve le parallelogramme (qui doit toûjours avoir les

quatre

quatre coſtez égaux lors que le chemin du point A par la circonférence eſt
égal au chemin du diamétre A B par la ligne A C) & ſi du meſme point je
tire la diagonale, j'ay la touchante de la figure qui a eû ces deux mouvemens pour ſa compoſition, ſçavoir le circulaire & le direct. Voilà comme on
procéde en telles opérations quand on poſe les mouvemens égaux. Que ſi
on les avoit poſez en quelqu'autre raiſon, comme ſi lors que l'un parcourt
dans un temps l'eſpace d'un pied, l'autre parcouroit dans le meſme temps l'eſpace d'un pied & demi, ou en autre raiſon, il faudroit tirer les conſéquences
ſuivant ladite raiſon.

PROPORTION
de la circonférence du cercle à ſon diamétre.

SOIT le cercle A I B Q, ſon diamétre A B, & ſoient tirez les ſinus C E,
G V, H X, I Y, L Z, M K, D F. Que les arcs C G, G H, H I, I L,
L M, M D ſoient égaux : je dis que la ligne E F eſt à la circonférence C D,
comme tous les ſinus enſemble, ſçavoir C E, G V & tous les autres, ſont à
autant de ſi-
nus totaux ou
demidiamé-
tres. Je le mon-
tre ainſi. Je
continuë C E
juſques en N,
G V juſques en
O, & ainſi des
autres. Je tire
enſuite la dia-
gonale de C en
O qui coupe la
ligne E V en
paſſant. Je tire
auſſi toutes les
autres diago-
nales, & par-
tant je fais des
triangles ſem-
blables, auſ-
quels triangles
ſemblables les
lignes D F &
N E ne ſont

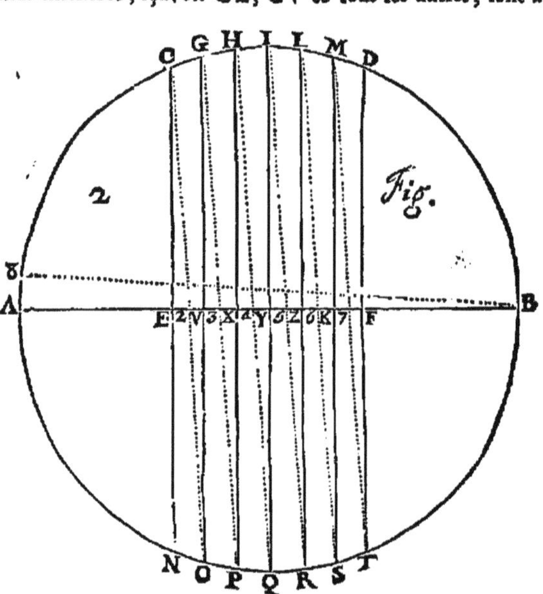

point employées, mais cela n'importe à cauſe de la diviſion infinie dans laquelle nul fini ne porte préjudice. Je tire par-aprés la ligne B 8 faiſant l'arc
8 A égal à C G ; & du point 8 j'abaiſſe la perpendiculaire 8 A pour avoir un
triangle ſemblable aux triangles C 2 E, G 3 V, & aux autres ſuivans. Nous
feignons que la circonférence C D eſt diviſée par infinis ſinus, & que la ligne
8 A eſtant ſi proche de la circonférence 8 A, devient elle-meſme circonférence
& égale à 8 A, ou à C G, & à chacune des autres qui ont eſté diviſées en infini.
De plus, nous diſons que la ligne B 8 peut eſtre tant approchée par une diviſion infinie de la ligne A B diamétre, qu'elle devient elle-meſme diamétre.

Puis on dira : Comme C E eſt à E 2, ainſi O V eſt à V 2, & ainſi de tous les triangles qui fuivent la mefme régle. En aprés, le triangle C E 2 eft femblable au triangle G V 3, parce qu'ils ont les angles C & G égaux, foûte-nant circonférences égales N O, O P, car toutes font égales depuis N jufques en T, & partant comme tous les doubles finus C N & autres font à la ligne E F, ainfi C E à E 2 : or comme C E à E 2, ainfi B 8, qui eft devenu diamétre, à 8 A devenu circonférence, qui fera égale à C G & aux autres. Ainfi, comme tous les finus à la ligne E F, ainfi le diamétre B 8 devenu diamétre, à 8 A devenu circonférence ; & au lieu de dire 8 A, je dis C G ; & coupant les antécédens en deux, je dis, comme les finus d'enhaut à la ligne E F, ainfi le demi-diamétre ou finus total à C G ; & multipliant C G autant de fois que la ligne C D contient de divifions, tous les finus d'enhaut feront à E F, comme autant de demi-diamétres ou finus totaux qu'il y a de parties égales à C G depuis C jufques en D, font à la circonférence C D : & changeant, comme tous les finus d'enhaut font à autant de finus totaux ou demi-diamétres, ainfi la ligne E F eft à la circonférence C D.

Que fi la ligne E F avoit efté le demi-diamétre, & que les finus euffent efté abbaiffez du quart de la circonférence, le demi-diamétre euft efté au quart de la circonférence comme tous les finus divifans la circonférence font à autant de finus totaux ou demi-diamétres.

FIGURE COURBE
égale au Quarré.

SUPPOSANT que le demi-diamétre du cercle eft au quart de cercle comme tous les petits finus infinis à tous les finus totaux, c'eft-à-dire, au-tant de petits finus à autant de finus totaux : je trouve que le quarré du demi-diamétre eft égal à la figure qui eft faite par tous les finus pofez à an-gles droits fur la circonférence ; car en la figure A B C, les lignes G H, I L, M N, P O, qui font les finus de toute la circonférence B C, font par l'extré-mité de leur fommet la ligne A C ; & continuant de faire & prolonger lefdits finus en forte qu'ils foient égaux au finus total ou demi-diamétre, ils forment la figure A B C D. Je fais auffi fur A B fon quarré A B E F.

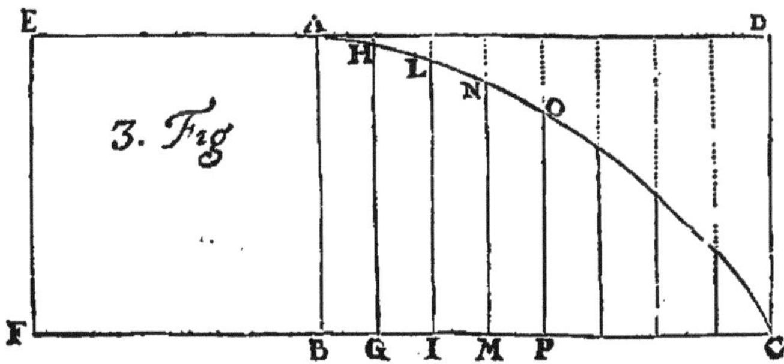

Puis je dis : Comme le demi-diamétre A B eft à la circonférence B C, c'eft-à-dire au quart de la circonférence, ainfi tous les finus font à autant de finus totaux ou demi-diamétres ; & par les infinis, comme la figure A B C fera à la figure A B C D compofée des infinis finus totaux & du quart de la circonférence B C ; donc, comme le demi-diamétre eft à la cir-conférence, ainfi la figure A B C eft à la figure A B C D. Mais comme la ligne A B eft à la ligne B C, ainfi le quarré d'icelle eft au rectangle fait de

A B & B C; donc la figure A B C est à la grande A B C D comme le quarré A B E F est au rectangle A B C D; ainsi le quarré de A B a mesme raison au rectangle A C que la figure A B C; & partant le quarré de A B qui est A B F E est égal à la figure A B C, ce qu'on vouloit prouver.

DE LA PARABOLE.

SOit la Parabole B A L M N O P C, le sommet A, le diamétre A B, la ligne touchante A D, laquelle soit divisée en infinies parties égales A E, E F, F G, G H, H I, I D, & de tous les points soient tirées les lignes paralleles au diamétre A B jusques à la ligne C B, sçavoir E 1, F 2, G 3, &c. & des points où lesdites lignes coupent la Parabole, soient tirées les or-données L Q, M R, N S, O T, P V. Mais les lignes A Q, A R sont entr'elles comme le quarré de la ligne L Q au quarré de la ligne M R; & la li-gne A R est à A S comme le quarré de M R au quarré de N S, & ainsi de tou-tes les autres lignes. Or la ligne A D es-tant divisée en par-ties égales, & les par-ties d'icelles estant égales aux lignes or-données, sçavoir A E à Q L, A F à R M, A G à S N, A H à T O, & A I à V P, il s'ensuit que chaque quarré d'icelles lignes surpassera le précédent selon la progression des nombres impairs, que les quarrez seront faits des costez differens toûjours de l'unité, & que le costé du premier es-tant 1, les autres costez seront 2, 3, 4, 5, 6. De plus, les portions du diamétre comprises & coupées par les ordonnées sont les mesmes que E L, F M, G N, H O, I P, D C; & par ainsi ces lignes sont entr'elles comme les quarrez 1, 4, 9, 16, 25, 36 sont entr'eux. Je dis donc que toutes ces lignes prises ensemble seront à la ligne D C prise autant de fois qu'icelles lignes, comme la somme des quarrez (suivant l'ordre que j'ay dit, c'est-à-dire, à commencer à l'unité, & suivre toûjours en augmentant de l'unité) est au quarré D C pris autant de fois qu'il y a de divisions en la ligne A D, c'est-à-dire en la présente division, six fois. Or multiplier un quarré autant de fois que vaut son costé, c'est-à-dire, par son costé, c'est faire un cube : il est donc vray que la somme de toutes ces lignes E L, F M, G N, H O, I P, D C est à la li-gne D C prise autant de fois qu'il y a desdites lignes, comme la somme des quarrez susdits est au cube du plus grand nombre. Mais le cube est le tri-ple de la somme des quarrez, partant le triligne C P O N M L A D sera le tiers du rectangle C D A B, & par ainsi la Parabole A B C P O N M L A fera les deux tiers du parallelogramme ou quarré C D A B; ce qui a esté démontré par Archiméde d'une autre maniére.

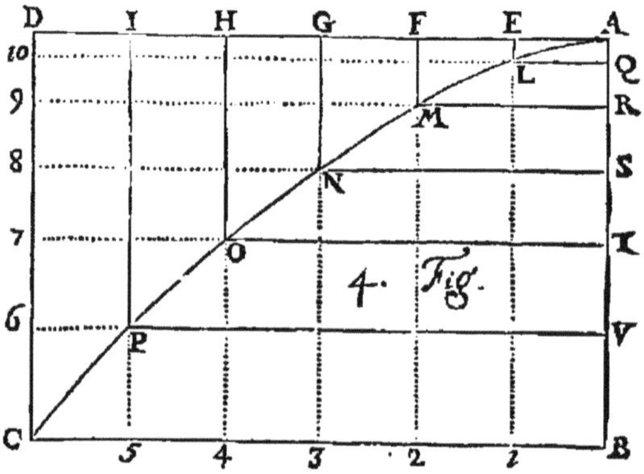

Que si nous voulons considérer une autre nature de Parabole comme M. Fermat, faisant que les portions du diamétre soient l'une à l'autre com-me le cube au cube, il se trouvera que la mesme Parabole que dessus, ou plû-

toft le dehors d'icelle C O A D, fera au rectangle A B C D comme la fomme
des cubes à un quarré-quarré, c'eft-à-dire, comme 1 à 4. Si nous feignons
que les portions du diamétre, c'eft-à-dire, les petites lignes, E L, F M, G N,
H O, I P, D C font l'une à l'autre comme les quarré-quarrez entr'eux,
il fe trouvera que la fomme de toutes ces lignes feront à la ligne C D prife
autant de fois, comme la fomme des quarré-quarrez au quarré-cube,
c'eft-à-dire, comme 1 à 5, & par ainfi la Parabole vaudra 4 & le rectangle 5;
& de cette forte on pourra continuër & trouver des Paraboles qui changent de valeur, & cela fe peut faire de toutes les puiffances jufques où on
voudra.

Quant au folide de noftre Parabole, il fe fait en feignant que tout le rectangle tourne fur fon axe, & qu'il fe fait un grand cylindre par la révolution
de A B C D. La révolution de la première partie E A B 1 fe peut nommer cylindre, mais celle de chacune des autres fe nomme Rouleau, parce que nous
les devons confidérer chacune à part, & cecy eft pour les grands cylindres;
mais en confidérant les petits, comme la révolution que fait E A Q L,
F A R M, & tous les autres, nous rejettons ce qui eft au dedans de la Parabole, & ne confidérons que ce qui eft dehors; car toutes les parties de ces
petits cylindres ou rouleaux qui font dans la Parabole ne peuvent faire une
partie auffi grande que fait le rouleau D I 5 C; & par ainfi nous rejettons
toutes ces parties qui n'en valent pas une, qui n'eft de nulle confidération
dans les indivifibles.

Et par les petites lignes, c'eft-à-dire par les portions du diamétre, nous
confidérons l'efpace qui eft hors la Parabole, & compris dans ces lignes.
Tous ces cylindres font entr'eux comme leurs bafes, c'eft-à-dire, comme
leurs cercles; mais les cercles font entr'eux comme le quarré du demi-diamétre de l'un au quarré du demi-diamétre de l'autre: comme en noftre figure le quarré de la ligne A E eft au quarré de A F comme le premier quarré
au fecond quarré, & le quarré de A F eft à celuy de A G comme le fecond quarré au troifiéme, &c. Mais un quarré furpaffe fon prochain de
deux fois fon cofté, fçavoir le cofté du moindre quarré, plus l'unité: il
arrive donc que toutes les lignes, fçavoir A E, E F, F G, G H, H I, I D
font toutes différentes des quarrez, c'eft-à-dire, chacune prife deux fois plus
l'unité; or toutes ces unitez ne fe confidérent point dans les indivifibles
comme chofe finie. Nous prenons donc toutes ces lignes comme de · fois
un cofté chacune, puis aprés nous difons que les petites lignes E L, F M, G N,
& les autres font entr'elles comme des quarrez; nous les confidérons comme des quarrez, & difons que l'efpace E L Q vaut deux coftez d'un quarré
par fon quarré E L, & le quarré de F M par le double de fon cofté F A fait
l'efpace F M R, & pareillement le quarré de G N par deux G A fait l'efpace
G N S, &c. Or un quarré par deux fois fon cofté vaut deux fois le cube;
donc toutes ces petites lignes enfemble, ou l'efpace qu'elles contiennent
hors la parbole font comme deux fois la fomme des cubes au quarré de C D
pris autant de fois qu'il y a de divifions en la ligne D A, c'eft-à-dire, au
quarré de C D par le quarré du mefme C D, c'eft-à-dire, au quarré-quarré.

Il faut maintenant confidérer A B C D, ou la Parabole C P O M A B
fe tournant fur fon axe comme la précédente, mais avec cette différence,
que la ligne A B eft divifée en parties égales entr'elles. Nous confidérons
le folide ou cylindre que fait D C qui a pour bafe le cercle duquel le demi-
diamétre eft la ligne D A, les petits cylindres ont pour demi-diamétre de
leurs cercles les lignes E A ou L Q fon égale, M R, N S, O T, P V, &c. or
tous ces petits cylindres font entr'eux comme leurs bafes, c'eft-à-dire, leurs
cercles, & les cercles font entr'eux comme les quarrez de leurs demi-
diamétres:

diamétres : or les quarrez de ces petites lignes font entr'eux comme les lignes AQ, QR, RS, ST, TV, fçavoir en égale différence de l'unité,

c'eft-à-dire, que les quarrez
de toutes ces lignes font entr'eux comme l'ordre des nombres naturels. Ainfi le quarré
de L Q eftant 1, celuy de M R
vaudra 2, celuy de N S 3, celuy de O T vaudra 4, & celuy
de R V vaudra 5. Or les cylindres eftant entr'eux comme
les quarrez des demi-diamétres de leurs bafes ou cercles,
il s'enfuit que tous les quarrez
de ces petites lignes font au
quarré de la grande B C pris
autant de fois, comme la fomme de la fuite des nombres naturels, à commencer à l'unité,
font au quarré du dernier.

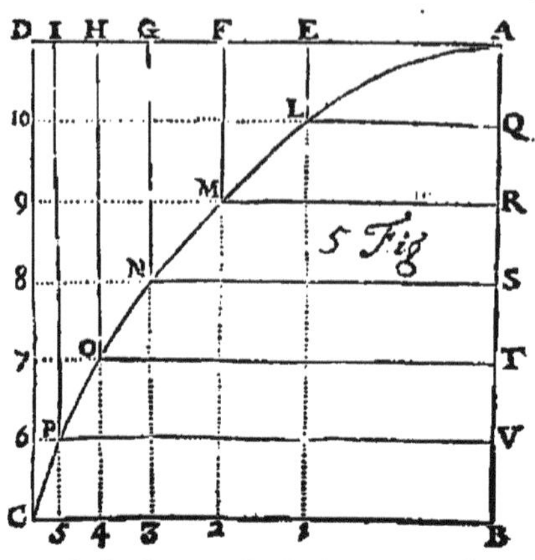

Mais le conoïde parabolique, c'eft-à-dire, le folide fait par la révolution de C N L A B, eft au cylindre total, fçavoir à celuy qui eft fait par
la révolution de A B C D, comme toutes les petites lignes à la grande prife
autant de fois ; partant le conoïde parabolique eft au cylindre, comme la
fomme des nombres, c'eft-à-dire le triangle, eft au quarré, ou bien comme la moitié à fon tout ; car la fomme des nombres eft au quarré (en terme d'indivifible) comme la moitié au tout ; comme fi la fomme eft 10
triangle de 4, le quarré eft 16, dont la moitié 8 eft excédée de 2 par ledit triangle. Or cela paffe pour eftre la moitié de l'autre ; car fi on continuoit dans la fuite des nombres on verroit que le triangle excéderoit toûjours la moitié du quarré d'une moindre portion, laquelle partant s'anéan-
tiroit enfin dans l'infini.

Maintenant il faut confiderer la figure A B C D comme faifant fon tour Voyez la Figure 4.
fur A D, lors la ligne C D fera le demi-diamétre de la bafe ou cercle du
cylindre total : les lignes P I, O H, N G, M F, L E font les demi-diamétres
du cercle ou bafe de chacun de leurs cylindres. Or par la propriété de la
Parabole, la ligne E L eft à F M comme le quarré au quarré, & ainfi toutes
les autres petites lignes de fuite ; partant le quarré de E L fera au quarré
de F M comme un quarré-quarré à un quarré-quarré, & ainfi toutes les autres petites ; donc toutes enfemble elles feront entr'elles comme le quarré-
quarré de D C pris autant de fois qu'il y a de petites lignes, c'eft-à-dire,
comme la fomme des quarré-quarrez au quarré-cube ; & telle eft la raifon
du folide fait par la révolution de C D A au cylindre total fait par la révolution de C B, c'eft-à-dire, qu'ils font entr'eux comme 1 à 5.

Maintenant nous confidérons que la figure tourne fur la ligne C D parallele à l'axe. Par cette révolution la ligne A D eft le demi-diamétre de la
bafe ou cercle du grand cylindre ; les lignes 10 L, 9 M, 8 N, 7 O, 6 P font chacune le demi-diamétre du cercle ou bafe de leur cylindre qui font l'une à
l'autre comme leurfdites bafes ou cercles, & les cercles font entr'eux comme les quarrez defdites lignes : donc tous les quarrez de ces petites lignes
feront au quarré de la grande ligne prife autant de fois, comme les petits
cylindres au grand cylindre. Mais je ne connois pas la raifon des petits
quarrez aux grands quarrez, laquelle je cherche par une grandeur qui leur

foit égale, & je dis que le quarré de L 10 vaut le quarré de Q 10 & le quarré de Q L moins le rectangle de Q 10 Q L pris deux fois; le quarré de M 9 vaut le quarré de R 9, & celuy de M R moins le rectangle de 9 R M pris deux fois, & ainſi des autres juſques à l'infini. Or faiſant la comparaiſon, nous diſons que les quarrez de Q 10 & Q L comparez au ſeul quarré Q 10 font égalité de raiſon entre les deux grands qui ſont égaux : le meſme ſoit entendu de tous les autres quarrez. Les grands eſtant égaux, il ne reſte qu'à connoiſtre la valeur des petits L Q, M R, &c. Mais nous avons veû cy-devant qu'ils ſont au grand quarré comme la moitié au tout : ſi donc nous joignons un tout avec ſa moitié, & le comparons à un autre tout, nous ferons une raiſon de 3 à 2. Poſons que le grand quarré vaille 2, l'autre qui eſt compoſé du grand & de ſa moitié vaudra 3; partant la raiſon ſera de ce dernier au premier de ½ ou de 3 à 2; & pourſuivant, on oſtera ce qui eſtoit de trop dans les deux quarrez mis cy-deſſus pour trouver la valeur du quarré L 10, & nous avons dit que deux fois le rectangle Q 10 Q L eſtoit de trop pardeſſus le quarré L 10, & ainſi des autres; il faut donc oſter les rectangles deux fois à chaque quarré. Or tous ces rectangles ont pour meſme hauteur Q 10, donc ils feront entr'eux comme leurs baſes ou petites lignes, & les ſolides entr'eux comme leurs baſes. Mais nous avons veû que ce ſolide fait par le tour de la parabole eſtoit le tiers du cylindre total : or il faut oſter deux fois le rectangle, partant il faudra diminuër de deux tiers la raiſon que nous avons trouvée de 3 à 2, & metant 9 à 6 au lieu de 3 à 2 & de ½ on en oſtera ⅓ ou ⅔, & reſtera ⅓ pour la valeur de C A B tourné ſur D C, & le reſte au cylindre entier, ſçavoir C A D, vaudra ⅔ du grand cylindre A B C D.

DE LA CONCHOÏDE.

LA Conchoïde ſe fait, quand d'un point on tire pluſieurs lignes qui coupent une meſme ligne ſoit courbe ou droite, & que toutes les lignes tirées depuis ladite ligne ſont toutes égales, telles que font B 1, D 2, E 3, F 4, G 5, &c. tirées par le moyen du cercle C G B R diviſé (ſelon la regle des indiviſibles) en parties infinies égales, & par iceluy a eſté compoſée la Conchoïde 19 C 1, en laquelle, comme en toutes les autres, les lignes depuis la circonférence du cercle juſques à ladite Conchoïde ſont toutes égales. Or toutes ces lignes qui diviſent la circonférence du cercle commençant au point C & finiſſant en 1, 2, 3, 4, 5, &c. diviſent tant la Conchoïde que le cercle en triangles ſemblables, leſquels par la force des indiviſibles ſe convertiſſent & deviennent ſecteurs, & ſont l'un à l'autre comme quarré à quarré (quoy-que dans le fini il y ait quelque choſe à dire;) ainſi le ſecteur C 1 2 eſt au ſecteur C B D ou C B V ſon égal, comme le quarré de C 1 au quarré de C B. En aprés, le ſecteur C B D ou C B V ſon égal eſt au ſecteur C 19 18 comme le quarré de C B au quarré de C 19. Mais pour joindre les deux quarrez qui appartiennent à la Conchoïde afin de les comparer aux quarrez du cercle, je regarde la valeur du quarré de C 1 qui vaut les quarrez de C B, B 1, plus le rectangle deux fois ſous C B B 1; le quarré C 19 eſt égal aux quarrez de C B, B 19 ou B 1 ſon égal (car B 19 commence à la circonférence du cercle, & va au point de la Conchoïde 19, & partant doit eſtre égale à B 1 qui part de la meſme circonférence, & va au point 1 de la Conchoïde) moins deux fois le rectangle C B B 19. Or le plus détruiſant le moins, ces deux grandeurs jointes enſemble font le quarré C B deux fois, plus le quarré de B 1 deux fois; par ainſi le ſecteur C 1 2, & le ſecteur C 19 18 feront aux ſecteurs C B D, C B V, comme deux fois les

quarrez C B, B 1 à deux fois le quarré C B, & prenant la moitié, le quarré
C B +— le quarré B 1 sera au quarré C B comme les secteurs C 1 2, C 19 18
aux secteurs C B D, C B V ; & tout l'espace de la Conchoïde est à l'espace du
cercle comme les quarrez C B, B 1 au quarré C B, ou bien comme les secteurs C 1 2, C 19 18 aux secteurs C B D, C B V.

Je fais un demi-cercle de l'intervale B 1, & je le divise en autant de triangles semblables qu'il
y en a au cercle pre-
mier ; & au lieu de
compter le quarré
B 1, je dis le quarré
20 21 ; donc comme
le quarré C B +— le
quarré 20 21 sont
au quarré C B : ain-
si l'espace du cercle
& demi-cercle en-
semble sont à l'es-
pace du cercle. Mais
nous avons montré
que toute la Con-
choïde est au cer-
cle comme le quar-
ré C B +— le quar-
ré B 1 ou leurs se-
cteurs, est au quarré
C B ; par ainsi, toute
la Conchoïde est au

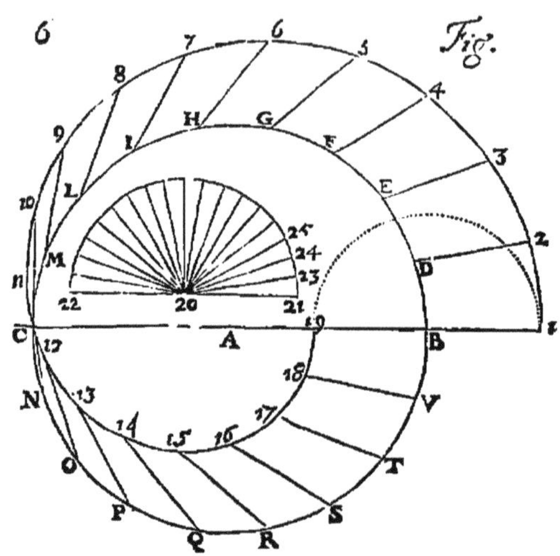

cercle en mesme raison que le cercle & demi-cercle est au mesme cercle ;
& partant la Conchoïde est égale au cercle & demi-cercle pris ensemble.

Conchoïde.

SOIT la base d'un cône oblique le cercle BFC duquel le centre est A ;
le sommet du cône est en l'air, avec telle obliquité, que de ce sommet
la perpendiculaire tombe sur le point N. Nous supposons par les indivisibles, que par tous les points du cercle soient tirées des touchantes, comme D H, E I, F L, G M, &c. Nous disons que si du sommet du cône on
tire une perpendiculaire sur chacune de ces touchantes, & que si du point
N sur lequel tombe la perpendiculaire tirée du sommet, on tire une ligne
à ce mesme point de la touchante, l'angle sera droit, & ladite ligne perpendiculaire à ladite touchante ; & la ligne qui passe par l'extrémité de
chacune desdites touchantes & où se fait le susdit angle droit, sçavoir la
ligne B H I L N M C, se trouve estre une Conchoïde.

Pour le prouver, il faut construire un cercle qui ait pour diamétre N A,
lequel cercle soit N P O A R, & faire voir que toutes les lignes comprises entre sa circonférence A P N R & la ligne B H I L N M C, sont
toutes égales entr'elles ; nous prouvons que A O H D est un parallelogramme ; car l'angle D est droit, puis que D H est touchante & A D demi-
diamétre ; l'angle H est aussi droit pour avoir esté tiré tel du point N sur
lequel tomboit la perpendiculaire tirée du sommet du cône ; l'angle O est
droit pour estre fait dans le demi-cercle N P O A, & partant le quatriéme O A D le sera aussi ; & partant c'est un parallelogramme, & les costez

oppofez font égaux; & par ainfi A D fera égale à O H comprife entre l'autre cercle & la ligne courbe, & A D eft égale à A B pour eftre toutes deux

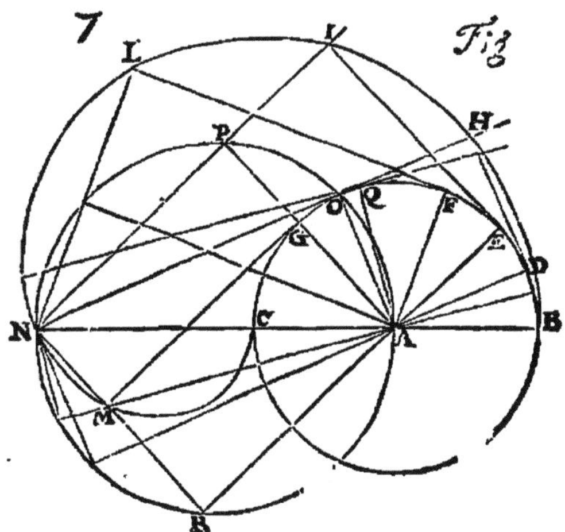

le rayon d'un mefme cercle. Paffons outre, & confidérons P I E A. L'angle E eft droit, eftant fait par la touchante; l'angle I eft droit, ayant efté fait tel par la ligne N I ; l'angle P eft droit, comme eftant fait dans le demi-cercle, & partant le quatriéme l'eft auffi, & les coftez oppofez du parallelogramme, fçavoir P I & A E ou fon égale O H, font égaux ; & partant A B, O H, P I font égales, & ce font les lignes comprifes entre les deux circonférences, fçavoir entre le cercle N P A R, & la ligne courbe B H I L N M C, & on prouvera le mefme de toutes les autres lignes; & partant cette ligne courbe eft une Conchoïde.

DES ANNEAUX.

SI on décrit alentour d'une figure un parallelogramme (nous avons pris un cercle en cét éxemple) & qu'on faffe tourner le tout fur un des coftez du parallelogramme, le folide fait par ce parallelogramme eft au folide fait par la figure, comme le plan du parallelogramme eft au plan de la figure.

Nous expliquerons cecy par un cercle autour duquel eft écrit le parallelogramme E F H G: au milieu du cercle on a tiré la ligne A B parallele au cofté F H du parallelogramme ; la nature de cette ligne doit eftre telle, que toutes les lignes tirées dans le cercle foient coupées en deux également par cette ligne. Suppofant donc que le tout a tourné fur la ligne F H, dans ce tour le parallelogramme a fait pour folide un cylindre, & le cercle a fait pour folide un Anneau bouché qu'on nomme *Annulus ftrictus*, c'eft-à-dire, qu'il fe diminuë peu à peu en forte que rien n'y peut entrer. Or ces deux folides font égaux entr'eux, excepté les vuides, qui eftant remplis au grand folide font de plus en iceluy qu'au petit ; il faut donc tirer lefdits vuides du grand pour fçavoir ce qu'il refte pour le petit, & tout fe mefure par les quarrez des lignes qui font dans la figure. Je commence donc par la moitié du parallelogramme, & je confidére que cette moitié fait un cylindre dans fa révolution, & que le demi-cercle fait une figure différente de ce cylindre, de ces petits efpaces qu'il faut ofter du cylindre. Confidérant les quarrez du cylindre, je dis que le quarré de I S eft égal aux quarrez de S 12 & I 12 plus deux fois le rectangle de S 12 I 12 ; le quarré T K eft égal aux deux quarrez T 13, K 13 plus deux fois le rectangle K 13 T ; le mefme fe doit entendre des autres quarrez appartenant

au

au cylindre A F H B. Mais fi nous oſtons chaque quarré qui compoſe le vuide, & qui font hors le cercle de chacun des quarrez du ſolide, il nous
reſtera tout le dedans du cercle, c'eſt-à-dire, du petit ſolide. Si donc du
quarré S I on oſte le quarré S 12, il reſtera le quarré I 12 plus deux fois
le rectangle S 12 I : cecy eſt tiré du premier quarré du cylindre. Quand je
tire du ſecond quarré du cylindre le quarré T 13, il me reſte le quarré K 13
plus deux fois le rectangle K 13 T, & ainſi des autres. Puis donc que j'ay
de reſte le quarré 12 I plus deux fois le rectangle S 12 I, je joins le quarré
avec une fois le rectangle, & par là j'ay le rectangle S I 12, & le rectangle
S 12 I. Je retiens ces reſtes, & paſſant à l'autre moitié du cercle pour la
joindre avec leſdits reſtes, je conſidére ce qu'elle fait quand le tout tourne
ſur la meſme ligne qu'auparavant, & ce que font les grands quarrez S 8, T 9
& les autres. Je regarde combien ils ſurpaſſent les petits quarrez I 8, K 9,
& les autres qui font dans le demi-cercle, & je dis ainſi : Le quarré S 8 eſt
égal aux deux quarrez S I, I 8 plus deux fois le rectangle S I 8; le quarré
T 9 eſt égal aux quarrez T K, K 9 plus deux fois le rectangle T K 9, & ainſi
des autres. Or il faut oſter de tous ces quarrez les quarrez du cylindre,
ſçavoir de S I, T K, & autres, & nous aurons de reſte le quarré de I 8
plus deux fois le rectangle S I 8, le quarré de K 9 plus deux fois le rectangle T K 9, & ainſi des autres, & cecy ſe doit joindre à l'autre eſpace
du demi-cercle.

Pour faire cette jonction, je prens le quarré de 8 I que je joins au rectangle S 12 I que j'a-
vois de reſte à l'autre demi-cercle, & je fais le rectangle S I 12 que j'avois
déja une fois, & partant
je l'ay deux fois. Au ſe-
cond demi - cercle, les
quarrez 8 I, 9 K eſtant
oſtez, il m'eſt reſté deux
fois le rectangle S I 8
qui eſt le meſme que le
précédent, & par ainſi

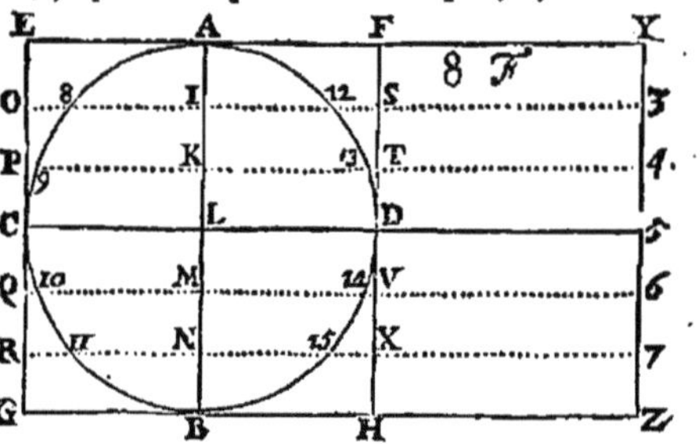

j'auray quatre fois le rectangle S I 8; donc quatre fois ce rectangle ſera au
quarré de S O, comme le ſolide de l'anneau eſt au cylindre total; & au lieu
de dire quatre fois le rectangle, je double les lignes ou coſtez du rectangle,
& je dis que le rectangle tout ſeul S O par 8 12 eſt au quarré S O, comme
le ſolide de l'anneau eſt au cylindre total. Mais tous ces rectangles pris à
l'infini font tous d'égale hauteur entr'eux & avec le parallelogramme total;
ils feront donc entr'eux comme leurs baſes ou lignes, c'eſt-à-dire, comme
l'eſpace de ces lignes compriſes dans le cercle eſt à l'eſpace des grandes lignes qui compoſent le parallelogramme : donc comme le ſolide au cylindre, ainſi le plan du ſolide eſt au parallelogramme; ce qu'il falloit prouver.

Nous trouverons la meſme choſe en faiſant tourner toute la figure ſur la
ligne Y Z. Il faut premiérement éxaminer ce que fait A B Z Y par ſa révolution, & ce qu'il différe d'avec A B H F. Le quarré Z B vaut les quarrez de
Z H & H B plus deux fois le rectangle Z H B; le quarré 7 N eſt égal aux
quarrez 7 X, X N plus deux fois le rectangle 7 X N, & ainſi de chacun
des autres grands quarrez. Il en faut oſter tous les quarrez qui compoſent l'eſpace H Y, ſçavoir le quarré F Y, S 3, T 4, & les autres, leſquels eſtant oſtez, reſteront le quarré S I plus deux fois le rectangle 3 S I,
& le quarré de T K plus deux fois le rectangle 4 T K; prenant le quarré

S I, & le joignant à l'un des rectangles, je feray le rectangle 3 I S, & le rectangle 3 S I; puis à 4 T, si on joint le quarré de K T à l'un des rectangles, on fera le rectangle 4 K T, & le rectangle 4 T K. Il faut retenir tout cecy, & passer à la considération du solide qui se fait par la révolution de A B G E tournant sur la mesme Y Z. Nous disons que le quarré de 3 O est égal aux deux quarrez de 3 I & I O plus deux fois le rectangle 3 I O; que le quarré 4 P vaut les quarrez de 4 K, K P plus deux fois le rectangle 4 K P, & ainsi des autres. De la valeur de ces quarrez il en faut oster tous les quarrez qui remplissent l'espace A B Z Y, sçavoir les quarrez 3 I, 4 K, 5 L, & les autres; & partant il reste le quarré O I plus deux fois le rectangle 3 I O; & ajoustant au rectangle 3 S I qui estoit resté au calcul de l'autre cylindre le quarré O I, je feray le rectangle 3 I O; & par ainsi dans le précédent cylindre j'auray deux fois le rectangle 3 I S; & dans ce dernier, le quarré O I estant osté, il reste deux fois le rectangle 3 I O qui est le mesme que 3 I S; partant le tout ensemble sera quatre fois le rectangle 3 I O; partant le quadruple du rectangle 3 I O sera au quarré de E Y, comme le cylindre, ou plûtost le rouleau G E F H est au cylindre total E G Z Y.

Il faut maintenant considérer ce que fait le cercle par sa révolution, tournant sur la mesme ligne Y Z, & le comparant au cylindre total; ce qui se doit faire en considérant une portion, sçavoir la moitié de la figure A 12 B 9 A. Nous prendrons donc premiérement la moitié A 12 15 B, & dirons :

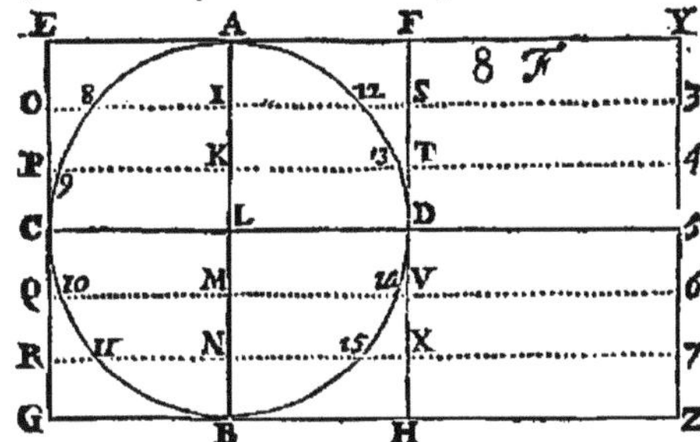

Le quarré de 3 I vaut les quarrez 3 12, & 12 I plus deux fois le rectangle 3 12 I; le quarré de 4 K vaut les quarrez 4 13, & 13 K plus deux fois le rectangle 4 13 K, & ainsi des autres. De cette équation il faut oster les quarrez 3 12, 4 13, & tous les autres qui sont hors le cercle. Au rectangle 3 12 I j'ajouste le quarré I 12, & je fais le rectangle 3 I 12, & le rectangle 3 12 I. J'ajouste pareillement le quarré K 13 au rectangle 4 13 K, & je fais le rectangle 4 K 13, & le rectangle 4 13 K; ce qu'il faut retenir afin de l'ajouster à l'autre moitié que je cherche maintenant, & je dis que le quarré de 3 8 vaut les quarrez de 3 I & I 8 plus deux fois le rectangle 3 I 8; le quarré 4 9 vaut les quarrez 4 K & K 9 plus deux fois le rectangle 4 K 9. Or il faut ajouster tout cecy à la quantité que j'avois trouvée dans l'autre moitié du cercle, laquelle est le rectangle 3 I 12 & 3 12 I; & ajoustant au rectangle 3 12 I le quarré 8 I, je fais le rectangle 3 I 8, tellement que j'ay le rectangle 3 I 12 deux fois, & j'ay trouvé en la discussion de la seconde moitié (les vuides estant ostez, c'est-a-dire, les quarrez de I 3, K 4, &c.) le quarré 8 I (que j'ay ajousté au rectangle que j'avois trouvé auparavant) plus deux fois le rectangle 3 I 8 qui est le mesme que 3 I 12; tellement que j'ay quatre fois le rectangle 3 I 8, qui est au quarré de E Y comme l'anneau ou solide fait par le cercle roulant sur Y Z, au cylindre total. Le rectangle 4 K 13 pris quatre fois est au mesme quarré E Y comme le solide du cercle est au cylindre total fait par E G Z Y.

Il faut considérer le rapport que nous avons trouvé du rouleau par le tour du parallélogramme E G H F au grand cylindre. La proportion est

comme quatre fois le rectangle 3 I O au grand quarré E Y, ainsi le rouleau
E G H F au cylindre total. Pour conclure, nous difons que quatre fois le rectangle 3 I O trouvé dans le rouleau G F, est au grand quarré E Y, comme le
mesme rouleau G F au grand cylindre G Y. En fuite j'ay quatre fois le rectangle 3 I 8 qui est au grand quarré E Y, comme le folide fait par le cercle
A 8 B 12 au cylindre total. Il se trouve que le grand quarré est conféquent
en lune & en l'autre des comparaifons; partant les folides feront entr'eux
comme les rectangles entr'eux : mais les rectangles font tous d'égale hauteur; rejettant la hauteur ils feront entr'eux comme leurs bafes, c'est-à-dire,
comme les lignes du cercle aux lignes du rouleau : or ces lignes, en cas
d'indivifibles, comprennent l'efpace de chaque figure ; donc comme le folide ou anneau est au rouleau G F, ainsi le plan A 8 B 12 est au plan G F;
ce qu'il falloit démontrer.

Par tout ce difcours nous n'avons trouvé que des raifons entre les folides & entre les plans : maintenant nous confidérons fi les folides font égaux
ou non. Je parleray premiérement du cylindre que fait le parallelogramme
E F H G quand il roule fur la ligne F H : fa bafe est un cercle qui a pour
demi-diamétre la ligne G H ; fa hauteur est la ligne H F : au lieu du cercle je
prens ce qui luy est égal, fçavoir le parallelogramme qui a le demi-diamétre
pour un costé, & la moitié de la circonférence pour l'autre ; & par ainsi j'ay
trois costez ou lignes, qui me doivent fervir pour les comparer avec le folide que je prétens estre égal à ce cylindre. Le folide donc a pour bafe le
parallelogramme E F H G, pour hauteur la circonférence d'un cercle duquel le demi-diamétre est L D. Or les folides, felon Euclide, font entr'eux
en la raifon compofée de leur bafe & de leur hauteur ; il faut donc confidérer ce qu'ils ont de commun. Je trouve que dans le cylindre il y a trois
lignes, fçavoir G H, H F, & la demi-circonférence du cercle qui a pour
demi-diamétre la ligne G H : dans l'autre folide j'ay les lignes G H, H F, &
la circonférence du cercle qui a pour demi-diamétre la ligne L D. Mais
dans l'un & dans l'autre j'ay deux lignes communes, fçavoir G H & H F, entre lefquelles il ne peut avoir autre raifon que d'égalité, puis qu'elles font
égales, & partant on les peut ofter, & la compofition des raifons demeurera entre la circonférence d'un cercle & la demi-circonférence de l'autre.
Mais les circonférences font entr'elles comme leurs diamétres : or le diamétre total du cercle entier qui est D C est égal au demi-diamétre G H ; partant
la circonférence entiére appartenant à D C fera égale à la demi-circonférence appartenant au demi-diamétre G H ; & par ainsi le cylindre fera égal
au folide; ce qu'il falloit prouver.

Maintenant il faut confidérer toute la figure, lors que le parallelogramme
E Y Z G fe tournant fur la ligne Y Z fait le grand cylindre. Je dis que le
rouleau G F est égal au folide qui a pour bafe le parallelogramme G F, &
pour hauteur la circonférence d'un cercle qui aura pour demi-diamétre la
ligne L 5. Je dis encore que l'anneau (c'est-à-dire le folide qui fe fait par
la révolution du cercle quand le tout roule fur Y Z) est égal au folide qui
a pour bafe le cercle A C B D, & pour hauteur la circonférence d'un cercle qui a pour demi-diamétre la ligne L 5.

Pour prouver cette égalité il faut faire voir que les quatre folides fui-
vans font proportionnaux, fçavoir le rouleau qui fe fait quand le parallelogramme E F H G roule fur la ligne Y Z. Le fecond est l'anneau qui fe fait
par le cercle quand le grand parallelogramme G Y tourne fur la ligne Y Z.
Le troifiéme est celuy qui a pour bafe le parallelogramme E F H G, & pour
hauteur la circonférence du cercle dont le demi-diamétre est la ligne Z B.
Et le quatriéme est celuy qui a pour bafe le cercle A C B D, & pour hau-

teur la circonférence du cercle dont le demi-diamétre est la la ligne L 5 ;
& par ainsi, faisant voir comme le premier desdits solides est égal au troisiéme, le second par conséquent doit estre égal au quatriéme. Or nous
avons montré que comme quatre fois le rectangle Z B H est au quarré de
G Z, ainsi le rouleau G F est au grand cylindre G Y. Maintenant il nous
faut examiner comment la figure qui a pour base le parallelogramme E F
H G, & pour hauteur la circonférence du cercle dont le demi-diamétre est
la ligne L 5, est égale au mesme grand cylindre G Y.

Nous sçavons que les solides sont entr'eux en raison composée de leur
base & de leur hauteur : je considére quelles sont les parties de l'un & de
l'autre des solides, & je trouve que le grand cylindre a deux parties, sçavoir la ligne G Z qui est le demi-diamétre de sa base qui est un cercle,
l'autre ligne est H F. Mais d'autant que nous avons besoin de trois coftez en ce solide ou grand cylindre, pour le comparer au solide qui a pour
base le parallelogramme G F, & pour hauteur la circonférence du cercle
duquel la ligne L 5 est demi-diamétre, lequel solide a trois lignes, sçavoir
G H, H F, & la circonférence du cercle qui a L 5 pour demi-diamétre.
Pour avoir trois coftez au grand cylindre, au lieu de prendre son demi-
diamétre qui représente son cercle, je prens ce qui est égal au cercle, sçavoir le demi-diamétre G Z, & la demi-circonférence du mesme cercle (le
rectangle fait de ces lignes est égal au cercle selon Archiméde.)

J'auray donc trois coftez ou lignes au grand cylindre, sçavoir G Z, H F, &
la demi-circonférence du cercle dont G Z est le demi-diamétre. Il y a donc
dans ces deux solides deux coftez qui sont semblables, sçavoir H F en chacun d'iceux ; & partant ils ne servent de rien pour la composition des raisons qui demeurera entre les lignes G H, G Z antécédent & conséquent, &
la circonférence entiére du cercle qui a L 5 pour demi-diamétre, à la demi-
circonférence du cercle qui a G Z pour demi-diamétre. Mais d'autant que
les circonférences sont entr'elles comme leurs diamétres, au lieu des circonférences je prens le diamétre entier qui est deux fois L 5, & pour la demi-
circonférence je pose son demi-diamétre G Z ; partant la raison sera composée des raisons de la ligne G H à G Z, & de la ligne L 5 doublée à la ligne G Z.

Or si on multiplie les antécédens l'un par l'autre, & pareillement les con-
séquens, on aura ladite raison composée ; donc G Z par G Z, c'est-à-dire le
quarré de G Z est au rectangle de G H par le double de L 5 ou Z B en ladite raison composée ; partant les solides seront entr'eux comme le rectangle de Z B deux fois par G H au quarré de G Z. Au lieu de Z B deux fois
par G H, on prendra G H deux fois par Z B : or Z B par G H deux fois,
est quatre fois le rectangle Z B G ; partant le solide qui a pour base le parallelogramme G F, & pour hauteur la circonférence du cercle qui a L 5
pour demi-diamétre est au cylindre total, comme quatre fois le rectangle
Z B G est au quarré G Z ; donc le rouleau & le solide auront mesme raison au cylindre total ; & par ainsi le rouleau qui se fait quand le parallelogramme E F H G roule sur la ligne Y Z est égal au solide qui a pour base
le mesme parallelogramme E F H G, & pour hauteur la circonférence du
cercle qui a pour demi-diamétre la ligne Z B.

Puisque ces deux solides sont égaux, qui sont le premier & le troisiéme
dans les quatre proportionnaux, les deux autres qui sont le second & le
quatriéme seront aussi égaux entr'eux. Ces deux solides sont l'anneau qui
se fait par le cercle, quand le grand parallelogramme tourne sur la ligne
Y Z : l'autre solide est celuy qui a pour base le cercle A C B D, & pour hauteur la circonférence du cercle duquel le demi-diamétre est la ligne L 5.

Il faut maintenant voir ce qui se fait quand le roulement se fait sur la ligne A B. Nous avons icy representé la figure comme un cercle ; le mesme se doit entendre d'une ellipse : & partant il faut voir ce que fait la sphére qui se forme par la révolution du demi-cercle A B C sur le diamétre A B, ou le sphéroïde qui se forme par la révolution de la demi-ellipse sur la mesme ligne A B.

Il faut entendre que le quarré de I 12 est au quarré de K 13, comme le rectangle B I A est au rectangle B K A, & le quarré K 13 est au quarré L D, comme le rectangle B K A au rectangle B L A, & ainsi des autres, tant au cercle qu'en l'ellipse. Or,

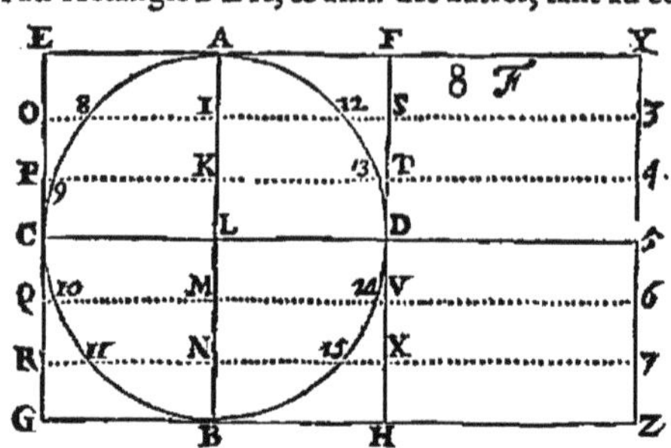

tant la sphére que le sphéroïde qui sont formez par le roulement, sont au cylindre qui se fait en mesme temps, comme tous les quarrez I 12, K 13 & autres petits, au grand quarré B H pris autant de fois. Mais pour la raison des petis quarrez, j'ay pris la raison des petits rectangles qui est la mesme : il faut donc avoir un grand rectangle pour le comparer aux petits rectangles, afin de laisser les grands quarrez. Je prendray le rectangle B L A qui vaut le quarré de L D ou M V, sçavoir les grands quarrez ; & pour faire la comparaison, je dis que le rectangle B I A avec le quarré de L I est égal au quarré de L A ou L D son égal, ou quelqu'autre des grands quarrez ; le rectangle B K A plus le quarré de L K est égal au mesme grand quarré L D, & ainsi de tous les petits rectangles qui se pourront faire ; partant les grands quarrez excéderont les petits rectangles de tous les petits quarrez L I, L K qui vont toûjours en diminuant, & par ainsi font une pyramide que nous sçavons estre la troisiéme partie de son parallelipipede ou cube. Si donc nous ostons le tiers, il restera les deux tiers pour la valeur de la sphere ou spheroïde, qui seront par cette raison les deux tiers de leur cylindre ; ce qu'il falloit prouver.

DE L'HYPERBOLE.

DANS l'Hyperbole A E D B C le sommet est C, c'est-à-dire que du point C on commenceroit l'hyperbole opposée ; A C est le diamétre transversal coupé en deux au point B qui s'appelle le centre de l'Hyperbole. Il faut voir quand l'Hyperbole tourne sur la ligne A D, qui est l'axe, quelle raison le solide ou conoïde hyperbolique qui se fait, peut avoir avec son cylindre, c'est à dire, le solide qui se fait quand le parallelogramme F D tourne aussi sur l'axe A D.

Nous sçavons que le conoïde est au cylindre, comme tous les quarrez ensemble compris dans l'espace A E D, sçavoir le quarré de H O, de I P, L Q, & les autres, sont au quarré de E D pris autant de fois qu'il y en a de petits. Il reste à chercher la raison des quarrez entr'eux avec le grand.

La propriété de l'Hyperbole est que le quarré H O est au quarré I P, comme le rectangle C H A est au rectangle C I A ; le quarré I P est au quarré L Q, comme le rectangle C I A au rectangle C L A, & ainsi des autres ; & par ainsi tous les petits rectangles sont au grand rectangle C D A pris autant de fois qu'il y en a de petits, comme tous les petits quarrez sont

au grand quarré pris autant de fois qu'il y en a de petits. Mais pour sçavoir quelle est cette raison, je change les petits rectangles en leurs égaux,
& au lieu du rectangle C H A je pose le rectangle C A H plus le quarré
H A ; au lieu du rectangle C I A, je pose le rectangle C A I plus le quarré
I A, & ainsi des autres ; pour le grand, il n'y faut rien changer. On fera ensuite la comparaison, premiérement des rectangles C A H, C A I, & des
autres petits entr'eux & au grand C D A pris autant de fois qu'il y en a
de petits ; & nous trouvons que tous les petits rectangles sont de mesme
hauteur, sçavoir C A, & par ainsi ils seront entr'eux comme leurs bases.
Nous avons donc pour les petits rectangles un solide qui a pour hauteur
la ligne C A, & pour base tous les nombres naturels qui composent un
triangle. Si au lieu de la ligne C A je prens sa moitié A B, j'auray un solide
qui aura pour base le quarré de A D, & pour hauteur la ligne B C ; cecy
est pour les petits rectangles. Pour le grand rectangle, son solide a pour
hauteur D C, & pour base D A pris autant de fois qu'il y a de petits rectangles, c'est-à-dire le quarré D A ; partant les deux solides ont tous deux le
mesme quarré D A pour base ; & partant nous n'avons à considérer que leur
hauteur D C pour le grand, & B C pour le petit ; partant tous les petits rectangles sont au grand rectangle pris autant de fois, comme D C est à BC.

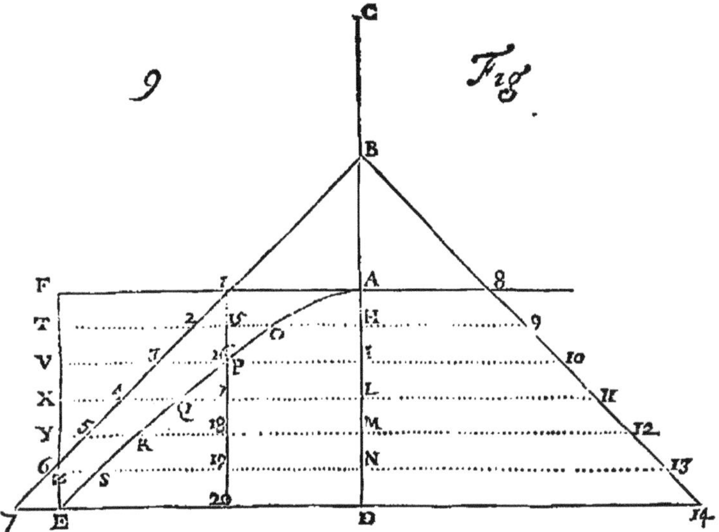

Il reste maintenant à considérer comment tous les petits quarrez sont
au mesme grand rectangle. Or tous les petits quarrez, sçavoir ceux de A H,
A I, A L, A M, A N, font une pyramide qui a pour base le quarré de A D,
& pour hauteur la mesme A D. (car les quarrez diminuez à l'infini font une
pyramide) Mais la pyramide est le tiers de son parallelipipede ; c'est-à-
dire du solide qui a pour base le mesme quarré que la pyramide, & qui se
hausse autant que la pyramide, sçavoir de la ligne D A ; donc au lieu de la
hauteur D A, j'en prens le tiers, & j'ay le solide qui a pour base le quarré
D A, & pour hauteur le tiers de D A ; joignant donc ce tiers de D A avec
B C que j'avois trouvé devant, j'ay le tiers de D A plus B C ou A B son
égale, à la toute D C.

　　Pour le faire plus élégamment, je diray : Comme le tiers de A G (car

j'ay ajoufté à A C la ligne C G égale à B C) avec le tiers de D A qui eſt comme le tiers de D G à la ligne D C ; ainſi le conoïde hyperbolique ou petit ſolide eſt au cylindre fait par A F E D. Que ſi nous voulons avoir la raiſon du
cône qui ſe feroit, ſi le triangle A E D ſe tournoit ſur la ligne D A (pour avoir
ce triangle il faut tirer la ligne droite A E.) Euclide dit que le cône eſt le
tiers de ſon cylindre : prenant donc le tiers de la ligne D C, elle ſera au tiers
de la ligne D G, ou toute la ligne D C à toute la ligne D G, comme le cône
au conoïde hyperbolique ; ce qu'il falloit montrer.

Autre ſpéculation ſur l'Hyperbole

DU centre de l'Hyperbole B j'ay tiré les aſymptotes B 7, B 14. Si par le
point A je tire la touchante 8 A 1, & que je tire d'un aſymptote à l'autre
infinies parallèles, comme les lignes 9 H 2, 10 I 3, & les autres, le rectangle
8 A 1 eſt égal au rectangle 9 O 2, 10 P 3 ; & ainſi tous ces rectangles ſont égaux
entr'eux. Quand le triangle B 7 D tourne ſur D A, il ſe fait un cône qui eſt
égal à tous les quarrez qui ſont dans le plan, ſçavoir au quarré de A 1,
H 2, I 3, & à tous les autres, & dans le plan 1 B A. Si donc de tous ces
quarrez j'en oſte premiérement le vuide 1 B A, & tout ce qui eſt au dehors
du plan E D A, il me reſtera le conoïde hyperbolique qui ſe fait par E D A
tournant ſur D A. Or le quarré H 2 vaut le rectangle 9 O 2 plus le quarré
de H O ; le quarré I 3 vaut le rectangle 10 P 3 plus le quarré de I P ; le
quarré de L 4 vaut le rectangle 11 Q 4 plus le quarré de L Q , & ainſi des
autres. Mais chacun des rectangles eſt égal au quarré de A 1, lequel pris autant de fois qu'il y a de rectangles, fera le cylindre 1 20 D A ; partant oſtant
ce cylindre, il reſtera les quarrez de H O, I P, L Q , qui ſont égaux au conoïde hyperbolique ; ce qu'il falloit montrer.

PROPORTION DE LA SPHERE
ou Sphéroïde, ou de leurs portions, au Cylindre
circonſcrit, & au Cône inſcrit.

ON conſidérera icy ce que fait la figure qui eſt en la page ſuivante tournant ſur B D, & ne prenant que la portion 26 B L 4 que fait le cylindre & la portion de la Sphére ou Sphéroïde qui ſe fait par la révolution
de la figure 4 1 B L. Le quarré de G 1 & les autres petits ſont au grand
quarré 4 L pris autant de fois qu'il y en a de petits, comme la portion de la
Sphère ou ſphéroïde (car c'eſt la meſme raiſon en l'une & en l'autre) eſt au
cylindre 26 B L 4. Il eſt donc queſtion de chercher la raiſon de ces petits
quarrez au grand quarré. Or tous les petits quarrez ſont au grand, comme
les rectangles D L B, D I B, D H B, D G B ſont au grand rectangle D L B ;
partant tous leſdits petits rectangles ſont au grand rectangle D L B pris autant de fois, comme tous les petits quarrez ſont au grand quarré pris autant de fois. Pour trouver la raiſon des petits rectangles au grand rectangle
pris autant de fois, je change la valeur des petits rectangles en d'autres qui
vaillent autant, & je dis ainſi : Le rectangle D B L moins le quarré B L vaut
le rectangle D L B ; le rectangle D B G moins le quarré B G vaut le rectangle
D G B ; le rectangle D B H moins le quarré B H vaut le rectangle D H B ;
le rectangle D B I moins le quarré B I vaut le rectangle D I B ; partant dans
les petis rectangles je trouve un ſolide qui a pour hauteur D B, & pour baſes
les petites lignes L B, L G, L H, L I qui font la ſomme de nombres naturels qui eſt un triangle lequel eſt toûjours la moitié de ſon quarré ; partant

je double le triangle pour avoir le quarré; & par ainſi j'auray un ſolide qui
aura pour hauteur D A moitié de D B (car doublant le triangle j'ay oſté la
moitié de D B) & pour baſe le quarré de L B comme l'autre ſolide. Pour le
grand rectangle, ſçavoir D L B pris autant de fois, il compoſe un ſolide qui
a pour hauteur la ligne D L, & pour baſe le meſme quarré L B. Les baſes
eſtant égales, il n'y a que les hauteurs à conſidérer, ſçavoit D B & B L. Mais

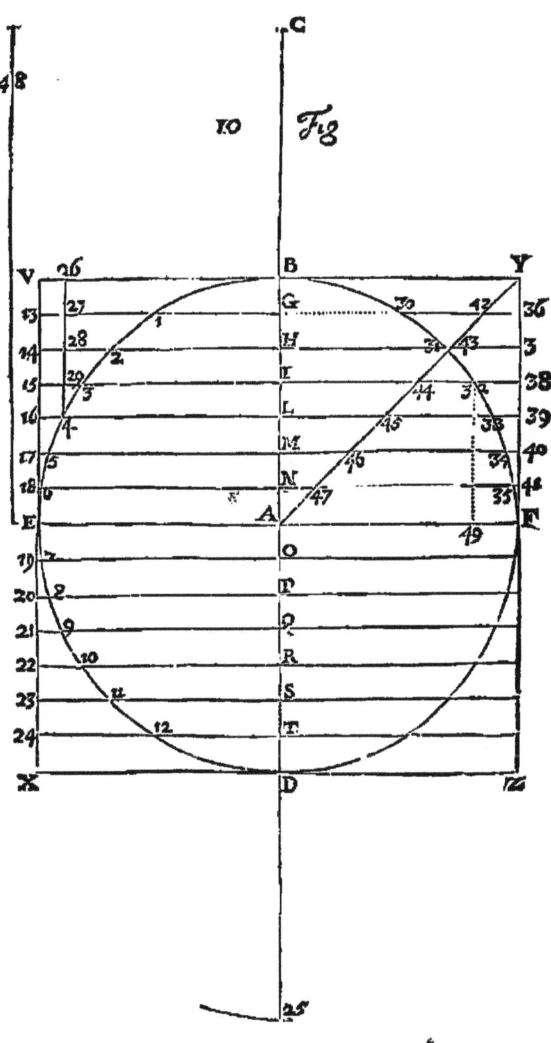

il faut oſter des petits rectangles les quarrez qui eſtoient de moins : or ces
petits quarrez compoſent une pyramide qui a pour baſe le quarré de L B. &
pour hauteur L B. Au lieu de la pyramide je prens un parallelipipede qui
luy

luy foit égal : je retiens le mefme quarré L B, & pour hauteur le tiers de L B, qui eſt la hauteur du parallelipipede égal à la pyramide (car toute pyrami-de eſt le tiers de fon parallelipipede.) Il faut oſter ce folide de l'autre qui a mefme baſe, & partant il fuffit d'oſter la hauteur du dernier de la hauteur de l'autre. Voilà touchant le folide fait par les petits rectangles. Il reſte main-tenant à chercher le folide du grand rectangle. Or ce folide n'eſt autre que celuy qui a le quarré L B pour baſe, & D L pour hauteur. Celuy-cy n'a point d'autre baſe que les autres, partant nous ne regarderons que la hauteur D L en celuy-cy, puis nous dirons que comme le tiers de la ligne 25 L (car D A moins le tiers de L B vaut le tiers de la ligne 25 L) eſt à la ligne D L, ainſi le folide fait par la figure 4 2 B L eſt à fon cylindre fait par le parallelogramme 26 4 L B.

Que ſi nous voulons avoir le cône qui ſe feroit par la mefme révolution, ſi on tiroit une ligne B 4. Nous ſçavons que le cône eſt le tiers de fon cy-lindre ; je prendray donc le tiers de D L (laquelle repréſente le cylindre) & je diray que comme le tiers de la ligne 25 L eſt au tiers de la ligne D L, ainſi noſtre folide eſt au cône : or qui dit le tiers d'une ligne au tiers d'une autre, dit la ligne entiére à la ligne entiére ; partant le folide fera au cône, comme la ligne 25 L eſt à la ligne D L ; ce qu'il falloit trouver. Dans la mef-me figure il faut confidérer que, lors qu'elle tourne fur la ligne A B quand le cylindre V E F Y ſe fait, il ſe fait auſſi un folide par la révolution du plan A B F, qui s'appelle un creux. Il ſe fait encore un autre folide par le plan B 30 F Y. Nous en avons encore un autre qui ſe fait fur le triangle A Y B qui eſt un cône. Il faut voir quel rapport ont entr'eux tous lefdits folides.

Les diviſions eſtant faites à l'infini, & toutes les lignes tirées telles qu'on les voit en la figure, les figures font entr'elles comme les quarrez de ces lignes font entr'eux. Or pour ce qui eſt du cône que nous voulons égaler au fo-lide fait par B 30 F Y, il faut dire que la grande ligne du cylindre total eſt coupée en deux également au point I, ſçavoir la ligne 15 I 38, & en deux parties inégales au point 32 ; partant le rectangle 15 32 38 avec le quarré I 32, vaut le quarré I 38. Si donc du quarré I 38 j'oſte le quarré I 32, il me reſte le rectangle 15 32 38 qui appartient au folide B 30 F Y.

Puis aprés nous entrons dans les propriétez de l'ellipſe ; (car ce que je concluray s'entendra du cercle comme de l'ellipſe.) Le diamétre E F, le dia-métre B D & le coſté droit du diamétre E F, ſçavoir la ligne 48, font trois proportionnelles ; & la premiére E F eſt à la troiſiéme 48, comme le quarré de la premiére E F eſt au quarré de la feconde D B. De plus, le rectangle E 49 F eſt au quarré de l'ordonnée 49 32 comme la ligne E F eſt à la ligne 48 coſté droit d'icelle ; partant le rectangle E 49 F eſt au quarré 49 32, com-me le quarré E F eſt au quarré D B, ou le quarré de A F au quarré de A B. Au lieu de A F je poſe fon égale B Y ; donc le quarré B Y eſt au quarré B A, comme le rectangle E 49 F au quarré 49 32 ; ou bien prenant leurs égaux, le rectangle 15 32 38 au quarré I A égal au quarré 49 32. Mais le quarré B Y eſt au quarré B A, comme le quarré I 44 eſt au quarré I A ; par-tant le rectangle 15 32 38 fera au quarré I A, comme le quarré I 44 eſt au mefme quarré I A ; partant le rectangle 15 32 38 fera égal au quarré I 44 ; & par ainſi le cône fera égal au folide de B 30 F Y. Mais le cône eſt le tiers de fon cylindre ; ſi donc j'oſte le tiers du cylindre total, il reſtera les deux tiers pour le folide ou le creux qui ſe fait par le plan A F B, qui eſt ce qu'on cherchoit.

Or, non-feulement le cône eſt égal au folide extérieur, mais chaque par-tie eſt égale à chaque partie ; c'eſt-à-dire que le folide fait par N 47 46 M, eſt égal au folide fait par 35 41 40 34 ; le folide 45 L M 46 eſt égal au fo-lide 35 39 40 34, & ainſi des autres. Par tout cecy nous venons à la con-

noiſſance du centre de gravité de tous ces ſolides ; car le centre de gravité
du cylindre A Y eſt au milieu de la ligne A B : or le centre de gravité du cône eſt aux ⅓ de la ligne A B ; le centre de gravité du ſolide qui luy eſt égal,
ſe trouve au meſme lieu dans la ligne B A aux ⅓ d'icelle ; partant, ſelon Archiméde, le centre de gravité de la Sphére ou Sphéroïde reſtant du cylindre ſera connu, parce qu'il eſt en la raiſon réciproque des deux ſolides, ſçavoir de la Sphére ou Sphéroïde, au ſolide de dehors, c'eſt-à-dire à B 30 F Y,
aux lignes qui ſont depuis le centre de gravité du grand cylindre, au centre
de gravité du petit ſolide, & à la ligne qui part du centre de gravité du meſme grand cylindre au centre de gravité de la figure reſtante que je cherche,
qui eſt de la Sphére ou Sphéroïde.

PROPORTION
du Cône au Cylindre.

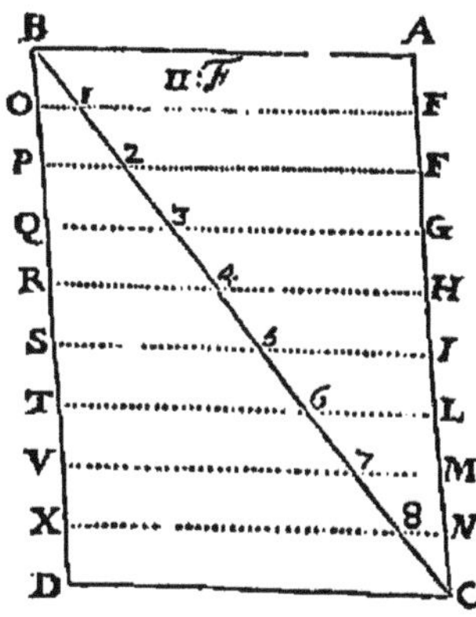

EN cette figure le triangle eſt au parallelogramme, comme tous les nombres
naturels ſont au quarré du plus grand ; c'eſt-
à-dire, comme 1 à 2. Que ſi vous le faites
tourner ſur la ligne B D, le cône qui ſe fera de B D C ſera au cylindre qui ſe fera ſur
A B D C comme 1 à 3 ſelon Archiméde.

DE LA CONCHOÏDE.

NOus conſidérons premiérement le grand triligne A 7 14. Le centre
de la Conchoïde eſt A ; la Conchoïde 14 7 eſt la premiére, & la ſeconde
Conchoïde eſt 16 17 ; la régle qui les ſépare B C ; les lignes qui partent de
cette régle ou ligne & qui vont aux deux Conchoïdes, ſçavoir C 7, M 6,
L 5, & les autres, ſont toutes égales entr'elles, & pareillement les lignes C 17,
M 22, L 19 ſont égales entr'elles & aux autres cy-deſſus, ſçavoir à C 7,
M 6, &c. Nous diſons donc ainſi :

· Le grand triligne eſt diviſé (ſelon les indiviſibles) en ſecteurs ſemblables infinis qui reſſemblent aux triangles, mais par les indiviſibles nous les
prenons pour ſecteurs : or les ſecteurs ſemblables ſont entr'eux comme leurs
quarrez ; nous devons donc chercher la raiſon & la valeur des quarrez pour
tirer nos conſéquences. Au lieu de chaque quarré nous conſidérons ſon égal ;
& par ainſi nous trouvons que le quarré A 7 vaut les quarrez A C, C 7 plus
deux fois le rectangle A C 7 ; le quarré A 17 vaut les quarrez A C, C 7 ou
C 17 moins le rectangle A C 17 pris deux fois. Tout cecy mis enſemble vaut
le quarré C 7 deux fois, plus le quarré A C deux fois, les rectangles qui
ſont par plus & moins ſe détruiſant l'un l'autre ; or ces quarrez nous repréſentent les deux trilignes, ſçavoir A 7 14, & A 17 16.

Je dis que le grand triligne A 7 14, & le petit A 17 16 ſont égaux à
deux fois les quarrez A C, & C 7. [La petite figure qui eſt icy a eſté faite,

d'autant que dans l'espace C 7 B 14 il n'y a point de secteurs qui rempliſſent ledit eſpace, mais ſeulement des quarrez qui ſont entr'eux comme les
ſecteurs. Je prens donc des ſecteurs tous ſemblables, dont les angles ſoient
égaux aux angles en A , & la hauteur égale aux lignes C 7, M 6, & autres : ces
ſecteurs ſont aux grands ſecteurs, comme les quarrez de C 7, M 6, L 5, &
autres, ſont aux grands quarrez A 7, A 6, A 5, & autres.] Ayant donc l'é-
galité ſuſdite entre les trilignes A 7 14 & A 17 16, & les quarrez A C & C 7
pris deux fois : au lieu des quarrez C 7 je prens des ſecteurs ſemblables, qui
garderont la meſme raiſon entr'eux que leſdits quarrez ; partant au lieu de
dire, deux fois les quarrez C 7, M 6, & les autres, je prens deux fois les ſecteurs compris dans la petite figure T V Y X, & je dis, deux fois les petits
ſecteurs avec deux fois le triangle A C B ſont égaux au triligne A 7 14 , &
au triligne A 17 16 ; & c'eſt icy la première conſéquence ou concluſion.

Pour la ſeconde, c'eſt quand nous oſtons du grand triligne A 7 14 le petit triligne A 17 16 , alors nous avons d'un coſté l'eſpace 16 17 7 14 pour
comparer avec deux fois les petits ſecteurs, le triangle A B C , & l'eſpace
16 17 C B. Alors l'eſpace d'une conchoïde à l'autre, c'eſt-à-dire 16 17 7 14,
eſt égal à deux fois les petits ſecteurs plus deux fois l'eſpace 16 17 C B ; &
c'eſt icy une autre concluſion.

J'avois omis de dire que quand du grand triligne & du petit triligne
j'en oſte le petit , il reſte le grand A 7 14 qui eſt égal à deux fois les petits
ſecteurs, au triangle A C B & à l'eſpace 16 17 C B, qui eſt une autre concluſion.

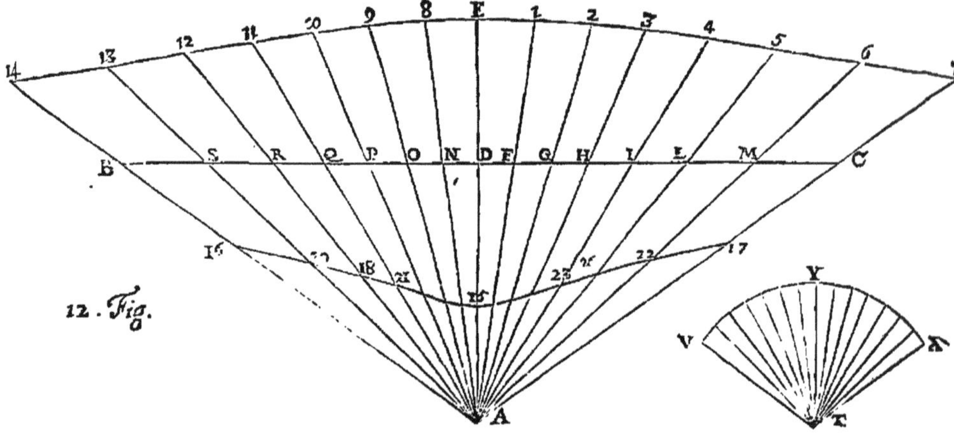

12. Fig.

Que ſi on veut retrancher du grand triligne A 7 14 le triangle A C B,
il reſtera l'eſpace 7 C B 14 qui ſera égal à deux fois les petits ſecteurs avec
une fois C B 16 17, qui eſt une quatriéme concluſion.

Maintenant il nous faut voir quelle raiſon il y a entre le triangle A B G
& l'eſpace B C 7 14. Cela ſe fera conſidérant le quarré A 7 duquel nous
oſterons le quarré A C. Ayant donc diviſé le triligne A 7 14 en ſecteurs tous
ſemblables & infinis, ainſi qu'il a eſté fait cy-deſſus aux autres concluſions,
& ſçachant que les ſecteurs ſont entr'eux comme leurs quarrez, nous diſons que le quarré A 7 eſt égal aux quarrez A C & C 7 plus le rectangle A C 7 pris deux fois. Si j'en oſte le quarré A C, il me reſte le quarré

C 7 plus le rectangle A C 7 deux fois. Il faut considérer quels solides ils font.

Tous les quarrez C 7, M 6, & les autres font tous égaux ; & par ainsi tous joints ensemble font un parallelipipede ou solide qui a pour hauteur & largeur la ligne C 7, & pour longueur une ligne telle qu'on voudra, sçavoir autant qu'on aura pris de fois & ajousté les quarrez l'un à l'autre ; c'est le premier solide qui se forme.

L'autre se fait du rectangle A C 7 pris autant de fois que les susdits quarrez, & forme un solide qui a pour hauteur C 7 comme l'autre, mais sa longueur est diverse, sçavoir des lignes A C, A M, A L, & des autres qui toutes sont inégales.

Or ces deux solides se doivent mettre ensemble afin de les comparer à celuy qui est composé des quarrez A C, A M & autres qui tous sont inégaux ; & partant ce solide sera racourci de deux costez. Or ce solide se peut considérer comme si j'avois fait un cercle du centre A & de l'intervalle A D : car alors la ligne B C sera une touchante dudit cercle au point D ; la ligne A D sera le sinus total ; & les lignes A N, A O, A P seront toutes des sécantes, & ainsi le solide sera formé des quarrez des sécantes. Or ces deux solides estant de mesme hauteur, sçavoir de la ligne C 7 & autres, il est aisé de les joindre ensemble, & de tous deux en faire un solide composé de tous les quarrez C 7, M 6, &c. d'une part, & de la ligne C 7 multipliée par la somme des lignes A C, A M, & les autres prises deux fois (parce que le rectangle A C 7 est deux fois dans le quarré A 7) c'est-à-dire, qu'il faut doubler les lignes A C, A M, & autres.

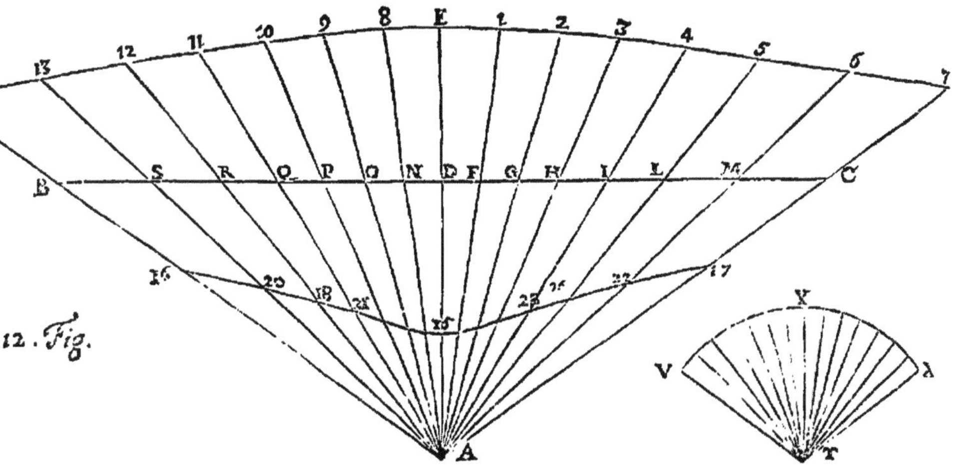

12. Fig.

Le solide qu'il faut comparer à celuy-cy est fait par la somme des quarrez des lignes A C, A M, & des autres qui toutes sont inégales. Nous disons donc, Comme le solide fait par la somme des quarrez A C, A M, & autres, est au solide composé des deux cy-devant mis ; ainsi le triangle A B C est à la figure C 7 14 B. Mais dans le premier solide les lignes C 7, M 6 me sont données, & partant leurs quarrez : de plus les lignes A C, A M, & autres me sont aussi données, d'autant que la ligne A D (que je prens pour sinus total ou demi-diamétre d'un cercle que je feins estre fait) m'est donnée, & la ligne D E sur lesquelles j'ay formé ma Conchoïde ; & par le moyen de A D sinus total & de l'angle B A D, je connois toutes les sécantes de ce cercle
que

que je pofe eftre décrite fur le rayon A D : ces fécantes font A N, A O, A P, &
les autres qui fuivent. Dans le dernier folide tous les quarrez de A C, A M
me feront donnez, puifque les lignes font données ; & ainfi je joins les quarrez C 7, M 6 avec le rectangle fait de A C doublé & C 7, le tout pris autant de fois qu'il y a de quarrez. Or C A, & M A font fécantes ; donc par
le calcul il nous fera facile d'en trouver la valeur que nous comparerons
avec le fecond folide qui eft compofé de l'aggrégé ou fomme des quarrez
des fécantes ; & telle fera la raifon de A B C à l'efpace B C 7 14.

TRACER SUR UN CYLINDRE DROIT
un efpace égal à un Quarré donné ,
& ce d'un feul trait de Compas.

ON demande qu'il foit tracé fur un cylindre droit d'un feul trait de compas un efpace égal au quarré de la ligne A B. Pour le faire je coupe en
deux également la ligne A B au point C, & je décris le cercle F M E, le diamétre duquel F E foit égal à A C. Sur ce cercle j'éleve un cylindre dont la
hauteur foit du moins le double de F E, & au milieu de cette hauteur foit le
point F ; puis ouvrant le compas de l'intervale F E, je décris un efpace fur
la fuperficie du cylindre. Je dis que cét efpace vaut le quarré de A B.

Pour le prouver, je divife le cercle en parties infinies aux points E G H I &
autres : de chacun de ces points j'éleve des perpendiculaires au plan du cercle en nombre infini, comme les points font infinis : du point E qui eft l'extrémité du diamétre, je tire à chaque point de la divifion des lignes droites
E G, E H, E I, & autres qui font dans le demi-cercle E L F. Or toutes ces
petites lignes font des finus du quart d'une circonférence ; ce qui fe con-
noiftra, faifant du rayon F E & du centre F un cercle qui ait pour diamétre le double de E F ; mais icy je me contente de la quatriéme partie de la
circonférence. Si donc du centre F je tire des lignes en nombre infini qui
foient toutes égales à F E, elles iront jufques à la circonférence de ce cercle,
& couperont toutes les petites lignes E G, E H & les autres à angles droits, car
l'angle fe trouve dans le demi-cercle E L F ; & partant toutes les petites lignes
font les finus du quart d'une circonférence.

Nous fçavons que le demi-diamétre du cercle eft au quart de la circonférence, comme tous les petits finus font au finus total pris autant de fois.
Nous fçavons auffi que le quarré du demi-diamétre eft égal à la figure qui
eft faite par les infinis petits finus qui divifent ce quart de circonférence. Or
le demi-diamétre eft F E qui eft égal à la ligne droite A C moitié de A B ;
partant fon quarré quatre fois vaudra le quarré de A B. Or les finus E G,
E H, &c. font égaux aux perpendiculaires élevées des points G H, &c. jufques
au retranchement fait par le compas, comme il fera montré ; & par ainfi la
figure ou l'efpace tracé par le compas qui eft ouvert de la grandeur E F, l'un des
pieds pofé fur F qui eft un point pris en quelqne endroit que ce foit de la
furface du cylindre, & l'autre pied, par éxemple fur le point E, & tournant
fur la fuperficie du cylindre tant qu'il revienne au mefme point E : cét efpace compris fur le cylindre vaut quatre fois l'efpace compris des petits finus qui divifent le quart de la circonférence ; car le compas parcourt les
quatre quarts de la circonférence du cylindre, s'il fe peut ainfi dire. Or le
cylindre eft préfumé prolongé tant en haut qu'en bas autant qu'il faudra,
deffus & deffous ledit point F, & le cercle F M E parallele à fa bafe pour
fatisfaire à la queftion.

H H h

On confidere icy deux triangles qu'on veut prouver eſtre égaux: l'un eſt F H E ; l'autre a pour baſe F H, pour caté la perpendiculaire tirée du point H juſ-ques au retranchement fait par le compas, & l'hypotenuſe ſera égale à F E, puis que c'eſt l'ouverture du compas.

Reſte à montrer que la ligne E H eſt égale à la perpendiculaire élevée du point H, quand elle a eſté retranchée par le compas ouvert de la grandeur F E. Pour cét effet, il faut tirer la ligne F H, & concevoir deux trian-gles, l'un de la ligne F H & F E portée à l'extrémité de la perpendiculaire tirée du point H, & qui monte vers le haut du cylindre & de ladite perpen-diculaire qui ſort de H juſques au retranchement fait par F E portée ſur la ſurface du cylindre. Ces trois lignes font un triangle rectangle qui eſt égal au triangle F E H ; car en tous les deux triangles la ligne F H eſt commune ; l'angle en H eſt droit, car il ſe fait de la ligne F H & de la perpendiculaire ſur le point H en l'un des triangles , ſçavoir en celuy qu'on veut montrer égal à F E H, & pareillement l'angle en H de l'autre triangle F E H eſt droit, eſtant dans le demi-cercle ; la ligne F E qui a coupé la perpendiculaire élevée ſur le point H eſt égale à F E ; partant la ligne E H eſt égale à ladite perpendi-culaire qui part du point H, & qui eſt coupée par la ligne F E par la révolu-tion du compas. Le meſme ſe prouvera de toutes les autres lignes E G, E I, E L, E M, & autres.

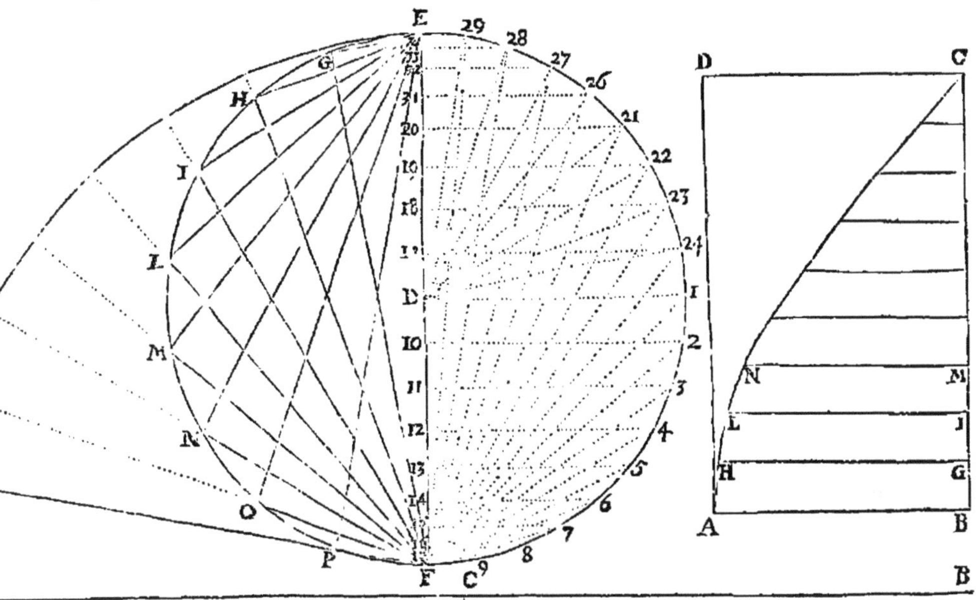

Or cette figure ſe trouve eſtre la meſme que la troiſiéme figure cy-devant, ſi on ſuppoſe que la circonférence E H L F eſt égale à B C dans la troiſié-me figure, & qu'elle eſt diviſée infiniment en ſinus G E, H E, I E, & les autres, tout ainſi que la ligne B C de la troiſiéme figure eſt diviſée en ſinus infinis, ſçavoir G H, I L, M N, &c. Or nous devons conſidérer cette troi-ſiéme figure ou bien la préſente, car il n'importe pas, & voir ce qu'elles font. Par éxemple, quand la troiſiéme figure tourne ſur la ligne B C, elle fait un cylindre avec le rectangle B D, & un autre ſolide avec la figure courbe A C B. Je trouve que le cylindre eſt double du petit ſolide fait de la figure courbe. Pour le prouver je me ſers de la treiziéme figure préſente, & je feins avoir tiré une infinité de lignes du point F à tous les points, comme F P, F O, F N, & autres, qui ſont toutes égales aux premiéres tirées du point E aux meſmes

points, sçavoir à E G, E H, E I, &c. Je dis en suite que les quarrez de G E
& G F sont égaux au quarré de F E : il en est de mesme des quarrez de E H
& H F, & ainsi des autres ; partant tous ces quarrez ensemble seront égaux
au quarré de E F pris autant de fois. Mais dans ces petits quarrez je n'ay besoin que de ceux qui composent la figure, sçavoir des quarrez de E G, E H,
E I, & autres tirez du point E, qui font la moitié de tous ceux que j'avois
comparez avec le grand quarré F E ; partant tous ces petits quarrez feront à
autant de fois le grand quarré F E comme la moitié au tout. Mais les solides sont entr'eux comme tous les quarrez pris ensemble ; partant le petit solide fait de la figure courbe A B C en la troisiéme figure, sera au cylindre
fait de B D, comme 1 à 2 ; ce qu'il falloit démontrer.

On considérera encore en la mesme figure un autre trait de compas. Je
pose une des pointes sur le point F que je prens dans la circonférence du
cercle F 1 E L, lequel cercle est la base mitoyenne du cylindre qu'on suppose toûjours prolongé en haut & en bas autant qu'il est nécessaire. On met
donc l'un des pieds du compas en F, & l'ouverture d'iceluy est F 1 qui est la
soutendante du quart de la circonférence totale F 5 1. Or cette circonférence est divisée en parties égales & infinies aux points 2, 3, 4, &c. sur chacun
desquels j'éleve des perpendiculaires, comme cy-devant : des mesmes points
je tire des perpendiculaires sur le demi-diamétre F D qui le divisent en une
infinité d'autant de parties inégales. Il faut maintenant considérer les propriétez de toutes ces lignes. Nous voyons qu'il se fait plusieurs triangles rectangles dont les costez sont F 2, F 1, & la perpendiculaire sur le point 2, laquelle est en l'air ; le second, F 3, F 1, & la perpendiculaire en l'air sur le point 3 ;
F 4, F 1, & la perpendicle en l'air sur le point 4, & cette perpendiculaire tirée
en l'air s'augmente à mesure que la soutendante diminuë. Car les quarrez des
deux lignes F 2 & la perpendiculaire en l'air sur le point 2, sont égaux au quarré
de F 1 ; les quarrez de F 3, & de la perpendicculaire sur 3 en l'air sont égaux au
mesme quarré F 1, & ainsi des autres. Mais le quarré F 1 est égal au rectangle
E F D, le quarré F 2 est égal au rectangle E F 10, le quarré F 3 au rectangle
E F 11, & ainsi des autres quarrez & rectangles ; partant tous les rectangles
E F D, E F 10, E F 11, & les autres, sont entr'eux comme les quarrez F 1,
F 2, F 3, &c. & partant tous les rectangles E F 10, E F 11, & autres tous ensemble sont au grand rectangle E F D, comme tous les quarrez F 2, F 3, &c.
sont au grand quarré F 1. Quand du rectangle E F D j'oste le rectangle E F 10,
il reste le rectangle E F par 10 D qui est égal au quarré de la perpendicluaire
tirée du point 2 en l'air ; quand du mesme rectangle E F D j'en oste le rectangle E F 11, il reste le rectangle E F par 11 D qui est égal au quarré de la perpendicculaire tirée du point 3 en l'air. (Or j'ay besoin des quarrez de ces perpendiculaires, d'autant qu'en tournant la troisiéme figure sur B C, ces lignes représentent les demi-diamétres des cercles qu'il faut comparer avec le quarré du
demi-diamétre de la base du cylindre.) Mais tous les rectangles susdits ont
une mesme hauteur, sçavoir F E ; & partant ils sont entr'eux comme les lignes F D, F 10, F 11. Si on oste de la base d'un rectangle la base d'un autre
rectangle, il restera leur différence : comme si de F D j'oste F 10, il restera
D 10 ; si de F D j'oste F 11, il restera D 11, & ainsi des autres. Or ces restes
sont homologues avec les quarrez des lignes perpendiculaires qui restent
quand j'ay osté le quarré F 2 du quarré F 1 : du mesme quarré F 1 j'ay osté
le quarré F 3, puis F 4, &c. il reste les quarrez des perpendiculaires tirées en l'air
des points 2, 3, 4, &c. partant les lignes D 10, D 11, & autres garderont entr'elles la mesme raison que les quarrez desdites perpendiculaires. Mais les lignes D 10, D 11, D 12, &c. sont sinus ; car les lignes 2 10, 3 11, 4 12, &c. sont
perpendiculaires sur le diamétre E F ; donc les quarrez des perpendiculaires

font au quarré de la grande F I prise autant de fois, comme tous les petits finus font au finus total D F pris autant de fois. Mais les petits finus font au finus total pris autant de fois, comme le demi-diamétre du cercle est au quart de la circonférence ; partant le folide fait par la révolution de la figure courbe A C B fur la ligne B C, fera au cylindre fait du rectangle B D, comme le demi-diamétre du cercle est au quart de la circonférence.

Confidérons maintenant le trait du compas fait de l'intervale F 3, gardant toûjours le point F pour pofer ledit compas. Il fe trouve que le quarré F 4 avec le quarré de la perpendiculaire tirée du point 4 en l'air, est égal au quarré de F 3 ; le quarré F 5 avec celuy de la perpendiculaire fur le point 5 en l'air, font égaux au mefme quarré F 3, & ainfi des autres. Or le rectangle E F 11 est égal au quarré F 3, & le rectangle E F 12 est égal au quarré F 4, & ainfi des autres rectangles & quarrez. Si donc du rectangle E F 11 j'ofte le rectangle E F 12, il reste le rectangle E F par 12 11 égal au quarré de la perpendiculaire fur 4 tirée en l'air. Si du mefme rectangle E F 11 on ofte le rectangle E F 13, il reste le rectangle E F par 13 11 qui est égal au quarré de la perpendiculaire tirée fur 5, & ainfi des autres. Que fi nous feignons une parabole estre tirée du fommet 11 vers la circonférence du cercle, & que des points 11, 12, 13, 14, 15, pris fur fon axe 11 F on tire des ordonnées jufques à la circonférence de ladite parabole, les quarrez de telles ordonnées feront égaux aux rectangles ; fçavoir le quarré de la ligne tirée du point 12 à la parabole, fera égal au rectangle fait par le costé droit de ladite parabole qui est F E, & la portion de l'axe 11 12 ; le quarré de l'ordonnée tirée du point 13 à la parabole, fera égal au rectangle E F par 11 13, & ainfi des autres. Ce qui fait voir que les quarrez des ordonnées font égaux aux quarrez des perpendiculaires qu'on a tirées en l'air des points 3, 4, 5, &c. & par conféquent les ordonnées feront égales aufdites perpendiculaires. Mais d'autant que les perpendiculaires font en égale diftance l'une de l'autre, & les ordonnées inégalement diftantes l'une de l'autre, cela est caufe qu'on ne peut pas comparer le plan fait par les perpendiculaires avec le plan qui fe fait par les ordonnées, d'autant que les perpendiculaires divifent la ligne en parties égales, mais les ordonnées ne divifent pas l'axe également, mais inégalement ; & ainfi le plan qui fe fait des perpendiculaires ne peut pas estre comparé avec le plan fait par les ordonnées pour en fçavoir la raifon.

Maintenant il faut confidérer la raifon des folides, fi la figure fe tournoit fur la ligne F 5 3 étenduë en ligne droite, fuppofant que le trait du compas fe faffe du point F, & de l'ouverture F 3. Or nous avons trouvé par le précédent difcours, que le rectangle E F par 11 12 est égal au quarré de la perpendiculaire fur 4 en l'air ; le rectangle E F par 11 13, égal au quarré de la perpendiculaire fur 5 en l'air, & ainfi des autres : partant toutes ces lignes feront homologues avec les quarrez defdites perpendiculaires. Or les lignes 11 12, 11 13, 11 14, &c. ne font point finus, parce qu'elles ne partent pas du demi-diamétre D 1, car il s'en faut la ligne D 11 qu'elles ne viennent jufques à D 1. Que fi elles estoient des finus, nous ferions la raifon comme en l'autre précédente raifon des folides, fçavoir comme les petits finus au finus total D 1 pris autant de fois. Or les lignes 11 12, 11 13, 11 14, &c. font les mefmes que fi du point 4 on menoit une perpendiculaire fur 11 3, & du point 5 & 6 fur la mefme 11 3, & ainfi de tous les autres points qui divifent la circonférence. Or toutes ces lignes ne font point finus, car il s'en faut la ligne 11 D, ou la perpendiculaire qui feroit tirée du point 3 fur la ligne D 1, fçavoir 3 25. Comme donc la ligne 11 3, ou D 25 fon égale, à la circonférence F 5 3, ainfi tous les petits finus font au finus total pris autant de fois. Mais pour trouver l'équation des folides il faut avoir la différence des finus,

nus,

nus, ſçavoir D 12, D 13, D 14, D 15, D 16 moins autant de fois D 11; partant toutes les différences des petits ſinus ſont au ſinus total pris autant de
fois, moins le meſme eſpace D 11 pris autant de fois, comme le ſolide fait
par les quarrez des perpendiculaires au cylindre qui ſe fait. Cecy ſera mieux

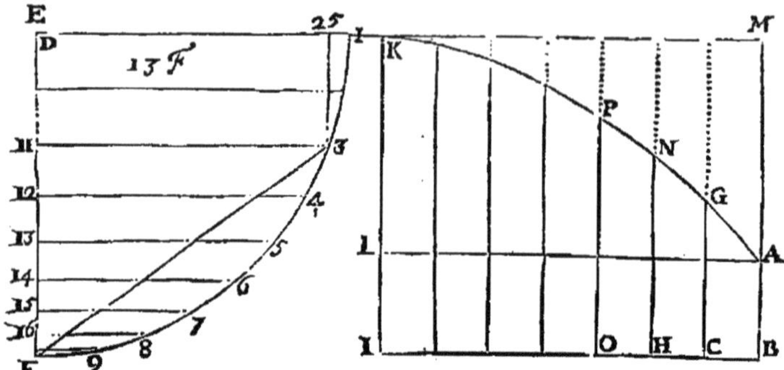

repréſenté par la petite figure qui eſt icy. Que I B ſoit égal à la circonférence F 5 3; A B à D 11 ou à 3 25; & les lignes C G, H N, O P, &c. égales
à D 12, D 13, D 14, & autres ſinus, deſquels il faut retrancher A B ou D 11
pris autant de fois, c'eſt-à-dire, le parallelogramme A B I L. Tout cela ſe
doit comparer au ſinus total pris autant de fois, qui eſt D F en la grande
figure, mais en la petite c'eſt I K qui fait le parallelogramme I K B M duquel il faut oſter le meſme parallelogramme A B I L; & partant il reſte le
parallelogramme L A M K, & de I K A B il reſtera le triligne L A P K; & partant le ſolide fait par les quarrez des perpendiculaires eſt au cylindre de la
grande, comme le triligne L A K au parallelogramme L K M A. Mais ne nous
contentant pas de cela, nous cherchons des raiſons en lignes; & retournant
à la grande figure, nous diſons: Comme tous les petits ſinus ſont au grand
ſinus pris autant de fois; ainſi le ſinus 11 3 eſt à la circonférence F 3. Or il
faut oſter de cette raiſon ce qui y eſt de trop, & dire : Comme tous les
petits ſinus moins 11 D pris autant de fois, au ſinus total pris autant de fois,
moins le meſme 11 D pris autant de fois; & changeant la proportion on
dira: Comme le ſinus total D F eſt à D 11, ainſi la circonférence F 5 3 ſera
à quelque portion de la meſme circonférence F 5 3, laquelle portion il faut
oſter de la ligne ou ſinus 11 3; & par ainſi la ligne 11 3, quand on en a oſté
ce qui avoit eſté retranché de ladite circonférence F 5 3, eſt à ce qui reſte de
ladite circonférence F 5 3, comme le petit ſolide fait des quarrez de perpendiculaires eſt à leur cylindre. Or tous les ſinus & la circonférence mé
ſont donnez; & partant la raiſon des ſolides ſera connuë, ce qu'il falloit
prouver.

Maintenant il faut conſidérer ſur la meſme figure la raiſon des ſolides *Voyez la fi-*
entr'eux quand elle roule ſur la ligne circulaire F 2 21 étenduë comme droite, *gure ſuivan-*
& quand l'ouverture du compas eſt F 21, ſans répéter ce qui a eſté dit cy- *te.*
devant: on trouve que les quarrez des perpendiculaires tirées en l'air des
points 21, 22, 23, 24, &c. ſont entr'eux comme les lignes 20 19, 20 18,
20 17, &c. Or toutes ces lignes ſe doivent conſidérer en cette ſorte, 20 D
— 19 D; 20 D — 18 D; 20 D — 17 D, & ainſi des autres. Les ſuivantes ſe conſidérent ainſi, 20 D + 10 D; 20 D + 11 D; 20 D + 12 D;
20 D + 13 D, &c. en ſorte que 20 D eſt pris autant de fois qu'il y a de
diviſions en la circonférence F 2 21 & les autres ſinus, ſçavoir D 10, D 11
D 12, D 13 &c. ſont pris autant de fois qu'il y a de diviſions au quart de

le circonférence F 21. Or pour cecy il en faut oster les lignes D 19, D 18, D 17, & les autres prises autant de fois qu'il y a de divisions dans la circonférence 1 21. Voilà une des équations; l'autre est la ligne F 20 prise autant de fois qu'il y a de divisions en la circonférence F 2 21.

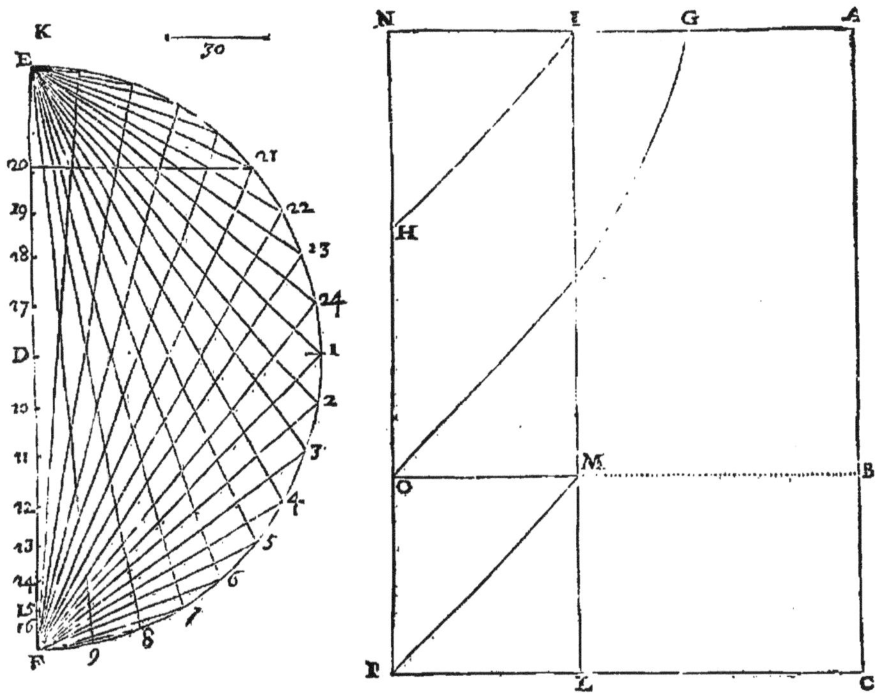

Pour mieux entendre ce discours, on fera la figure qui est icy à costé du demi-cercle, en laquelle A B vaut F 1, quart de la circonférence; B C vaut 1 21; & la toute A C vaut la circonférence F 3 21; A N vaut F 20, & par ainsi le parallelogramme N C vaut ce qui est contenu dans 20 F 2 21; N G vaut F D sinus total; A G ou son égale N I vaut D 20; N H égale à O P vaut la circonférence 1 21. Nous disons donc que comme le rectangle A N P C est au rectangle I N P L ─┼─ le triligne N G O ── le triligne I N H ou O M P son égal, ainsi le cylindre est au solide qui se fait quand la figure retranchée du cylindre tourne sur la circonférence F 1 21 étenduë en ligne droite; ce qu'il falloit démontrer.

Nous venons maintenant à une considération qui est que prenant toûjours le mesme point F, & l'ouverture du compas telle que son quarré soit égal aux quarrez de F E & de la ligne 30, il se trouve, par exemple, que les quarrez de F E & de 30 sont égaux aux quarrez de F 22 & de la perpendiculaire tirée en l'air du point 22, & ainsi de tous les autres. Or le quarré F E vaut les quarrez E 22 & 22 F; partant les quarrez de E 22, 22 F, & de 30 sont égaux au quarré de 22 F & à celuy de la perpendiculaire tirée de 22 en l'air. J'oste des deux équations ce qui est commun, sçavoir le quarré F 22, & il me reste d'une part le quarré E 22 ─┼─ le quarré 30 égal au

quarré de la perpendiculaire tirée en l'air du point 22; & ainfi tous les quarrez des perpendiculaires tirées en l'air de tous le points qui divifent la demi-circonférence, font égaux aux quarrez des lignes qui partent du point E,
& fe terminent aufdits points, plus le quarré de la ligne 30. Il faut remarquer que la ligne 30 ne change point, mais les autres changent toûjours,
puifque les quarrez E 22 & 22 F, E 23 & 23 F, & tous les autres font égaux
au quarré F E pris autant de fois. Mais de tous ces quarrez je n'ay befoin
que de la moitié; partant cette moitié fera égale à la moitié du quarré F E
pris autant de fois. (On ne prend que la moitié de cette fomme de quarrez,
parce qu'on n'en a pas befoin d'autre chofe; car joignant lefdits quarrez au
quarré de 30 pris autant de fois, on aura la valeur des quarrez des perpendiculaires en lair, qui eft ce qu'il faut avoir.)

Nous conclurons donc que le folide qui fe fait par la révolution des
perpendiculaires qui tournent fur la circonférence étenduë comme une ligne droite, eft égal à deux cylindres, le premier defquels a d'une part la ligne F E, & de l'autre la mefme circonférence étenduë ; & de celuy-cy il
n'en faut prendre que la moitié. L'autre cylindre a la mefme circonférence
étenduë , & la ligne 30 pour hauteur; car en l'un & l'autre cylindre, la figure tourne fur la circonférence étenduë; & ainfi le cylindre des perpendiculaires eft égal à ce petit cylindre & à la moitié du grand tout enfemble; ce qu'il falloit démontrer.

Il faut voir maintenant la comparaifon des plans, & comment ils font
entr'eux. Nous avons trouvé que les quarrez de E 22 & de 30 font égaux
au quarré de la perpendiculaire élevée fur le point 22, & le rectangle F E 19
eft égal au quarré E 22. Je fais un rectangle égal au quarré 30 fur la ligne EF,
& fur quelqu'autre ligne tirée depuis E en K, & ainfi les deux rectangles
joints enfemble, fçavoir F E 19, & F E K, qui valent le rectangle F E K 19
font égaux aux quarrez de E 22 & de la perpendiculaire 30 , comme auffi
au quarré de la perpendiculaire élevée fur le point 22. Or fi du point K comme fommet je décris une parabole, dont le cofté droit foit égal à F E, & K F
foit l'axe : le quarré de l'ordonnée qui partira du point 19 fera égal au
rectangle F E par 19 K, & ainfi de toutes les autres; partant les quarrez
defdites ordonnées feront égaux aux quarrez des perpendiculaires tirées en
l'air, & les mefmes ordonnées égales aux perpendiculaires; c'eft pourquoy
le plan occupé par les perpendiculaires devroit eftre égal au plan occupé par
les ordonnées.

Mais la comparaifon ne fe peut pas faire de la forte, parce que les perpendiculaires font également diftantes l'une de l'autre; mais les ordonnées
le font inégalement, puis que la ligne F E eft toute coupée en parties inégales, & partant le plan ne peut eftre comparé au plan.

Nous venons maintenant à confidérer qu'elle eft la raifon, ou comparai- Voyez la figure fui-vante.
fon des quarrez des finus avec le quarré du diamétre F E. La circonféren-
ce F 1 E eft divifée en parties infinies & égales, & les lignes 24 17, 23 18,
22 19, 21 20, 26 31, 27 32, 28 33, & 29 34 font toutes finus droits. Je dis
que le quarré D 24 demi-diamétre vaut le quarré 17 24, & le quarré 17 D
qui eft finus de complément égal à la ligne tirée du point 24 perpendiculaire fur le demi-diamétre D 1, & eft égale au finus 29 34. Le mefme quarré
du demi-diamétre D 23 eft égal aux quarrez de 18 23, & de 18 D finus de
complément égal à la perpendiculaire tirée de 23 fur D 1, & auffi au finus
droit 28 33. Le quarré de D 22 eft égal aux quarrez de 22 19, & de 19 D
finus de complément égal à la perpendiculaire tirée de 22 fur D 1 & au finus
27 32, & ainfi de tous les autres, en telle forte que tous les finus de complément font égaux aux finus droits, cy-devant marquez; & ainfi les quarrez

de tous les finus pris deux fois (ce qui fe doit faire, puis que les uns font égaux aux autres) font égaux au quarré du demi-diamétre D 1 pris autant de fois qu'il y a de finus. Mais le quarré du demi-diamétre n'eft que le quart du quarré du diamétre; partant le quarré du diamétre fera huit fois la fomme des quarrez des finus, c'eft-à-dire, que les quarrez des finus font au quarré du diamétre pris autant de fois comme 1 à 8. Voilà la premiére partie.

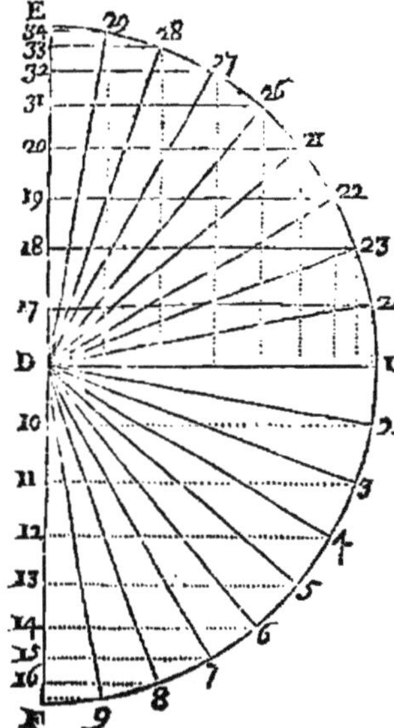

Pour la feconde. Le quarré de F E eft égal aux quarrez de F 33 & 33 E, plus deux fois le rectangle F 33 E, qui eft à dire le quarré 28 33 deux fois; le mefme quarré F E eft égal aux quarrez F 32 & 32 E, plus deux fois le rectangle F 32 E, ou deux fois le quarré 32 27; le mefme F E eft égal aux quarrez F 31 & 31 E, plus deux fois le rectangle F 31 E, ou le quarré 31 26; le mefme quarré F E eft égal aux quarrez F 20 & 20 E, plus deux fois le rectangle F 20 E, ou le quarré 20 21, & ainfi de tous les autres tant en haut qu'en bas; & de cette forte le quarré F E vient à eftre égal à deux fois tous ces petits quarrez F 34, 34 E; F 33, 33 E; F 32, 32 E, & tous les autres, en telle forte que le quarré F E pris autant de fois eft double de tous ces quarrez, & de plus, à deux fois les quarrez de 34 29, 33 28, 32 27, & les autres. Nous avons veû comme tous les quarrez de ces finus 34 29, 33 28, &c. font au quarré du diamétre F E pris

autant de fois, comme 1 à 8. Or ils font icy deux fois, & les finus verfes auffi deux fois; partant deux fois les quarrez des finus verfes, & deux fois les quarrez des finus droits font égaux à huit fois les quarrez des finus droits; & oftant de part & d'autre deux fois les quarrez des finus droits, reftera d'une part deux fois les quarrez des finus verfes égaux à fix fois les quarrez des finus droits; & prenant la moitié, les quarrez des finus verfes feront égaux à trois fois les quarrez des finus droits; partant les quarrez des finus verfes font à ceux des finus droits, comme 3 à 1, mais le quarré de F E pris autant de fois eft aux quarrez des finus droits, comme 8 à 1 : donc le quarré de F E pris autant de fois eft aux quarrez des finus verfes, comme 8 à 3, ce qu'il faloit trouver.

La précédente conclufion nous fervira pour trouver la raifon du folide que fait la Roulette, quand elle tourne fur la circonférence du cercle générateur étenduë en ligne droite. Car le folide fait par les finus verfes (voyez la figure de la Roulette, qui eft placée cy-après page fuivante) fçavoir par M 1, N 2, O 3, P 4, &c. eft au folide fait par le parallelogramme compofé du diamé-tre du cercle, & de la circonférence d'iceluy étenduë en ligne droite, comme 3 à 8 par la conclufion précédente. Nous fçavons auffi que l'efpace compris entre les deux lignes A 11 D & A 4 D eft égal au demi-cercle A H B, parce que les lignes d'un des efpaces font égales aux lignes de l'autre efpace par la conftruction : partant le double de l'efpace eft égal au cercle entier A H B A, de forte que tout ce qui fe dira du cercle fe doit entendre du-dit efpace doublé. Mais il a efté démontré que le cylindre de A B eft au fo-

lide

lide qui fe fait lors que la figure A 12 D 5 A tourne fur la ligne ou circonférence A C, comme 8 à 2, l'efquels 2 joints à 3 qu'on a trouvez cy-devant,
font 5, qui eft la raifon qu'il y a du folide entier de la roulette, à fon cylindre
A B D C doublé ; car A B D C n'eft que la moitié de l'efpace parcouru par la
roulette.

Remarquez que ce folide qui eft au cylindre A D tourné fur C, comme 1
à 4, ou 2 à 8: eft celuy que fait l'efpace compris entre les deux lignes A 12
D & A 4 D,
qui eft égal à
celuy que fe-
roit le demi-
cercle A H B
par la mefme
révolution, par-
ce que l'une &
l'autre figure a
ces lignes éga-
les, & polées
en mefme dif-
tance de A C,
& partant eft le

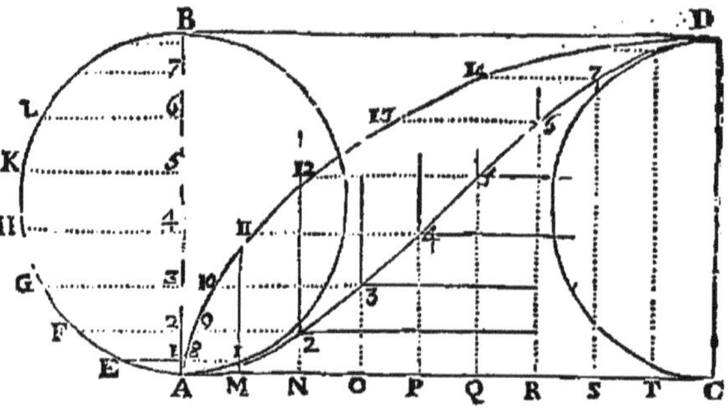

quart dudit cylindre A D; & joignant ledit folide à celuy qui fe fait par
l'efpace compris entre les lignes A 4 D & A C, qui eft audit cylindre comme 3 à 8, on aura le folide fait par l'efpace compris entre A 12 D & A C,
qui fera 5, ledit cylindre A D eftant 8.

TRACER SUR UN CYLINDRE DROIT
un efpace égal à la fuperficie d'un cylindre oblique donné;
& d'un feul trait de compas.

L E cercle B D C E eft la bafe d'un cylindre oblique, les coftez duquel
partans des points B, G, H, I, &c. vont obliquement rencontrer un autre cercle en haut, qui eft l'autre bafe du cylindre, & eft parallele au premier B D C E: (ce cercle peut eftre reprefenté par le cercle F N O P, &c.
mais il eft en l'air & à plomb audeffus de celuy-cy) l'axe du mefme cylindre
fort du centre A, & va rencontrer obliquement le centre dudit cercle fupérieur. Or nous feignons que du fommet de l'axe foit tirée une perpendiculaire qui tombe fur le point T, & que du fommet de tous les coftez du cylindre s'abaiffent des perpendiculaires qui tombent aux points F, N, O, P,
&c. qui font la circonférence d'un cercle dont le centre eft le point T, &
lequel eft égal au premier B D C, comme il eft aifé à voir. Or divifant les
deux cercles ou bafes du cylindre en parties infinies aux points G, H, I, L, &c.
& feignant des lignes tirées G H, H I, I L, &c. ces petites lignes paffent pour
la circonférence mefme, & le cylindre en cette forte fe trouve divifé en infinies parallelogrammes; car les coftez du cylindre avec la portion de la circonférence des deux cercles font des parallelogrammes qui compofent tout
l'efpace du cylindre; de forte qu'il faut comparer tous ces parallelogrammes
au grand parallelogramme pris autant de fois. Si du point G je tire une ligne
touchante G 2, & du point correfpondant à G, fçavoir de N, je tire une perpendiculaire à ladite touchante, qui la rencontre au point 2; fi du fommet
du cofté du cylindre (j'entens du cofté qui commence en G, & va finir à
l'autre cercle au-deffus du point N) je tire une ligne au point 2: cette ligne

K K k

sera perpendiculaire à la ligne G 2. Du point H je tire une ligne touchante,
& du point O correspondant à H, je tire une perpendiculaire à ladite touchante, sçavoir O 3, & ainsi des autres points I & P, L & Q, &c. je ne
parle plus de la ligne tirée d'enhaut, car il suffit d'avoir dit une fois qu'elle
sera perpendiculaire à la mesme touchante. Ayant ainsi tiré autant de perpendiculaires qu'il y a de touchantes à chaque point, ces lignes seront N 2,
O 3, P 4, Q 5, &c. Si chacune de ces lignes est continuée comme 2 N 7,
3 O 8, 4 P 9, &c. elles iront toutes finir au point T centre du cercle F S 17.
Pour la preuve, nous feignons qu'il y a une ligne A G, laquelle avec 2 7
composé un quadrilatere : en iceluy l'angle 7 2 G par la construction est droit ;
l'angle A G 2 est droit, sçavoir du centre au point d'atouchement ; partant
2 N, & G A sont paralleles. Soit tirée N T, l'arc G B estant égal à l'arc N F.
Il s'enfuit que l'angle G A B est égal à l'angle N T F, puis qu'ils sont faits
tous deux aux centres T & A des deux cercles égaux B D C & F S 17, &
partant la mesme G A sera parallele à N T ; donc 2 N 7, & N T sont paralleles
entr'elles ; mais elles se joignent au point N, & partant elles ne font ensemble qu'une mesme ligne.

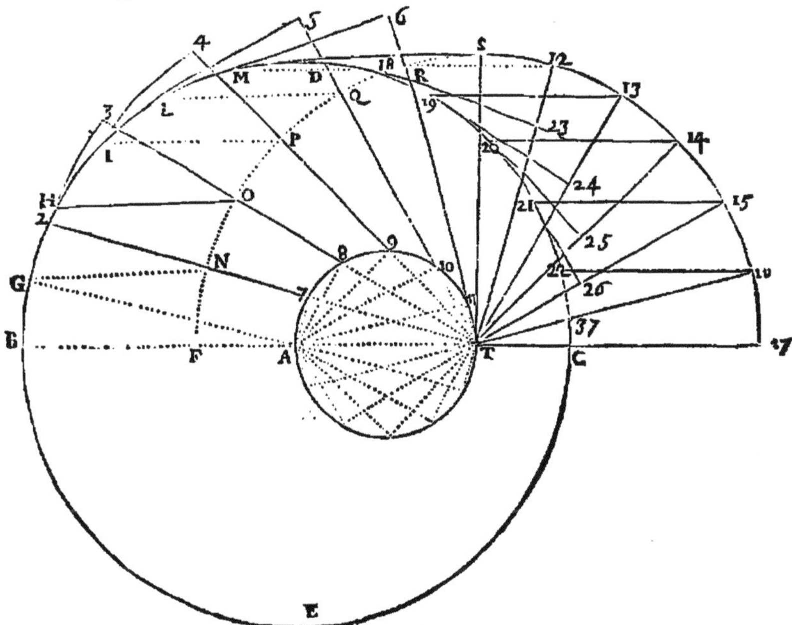

Maintenant il faut considérer les parallelogrammes, au lieu desquels je
prens la perpendiculaire qui tombe du sommet sur les touchantes cy-devant,
comme du sommet du costé du cylindre qui part de G & va en l'air, j'a-
baisse la perpendiculaire sur le point 2, laquelle est la hauteur ou perpendiculaire du parallelogramme composé de la ligne G 2, qui passe dans les indivisibles pour circonférence, & du costé du cylindre qui part de G & va en
l'air, lequel costé vaut pour deux costez du parallelogramme, sçavoir commençant en G & 2, & finissant en la circonférence de la base supérieure du
cylindre ; & par ainsi on a les quatre lignes du parallelogramme, sçavoir G 2
(qui passe pour circonférence) & son égale en la circonférence de la base

supérieure, & les deux costez du cylindre. Mais au lieu du parallelogramme
nous considérons un triangle qui a pour un de ses costez la perpendiculaire
tirée du sommet du costé sur le point 2, & qui se peut nommer la perpendiculaire ou hauteur du parallelogramme; & pour les deux autres costez, la
ligne G 2, & le costé du cylindre tiré de G en l'air. Or en ce triangle le
costé du cylindre vaut en puissance la ligne G 2, & la perpendiculaire tirée
du sommet & finissant en 2. Il faut ensuite considérer un autre triangle,
dans lequel la mesme perpendiculaire tombant en 2 soit un des costez; 2 N
soit un autre costé; & le troisiéme soit la ligne tombante perpendiculairement du sommet du costé sur le plan du cercle au point N. Or en ce triangle la perpendiculaire qui tombe sur 2 peut autant que les deux lignes 2 N,
& la perpendiculaire qui tombe du sommet sur N. Mais cette perpendiculaire qui tombe du sommet sur N, O, P, Q, & autres points de la circonférence est toûjours égale : mais les lignes 2 N, 3 O, 4 P, 5 Q, &c. sont inégales; car 2 N vaut 7 T; 3 O vaut 8 T; 4 P est égale à 9 T, & ainsi des autres
qui toutes sont inégales.

Au premier triangle G 2 & l'autre point qui est au cercle supérieur le
costé du cylindre qui va de G en l'air à l'autre cercle supérieur, vaut la ligne
tirée du sommet (qui est ce troisiéme point en l'air) & qui finit en 2, & la
ligne G 2. (on doit entendre cecy de tous les autres points & triangles qui
se peuvent former de la mesme sorte.) Mais les lignes G 2, H 3, I 4 &c. vont
toûjours augmentant; car G 2 est égale à la soûtendante A 7, la ligne H 3
à A 8, I 4 à A 9; toutes lesquelles lignes A 7, A 8, A 9 sont inégales. Mais
avant que de conclure il faut prouver que la ligne G 2 est égale à A 7, H 3
à A 8, & ainsi des autres; de plus que 2 N est égale à 7 T, 3 O à 8 T, &c.
Pour cét effet, il faut considérer les triangles 2 G N, & A T 7, ausquels l'angle
2 N G est égal à l'angle A T 7; car les lignes G N, A T sont paralleles, l'angle N 2 G est droit, par la construction, & pareillement T 7 A qui est dans le
demi-cercle, & partant le troisiéme angle est égal au troisiéme; la ligne G N
est égale à A T, & partant tout le triangle à l'autre triangle, & partant la
ligne 2 N à 7 T, & G 2 à la soutendante A 7; ce qu'il falloit démontrer.

Il nous reste à voir le rapport & la raison de tous les petits parallelogrammes à leur plus grand pris autant de fois. Or il faut considérer que les petits
parallelogrammes bien qu'ils ayent les costez égaux, car ils sont composez
des costez du cylindre & de la portion de la circonférence divisée en parties égales infinies, & cette division est faite aux deux cercles ou bases d'i-
celuy cylindre; & d'autant que les angles sont inégaux, les parallelogrammes sont inégaux, & ainsi leur hauteur sera inégale, & c'est par cette hauteur
qu'il faut considérer lesdits parallelogrammes. Il faut voir premiérement le
plus grand de tous qui est fait de B G, tant en la base du cylindre B D C,
qu'en l'autre qui est en l'air, & des costez du cylindre. Or en ce parallelogramme il faut remarquer que la perpendiculaire qui est la hauteur dudit parallelogramme, & qui du sommet tombe sur le point B, n'est autre chose que
le costé du cylindre; & considérant le second parallelogramme qui a pour
costez G H & les costez du cylindre, on voit que ce costé du cylindre vaut
en puissance la ligne G 2, & la perpendiculaire ou hauteur du mesme parallelogramme; & partant ladite perpendiculaire ou hauteur du parallelogramme est
plus petite que la perpendiculaire du premier, qui est égale au costé du cylin-
dnre; & par ainsi ces hauteurs ou perpendiculaires vont toûjours en diminuant jusques au quart de cercle, & puis aprés vont en croissant au quart
suivant.

Remarquez que les lignes G 2, H 3, I 4, L 5 qui sont touchantes, pas-
sent pour la circonférence des divisions du cercle, & pour costez des parallelogrammes.

KKk ij

Il faut entendre en cette figure rectiligne, que K V est égale à la plus grande des perpendiculaires, & aussi au costé du cylindre, & qui tombe per-

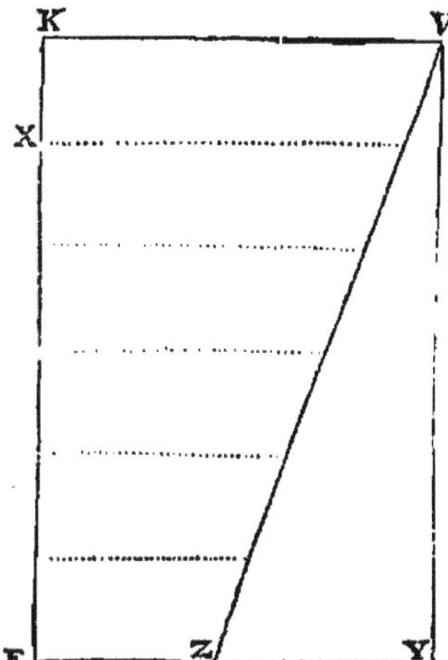

pendiculairement sur le costé B G au point B : la ligne K X & les autres divisions representent & sont égales à celles de la circonférence, comme K X à B G, & ainsi des autres ; car K E est supposée égale au quart de la circonférence B H D. Le plus grand des parallelogrammes est fait des lignes K V, K X ; & quand il est pris autant de fois qu'il y en a de petits, il occupe l'espace K V Y E ; partant toutes ces lignes sont à la grande K V prise autant de fois, comme la figure K V Z E est au quart de la superficie du cylindre qui est icy representé par le parallelogramme K V Y E.

Il faut passer plus avant, & considérer les perpendiculaires qui sont tirées du sommet sur les points 2, 3, 4, 5, &c. du cercle B D C. Or chacune de ces perpendiculaires, par éxemple celle qui part du point 2, vaut la ligne qui tombe perpendiculairement sur le point N & la ligne N 2 ; la perpendiculaire qui tombe sur le point 3 vaut en puissance celle qui tombe perpendiculairement sur O, & la ligne O 3, & ainsi des autres. Cecy s'explique mieux dans le petit cercle A 9 T. Il faut donc concevoir la ligne qui part du point A centre du grand cercle B D C base du cylindre oblique, & qui va trouver le centre de l'autre cercle qui est la base supérieure du mesme cylindre, duquel centre on abaisse la perpendiculaire qui tombe sur la circonférence du petit cercle A 9 T au point T. Ayant trouvé le point T, de l'intervale A T comme diamétre je forme le cercle A 9 T ; la demi-circonférence duquel est divisée en autant de parties égales qu'il y en a au quart B D de la circonférence du cercle B D C. Puis après, du point duquel j'ay tiré la perpendiculaire sur le point T, je tire des lignes aux points 11, 10, 9, 8, 7, &c. qui font la division du cercle, comme il a esté dit. Du point T je tire des lignes aux mesmes points 11, 10, 9, 8, 7. Je dis davantage que le cercle A 9 T nous représente la base d'un cylindre droit qui a son autre base en l'air, sçavoir un cercle dont la circonférence passe par le point d'où est tiré la ligne qui tombe sur T, & est aussi le centre de la base supérieure du cylindre oblique, & on nommera icy ledit point qui est en l'air, sommet. Nous disons donc que la ligne tirée en l'air dudit sommet sur le point 7, est égale en puissance aux deux lignes dont lune est celle qui tombe perpendiculairement dudit sommet sur le point T ; & l'autre est T 7. La ligne qui part dudit sommet, & va au point 8, est égale en puissance à la susdite qui tombe dudit sommet sur T, & à T 8 ; & ainsi de toutes les lignes qui vont au point du cercle A 9 T. Or la ligne qui tombe sur le point T est toûjours la mesme, & est la hauteur perpendiculaire du cylindre oblique ; & toutes ces lignes qui partent dudit sommet, & vont sur les points 7, 8, 9, 10, 11, &c. forment un cône dont ledit point d'où sortent toutes ces lignes, & aussi celle qui tombe sur T, est le sommet ; & chacune desdites lignes qui vont dudit sommet sur 7, 8, 9, &c. sont chacune égales en puissance à ladite ligne qui tombe sur T, & à celle qui de T va sur le point de la circonférence A 9 T, auquel celle qui part du sommet aboutissoit aussi.

Or en tout cecy on doit considérer la figure du discours précédent, qui

est

est icy décrite, en laquelle nous feignons que l'ouverture du compas se doit
faire sur un cylindre droit posant un pied du compas pour pole sur le point
F, & traçant de l'autre sur le cylindre, & faisant ladite ouverture plus grande que le diametre F E : la pointe du
compas va toucher la plus petite des
perpendiculaires, laquelle partira du
point E, & montera le long du cylindre,& les perpendiculaires suivantes qui
partent des points 29, 28, 27, 26, 21,
22, 23, &c. jusques au mesme point F,
auquel lieu la perpendiculaire est égale
à l'ouverture du compas, & partant la
plus grande de toutes ces perpendiculaires. Or la ligne qui est l'ouverture
du compas est égale en puissance à la
ligne F E, & à la moindre perpendiculaire, sçavoir à celle qui va du point E
le long du cylindre. Prenons maintenant quelqu'autre point comme 22.
Nous disons que la ligne qui est l'ouverture du compas vaut les quarrez de
la ligne F 22, & de la perpendiculaire
du point 22 en l'air; partant les quarrez de F E & de la perpendiculaire sur
E en l'air, sont égaux aux quarrez F 22
& de la perpendiculaire sur 22 en l'air.
Au lieu du quarré F E, je prends les
quarrez de F 22, & de 22 E; partant les
quarrez de F 22, & de la perpendiculaire sur 22 en l'air, valent les quarrez de

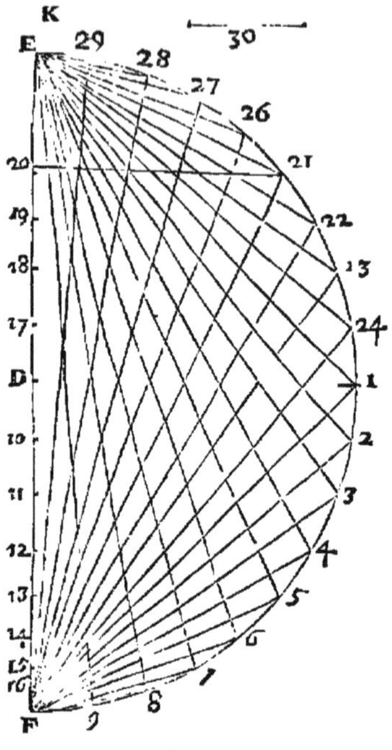

F 22, 22 E, & de la perpendiculaire sur E en l'air. Des deux grandeurs ostez
ce qui est commun, sçavoir le quarré de F 22, restera le quarré de la perpendiculaire sur 22 en l'air, égal aux quarrez de 22 E & de la perpendiculaire
sur E en l'air; & faisant le mesme aux autres points 23, 24, 25, 26, 27, &c.
on aura le quarré de la perpendiculaire sur 23, par éxemple, égal aux quarrez
de 23 E, & de la perpendiculaire sur E en l'air, & ainsi des autres : par ainsi
nous trouvons que les quarrez desdites perpendiculaires en l'air sont égaux
aux quarrez de la perpendiculaire sur E en l'air, & des soutendantes 23 E,
22 E, 26 E, &c.

Or si on suppose que le cercle A 9 T soit aussi grand que F 22 E de la
présente figure, & qu'ils soient tous deux également divisez, & que l'ouverture du compas vaille en puissance le diametre F E, & la hauteur du cylindre oblique, sçavoir la ligne qui tombe perpendiculairement sur T, alors
les perpendiculaires bornées par le trait du compas, & tirées en l'air des
points E, 29, 28, 27, 26, &c. sont toutes égales aux lignes qui tombent sur
les points T, 11, 10, 9, 8, 7, A, & qui sont tirées du centre de la base supérieure du cylindre oblique, qui est le sommet d'où tombe perpendiculairement la ligne sur le point T, & cette ligne est la plus courte de toutes celles
qui tombent dudit point sur le cercle A 9 T, & est égale à la perpendicu-
re tirée sur le point E en l'air, & coupée par ladite ouverture du compas; la
ligne qui aboutit au point 11, & vient du mesme sommet, est égale à la perpendiculaire sur le point 29 en l'air, & coupée par le compas; & ainsi toutes
les lignes tirées du sommet, ou centre de la base superieure du cylindre obli-

Voyez la
figure de la
page 222.

que font égales aux perpendiculaires retranchées par le compas fur la furface du cylindre droit. Or les lignes ainfi tirées du centre oblique fur le cercle A 9 T font égales aux lignes qui tombent fur les points 2, 3, 4, &c. & qui font tirées de la circonférence de ladite bafe fuperieure du cylindre oblique, fçavoir des points de ces perpendiculaires aux points F, N, O, P, &c. & les foutendantes T 7, T 8, T 9, &c. font égales aux lignes N 2, O 3, P 4, &c. Nous difons donc que les parallelogrammes qui font en mefme hauteur, & dont les bafes font égales, doivent eftre égaux, & contiennent des efpaces égaux. Or pour mieux entendre cette égalité, nous devons feindre que le cercle A 9 T va jufques au centre du cercle F P S 17, & que fon diamétre A T eft égal à B A demi-diamétre du cercle B D C ; & ainfi le demi-cercle A 9 T fera égal au quart de cercle B D. Or le trait du compas qui s'eft fait en la derniére figure F 22 E, fe rapporte entiérement à ce qui s'eft fait dans le cercle A 9 T de l'autre figure ; & partant le trait du compas fait fur le cylindre droit eft égal au quart de la circonférence du cylindre oblique.

Pour conclufion. Si le cercle de la derniére figure F 22 E eft égal à celuy de l'autre figure, fçavoir B D C, & que la perpendiculaire retranchée par le compas, & qui part du point E en l'air (quand le compas eft plus ouvert que F E) eft égale à la perpendiculaire tirée de la bafe fupérieure du cylindre oblique à l'autre bafe, & qui eft la vraye hauteur dudit cylindre oblique, & qu'on a fuppofé tomber de la bafe fupérieure fur les points F, N, O, P, &c. & mefme fur C : toutes les perpendiculaires retranchées par le compas fur le cylindre droit dont la bafe eft F 22 E, feront égales aux perpendiculaires tirées du cercle fupérieur du cylindre oblique fur les points B, 2, 3, 4, 5, &c. & la figure retranchée par le compas fera égale à la fuperficie du cylindre oblique duquel la bafe eft le cercle B D C, & la hauteur perpendiculaire double de la perpendiculaire fur E en l'air, & retranchée par le compas, fçavoir de la perpendiculaire tant deffus que deffous ledit point E.

Voyez la figure fui-vante. Que la ligne C G foit le diamétre d'un cercle qui ferve de bafe à un cylindre droit duquel on ait retranché une fuperficie ; A C B foit le diamétre d'un cercle qui foit la bafe d'un cylindre oblique propofé ; C F foit l'axe dudit cylindre oblique ; F le centre de la bafe fupérieure, duquel tirant la ligne F G perpendiculaire fur A B, ladite F G fera la hauteur du cylindre oblique. Mais fi on éleve ledit axe C F perpendiculairement fur C, on aura fon égale C L qui eft la hauteur qu'il faut donner au cylindre droit qui a la ligne C G pour diamétre de fa bafe ; & fi on tire de L en I une parallele à C G, & du point I la ligne I F G, le cylindre droit eft achevé, fur lequel du point C, & intervalle C L on retrat chera avec le compas la fuperficie L F, &c. Or nous avons veû cy-devant que ce qui eft retranché fur la fuperficie du cylindre droit C L I G, eft à la fuperficie du cylindre oblique propofé A E D B, comme i diamétre du cylindre droit C G, fçavoir de fa bafe au demi-diamétre de la bafe du cylindre oblique A C ou C B. Or fi le diamétre du cylindre droit eft égal au demi-diamétre de l'oblique, alors ce qui eft retranché du cylindre droit fera égal à la fuperficie du cylindre oblique. Mais l'un n'eftant pas égal à l'autre, pour trouver un retranchement qui foit égal à la fuperficie du cylindre oblique, il eft néceffaire de trouver un cylindre droit femblable au premier C L I G, comme eft C N M H. Pour le trouver, on prend une moyenne proportionnelle entre C B, & C G, laquelle eft C H : du point H j'éleve la perpendiculaire H O M qui coupe la ligne C F en O, & fait le triangle C H O femblable au triangle C G F : ces triangles femblables fervent à faire le petit cylindre droit femblable au grand cylindre droit ; car du petit cylindre C N M H, on retranche

N E O, &c. & ce qui est retranché est égal à la superficie du cylindre oblique proposé ; car le retranché L F du cylindre droit C L I G est à la superficie du cylindre oblique proposé A E D B, comme le diamétre C G au demi-
diamétre C B. Mais le petit cylindre C N M H estant semblable au grand cylindre C L I G, le retranché de l'un sera semblable au retranché de l'autre :
les superficies des cylindres sont entr'elles en raison doublée de leurs diamétres ; partant la superficie du grand cylindre est à celle du petit en raison

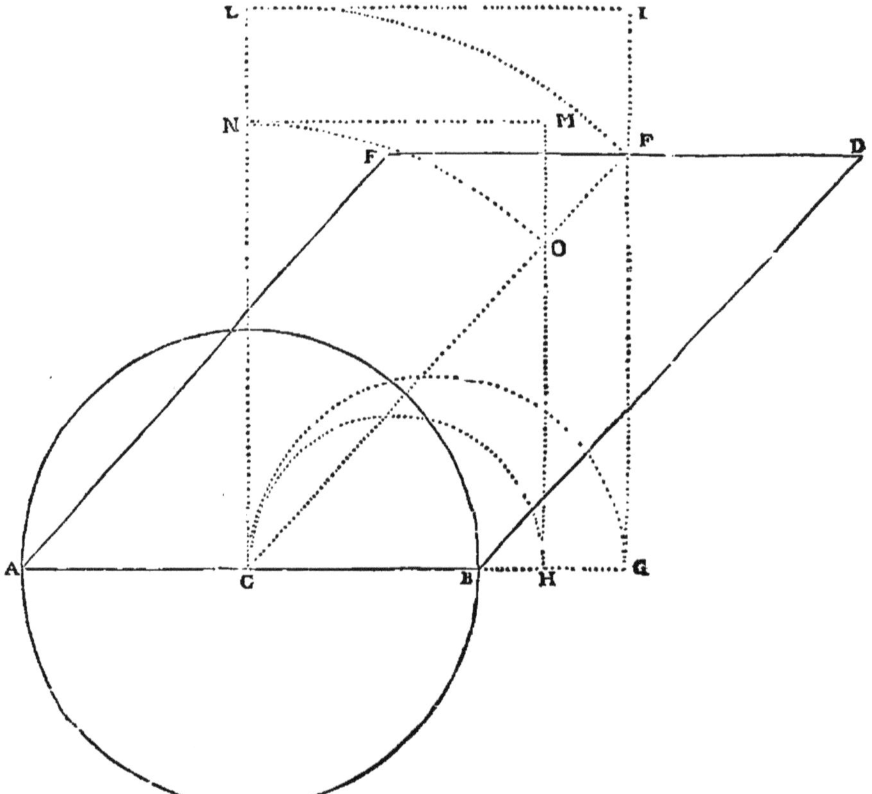

doublée de C G diamétre du cercle du grand cylindre à C H diamétre du
cercle du petit ; la superficie de l'un sera donc à celle de l'autre en raison
doublée de C G à C H, c'est-à-dire, comme C G à C B. Mais les cylindres
droits estant semblables, le retranché de l'un sera au retranché de l'autre,
comme toute la superficie de l'un à toute la superficie de l'autre ; partant le
retranché du cylindre droit C L F est au retranché du petit cylindre droit
C N E O, comme C G à C B. Mais le retranché du grand cylindre droit
est à la superficie du cylindre oblique, comme C G à C B ; partant le retranché du petit cylindre est égal à la superficie du cylindre oblique, puis
que l'un & l'autre a mesme raison au retranché du grand cylindre.

Tout ce qui a esté dit cy-devant pour couper sur un cylindre droit un espace égal à la superficie d'un cylindre oblique, se peut réduire à ce qui s'en-suit.

Soit fait la figure suivante dans laquelle le diamétre du petit cercle, sçavoir A T, doit estre égal au demi-diamétre du grand cercle B D C base inférieure, & de F P S 17 représentant la base supérieure en l'air du cylindre oblique dont le centre est perpendiculaire sur T joint au point C. Je dis que

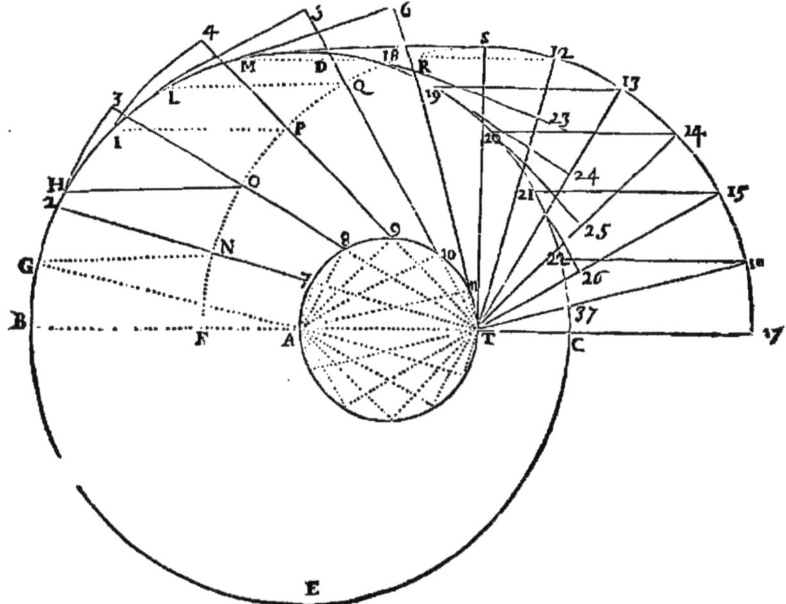

si on ouvre le compas autant que le costé du cylindre oblique, & que laissant un des pieds du compas sur le point F joint au point A, on trace une ligne sur le cylindre droit dont la base est A 9 T, l'espace compris entre ladite ligne, & ladite base A 9 T, sera égal à la superficie du cylindre oblique.

Soient divisées les bases desdits cylindres oblique & droit en une infinité de parties égales, sçavoir, faisant autant de divisions sur le quart de cercle B L D que sur le demi-cercle A 9 T, & ce, tant aux bases supérieures qu'aux inférieures desdits cylindres; & tirant des lignes par les points desdites divisions, on fera plusieurs parallelogrammes qu'on prendra au cylindre oblique d'une base à l'autre; mais au cylindre droit on les prendra depuis la base inférieure jusques à la section faite par le compas. Or lesdits parallelogrammes sont égaux en multitude en l'un & l'autre cylindre, & on les démontrera aussi égaux en quantité, comme il s'ensuit.

Puisque les parallelogrammes susdits ont mesme base, puisqu'ils contiennent égale portion ou quantité en la circonférence de la base de chacun des cylindres, reste à montrer que leur hauteur est égale. Cette hauteur est facile à connoistre au cylindre droit, puisque le costé mesme du cylindre coupé par le compas, la dénote : mais au cylindre oblique cette hauteur est la ligne tirée de la base supérieure représentée par les points N, O, P, &c. perpendiculai-rement sur la tangente tirée du point correspondant en la base inférieure ;

ainsi

ainſi la ligne tirée de N en l'air ſur la touchante G 2 (qui part du point G de la baſe inférieure correſpondant au point N de la ſupérieure) en ſorte qu'il ſe faſſe un angle droit au point 2 , eſt la hauteur du parallelogramme tiré de G au point N en l'air de la baſe ſupérieure. Et de meſme , la hauteur du parallelogramme tiré du point H au point qui eſt audeſſus de O en l'air en la baſe ſupérieure, eſt la ligne tirée du meſme point O en l'air au point 3 ſur la touchante H 3 où elles font enſemble un angle droit ; & ainſi les hauteurs de tous les parallelogrammes font les lignes tirées des points de la baſe ſupérieure prpendiculairement ſur les tangentes qui partent des points correſpondans en la baſe inférieure ; & ainſi, le moindre de tous les parallelogrammes ſera celuy qui du point D de la baſe inférieure , eſt tiré au point correſpondant à S en la ſupérieure ; car il n'a pour hauteur ſimplement que la hauteur du cylindre oblique , ſçavoir les lignes tirées perpendiculairement des points C , F, N, O, &c. à la baſe ſupérieure. Comme le plus grand deſdits parallelogrammes eſt celuy qui de B eſt tiré vers F en l'air ; car ſa hauteur eſt le coſté entier du cylindre oblique : il reſte à démontrer que ces perpendiculaires font égales en l'un & en l'autre cylindre.

Premiérement, il eſt certain que l'ouverture du compas, qui fait le retranchement ſur le cylindre droit, eſtant égale au coſté du cylindre oblique, la perpendiculaire ſur A au cylindre droit, bornée par le trait du compas, ſera égale à celle qui va du point B au point correſpondant de la baſe ſupérieure du cylindre oblique, qui eſt auſſi le coſté du cylindre oblique. Et pareillement la perpendiculaire ſur le point T au cylindre droit eſt égale à la hauteur du cylindre oblique, & à la ligne tirée perpendiculairement du point S à ſa baſe ſupérieure ; car l'axe du cylindre oblique qui du centre A de la baſe inférieure va à celuy de la ſupérieure qui eſt audeſſus de T, eſt égal au coſté du cylindre oblique , & partant à l'ouverture du compas : mais ledit point T en l'air, centre de la baſe ſupérieure, eſt le point du cylindre droit retranché par le compas ; partant ladite perpendiculaire ſur T au cylindre droit, ſera égale à la hauteur du cylindre oblique, & à la perpendiculaire ſur S.

On le démontreroit encore autrement, imaginant un triangle rectangle dont un des coſtez ſoit D S ; le ſecond, la perpendiculaire qui va de S à la baſe ſupérieure , & le troiſiéme qui va de D audit point ſur S en l'air ; car ce triangle eſt entiérement égal à celuy qui ſe fait au-dedans du cylindre droit dont un des coſtez eſt A T ; l'autre, la perpendiculaire ſur T juſques au rettanchement ; & le troiſiéme eſt l'ouverture du compas, qui va de A à T en l'air, & eſt égale au coſté du cylindre oblique, ſçavoir à la ligne qui va de D au point S en l'air : la ligne A T eſt égale à D S, comme il eſt aiſé de le montrer ; les angles en T & en S font droits ; & partant les triangles font égaux, & la ligne ſur T égale à la ligne ſur S.

On montrera , comme cy - devant, l'égalité des autres perpendiculaires , ſçavoir, celle ſur 7 au cylindre droit, à celle qui tombe ſur 2 à l'oblique ; celle ſur 8, à celle ſur 3, &c. & nous le répéterons encore icy. L'ouverture du compas eſt égale en puiſſance aux quarrez de A T & de la perpendiculaire ſur T du cylindre droit ; & pareillement elle eſt égale aux quarrez de A 7 & de la perpendiculaire ſur 7, & aux quarrez de A 8 & de la perpendiculaire ſur 8 , &c. Donc les quarrez de A T & de la perpendiculaire ſur T font égaux aux quarrez de A 7 & de la perpendiculaire ſur 7 ; & ſi au lieu du quarré A T on prend les quarrez de A 7 & 7 T qui luy font égaux, on aura les quarrez de 7 T, 7 A, & de la perpendiculaire ſur T égaux aux quarrez de 7 A, & de la perpendiculaire ſur 7 ; & oſtant de part & d'autre le quarré 7 A, on aura le quarré de la perpendiculaire ſur 7 égal aux quarrez de 7 T, & de la perpendiculaire ſur T.

De plus, on a montré que 2 N est égal à 7 T par le moyen du rectangle
7 A G 2. Il faudra donc pour la perpendiculaire sur 2 imaginer un triangle
rectangle en l'air sur le point N dont un des costez sera N 2; le second, la
perpendiculaire qui du point N va trouver le point correspondant en la base
supérieure du cylindre oblique; & le troisiéme est la perpendiculaire cherchée, qui du point N en l'air est menée au point 2, & ce troisiéme costé estant
opposé à l'angle droit en N, vaut en puissance les quarrez de la perpendiculaire sur N (égal à celuy de la perpendiculaire sur T) & de la ligne N 2 égale
à 7 T; donc la perpendiculaire sur 7 sera égale à la ligne qui du point N en
l'air tombe sur 2. Mais ces lignes désignent la hauteur des parallelogrammes faits sur les cylindres; & partant lesdits parallelogrammes ayant la base
égale & la hauteur égale sont égaux; & partant la surface du cylindre oblique égale à ce qui est coupé du cylindre droit. Mais si la perpendiculaire tirée du centre de la base supérieure ne tombe pas sur la circonférence de la
base inférieure, en sorte que A T ne soit pas égal au demi-diamétre de ladite base, alors il faut proportionner, comme on a montré au discours sur la
figure de la page 227.

DU SOLIDE DE LA ROULETTE.

QUE A I B soit le chemin de la Roulette; A L M B le parallelogramme
fait du diamétre I C, & de la circonférence A B étenduë en ligne droite.
Nous cherchons la raison qu'il y a du cylindre fait par le parallelogramme,
au solide fait par la roulette A I B, lors que le tout tourne sur ladite circonférence A C B. Pour cét effet, je tire la ligne G D H parallele à A C B; &

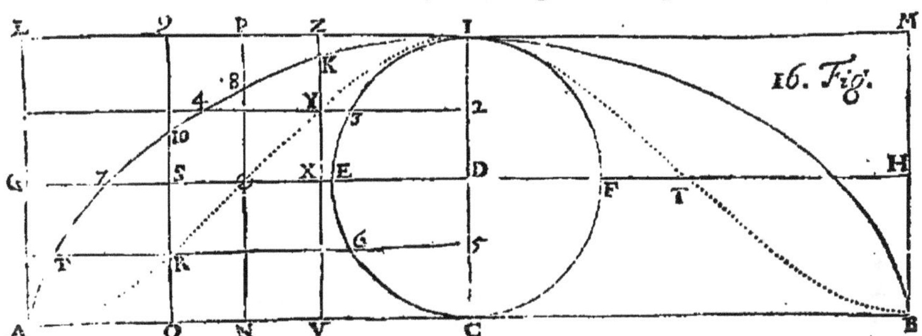

ctete ligne se prend pour le chemin du point D centre de la roulette. Or
cette ligne G D H coupe la figure A O I 4 & le demi-cercle C E I, chacune
en deux parties semblables : or il y a un Théoréme qui porte que, quand deux
figures sont ainsi coupées par une ligne parallele à la ligne sur laquelle les figures font leur tour, les solides des figures sont entr'eux comme les figures;
& partant le solide fait par la figure A O I 4 est égal au solide fait par la
demi-circonférence I E C; car nous avons veû comme le plan A O I 4 est
égal au demi-cercle I E C que nous avons trouvé estre le quart du parallelogramme; & ainsi ces solides seront chacun le quart du cylindre fait par
le parallelogramme. Mais ne prenant que le seul solide fait par A O I 4
qui sera le quart du cylindre, & ayant tiré la ligne Q R S qui représente
toutes les lignes tirées perpendiculairement de A N premier quart de la circonférence A C B sur G D H, & la ligne V X Y qui représente toutes les lignes tirées de N C second quart, sur la ligne courbe O Y I : nous disons que
le quarré de Q R est égal aux quarrez de Q S & S R, moins deux fois le re-

ctangle Q S R, & ainſi des autres lignes tirées ſur ledit quart A N; & de plus
que le quarré de V Y. eſt égal aux quarrez de V X, & X Y plus deux fois le
rectangle V X Y, & ainſi des autres lignes tirées ſur le ſecond quart N C.
Or les rectangles qui ſe trouvent dans l'eſpace A O ſont égaux à ceux de l'eſpace N I; & eſtant de plus d'un coſté & moins de l'autre, on les oſtera de
part & d'autre. Il reſtera donc que les quarrez de Q R, V Y & des autres lignes tirées de A C ſur la ligne courbe A R O Y I pris tous enſemble, ſeront
égaux aux quarrez du demi-diamétre Q S ou V X pris autant de fois, & aux
quarrez de S R, X Y, & autres lignes tirées de G D ſur la ligne courbe A O I
pris auſſi autant de fois. Or leſdites lignes S R, X Y, &c. ſont des ſinus droits
dont les quarrez ſont au quarré du diamétre pris autant de fois, comme 1 à 8,
& les quarrez du demi-diamétre ſont aux quarrez du diamétre, comme 2 à 8.
Si on joint ces raiſons, on aura celle de 3 à 8 qui eſt celle des quarrez des
lignes tirées de A C ſur la ligne courbe A O I au quarré du diamétre pris
autant de fois; & ſi on y joint la raiſon de la figure A O I 4 au parallelogramme A I, qui eſt comme 2 à 8, on aura la raiſon de 5 à 8, qui eſt celle du
ſolide que fait la roulette A I B, au cylindre A M, le tout tournant ſur A C B.

On conclura la meſme choſe en conſiderant les quarrez des ſinus verſes
Q R, V Y, & les autres, leſquels ſont au quarré du diamétre pris autant de
fois, comme 3 à 8; & l'eſpace A R I 4 eſt au parallelogramme A I, comme
2 à 8, qui joint avec la raiſon de 3 à 8, font celle de 5 à 8; & telle eſt la
raiſon du ſolide de la roulette au cylindre, comme en l'autre concluſion.

Maintenant il faut voir quelle raiſon il y aura entre le ſolide de la meſme roulette & ſon cylindre, lors qu'elle tourne ſur L M parallele à A B, où
il faut conſiderer que le quarré de N 8 vaut les quarrez de N P & P 8
moins deux fois le rectangle N P 8; & ainſi le quarré N 8 plus deux fois le
rectangle N P 8 eſt égal aux quarrez N P, P 8. On ſçait que les quarrez de
N 8, V K, & de toutes les autres ſont au quarré du diamétre C I ou N P ſon
égal pris autant de fois, comme 5 à 8, à quoy il faut joindre deux fois les rectangles N P 8, V Z K, & tous les autres : or ces rectangles ont tous pour hauteur N P, & partant ils ſeront entr'eux comme toutes les lignes P 8; Z K, 9 10, &
les autres. Mais tout l'eſpace rempli de ces lignes, ou plutoſt toutes ces lignes
ſont au diamétre pris autant de fois, comme 2 à 8 : & il faut prendre deux
fois ces rectangles ; partant ils ſeront au quarré du diamétre pris autant de fois,
qu'il y a de lignes V K, N 8, Q 10, &c. comme 4 à 8; laquelle raiſon jointe à celle de 5 à 8 cy-devant, font celle de 9 à 8, ou $\frac{9}{8}$; & parce que les
quarrez Q 9, N P, V Z, &c. repreſentent les 8, il s'enſuivra que les quarrez 9 10, P 8, Z K, &c. vaudront $\frac{1}{8}$; car puiſque les quarrez Q 10, N 8,
V K, &c. avec deux fois les rectangles Q 9 10, N P 8, V Z K, &c. (qui
tous enſemble avec leſdits quarrez vallent $\frac{9}{8}$) ſont égaux aux quarrez Q 9,
9 10, N P, P 8, V Z, Z K, &c. ceux-cy vallent auſſi $\frac{9}{8}$. Si donc on en
oſte les quarrez Q 9, N P, V Z, qui vallent $\frac{8}{8}$, reſtera $\frac{1}{8}$ pour les quarrez
9 10, P 8, Z K, qui oſtez encore des meſmes quarrez Q 9, N P, V Z,
reſtera $\frac{7}{8}$ pour le ſolide de la roulette, qui ſera au cylindre comme 7 à 8.

La meſme choſe ſe peut conclure d'une autre façon, en diſant que le
quarré P 8 eſt égal aux deux quarrez P N, N 8 moins deux fois le rectangle P N 8, & tous les autres de meſme, ſçavoir le quarré de Z K égal aux
quarrez de Z V, & K V moins deux fois le rectangle Z V K, & ainſi des
autres. On a veû que les quarrez de N 8 & les autres, ſont au quarré du
diamétre pris autant de fois, comme 5 à 8; & joignant le quarré de N P
qui eſt 8, avec 5, on aura la raiſon de 13 à 8. De cette ſomme il faut oſter le moins, ſçavoir les rectangles P N 8 & autres, tous leſquels ont meſme hauteur, ſçavoir P N; ils ſeront donc entr'eux comme leurs baſes V K,

N 8, Q 10, & les autres. L'efpace A 8 I D C rempli par les petites lignes
V K, N 8, &c. eft au grand parallelogramme A I, comme 6 à 8; & le rectangle pris deux fois fera audit parallelogramme, comme 12 à 8; & oftant
la raifon de 12 à 8 de celle de 13 à 8, reftera celle de 1 à 8, comme cy-devant pour la valeur des quarrez Z K, P 8, 9 10, & les autres.

Il faut maintenant confiderer les folides qui fe font quand la figure tourne fur L A, où on remarquera que la ligne I C parallele à ladite L A, coupe le parallelogramme A M & la figure A I B en deux également; & partant les folides font entr'eux comme les plans; & ainfi le folide fait par
A I B fera au cylindre formé par le parallelogramme A M, comme le plan
de l'un eft au plan de l'autre. Mais les plans font entr'eux comme 4 à 3;
partant le cylindre fera au folide de la roulette comme 4 à 3.

Confiderons maintenant le folide fait par le plan de la compagne de la
roulette A O I T B. On voit que la ligne I C coupe en deux également
tant le parallelogramme A M, que ladite figure A O I T B; partant les
folides feront entr'eux comme les plans : mais les plans font entr'eux comme
2 à 1, partant le cylindre fera au folide fait par A O I T B, comme 2 à 1,
c'eft-à-dire double.

On conclura de là que le folide fait par la figure A O I 10 eft au cylindre A I, comme 1 à 4; car puifque le folide fait par A 8 I D C eft au
cylindre A I comme 3 à 4 : fi on en ofte le folide fait par A O I D C qui
eft au mefme cylindre A I comme 2 à 4, reftera la raifon de 1 à 4, pour
celle du folide fait par A O I 10, au mefme cylindre A I.

PROPORTION DES SOLIDES

compofez de lignes courbes, avec le cylindre qui aura mefme
bafe & mefme hauteur, enfemble de leur centre de gravité.

QUe A G E C foit une ligne irréguliére telle qu'on voudra, pourveu
toutefois qu'elle baiffe toûjours vers C; & foient tirées les lignes
A B, B C, qui faffent un angle en B, lequel foit icy fuppofé eftre droit,

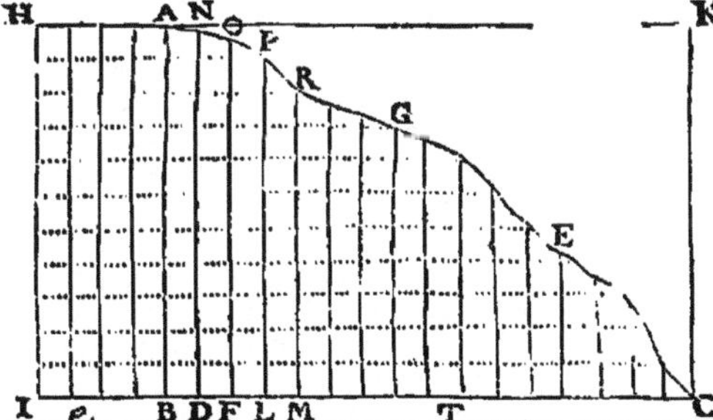

car cela n'eft pas nécef-
faire, & on aura le triligne A B C. Que les li-
gnes A B, B C foient
divifées en une infinité
de parties égales, &
chaque partie de A B
foit égale à chaque par-
tie de B C : de chaque
point de la divifion
foient tirées des paral-
leles aux lignes A B,
B C, qui divifent le tri-
ligne, comme on voit icy. Du point C j'éleve en l'air une perpendiculaire au
plan A B C égale à B C; puis je conçois un plan fur la ligne A B, tellement
incliné, qu'il vienne rencontrer l'extremité de la perpendiculaire fur C en
l'air. Enfuite j'éleve de chaque point de la ligne B C une perpendiculaire
qui rencontre ce plan incliné, & chacune de ces perpendiculaires eft égale
à fa correfpondante, fçavoir à celle qui va du point dont elle a efté tirée,
jufques à la ligne A B : comme la perpendiculaire tirée fur D fera égale à B D,

celle

celle qui eft elevée fur F eft égale à BF, & ainfi des autres. Il faut auffi concevoir un triangle rectangle ifocelle qui fe fait par la ligne B C, la perpendiculaire en l'air fur C qui eft égale à B C, & la ligne qui va de B à l'extremité de ladite perpendiculaire : le plan de ce triangle eft égal à la moitié du
quarré B C; le mefme doit eftre entendu de tous les triangles qui fe font
par le moyen du plan incliné, qui tous font égaux à la moitié du quarré
de leurs coftez égaux.

Il faut en fuite confiderer une perpendiculaire élevée fur le point A qui
chemine fur la ligne A G E C, & qui rencontre le plan incliné : cette ligne par fon chemin décrit une fuperficie; & par conféquent on a quatre fuperficies qui enferment un folide, la premiere eft le plan du triligne A C B;
la deuxiéme, le plan incliné qui commence à A B; la troifiéme eft le
triangle fur B C en l'air, & perpendiculaire fur le plan A B C; la quatriéme eft celle que fait la perpendiculaire en parcourant la ligne A G E C.
Ce folide eft diftingué & comme compofé d'une infinité de triangles tous
paralleles & femblables à celuy qui eft elevé perpendiculairement fur
B C, & qui eft une des faces du folide; partant ce folide partagé de cette
forte eft formé de la moitié de tous les quarrez de la ligne B C, & de fes
paralleles.

Que fi on veut couper ce folide d'un autre fens, fçavoir par des plans paralleles à la ligne A B, alors on fera dans le folide des parallelogrammes
égaux aux parallelogrammes B D N, B F O, B L P &c. partant tous ces
parallelogrammes enfemble feront égaux aux demi-quarrez de la ligne B C
& de fes paralleles; car c'eft le mefme folide qui ne change point. On peut
donc établir, que tous les demi-quarrez de la ligne B C & de fes paralleles, font égaux à tous les parallelogrammes N D B, O F B, P L B &c.

Soit tiré une parallele à A B en quelque part qu'on voudra : que ce foit
H I, fçavoir hors de la figure, & foit achevé le parallelogramme H I C K,
& foit élevé un plan fur la ligne H I, incliné en telle forte, qu'il rencontre
comme le précedent, l'extremité de la perpendiculaire fur C en l'air prife
de la longueur de I C; & foit auffi prolongé les lignes de la figure jufques
à la ligne H I : on trouvera que les demi-quarrez de la ligne I C & des
autres paralleles à cette ligne, qui aboutiffent à H I, font égaux à tous les
parallelogrammes compris dans la figure A B C, en les prolongeant jufques
à H I, & dans l'efpace H I B A, fçavoir A B I, N D I, O F I, &c.

Nous confidérerons maintenant la figure quand elle tourne fur H I. Alors
elle forme trois folides, fçavoir un cylindre par H I B A; un folide qui fe
nomme creux par la figure A C B; un autre par H A C B I, & le grand
cylindre H I C K. Nous cherchons les raifons de ces folides entr'eux. Pour
le petit cylindre, il eft au grand cylindre comme le quarré de H A eft au
quarré de H K; le folide fait de H I B C A eft au grand cylindre, comme
le quarré de I C & des autres paralleles jufques à H A, font au quarré
de H K pris autant de fois; le folide de la figure A B C eft au grand cylindre comme le quarré de I C & des autres paralleles moins le quarré I B,
pris autant de fois, eft au quarré H K pris autant de fois : & fi on prend la
moitié du folide, elle fera au grand cylindre, comme la moitié des quarrez I C, & des autres moins la moitié du quarré I B pris autant de fois, eft
au quarré H K pris autant de fois. Au lieu des demi-quarrez je prends ce
qui leur eft égal, fçavoir tous les parallelogrammes moins les petits de la
figure H A B I, & ils feront au grand quarré H K pris autant de fois,
comme la moitié du folide de la figure eft au grand cylindre. Que fi on
fait tourner la figure A B C fur A B, alors la moitié du folide fait par A B C
fera au cylindre fait par A B C K, comme la moitié des quarrez de B C

& de ses paralleles, sont au quarré de BC pris autant de fois ; & en general,
sur quelque ligne qu'on fasse tourner la figure, pourveu qu'elle soit parallele
à A B, on aura toûjours la mesme équation ; sçavoir, que la moitié du solide
fait par la figure, sera à son cylindre, comme la moitié des quarrez compris
dans la figure, sera au grand quarré pris autant de fois. J'entens que la figure commence à la ligne sur laquelle elle tourne, & que le parallelogramme commence à la mesme ligne.

Tout cela posé je viens à chercher le centre de gravité du plan de la figure
A B C. Pour cét effet je suppose que la ligne B C est un levier dont le point
B est l'appuy & en C la puissance : tous les points sont les lieux sur lesquels

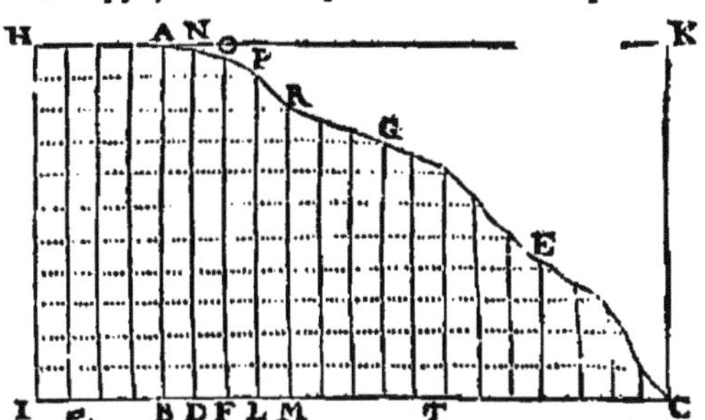

les pesanteurs pesent ;
on nommera ces points
centres de gravité de
chaque portion de la
figure, laquelle se divi-
se en parallelogrammes
qui tous ont chacun
leur centre, sçavoir le
point sur lequel chacun
d'iceux pese ; & tous
ces centres ensemble
viennent à estre égaux
(eu égard à la pesan-
teur qu'ils supportent) au centre total de la figure. Or nous disons que
le premier point, sçavoir D, est le centre de gravité du premier parallelogramme ; F, du second parallelogramme ; L, du troisiéme &c. Les centres
de gravité sont entr'eux en raison composée des costez de leurs figures ; par
exemple, le centre D est au centre F en raison composée de celle de N D
à F O, & de celle de B D à B F ; ce qui veut dire que comme le rectangle ou
parallelogramme des antécedens est à celuy des consequens, sçavoir comme
le parallelogramme N D B est au parallelogramme O F B : ainsi toutes les
pesanteurs sur tous lesdits points ou centres de gravité sont entr'elles, comme tous les parallelogrammes sont entr'eux. Au lieu des parallelogrammes
je prens leurs hauteurs, sçavoir les lignes A B, N D, O F, & je pose chacune de ces lignes pour le fardeau étendu, & qui pese sur chacun de ces
points. Pour trouver le centre de gravité de la figure, sçavoir le point sur
la ligne B C où les parties sont contrepesées les unes aux autres, je feins
par l'analize qu'il est en M, & j'attache à ce point M un poids égal à tous
les autres cy-dessus representées par toutes les lignes qui sont sur les points.
Ce poids est donc une ligne égale à toutes les lignes cy-dessus, & je dis
ainsi, Toutes les pesanteurs, ou centres de gravité ensemble sont au poids
de toute la figure qui est en M, comme tous les parallelogrammes de la figure sont au grand parallelogramme qui a un costé égal à toutes les lignes
cy-dessus, & la ligne B M pour l'autre costé (car on prend icy les parallelogrammes qui estant perpendiculaires sur les lignes N D, O F, P L,
&c. vont rencontrer le plan qui part de la ligne A B, & en montant va
rencontrer le point sur C en l'air élevé à la hauteur de C B, comme il a esté
dit cy-devant.) Mais toutes les pesanteurs assemblées sont égales à la pesanteur qui est en M ; partant tous les parallelogrammes de la figure sont
égaux au parallelogramme qui a toutes les lignes B A, D N, F O, &c.
pour un de ses costez, & B M pour l'autre : estant égaux ils auront mesme
raison à une autre grandeur ; c'est pourquoy tous les rectangles sont au grand
quarré BC pris autant de fois, comme le grand rectangle qui a toutes

les lignes fufdites A B, N D, O F, &c. pour un de fes coftez, & B M pour l'autre, eft au mefme quarré pris comme cy-devant.

Au lieu de tous les rectangles fufdits je prens ce qui leur eft égal, fçavoir les demi-quarrez des lignes B D, B F, B L, B M, B C, &c. ils feront donc au grand quarré B C pris autant de fois, comme le grand rectangle fufdit qui a B M pour un de fes coftez, & pour l'autre toutes les lignes A B, N D, O F, &c. eft audit quarré B C pris &c. Mais nous avons veû que comme le cylindre fait par A B C K eft à la moitié du folide fait quand la figure tourne fur A B, ainfi le quarré B C pris autant de fois, eft aux demi-quarrez des lignes B D, B F, B L, &c. Donc le rectangle qui a les lignes A B, N D, O F, &c. pour un de fes coftez, & B M pour l'autre, eft au quarré B C pris autant de fois, comme la moitié du folide fait par A B C eft au cylindre. Par les indivifibles je fais des folides de tous ces plans, & je dis que la moitié du folide fait par A B C eft au cylindre fait par A B C K, comme le folide qui a pour bafe la figure A B C, & B M pour hauteur, eft au folide qui a pour bafe le parallelogramme A B C K, & B C pour hauteur. Or les folides font entr'eux en raifon compofée de leur bafe & de leur hauteur; partant la moitié du folide de A B C, & le cylindre du parallelogramme A B C K, font la raifon compofante des deux folides, qui font entr'eux en la raifon compofée du parallelogramme A B C K à la figure A B C, & de celle de la ligne B C, à B M. Nous connoiffons la raifon compofante, c'eft à dire de la moitié du folide au cylindre; car (fi c'eft une parabole) fon folide eft à fon cylindre comme 8 à 15: icy nous n'avons que la moitié du folide; c'eft pourquoy ce fera comme 4 à 15. Pareillement la raifon du plan de la parabole à fon parallelogramme eft connuë, qui eft comme 2 à 3, oftant donc de 4 à 15 la raifon de 2 à 3 ou de 4 à 6, il refte celle de 6 à 15; & telle eft la raifon de B M à B C, & le point M eft le centre.

Que fi nous feignons un cylindre tel qu'il foit la moitié d'un folide, & que nous difions, Comme le cylindre eft à la moitié du folide, ainfi quelque ligne, comme e T eft à la ligne B M; & comme le parallelogramme A B C K eft au plan A B C, ainfi la mefme ligne e T eft à la ligne B C : ces trois lignes compofent la raifon qui eft entre la moitié du folide & le cylindre, qui fera la raifon compofée de e T à B C, & de B C à B M; & ainfi le point M fera le centre de gravité.

Auparavant que de proceder felon cette derniere façon il faut avoir trouvé cette ligne e T, faifant que, comme le plan A B C eft au parallelogramme A B C K, ainfi la ligne B C foit à e T; & puis dire, Comme le cylindre fait par A B C K eft à la moitié du folide fait par A B C tournant fur A B, ainfi la ligne e T foit à B M: le point M marque le centre de gravité. Cette méthode eft pour agir plus élegamment, & plus briévement que par la premiere qui eft plus feure, fçavoir par la compofition de raifon des deux folides qui font entr'eux en la raifon compofée de celle de leur bafe, & de celle de leur hauteur, comme il a efté dit cy-devant.

Il nous faut maintenant chercher le centre de gravité d'un quart de cercle par le folide qui fe fait quand un quart de cercle qui partiroit du point A & viendroit en C, puis aprés du point C l'autre quart de cercle viendroit rencontrer la ligne A B prolongée tant que de befoin. Quand ce quart de cercle tourne fur A B, il fe fait un folide de ce quart, & il fe fait un cylindre du parallelogramme A B C K, lequel, en cette figure, eft un quarré; car A B eft égale à B C, & chacune eft le demi-diamétre du cercle. Je trouve premierement le centre de gravité fçavoir le point M, en la façon ordinaire, fçavoir, que le demi-folide du quart de cercle, eft à fon cylindre comme le folide qui a pour bafe le quart de cercle, & pour hau-

Voyez la figure fui-vante.

teur la ligne B M, est au solide qui est composé du quarré B C pris autant de fois qu'il y a de divisions en B C. Mais les solides sont entr'eux en la raison composée de celle de leur hauteur, & de celle de leur base, sçavoir

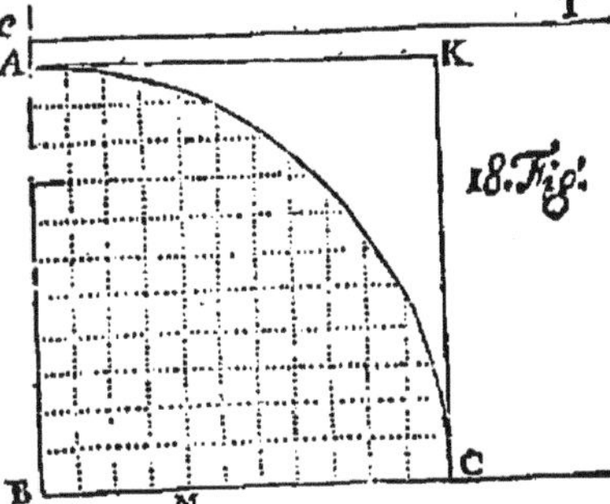

comme le quart de cercle, au quarré B C, & comme la ligne B M, à B C; en telle sorte que ces quatre termes composent la raison de la moitié du solide fait par le quart de cercle, à son cylindre, laquelle est connuë; car le cylindre est au solide comme 6 à 4; mais icy il n'y a que la moitié, & partant la raison sera comme 6 à 2. La raison du plan au plan, & de la ligne à la ligne, sera donc comme 2 à 6; la raison du plan au plan est connuë; car en cette figure, selon Archimede, elle est comme 11 à 14. Si donc je soustrais la raison de 11 à 14, de celle de 2 à 6, ou de 11 à 33, il restera la raison de 14 à 33 pour celle des lignes B M à B C; & le point M vient à estre le lieu du centre de gravité, en la premiere maniere.

La deuxiéme façon est en disant, Comme le cylindre de A B C K est à la moitié du solide du quart de cercle, ainsi la ligne e T est à B M; (on trouvera la ligne e T comme cy-devant, sçavoir en faisant comme le plan du quart de cercle est au parallelogramme, ainsi la ligne B C est à e T) c'est pourquoy nous voyons que la moitié du solide est à son cylindre, en la raison composée de e T à B C, & de B C à B M; & ainsi le point M est encore le centre de gravité, selon la seconde methode.

La troisiéme methode est la plus subtile, & elle est telle : comme le quart & demi de la circonference, sçavoir A C & sa moitié, le tout pris comme ligne droite, est à B C demi-diamétre, ainsi B C est au tiers de la ligne e T trouvée comme cy-dessus ; & il se trouvera que B M sera le tiers de ladite e T; & ainsi le point M sera le centre de gravité. Il faut montrer que B M est le tiers de e T; de plus, que le quart & demi de la circonférence est à son demi-diamétre, comme le mesme demi-diamétre est à B M tiers de e T.

Pour le premier, il est aisé à voir; car faisant que comme la moitié du solide est au cylindre, ou bien comme le cylindre fait par A B C K, est à la moitié du solide fait par le quart de cercle, ainsi la ligne e T soit à B M. Nous sçavons que le cylindre est triple de la moitié du solide; partant la ligne e T sera triple de B M, ce qu'il falloit prouver.

Il faut maintenant prouver que les trois lignes, sçavoir le quart & demi de la circonférence pris comme ligne droite, le demi-diamétre & le tiers de e T sont proportionnelles. Cecy se démontre par la proportion troublée que je dispose comme il s'ensuit. Que le quart & demi de la circonference soit a; le demi-quart de la mesme circonference soit b; le demi-diamétre soit c; le mesme demi-diamétre soit aussi d; la ligne e T soit e; & le tiers de la ligne e T ou la ligne B M, soit m. On fera les proportions suivantes.

Comme a est à b, ainsi e est à m; & comme b est à c, ainsi d est à e; partant comme a est à c, ainsi d est à m; partant les trois lignes a, c, m sont proportionelles, ce qui restoit à démontrer.

Tout ce qui a esté dit jusques à present ne sert que pour trouver le centre de gravité des plans par le moyen d'un solide. Maintenant nous chercherons le centre de gravité d'une ligne telle qu'elle puisse estre, soit droite, circulaire, ou irréguliere.

TROUVER

TROUVER LE CENTRE DE GRAVITÉ
de la ligne AGEC.

SOIT divisé la ligne AGEC en une infinité de parties égales; & ayant tiré les lignes AB, BC, comme cy-devant, soit aussi tiré des paralleles à AB de chaque point de la division, qui diviseront la ligne BC en parties inégales. Les parties de la ligne AGC ont chacune leur pesanteur; & le poids d'une partie n'est pas égal au poids de l'autre. Or le poids de chaque portion est representé par le point de sa division: les paralleles portent chaque pesanteur sur le levier BC aux points de sa division; & c'est sur ces points de BC que pesent toutes les parties de la ligne AGC. Nous sçavons que les poids sont entr'eux comme les rectangles; c'est à dire que le poids du point D est au poids du point H, comme le rectangle fait de AD & de BF, au rectangle fait de AD ou son égale DH, & de BI. Au lieu de dire, comme les rectangles, je dis, comme la ligne BF est à BI; parce que les rectangles ont tous un costé égal, sçavoir la portion de la ligne AGC.

Je feins que le centre soit en M, duquel point je fais pendre une ligne égale à AGC qui represente sa pesanteur; puis je dis que le poids du point F est au poids du point M centre, comme la ligne BF est à la ligne BM; le poids du point I est au poids de M, comme la ligne BI à BM, & ainsi des autres. De là nous reviendrons aux rectangles, & nous dirons que tous les points pesans sur ceux de la ligne BC sont au poids universel pesant sur le point M centre total, comme le rectangle fait d'une seule portion de la ligne AGC & de toutes les lignes BF, BI, BL, BM, &c. est au rectangle fait par la ligne AGC penduë au point M, & par la ligne BM. Or tous les petits poids ramassez ensemble sont égaux au poids en M, qui est le poids de toute la ligne; & partant les deux rectangles sont égaux, & leurs costez sont quatre lignes proportionnelles. Pour faciliter la résolution de la question du rectangle fait par une portion de la ligne AGC & des lignes BF, BI, BL, &c. j'oste par les indivisibles la portion de la ligne AGC: cette portion estant une & terminée, ne diminuë rien dans l'infini; (car tout ce qui est fini & terminé comme 1, 2, 3, 4, & tant de nombres terminez qu'on voudra, n'augmente ny ne diminuë rien dans les infinis) ayant donc retiré cette unique portion du rectangle, il me reste l'espace com-

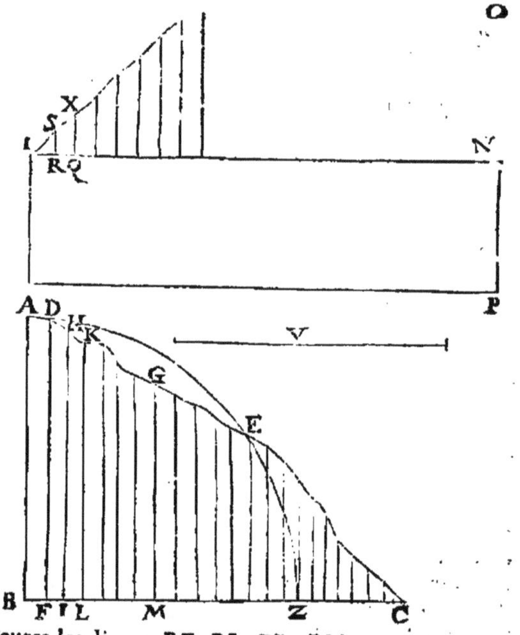

OC

pris par les lignes B F, B I, B L, &c. qui eſt égal au meſme rectangle de A G C
par B M. Je poſe que la ligne A G C ſoit la droite T N, laquelle eſtant diviſée infiniment, j'éleve ſur chaque point de la diviſion perpendiculairement
la ligne R S égale à B F, Q X égale à B I, & ainſi des autres. Les lignes
ainſi élevées compoſent une figure égale au rectangle T P dont le coſté N P
eſt égal à B M, & T N égal à A G C, puis je cherche un quarré qui ſoit
égal à la figure ou à ce rectangle, (car l'un eſt égal à l'autre.) Que ſon
coſté ſoit la ligne marquée V. Nous dirons que comme la ligne A G C eſt
à la ligne V, ainſi la ligne V eſt à la ligne B M cherchée ; & cecy eſt la
propoſition univerſelle. Comme la ligne propoſée à la ligne dont le quarré
eſt égal à la figure ou plan fait par toutes les lignes B F, B I, B L, &c.
ainſi cette meſme ligne qui eſt le coſté dudit quarré, eſt à la ligne B M
cherchée ; & ainſi ces trois lignes, ſçavoir la donnée, celle qui eſt le coſté
du quarré ſuſdit, & la cherchée B M ſont continuellement proportionnelles.

    Cherchons maintenant le centre de gravité du quart de circonférence
A G Z. Alors il faudra dire, Comme la ligne A G Z étenduë en ligne droite
eſt à ſon demi-diamétre B Z, ainſi ce demi-diamétre eſt à la ligne cherchée
B M. Mais le quart de la circonférence eſt au demi-diamétre, comme tous
les ſinus tirez par les points eſquels eſt diviſée la circonférence, ſont au ſinus total pris autant de fois ; or tous ces ſinus ſont les lignes B F, B I, B L,
&c. répondans aux points de la circonférence diviſée en parties égales infinies ; & tous ces ſinus ſont égaux au quarré du demi-diamétre, comme il
paroiſt par la troiſiéme Propoſition.

Voyez la
figure ſui-
vante.

    Mais ſi on ſuppoſe que la ligne A C ſoit droite, pour en trouver le cen-
tre de gravité je la diviſe en une infinité de parties égales, & de chaque point
de la diviſion je tire des lignes paralleles à A B, qui tombent ſur le levier
B C & le diviſent en parties égales entr'elles, & diviſent la figure A B C
en triangles ſemblables : les points de la ligne B C marquent les centres
de gravité de chaque portion de la ligne propoſée A C. Or tous ces centres ou peſanteurs ſont entr'elles, comme les rectangles ſont entr'eux, c'eſt
à ſçavoir, comme le rectangle B F par A D eſt au rectangle B I par D H
ou ſon égale A D ; & d'autant que la portion de A C eſt toûjours la meſme
en tous les rectangles, les centres ſont entr'eux, comme les lignes B F, B I,
B L, &c. de ſorte que ces petits centres ou peſanteurs particulieres ſont au
centre ou peſanteur totale qui eſt au point M (d'où on a pendu une ligne
égale en grandeur & peſanteur à la ligne A C) comme toutes les lignes B F,
B I, B L, &c. ſont au rectangle A C par B M ; car par les indiviſibles on a retranché du rectangle fait de la portion de la ligne A C, ſçavoir de A D & de
toutes les lignes B F, B I, B L, &c. priſes enſemble, ladite portion A D. Il
faut trouver une ligne qui ſoit égale en puiſſance à l'eſpace fait par toutes
les lignes B F, B I, B L, & les autres ; puis je dis que comme la ligne donnée,
ſçavoir A C, eſt à cette ligne dont le quarré eſt égal à l'eſpace & plan ſuſdit fait par toutes les lignes B F, B I, B L, &c. ainſi cette ligne ou coſté
de quarré eſt à B M ; en ſorte que la ligne ſuſdite qui peut l'eſpace fait par
les lignes B F, B I, B L, &c. ſoit moyenne proportionnelle entre la ligne
propoſée A C, & la cherchée B M. Mais toutes ces lignes ſont à B C pris
autant de fois, comme le triangle au quarré de la ſomme ou multitude deſdits points, c'eſt à dire, comme 1 à 2 ; partant la ligne B M vaudra en puiſſance le quart du quarré B C ; & partant B M eſt la moitié de B C ; &
ainſi le centre de ladite ligne propoſée eſt au milieu d'icelle : car du point
M tirant une ligne parallele à A B, elle paſſera par le point G milieu de la
ligne A C, & marquera le lieu de ſon centre de gravité.

Je viens maintenant à chercher le centre de gravité d'une figure folide,
foit cône, cylindre, conoïde parabolique & hyperbolique, folide elliptique,
ou de quelqu'autre folide connû. Parlons premiérement du cône qui eft reprefenté par la ligne A C, & par C B tirée perpendiculairement fur A B. Le
fommet du cône eft C, l'axe eft C B, & la ligne A B eftant doublée vient à
eftre le diamétre du cercle, ou bafe du cône. Que l'axe de ce cône, fçavoir
B C, foit coupé par des plans perpendiculaires à cette axe en une infinité
de parties égales : toutes ces divifions font autant de cercles, qui tous en-

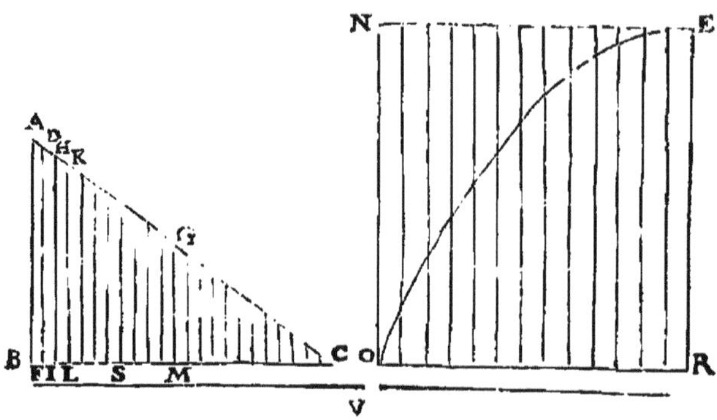

femble par les indivifibles compofent le cône, & font entr'eux comme les
quarrez de leur diamétres ; fçachant donc comme les diamétres font entr'eux,
on fçaura auffi la proportion des quarrez. Or cette divifion fait dans le cône
& fur fon axe des triangles femblables, comme A B C, D F C, H I C,
K L C, &c. c'eft pourquoy les demi-diamétres A B, D F, H I, K L &c.
font entr'eux, comme les portions de l'axe B C, F C, I C, L C font entr'elles : or ces portions ayant différences égales, elles gardent entr'elles l'ordre naturel des nombres ; les demi-diamétres garderont donc entr'eux l'ordre
naturel des nombres. Si les diamétres gardent l'ordre naturel des nombres,
leurs quarrez garderont l'ordre naturel des quarrez defdits nombres ; & partant ces cercles feront entr'eux comme les quarrez des nombres qui fuivent
l'ordre naturel, c'eft à dire comme 1, 4, 9, 16, 25, &c.

Cela pofé, pour trouver le centre de ce cône, il faut chercher un plan
dans lequel les lignes tirées gardent la mefme proportion, c'eft à dire que
la ligne foit à la ligne comme un quarré à un quarré ; car le plan qui aura
cette condition ne manquera pas d'avoir le centre de gravité au mefme lieu
que le folide. Je prens pour le plan une parabole qui a pour fommet le point E :
fon axe eft E R ; & la touchante E N reprefentera l'axe du cône B C. Je
divife E N en parties infinies & égales, & de chaque point je tire des lignes paralleles à N O (reprefentant A B) qui divifent le plan ou triligne
E O N. On a montré que ce triligne eft à fon parallelogramme comme
1 à 3 : on dira donc, Comme le triligne eft à fon parallelogramme, ainfi N E
fera à une autre ligne V ; partant V fera triple de N E ; & fi N E vaut 4,
V vaudra 12. Je dis enfuite, Comme le cylindre fait par le parallelogramme
de la parabole, eft à la moitié du folide fait par le triligne O E N qui eft
renfermé dans le cylindre, ainfi 4 à 1 ; & ainfi la ligne V qui vaut 12 eft à 3
qui fera la ligne C S, & le point S montrera le centre de gravité. Or B C
eftant 4, B S fera 1, & C S fera 3.

CENTRE DE GRAVITÉ,
du Conoïde parabolique.

S'I je cherche le centre de gravité du Conoïde parabolique, je le coupe-
ray, ou son axe, en parties infinies & égales par des plans qui diviseront
tout le solide en cercles (car dans le conoïde parabolique aussi bien que

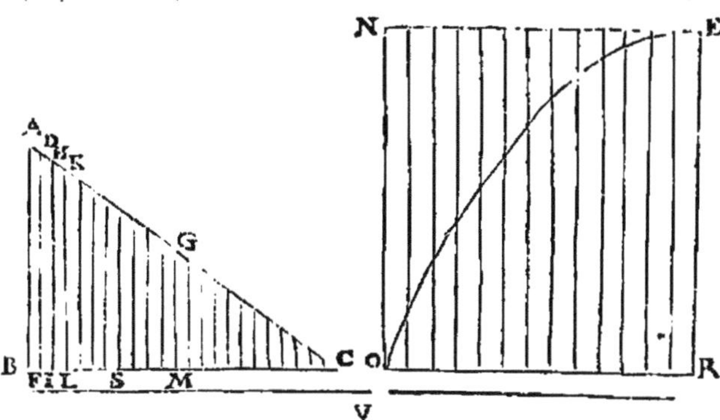

dans le cône, les sections faites par un plan parallele à la base, engendrent
des cercles.) Or tous ces cercles sont entr'eux comme les quarrez de leurs
diamétres; & partant sçachant comme les diamétres sont entr'eux, nous
sçaurons comment sont leurs quarrez. Mais dans la parabole les quarrez des
ordonnées sont entr'eux comme les portions de l'axe : icy les portions sont
égales; & partant ils sont entr'eux comme les nombres naturels ; les quarrez
des diamétres seront donc entr'eux en l'ordre des nombres naturels ; & le
premier quarré estant 1; le second sera 2, le troisiéme sera 3 &c.

Par nostre doctrine il faut trouver une figure ou plan qui ait cette mesme propriété. Je trouve que le triangle fait la mesme chose; il faut donc
feindre que A B C est un triangle. Je divise B C en parties égales & infinies,
& par les points je tire des paralleles à A B : or B C represente l'axe du solide
dont on cherche le centre. Cela fait je dis, Comme le plan du triangle est
à son parallelogramme, ainsi B C est à la ligne V. On sçait que le triangle
est au parallelogramme comme 1 à 2; partant V sera double de B C; si B C
est 3, V sera 6. Aprés on dit, Comme le cylindre fait par le parallelogramme
du triangle est à la moitié du solide, ou du cône fait par le triangle, ainsi la
ligne V sera à B M qui marquera le centre. Or le cylindre susdit est à la
moitié du cône comme 6 à 1; partant B M sera ⅙ de la ligne V, & le tiers de
B C; le centre de gravité du conoïde parabolique sera donc au tiers de son
axe du costé de la base; & ainsi divisant l'axe en trois parties égales, le premier point du costé de la base sera le centre de gravité.

Il faut observer en général, que quand on veut trouver le centre de quelque solide, aprés avoir divisé son axe en une infinité de parties égales, & par
conséquent tout le solide, sçachant quelle proportion ou raison gardent
toutes les sections faites par le plan qui a divisé le solide : il faut trouver un
plan duquel la propriété soit telle, que les lignes qui le divisent en une infinité de parties égales, soient entr'elles comme toutes les sections du solide
sont entr'elles : si les sections, ou plans du solide sont entr'eux comme le
quarré au quarré, les lignes du plan doivent estre entr'elles comme le quarré

au quarré. Si la proportion ou raifon eſt autre dans le ſolide, elle doit eſtre
telle dans le plan : obſervant toûjours dans le ſolide que ſi le plan eſt au plan
comme le quarré de ſon demi-diamétre, au quarré du demi-diamétre de
l'autre, dans le plan la ligne ſoit à la ligne, comme un quarré à un quarré.
Voilà ce qu'il faut remarquer.

Soit la ligne courbe ou circulaire B T E A diviſée en une infinité de
parties égales aux points V, T, F, E, D, &c. & de chaqu'un deſdits points
ſoit tiré une touchante comme V S, T R, F I, E H, D G, &c. à telle condition que la derniére comme D G eſtant tirée,
toutes les autres rencontrent plus haut la ligne
C S, ſçavoir plus loin du point C, comme aux
points H, I, R, S, &c. qui partant ſeront tous
plus éloignez de C que le point G dans la ligne
C S. Outre cela, du point B je tire la touchante, qui vient à eſtre parallele à C S. Cela fait,
des points l'atouchement comme de D, je tire
une ligne, ſçavoir D O, qui ſoit égale & parallele à C G; du point E, la ligne E P égale &
parallele à H C; de F, la ligne F Q égale &
parallele à I C; ſemblablement la ligne T Y
égale à R C, & V Z égale à S C, & ainſi des
autres points infinis, la ligne C S eſtant prolongée tant qu'il faudra, & la touchante en B tirée à l'infini, laquelle viendra à eſtre aſymptote
au regard de la ligne qui ſe forme par l'extrémité des lignes tirées des points de la diviſion paralleles à C S, qui eſt la ligne courbe
C O P Q Y Z. Puis aprés, ſi du point C on tire
des lignes à chaque point de la diviſion de
la courbe B F A, tout l'eſpace A F B C viendra à eſtre diviſé en ſecteurs infinis, leſquels
par les indiviſibles ſe convertiſſent en triangles, à cauſe que les petites portions des lignes courbes deviennent droites par la diviſion infinie. Je dis davantage que tout l'eſpace B F A C Q Z juſques au bout de la courbe C Q Z tirée à l'infini, & qui eſt entre ladite courbe, & la touchante B tirée auſſi à l'infini, ſe trouve diviſé en parallelogrammes infinis, l'un deſquels eſt D O C G qui repreſente
le moindre. C'eſt un parallelogramme, parce

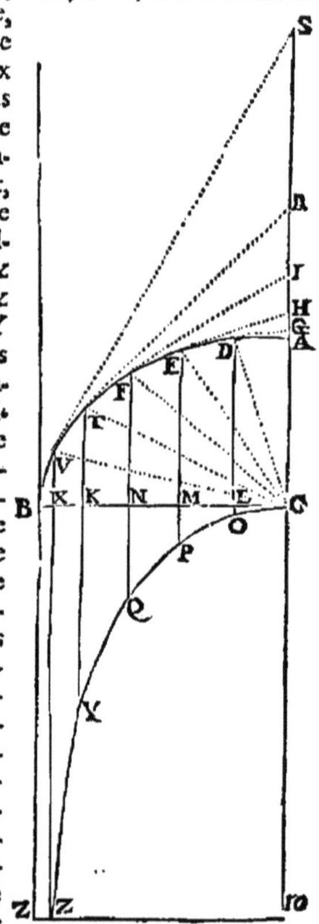

que dans les indiviſibles la touchante D G paſſe pour la partie de la ligne
courbe D A, comme il a eſté dit cy-devant dans une autre Propoſition : or
D O a eſté faite égale & parallele à G C, & pareillement de tous les autres
points, on a tiré les lignes égales & paralleles à leurs correſpondantes en
C S.

Pour venir à la concluſion, les parallelogrammes ont tous un meſme coſté
que les triangles, qui eſt chaque portion égale de la ligne courbe A E B.
Je dis donc que les triangles qui ont pour ſommet le point C duquel partent les deux coſtez du triangle, & dont le troiſiéme eſt la portion de la
courbe B F A diviſée à l'infini; tous ces triangles, dis-je, qui rempliſſent
l'eſpace A F B C, partent du point C comme de leur ſommet. Mais les
parallelogrammes qui ſont ſur baſes égales & entre meſmes paralleles que

les triangles, font doubles defdits triangles, & les uns & les autres font entre les paralleles C O & D G & entre C P & E H &c. (ces lignes C O, C P
font feulement imaginées pour montrer que les triangles, & les parallelogrammes font entre les mefmes paralleles, & fur des bafes égales ; car les bafes des uns & des autres font les portions de la ligne courbe divifée à l'infini,
& les portions des touchantes comprifes entre les paralleles à C A paffent
& font prifes pour ces portions de courbes comprifes auffi entre les mefmes
paralleles.)

    Puifque les parallelogrammes font doubles des triangles, par les indivifi-
bles, l'efpace qui eft occupé par lefdits parallelogramines, lequel fe trouve
compris entre la courbe A E B d'une part, & la courbe C Q Z produite à l'infini, d'autre part ; & entre les lignes droites A C & la touchante B tirée à
l'infini, tout cet efpace, fçavoir le quadriligne Z B F A C Q Z fera double
de l'efpace A F B C. Mais l'efpace A F B C eft celuy qui eft fait par les trian-

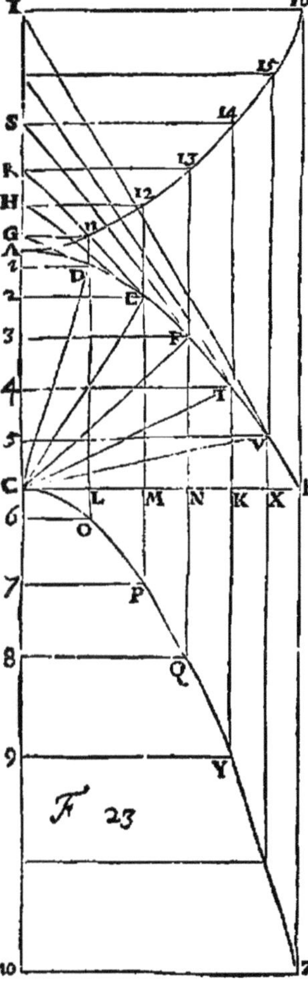

gles ; partant il fera égal à l'autre efpace
compris dans Z B C Q Z, les deux lignes
B Z & C Z eftant tirées à l'infini ; ce qu'il
falloit démontrer.

    Or la touchante B Z eft afymptote,
d'autant que, comme la ligne D O qui part
de la touchante D G eft égale à la ligne
G C qui part de l'extrémité de la mefme
touchante, & ainfi de toutes les autres lignes qui partent des touchantes, il faudroit que la ligne qui fort du point B,
& qui devroit rencontrer la mefme ligne
C Q Z en quelque point plus éloigné, fuft
égale à la portion de la ligne C A I prolongée & comprife entre le point C & la
rencontre de la touchante en B. Mais il
eft impoffible que la touchante en B la puiffe rencontrer, puifqu'elles font paralleles ;
ainfi elle ne rencontrera jamais la ligne
C Q Z en quelque point que ce foit, &
partant elle eft afymptote.

    Confidérons la figure quand nous au-
rons tiré les ordonnées des points D, E, F,
&c. fur l'axe C A, & pareillement des
points O, P, Q, &c. fur l'axe C 10, fuppofant que la figure A B C foit une parabole.

    Soit D 1 la première ordonnée de la fi-
gure A B C, & O 6 de C Z 10, on aura
D O égal à G C, & auffi à 1 6 ; & fi des
deux lignes égales G C & 1 6 on ofte la
ligne C 1 qui leur eft commune à toutes
deux, il reftera G 1 égale à C 6. Or par la
propriété de la parabole, G 1 eft divifée en
deux également par le fommet A ; partant
C 6 eft double de A 1 ; & ainfi de tous les
autres ; fçavoir C 7 fera double de A 2 ;
C 8 de A 3, &c. & ainfi, comme les lignes,
ou parties de l'axe de la parabole A B C font entr'elles, ainfi les doubles par-

ties feront entr'elles dans l'autre figure C Z 10. Mais dans la parabole les parties font entr'elles comme les quarrez des ordonnées, & partant dans la figure C Z 10 les parties de l'axe feront auſſi entr'elles, comme les quarrez des paralleles aux ordonnées (qui font les ordonnées de ladite figure C Z 10) ſçavoir, comme le quarré de O 6 eſt au quarré de P 7, ainſi C 6 eſt à C 7 ; d'où il s'enfuit que la figure C Z 10 ſera auſſi une parabole, qui ſera double de la parabole A B C.

Mais ſi l'on veut que les portions de l'axe ſoient entr'elles comme les cubes des ordonnées, & qu'ainſi G 1 ſoit triple de A 1, alors C 6 ſera triple du meſme A 1, & la parabole C Z 10 ſera triple de la parabole A B C. La meſme choſe ſe fera toûjours changeant les paraboles, & faiſant que les portions de l'axe ſoient entr'elles comme les quarré-quarrez, quarré-cubes &c. des ordonnées à l'axe deſdites paraboles.

Maintenant il faut voir comment ſe fera la quadrature de la parabole. Pour cét effet il faut confiderer dans A B C que les ordonnées & les portions de l'axe forment des parallelogrammes qui rempliſſent la figure. Pour l'autre figure C Z 10, je la puis confiderer comme ayant tiré du point B une touchante qui rencontre C I en I (car dans la parabole la touchante au point B n'eſt point parallele à C I, comme à la figure précedente, & partant elle doit rencontrer la ligne C I.) De ce meſme point B on tire B Z parallele à C I qui rencontrera la ligne C Q Z ; car cette ligne n'eſt formée que par l'extremité des lignes paralleles à C A. Du point de la rencontre ſoit fermée la figure C Q Z 10. Les ordonnées de la parabole A B C feront égales aux ordonnées de la parabole C Z 10. Mais les portions de l'axe de la parabole A B C ne valent que la moitié des portions de l'axe de la parabole C Z 10 ; partant celles-cy font doubles de celles-là, & partant les parallelogrammes de la parabole C Z 10 font doubles des parallelogrammes de la parabole A B C ; & partant la parabole C Z 10 ſera double de A B C, ou du triligne qui luy eſt égal B C Q Z ; & le parallelogramme C B Z 10 triple de la meſme parabole A B C ; donc ladite parabole C Z 10 ſera les deux tiers dudit parallelogramme C B Z 10 ; & de cette ſorte je trouve la quadrature de la parabole puiſque j'ay un parallelogramme qui a raiſon avec la parabole, Archiméde s'eſtant contenté de trouver une parabole égale, ou bien en raiſon, à un triangle. Que ſi on prend les cubes, quarré-quarrez & autres puiſſances des ordonnées on en conclura de meſme la quadrature de ces paraboles.

Il faut maintenant prouver que les deux trilignes D A 1, & O C L font égaux ; & pour cét effet ayant tiré la ligne droite C D, je dis que le triligne C D A eſt la moitié du quadriligne C O D A : ſi donc de ce quadriligne j'oſte le parallelogramme C L D 1, il reſtera les trilignes C O L & A D 1 ; ſi du triligne on oſte le triangle C D 1, il reſtera le triligne D A 1 ; par ainſi d'une grandeur double d'une autre grandeur, j'ay tiré une partie double d'une partie que j'ay tirée de l'autre, partant le reſte de la grande doit eſtre double du reſte de la petite, & de cette ſorte D A 1, & L C O font doubles de D A 1, donc D A 1 ſera égal à L C O, ce qu'il falloit démontrer.

Il reſte à faire voir que la ligne C D coupe en deux également le quadriligne C O D A (car il n'eſt pas toûjours véritable.) Pour cét effet on ſuppoſe O D pour un des coſtez du parallelogramme, & pour l'autre la portion D A indiviſible ſur la touchante D G ou ſur la ligne courbe D A qui eſt la meſme choſe, & le triangle C D avec la meſme portion indiviſible D G ou D A. Je dis que le parallelogramme eſt double du triangle ; car ils font ſur des baſes égales, qui font leſdites portions indiviſibles, & entre meſmes paralleles, ſçavoir O C & D G, ainſi C D coupe le parallelogramme, ou pour mieux dire, le quadriligne O D A C en deux également ; car nous ne confidérons plus l'efpace D A G ni celuy qui eſt compris entre la courbe O C & la droite O C ; car ces efpaces ne font point de nos parallelogrammes & triangles. Or tous ces triangles ne font confidérez que comme des lignes , fçavoir C D, C E, & les autres à l'infini ; & toutes les lignes ou triangles rempliſſent l'efpace A B C comme les parallelogrammes (au lieu defquels nous prenons les lignes D O, E P, F Q, &c.) rempliſſent l'efpace Z B A C Q Z, ſoit que les lignes B Z & C Q Z fe rencontrent ou non.

Venons maintenant au folide qui fe fait par la révolution de la figure ſur l'axe A C. Nous voyons qu'il fe fait plufieurs cylindres, rouleaux de cylindres, cônes, ou rouleaux de cônes ; comme le cylindre fait ſur l'axe C A par le parallelogramme C A D O ; le cône fait ſur la mefme C A, & par le triangle C A D ; puis les rouleaux de cylindres faits par les petits parallelogrammes, comme font D O P E & les autres femblables qui ont pour bafe les portions indivifibles de la courbe, & les rouleaux de cônes qui font faits par les triangles comme C D E, C E F & les autres femblables autour de l'axe C A. Mais les cônes font aux cylindres qui font ſur mefme bafe, comme 1 à 3, & les rouleaux des cônes font aux rouleaux des cylindres en mefme raifon ; & partant le folide fait de A B G fera le tiers du folide Z B A C Q Z ; & fi les lignes B Z, C Z ne fe rencontrent point, il faut fuppofer le folide continué à l'infini de ce coſté-là, & oſtant le folide fait de A B C, reſtera le folide B C Z, qui fera double du mefme A B C. Dans les plans nous avons trouvé que le plan A B C eſt égal au plan B C Z continué à l'infini s'il eſt befoin. Il faut maintenant confidérer ces figures comme paraboles ; & par confequent la touchante du point B, ou plûtoſt la ligne tirée de B parallele à A C rencontrera la courbe C Z continuée. Soit donc fermé la figure au point de la rencontre, & foit C Z 10 la figure tournant ſur fon axe, & comparant les cylindres faits par les parallelogrammes D 1 A, E 2 A, &c. à ceux de l'autre parabole comme O 6 C, P 7 C, &c. parce que les ordonnées D 1, O 6, &c. de l'une & de l'autre figure font toutes égales ; mais les portions de l'axe de la parabole C Z 10, comme C 6, &c. font doubles des portions de l'axe A C, comme A 1 &c. il s'enfuit que chaque cylindre d'embas fera double de celuy d'enhaut, & partant tout le folide d'embas fait par C Z 10 roulant ſur C 10 fera au folide fait par A B C tournant ſur A C, comme 2 à 1. Mais on a veû que le folide de A B eſtoit au folide fait par Z Q C B, comme 1 à 2 ; partant ledit folide de Z Q C B fera égal au folide de C Z 10 ; & ainfi le folide de C Z 10 fera la moitié du cylindre fait par le parallelogramme C B Z 10, ce qu'il falloit démontrer.

Il faut maintenant confidérer une autre figure qui fe fait élevant du point L une ligne égale & parallele à C G, fçavoir L 11 ; du point M tirant M 12 égale & parallele à C H, & ainfi des autres, & par l'extremité defdites lignes fe forme la ligne courbe A 11 12 16, & de chaqu'un defdits points on tire les ordonnées 11 G, 12 H, 13 R, &c. qui font égales à celles de A B C tirées des points correfpondans D E F, &c. qui font infinis : de plus A G eſt égal à A 1, A H égal à A 2, &c. dans la parabole fimple.

On confiderera aufſi que les lignes L 11, & D O font égales, & pareillement M 12 & E P ; N 13 & F Q, &c. & partant les parallelogrammes 11 L M 12, 12 M N 13, &c. font égaux aux parallelogrammes O D E P, P E F Q, &c. car on ne prend icy que les lignes D O E P &c. ou leurs égales L 11, M 12, &c. au lieu defdits parallelogrammes. Or on a montré que les triangles C A D, C D E, C E F &c. font la moitié des parallelogrammes A O, D P, E Q, &c. partant ils feront aufſi la moitié des parallelogrammes A C L 11, 11 L M 12, 12 M N 13, &c. l'efpace A B C eſt donc la moitié de l'efpace 16 A C B, foit que

les

les lignes A 16, & B 16 se rencontrent ou non. D'où il s'enfuit que A B C est égal à l'espace B A 16, quand mesme les lignes A 16 & B 16 estant prolongées à l'infini, ne se rencontreroient point. On pourroit montrer la mesme chose plus briévement, comme il s'enfuit. Les lignes 11 L, 12 M, 13 N, & les autres infiniment, estant égales aux lignes D O, E P, F Q, &c. il s'enfuit que l'espace Z C A B est égal à B C A 16; ostant donc A B C commun, restera B A 16 égal à B C Z qui a esté cy-devant montré égal à A B C, & partant 16 A B luy est aussi égal.

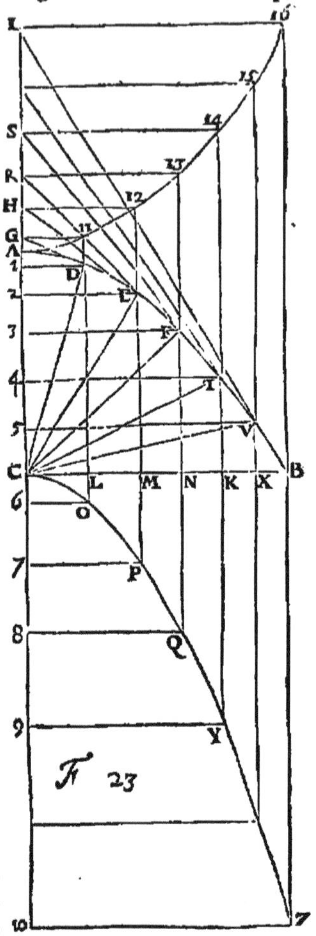

Maintenant soit A B C la premiére parabole, la touchante B I rencontrant C I, la ligne B 16 égale & parallele à C I rencontrera la courbe A 16 au point 16, & la figure A 16 I sera une parabole égale & semblable à A B C : car les ordonnées de l'une sont égales aux ordonnées de l'autre, sçavoir D 1 à G 11, E 2 à H 12 &c. puisqu'elles sont entre les mesmes paralleles; & par la proprieté de la parabole, A G est égal à A 1, A H à A 2, A R à A 3, &c. sçavoir les portions de l'axe où aboutissent les ordonnées correspondantes sont égales; & partant toute la parabole A B C sera égale à toute la parabole A 16 I. Or on a trouvé que l'espace B A 16 est égal à A B C; partant les trois piéces ou espaces A B C, A 16 I, & B A 16 comprises dans le parallelogramme I C B 16, & qui le forment, sont égales entr'elles.

Ce que nous venons de dire icy de la premiere parabole, ou de la parabole du premier genre, ce qui est la mesme chose, se doit entendre aussi des paraboles des autres genres, c'est-à-dire que, si la parabole A B C est du troisiéme genre, la parabole A 16 I sera aussi du troisiéme genre; mais elle ne sera pas la mesme que la parabole A B C : car les parties A G, A H, A R, &c. sont bien entr'elles en mesme raison, que les parties A 1, A 2, A 3 &c. mais A G n'est pas égale à A 1, ni A H égale à A 2 &c. comme elles sont dans la parabole du premier genre.

DE
TROCHOIDE
EJUSQUE SPATIO.

DEFINITIONES.

SI circulus duplici motu simul & eodem tempore moveatur, altero qui-dem recto, quo centrum illius feratur secundùm lineam rectam : altero autem circulari, quo ipse cum omnibus suis radiis circa centrum suum circumvolvatur; sicque uterque motus sibi ipsi semper uniformis, & alter alteri æqualis, ita ut recta quam percurrit centrum spatio unius integræ conversionis circumferentiæ, intelligatur esse eidem circumferentiæ æqualis : atque inter movendum circulus ipse perpetuò maneat in eodem plano infinito in quo extitit in initio motûs : ejusmodi circulum vocamus *Rotam*.

R.ecta per quam fertur centrum, vocetur *iter centri*.

Quæ. unque puncta vel lineæ à circulo denominantur, denominentur hic à rotâ, ut centrum rotæ, radius rotæ, circumferentia rotæ, &c.

Manifestum est autem circumferentiam rotæ contingere continuè & successivè in aliis atque aliis punctis quandam lineam rectam itineri centri parallelam : vocetur hæc *via rotæ*.

Manifestum est quoque quidquid accidat in quâvis integrâ circumvolutione rotæ, idem quoque accidere in quâcunque aliâ : modo initia circumvolutionum sumantur à radiis similiter positis, id est, qui cum itinere centri æquales ad easdem partes angulos constituant, sintque radii ipsi paralleli.

Nos itaque unam conversionem assumamus, cujus initium statuimus in eo rotæ radio qui perpendicularis est tam viæ rotæ quam itineri centri, eumque ipsum radium, dum ad motum rotæ movetur, consideramus ac prosequimur, donec absolutâ integrâ conversione, idem ab eadem parte fiat rursus iisdem viæ rotæ & itineri centri perpendicularis. Hic ergo radius in initio circumvolutionis vocetur *radius principii motûs* : in medio autem dum ipse perpendicularis est itineri centri, sed ad alteras partes constitutus, dicetur *radius medii motûs* : & tandem in fine, *radius perfecti motûs*.

Quòd si radius ipse in quâcumque positione produci intelligatur utrinque quantùm libuerit etiam extra rotam, idem dicetur linea principii, medii, vel perfecti motûs.

Jam in lineâ principii motûs indefinitè productâ versùs viam rotæ intelligatur sumptum quodcumque punctum præter centrum, atque inter ipsum centrum versùs viam rotæ, etiam in eâdem viâ aut ultrà, cujus puncti motus spectetur : fiet necessariò ut propter implicationem motus circularis cum recto, ipsum punctum describat lineam aliquam, cujus portio quædam ab unâ parte itineris centri, altera autem portio ab alterâ parte existat; ea autem incipiet in lineâ principii motus, & in lineâ perfecti motûs desinet. Vocetur hæc *Trochoides*.

Recta quæ Trochoidis hujus extrema puncta jungit, estque vel via rotæ, vel ei parallela, dicatur *Trochoidis ejusdem basis*. Portio lineæ medii motûs intercepta inter trochoidem & basim ejus, *axis trochoidis* vocabitur; qui quidem axis ab itinere centri bifariam fecabitur in puncto quod nos *centrum trochoidis* nuncupamus. *Vertex* autem *trochoidis* eſt extremum axis punctum in trochoide exiſtens, ſeu baſi oppoſitum.

Jam manifeſtum eſt à trochoide & ab ejuſdem baſi comprehendi ſpatium quoddam planum; quod nos poſtea vocabimus *ſpatium trochoidis*. Ejus centrum, baſis, axis & vertex ijdem qui trochoidis intelligantur.

Quæcunque recta ab aliquo puncto trochoidis ducitur uſque ad axem parallela viæ rotæ, dicatur *ad axem ordinata*.

Item, menſura integri motûs converſionis rotæ intelligatur tota circumferentia rotæ : menſura dimidij motûs intelligatur dimidia circumferentia; & ſic in univerſum menſura cujuſvis partis motûs rotæ intelligatur eſſe arcus circumferentiæ ejuſdem rotæ, qui ad integram circumferentiam eandem habeat rationem, quam pars motûs aſſumpta ad motum converſionis integræ.

Præterea, ſi circa axem trochoidis tanquam circa diametrum, & circa ejuſdem trochoidis centrum circulus deſcribatur, is erit vel rota ipſa, vel eâdem major aut minor, prout punctum, quod trochoidem deſcripſit, ſumptum fuerit vel in circumferentiâ rotæ, vel extra vel intra ipſam rotam. Et ſiquidem circulus ipſe ſit rotæ æqualis, ſeu rota ipſa; tunc ipſa trochoides denominabitur à rota ſimplici, diceturque *trochoides rotæ ſimplicis*, ſeu *trochoides veræ rotæ*. Si autem ipſe circulus circa axem trochoidis deſcriptus major ſit quam rota, tunc trochoides denominabitur à rotâ contractâ, diceturque *trochoides rotæ contractæ*. Si tandem circulus minor ſit ipſâ rotâ, ejus trochoides denominabitur à rotâ prolatâ, diceturque *trochoides rotæ prolatæ*. Spatia, baſes, & cætera ad ipſas trochoides pertinentia, curvæ ſuæ denominationem ſortiantur: at circulus ipſe circa axem trochoidis tanquam circa diametrum deſcriptus, dicatur circulus ſuæ trochoidi proprius.

Et quia poſitis ijs quæ jam dicta ſunt, concipi poteſt duplex rotæ motus circularis, prout motus circuli circa centrum intelligi poteſt fieri ad hanc vel illam partem : nos cum aſſumimus, qui rotis communibus convenit, quo quidem motu pars interior circumferentiæ, putà quæ adjacet viæ rotæ, fertur non ad eaſdem partes ad quas centrum tendit motu recto, ſed ad contrarias; ſuperior autem rotæ pars quæ viæ ejus opponitur, fertur ſecundùm motum centri. Hic enim motus omnium rotarum phyſicarum proprius eſt & veluti naturalis; alter autem eidem contrarius eſt, veluti violentus & contra naturam rotæ : geometricè tamen uterque conſiderari poteſt, nec alia inter trochoides quæ ab ipſis orientur, accidet differentia, niſi quod quæ partes erant unius extremæ in alterâ, eædem erunt mediæ; ſpatia autem longè different cùm figurâ tum magnitudine, ſed quia unum erit veluti complementum alterius, ideo ex uno noto dabitur alterum; quam ſpeculationem nos in aliud tempus remittimus. Agimus autem hic de trochoide rotæ tam ſimplicis quam prolatæ & contractæ, ſed motu communi rotæ phyſicæ motæ, ac de eâ & de ſpatio ejus ſequentia enuntiamus Theoremata, quorum pars ſtatim demonſtrabitur; reliqua autem pars quæ longiſſimæ & acutiſſimæ ſpeculationis eſt, opportuno tempore ſuam nanciſcetur demonſtrationem, quam quidem à nobis inventam (ut cætera quæ ad rotam pertinent) eo uſque retinemus donec per tempus liceat integrum opus producere.

Supponimus autem quædam quæ etſi per ſe demonſtrationem requirant, tamen ea tam facilis eſt, ut cuivis in Geometriâ mediocriter verſato ſtatim appareat, qualia ſunt hæc. In primo quadrante integræ converſionis rotæ punctum quod trochoidem deſcribit, percurrit ſpatium quod eſt inter baſim trochoidis & iter centri; idemque punctum motu recto poſterius eſt centro rotæ. In ſecundo quadrante idem punctum percurrit ſpatium quod eſt ab itinere centri uſque ad verticem trochoidis, eſt que adhuc poſterius centro rotæ. In

tertio quadrante punctum idem percurrit spatium quod est à vertice trochoidis usque ad iter centri, sed jam hoc punctum præcedit respectu centri, quod
sequitur si motus recti habeatur ratio. In quarto & ultimo quadrante punctum
de quo agimus percurrit spatium quod est ab itinere centri usque ad basim
trochoidis, & adhuc idem punctum præcedit, centrum autem rotæ sequitur
motu recto.

Hinc verò atque ex quibusdam alijs quæ naturam rotæ motæ, ut dictum
est, statim consequuntur, demonstrabitur facilè trochoidem quæ sit ab unicâ
conversione cujuscunque rotæ in seipsam non recurrere, seu per idem punctum bis transire non posse : contrarium autem accideret in rotâ prolatâ, si
aliud à nostra sumeretur principium.

Nec minus facilè est demonstrare eam trochoidis partem, quæ est à principio usque ad verticem æqualem esse & similem alteri parti quæ est à vertice
usque ad finem, & ambas partes sibi invicem congruere posse. Item, primam
medietatem ejusdem trochoidis totam esse ab unâ parte axis, secundam verò
totam esse ab alterâ. Idem dictum intelligatur de duabus partibus spatij ipsius
trochoidis quæ ab ejusdem axe constituuntur. Atque ita quæ in unâ ex his
medietatibus demonstrabuntur, in alterâ quoque medietate demonstrata esse
quivis facilè intelliget, collatis invicem duarum medietatum partibus illis
quæ sunt prope verticem &c. His positis primaria trochoidis proprietas, quam
propterea demonstrabimus, videtur esse hæc.

PROPOSITIO PRIMA.

*Si ab assumpto puncto primæ medietatis trochoidis ad axem ordinata sit recta qua-
vis, ejus portio quædam erit extra circulum ipsi trochoidi proprium; quæ quidem
portio æqualis erit arcui rotæ, qui mensurat eam partem motûs, quæ restat inde
ab eo tempore, quo notatum est à puncto mobili punctum assumptum, usque ad
medietatem integræ conversionis rotæ.*

ESTO recta E P; iter centri rotæ cujusdam æqualis circulo seorsim posito
SOMZ, cujus centrum T; sit que recta CEA linea principij motûs:
intelligaturque recta E P æqualis circumferentiæ rotæ SOMZS, & recta
NPL sit linea perfecti motûs. Tum divisâ E P bifariam in puncto K, ducatur recta HKF, quæ sit linea medij motus; puncta autem A, F, L sint ad
easdem partes respectu rectæ E P, & puncta C, H, N ad easdem quidem
partes inter se, sed ad alteras respectu ejusdem rectæ E P, & punctorum
A, F, L.

Concipiatur jam in linea principij motûs CEA assumptum esse punctum
A, ad describendam trochoidem, sive recta E A æqualis sit semidiametro
rotæ TO, quo pacto fiet trochoides rotæ simplicis; sive ipsa EA major sit
quam TO, ut fiat trochoides rotæ prolatæ ; sive denique minor ut habeamus
trochoidem rotæ contractæ : moveaturque rota hoc pacto ut centrum illius
percurrat rectam E P, interim dum ipsa motu circulari absolverit unam integram conversionem circa idem centrum, posito utroque motu sibi ipsi semper
uniformi : feratur autem unà cum rotâ recta E A, quæ ad motum rotæ æqualiter
circumvolvatur, ita ut in medio motûs integræ conversionis ipsa E A conveniat rectæ KH, in fine autem eadem conveniat rectæ PL; sicque propter
implicationem motûs circularis cum recto punctum A describat trochoidem
ARYHL, cujus basis A L, axis HF, vertex H, centrum K, & spatium
ARYHLA; sint etiam puncta A, F, L in eâdem rectâ lineâ quæ est basis,
& puncta C, H, N in aliâ rectâ ipsi basi & itineri centri parallelâ, ut sit
ALNC parallelogrammum rectangulum. Præterea centro K, & intervallo

KH,

K H, feu K F, æquali ipfi E A, defcribatur circulus H I F G, cujus circumferentia fecet iter centri versùs principium quidem in I, versùs finem autem in
G, qui circulus erit proprius trochoidi ex definitione, eritque idem vel æqualis rotæ, vel ipfa major aut minor, quod hoc loco nihil refert. Item in lineâ
A R Y H, quæ eft prima medietas trochoidis fumatur quodcunque punctum
Y, à quo ad axem H F, ordinata fit recta Y D fecans primam femicircumferentiam circuli proprii in puncto X.

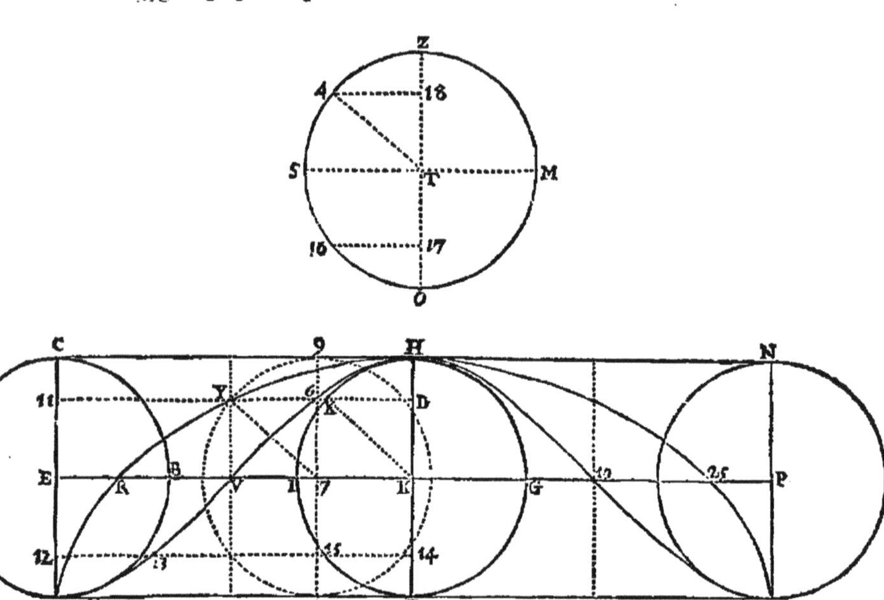

Dico primò portionem aliquam ipfius Y D effe extra circulum F I H.
Quia cum punctum Y eft in prima medietate trochoidis, quæ quidem per
ipfum punctum Y femel tantum tranfit, ut fuperius pofitum eft, non poteft
effe nifi unica pofitio rotæ in quâ illâ exiftente notatum eft punctum Y, atque
in illâ pofitione centrum ipfius rotæ extitit inter puncta E, K, fcilicet intra
primam medietatem itineris centri. Exiftat igitur eâ pofitione centrum illud
in puncto 7, per quod ducatur recta 8 7 9 parallela lineæ medii motûs F K H,
fecans bafim quidem A L, in puncto 8, rectam verò C N in puncto 9; ducatur quoque recta 7 Y, quæ quia ducitur à centro rotæ 7 in hâc pofitione,
ad punctum Y, quod in eâdem pofitione trochoidem defcribit, æqualis erit
rectæ E A, feu potius recta 7 Y erit ea ipfa E A, cujus punctum E motu recto
pervenit in 7, punctum autem A motu implicato perlatum eft in Y, defcri-
bens trochoidis portionem A R Y, & eadem recta motu circulari rotæ pofitionem fuam mutavit fecundùm angulum 8 7 Y : huic ergo angulo confti-
tuatur æqualis O T 4 rotæ feorfim pofitæ, cujus O T Z fit diameter, & punctum 4 in circumferentiâ.

Conveniente ergo per intellectum centro T cum centro 7, & angulo
O T 4 angulo 8 7 Y, five latera æqualia fint, five non, manifeftum eft ex
naturâ rotæ, arcum O 4 effe menfuram motûs jam peracti à principio converfionis; & arcum 4 Z qui cum O 4 complet femicircumferentiam rotæ,

R R r

effe menfuram motûs qui deeft ad complendam dimidiam converfionem: &
quia æquales funt ambo motus rotæ, circularis fcilicet & rectus, & uterque
uniformis fibi ipfi, manifeftum eft quoque rectam E 7 æqualem effe arcui
O 4, & rectam 7 K arcui 4 Z : quod notetur.

Centro 7, intervallo autem 7 Y, vel 7 8, vel 7 9, quæ æqualia funt,
defcribatur circulus cujus diameter erit 8 7 9. Quoniam ergo per ea quæ pofita funt, punctum Y in prima medietate trochoidis exiftens fequitur poft

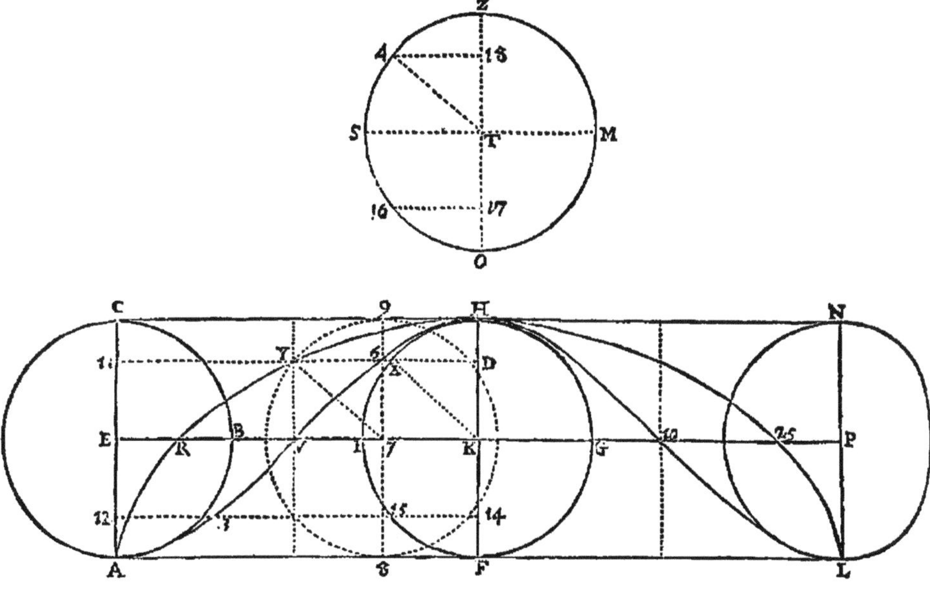

centrum motu recto, erit ipfum Y refpectu diametri 8 9 versùs principium
curvæ, jacebitque propterea ipfa diameter 8 9 inter punctum Y & axem H F,
eademque fecabit rectam Y D ordinatam ad axem, efto in puncto 6: rectæ
ergo D H, 6 9 æquales funt, ficuti & rectæ F D, 8 6; & rectangulum F D H,
æquale rectangulo 8 6 9, quæ rectangula cum fint æqualia quadratis X D,
Y 6, erunt hæc quadrata æqualia, & recta D X æqualis rectæ 6 Y : fed recta
D Y major eft quam 6 Y, totum fcilicet parte; ergo eadem D Y major eft
quàm D X; exceffus autem eft portio X Y; hæc itaque portio eft extra circulum F X H trochoidi A Y H proprium, quod primo loco demonftrandum
erat.

Dico fecundò eandem portionem exteriorem X Y, æqualem effe arcui
4 Z. Quoniam enim oftenfæ funt æquales D X, & 6 Y, funt autem puncta
X 6 vel fimul, vel fejuncta, & hoc cafu vel punctum X eft inter puncta D
& 6, vel è contrario ipfum X eft inter puncta 6, Y, fecundùm diverfas fpecies trochoidum rotæ fimplicis, prolatæ, vel contractæ, quod hoc loco nihil
refert : quidquid fit, additâ vel fubtractâ communi X 6, fi quæ inter puncta
X 6 interjaceat, fiet recta D 6 æqualis rectæ X Y, eft autem D 6 æqualis
rectæ K 7, feu arcui 4 Z, ut notatum eft; quare & recta X Y eidem arcui
4 Z eft æqualis, quod fecundo loco demonftrandum erat : quare conftat Propofitio.

Corollarium primum.

HInc manifeftum eft arcum X H fimilem effe arcui rotæ 4 Z, ficuti arcus F X fimilis eft arcui O 4; & eft 4 Z quicunque arcus menfurans motum qui deeft ad dimidiam converfionem, & O 4 menfurat motum jam transfactum, quod notaffe in fequentibus ufui erit.

Corollarium fecundum.

HIc demonftrari poteft in rotâ fimplici, atque in prolatâ rectam 6 D majo- rem femper effe quam X D, propterea quod ipfa rota feu circulus O 4 Z tunc æqualis eft circulo proprio F X H, vel ipfo major; ideoque arcus 4 Z, æqualis eft arcui X H, vel ipfo major, quia fimiles funt ipfi arcus. Sed recta 6 D æqualis eft arcui 4 Z, ex demonftratis; quare eadem 6 D æqualis eft arcui X H, vel ipfo major : arcus autem X H femper major eft rectâ X D; quare hoc cafu recta 6 D femper major eft quàm X D.

In rotâ autem contractâ, quia ipfa Rota minor eft quàm circulus fibi pro- prius F X H, atque ideo arcus 4 Z femper minor eft arcu fibi fimili X H, fecundùm rationem diametri rotæ ad diametrum circuli fibi proprii, erit recta 6 D, quæ æqualis eft arcui 4 Z, femper minor arcu X H, fecundùm eandem rationem; hic autem arcus X H, quia affumptus eft utcunque minor femi- circumferentiâ circuli proprij F I H, poteft habere ad rectam X D quamcun- que rationem majoris ad minus, fcilicet ut diameter F H, ad diametrum rotæ O Z. Fieri ergo poterit aliquando ut arcus X H ad rectam X D eandem ha- beat rationem quam ad rectam 6 D, aliquando majorem & aliquando mino- rem; ideoque in rotâ contractâ poterit recta 6 D æqualis effe rectæ X D, vel ipfâ major aut minor : atque ita punctum 6 erit vel fimul cum puncto X, vel inter puncta Y, X; vel inter puncta X, D.

Et quidem quòd res ita fe habeat in univerfum ex his fatis patet; quibus autem in punctis quave pofitione rotæ omnes iftæ differentiæ accidant in datâ quâcunque ratione diametri rotæ contractæ ad diametrum circuli fibi proprii demonftrare longum effet & difficillimum, opufque effet hoc affumpto; fcilicet dato cuivis arcui circumferentiæ circuli, intelligi poffe rectam lineam æqua- lem, minorem, vel majorem.

Corollarium tertium.

ILlud quoque ex demonftratis ftatim apparet, fcilicet trochoidem occur- rere circumferentiæ circuli fibi proprii in unico puncto verticis, atque in eo puncto tantùm lineas ipfas fefe tangere, ipfumque circulum totum conti- neri intra fpatium ejufdem trochoidis.

Corollarium quartum.

HInc præterea clarum eft ipfam trochoidem non effe lineam rectam nec ex duabus rectis compofitam, fiquidem illa à puncto A pervenit ad punctum H, nec tamen ingreditur aut fecat circulum proprium F X H, quem fecaret neceffario fi recta effet à puncto A ad punctum H, five à puncto H ad punctum L : non eft ergò recta, nec ex duabus rectis compofita.

Quod autem cujufcunque trochoidis nulla pars lineæ rectæ congruere poffit, fed omnes partes fint curvæ, atque penitùs ab alijs quibufcunque cur- vis huc ufque notis diverfæ, demonftrari quidem poteft, fed demonftratio longa eft & difficilis, neque hujus loci, quando quidem ad ea quæ intendimus non requiritur.

Corollarium quintum.

QUIA in antecendenti Propofitione punctum 6 eft fectio communis rectæ ordinatæ Y D & rectæ 8 7 9, quæ eft diameter circuli 8 Y 9, qui concentricus eft rotæ ita pofitæ ut centrum illius fit 7 : fi intelligatur alia atque alia pofitio rotæ ab initio motûs donec centrum illius percurrerit rectam E K, manifeftum eft aliud atque aliud fore ipfum punctum 6; ipfumque moveri incipere à puncto A, & in medio motus integræ converfionis rotæ, idem pervenire ad punctum H, atque adeo ipfum ferri fecundùm lineam quandam A 6 H fecantem rectam E K in puncto V. Quòd fi idem ferri intelligatur à puncto H ad punctum L, fiet reliqua dimidia pars ejufdem novæ lineæ, fecans rectam K P in puncto 10; atque ideo ipfa integra erit A V 6 H 10 L, hanc nos vocamus *trochoidis comitem*, feu *fociam*.

Vertex, bafis, axis & centrum illius eadem funt quæ trochoidis, cujus illa comes eft. Quod autem ab ipfa & bafi fuâ comprehenditur fpatium planum, ab eâdem denominetur. Item, quæ à trochoide & ab ejus comite comprehenduntur duo fpatia, quorum alterum eft A Y H V A, inter lineas principij & medii motus : alterum vero ei fimile & æquale inter lineas medii & perfecti motus; fingula à duabus illis lineis fimul nomen fortiantur, dicaturque unumquodque fpatium trochoide & fuâ comite contentum : ordinata ad axem comitis trochoidis dicatur quævis recta à quacunque puncto ejufdem comitis ad axem ducta parallela bafi.

P R O P O S I T I O   S E C U N D A.

Si à quocunque puncto trochoidis ad axem ordinetur recta quapiam, hujus portio erit ordinata ad axem comitis ejufdem, quæ quidem portio æqualis erit ei ejufdem ipfius ordinatæ ad trochoidem portioni, quæ interjicitur inter ipfam trochoidem & circumferentiam convexam circuli eidem trochoidi proprii.

MANIFESTA eft hæc Propofitio ex iis quæ jam demonftrata funt. Efto enim Y D recta quæcunque à puncto Y in trochoide exiftente ad axem F D H ordinata, & ponantur eadem quæ fuperiùs. Exiftit punctum 6 in ejufdem trochoidis comite, ex definitione; & recta 6 D erit ad axem ipfius comitis ordinata : recta vero X Y interjicitur inter trochoidem & circunferentiam convexam circuli ipfi proprij. Oftenfum autem eft rectas ipfas 6 D & X Y effe inter fe æquales; quare patet Propofitio, quæ id tantum enuntiabat.

Corollarium primum.

HINC manifeftum eft eandem ordinatam 6 D æqualem effe arcui rotæ 4 Z.

Corollarium fecundum.

PERSPICUUM eft etiam rectam Y 6, quæ interjicitur inter trochoidem & ejus fociam, æqualem effe rectæ X D interjectæ inter circunferentiam circuli proprii & axem.

Corollarium tertium

SED & hic demonftrari poteft in rotâ fimplici comitem trochoidis occurrere circunferentiæ circuli proprij in vertice tantum, atque in eo folo puncto

cto

ɣo lineas ipsas sese contingere. Quod idem accidit comiti trochoidis rotæ prolatæ. At in curva rotæ contractæ comes secat circumferentiam circuli proprii infra verticem, idque semel tantùm in primâ dimidiâ conversione rotæ, & rursus semel tantùm in alterâ dimidiâ conversione : ac præterea eadem comes eandem circumferentiam tangit interiùs in vertice, cujus quidem Enuntiati longa est demonstratio, non tamen ita difficilis, sed de his aliàs.

Corollarium quartum.

ID autem peculiare est rotæ simplici, quod angulus contactus qui fit à comite trochoidis illius & circumferentiâ circuli ipsi proprii, minor sit omni angulo contactus duorum quorumvis circulorum etiam interiùs sese tangentium : quod rursùs in alium locum remittimus, propter prolixitatem demonstrationis, quæ tamen non est admodum difficilis.

Corollarium quintum.

ITEM cujuslibet trochoidis comes nec recta est, nec ex duabus aut pluribus rectis composita; nec trochoidi nec alii cuivis curvæ ex iis quæ huc usque notæ sunt ita occurrere potest ut pars sit eadem, & pars non sit communis : quod, quia demonstrare longum est & difficillimum, neque ad ea quæ intendimus requiritur, ideo prætermittimus.

PROPOSITIO TERTIA.

Si à quocunque puncto primi quadrantis comitis trochoidis ad axem ipsius ordinata sit recta quævis, quæ usque ad lineam principii motûs producatur; item ab aliquo puncto secundi quadrantis ejusdem comitis eodem modo ordinata sit alia recta (modo ipsæ ordinatæ æqualiter distent hinc inde ab itinere centri rotæ) earum rectarum sic productarum portiones permutatim sumptæ, erunt æquales; ita ut quæ in unâ earum rectarum inter comitem & axem interjicitur portio, æqualis sit ei alterius rectæ portioni quæ interjicitur inter eandem comitem & lineam principii motûs, & reciproce.

PONANTUR eadem quæ suprà in eâdem figura; atque in linea A 13 V, primo scilicet quadrante comitis, sumptum sit punctum quodcunque 13, à quo ad axem F H ordinata sit recta 13 14, quæ minor erit quam A F, quia ipsa A F æqualis est semicircumferentiæ rotæ; 13 14 autem ipsâ semicircumferentiâ minor. Producatur ergo eadem 13 14 donec occurrat lineæ principij motûs A C in puncto 12. Tum in axe F H intelligatur portio K D æqualis portioni K 14, sed ad diversas partes, & ducatur recta D 6 11 parallela rectæ K E, occurrens comiti quidem in puncto 6, quod erit in secundo ipsius quadrante, lineæ autem A C in puncto 11. Dico rectam 13 14 æqualem esse rectæ 6 11, & reciproce rectam 13 12 æqualem esse rectæ 6 D. Secet enim recta 12 14 circumferentiam F I H in puncto 15; & recta 11 D secet eandem circumferentiam in puncto X, sintque puncta 15, X in eâdem semicircumferentiâ quæ est versùs principium motûs: item in semicircumferentiâ rotæ O S Z, sit arcus Z 4 similis arcui H X, & arcus Z 16 similis arcui H 15; sintque Z S, & O S quadrantes sicut H I & F I. Jam quia æquales sunt rectæ K 14, K D erunt arcus I X, & I 15 æquales. Item æquales erunt arcus F 15, H X; & æquales F X, H 15 : ac propterea in rotâ æquales erunt arcus S 4, S 16. Item æquales arcus O 16 & Z 4, & æquales O 4, Z 16. Quare ex Corollario primo Propositionis primæ, quia arcus H X similis est arcui qui mensurat motum, qui superest ad dimidiam conversionem in eâ positione rotæ, erit arcus Z 4 ea ipsa mensura ejusdem motûs. Eâdem ratione erit arcus Z 16 mensura motûs qui superest ad dimidiam conversionem rotæ, dum notatur ab ipsâ punctum 13; ac propterea ex Corollario primo Propositionis secundæ, tàm recta 6 D æqualis est arcui 4 Z, quam recta 13 14 æqualis arcui 16 Z: ambo autem ipsi arcus 4 Z & 16 Z simul sumpti æquales sunt semicircumferentiæ O Z (ostensus est enim arcus 4 Z æqualis ipsi 16 O) ideoque duæ rectæ 6 D & 13 14 simul sumptæ æquales sunt eidem semicircumferentiæ O Z, sive rectæ D 11, vel 14 12. Demptis ergo communibus sequitur rectam 13 12 æqualem esse rectæ 6 D; & rectam 13 14 æqualem esse rectæ 6 11; quod erat ostendendum.

PROPOSITIO QUARTA.

Quod à trochoidis comite & ab ipsius base continetur, spatium dimidium est rectanguli cujus eadem est basis & eadem altitudo cum trochoide vel ejus comite, sumpto axe communi pro altitudine.

IN eâdem rursùs figurâ. Dico spatium quod à comite A V H 10 L & basi ejus A L continetur, dimidium esse rectanguli A C N L, cujus eadem est basis A L & eadem altitudo axis F H. Consideretur enim ipsius rectanguli dimidium A C H F, quod à curvâ A V H ipsius comitis dimidia, in duas partes dividitur, quarum partium altera continetur ab ipsâ curvâ A V H & duabus rectis A F, F H; altera autem pars continetur ab eâdem curva A V H & duabus rectis H C, C A. Ostendendum est duas illas partes esse inter se æquales. Atqui ex antecedenti Propositione facile est ostendere duas easdem partes omnino sibi invicem superponi posse & congruere, posito scilicet puncto C cum puncto F, & rectâ C A cum recta F H; item recta C H cum recta F A: tunc enim quia recta C 11 æqualis est rectæ F 14, congruet punctum 11 cum puncto 14, & recta 11 6 cum recta 14 13, cui æqualis ostensa est; & eodem modo recta A 12 congruet rectæ H D, & recta 12 13 rectæ D 6, cui æqualis ostensa est, & reliquæ reliquis, & omnes omnibus & spatium spatio congruet. Quare ipsa spatia sunt æqualia, & spatium A V H F A dimidium est rectanguli F C. Idem verò in reliquo rectangulo F N ostendetur eodem modo, ideóque vera est Propositio.

PROPOSITIO QUINTA.

Idem spatium proportione medium tenet inter duplum rotæ & duplum circuli trochoidi proprii.

PONANTUR eadem. Dico spatium A V H 10 L A proportione medium esse inter duplum rotæ O S Z M, & duplum circuli F I H G trochoidi proprii. Intelligantur enim duo rectangula, alterum quidem 20 21, cujus basis 19 20 æqualis sit semicircumferentiæ rotæ O S Z, altitudo vero 19 21 æqualis diametro ejusdem rotæ O Z; alterum verò rectangulum 23 24, cujus basis 22 23 æqualis sit semicircumferentiæ circuli proprii F I H, altitudo autem 22 24 æqualis diametro ejusdem circuli F H. Jam quia duo rectangula 20 21 & F C æquales habent bases 19 20 & A F (quia utraque basis, ex positis, æqualis est semicircumferentiæ rotæ) erunt ipsa rectangula inter se ut altitudines, scilicet ut diameter rotæ O Z ad F H diametrum circuli proprii. Item, rectangulum F C ad rectangulum 23 24 ejusdem altitudinis F H, ex constructione, se habet ut basis A F ad basim 22 23, idest ut semicircumferentia rotæ O S Z ad semicircumferentiam circuli proprii F I H, quia ex constructione æquales sunt ipsæ bases iisdem semicircumferentiis. Ut autem semicircumferentia O S Z ad semicircumferentiam F I H, ita diameter O Z ad diametrum F H: quare ut rectangulum F C ad rectangulum 23 24, ita diameter

O Z ad diametrum F H. Ut autem hæ diametri inter se, ita oftenfum eft rectangulum 20 21 ad rectangulum F C; ideoque eadem eft ratio rectanguli
20 21 ad rectangulum F C, quæ ejufdem rectanguli F C ad rectangulum 23 24,
quia utraque ratio eadem eft rationi diametri O Z ad diametrum F H. Sed

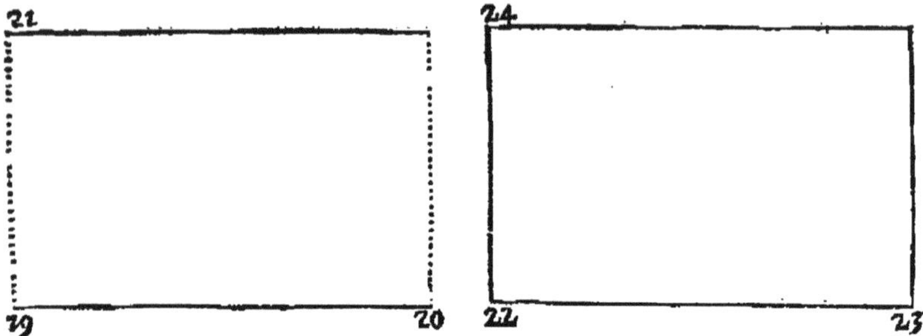

rectangulum 20 21 duplum eft rotæ O S Z M, ut ex Archimede in circuli dimenfione deducitur, ficuti rectangulum 23 24 duplum eft circuli F I H G; &
rectangulum F C æquale eft fpatio propofito A V H L A, quia dimidium
dimidio oftenfum eft æquale per præcedentem. Quoniam ergo continuè proportionalia oftenfa funt rectangula 20 21, F C, & 23 24, patet quoque proportionalia effe fpatia ipfis æqualia, fcilicet duplum rotæ O S Z M, fpatium
A V H 10 L A, & duplum circuli proprii F I H G, & medium effe fpatium
A V H 10 L A, ut proponebatur.

Corollarium.

HInc patet idem fpatium A V H 10 L A in trochoide rotæ fimplicis, duplum effe ejufdem rotæ; in trochoide autem rotæ prolatæ idem fpatium
majus effe quàm duplum rotæ; & tandem in trochoide rotæ contractæ, minus
quam duplum ipfius rotæ. Nam in rotâ fimplici circulus F H ipfi rotæ æqualis
eft; in prolatâ minor; in contractâ major: unde fpatium quod inter duplum rotæ & duplum circuli F H mediam tenet proportionem, in fimplici quidem
æquale eft duplo rotæ; in prolatâ majus quàm duplum; & in contractâ minus.

PROPOSITIO SEXTA.

*Quod à trochoide & ejus comite continetur fpatium inter lineas principii & medii
motûs, æquale eft dimidio circuli eidem trochoidi proprii.*

IN eâdem figurâ efto fpatium A R H V A contentum à dimidio trochoidis
A R H, & dimidio comitis ejus A V H inter lineas principii & medii motûs A C, F H. Dico hoc fpatium æquale effe femicirculo F I H.

Ducatur enim quæcunque recta Y D parallela bafi A L, fecanfque tam
fpatium quàm femicirculum; & portio quidem ipfius Y D intercepta intra
fpatium, fit Y 6; portio autem intercepta intra femicirculum, fit X D: manifeftum eft igitur ex Corollario fecundo Propofitionis fecundæ, portiones ipfas Y 6 & X D effe æquales; quod idem in cæteris fimiliter ductis bafi A L
parallelis accidet. Itaque quoniam fpatium & femicirculus funt intra parallelas A F, C H & cujufvis alius rectæ eidem parallelæ, & interjacentis portió-
nes in fpatio & in femicirculo interceptæ funt æquales, fequitur fpatium ipfum A R H V A femicirculo F I H effe æquale: quod erat oftendendum.

Corollarium primum.

POTEST fimili argumento demonftrari fpatium ARYHIFA, quod à dimidiâ trochoide ARH, dimidiâ circumferentiâ HIF, & dimidiâ bafi FA continetur, æquale effe fpatio AVHFA, quod à dimidiâ comite AVH, diametro HF, & dimidiâ bafi FA comprehenditur. Quia fcilicet ipfa duo fpatia funt in iifdem parallelis AF, CH: & ductâ quâcunque eifdem intermediâ parallelâ YD, oftenfum eft fecundâ Propofitione portionem YX priori fpatio interceptam, æqualem effe portioni 6D altero fpatio comprehenfam. Quod idem quia parallelis omnibus interceptis accidit, patet ipfa fpatia effe æqualia.

Corollarium fecundum

NEc diffimili argumento probabitur fpatium ARHCA, quod à dimidia trochoide ARH, rectâ HC, & rectâ CA continetur, æquale effe fpatio AVHIFA, quod à dimidiâ comite AVH, femicircumferentiâ HIF, & dimidiâ bafi FA comprehenditur; quamvis in rotâ contractâ portio quædam primi horum fpatiorum fit ultrà rectam AC extrà rectangulum FC; & portio quædam fecundi fpatii contineatur intra femicirculum FIH; nihilo enim minus fiet demonftratio univerfalis, fed propter diftinctionem rotarum multis verbis opus erit. At veritas hujus propofitionis multò facilius ex præcedentibus elicitur in rotâ fimplici & prolatâ. Nam quia quarta Propofitione oftenfum eft fpatium AVHCA æquale effe fpatio AVHFA; item Propofitione fexta fpatium ARHVA oftenfum eft æquale femicirculo FIH: demptis æqualibus ab æqualibus in rotâ fimplici & contractâ, patebit Propofitio.

Corollarium tertium.

IN rotâ fimplici quatuor hæc fpatia funt æqualia ARHCA, ARHVA, AVHIFA & femicirculus FIH. Quia enim fpatium comitis AVH 10 LA in rotâ fimplici oftenfum eft effe duplum rotæ feu circuli FH, per Propofitionem quartam erit dimidium ejufdem fpatii, fcilicet AVHFA, duplum femicirculi FIH; quare dempto femel ipfo femicirculo, relinquitur fpatium AVHIFA æquale eidem femicirculo. Cætera manifefta funt.

PROPOSITIO SEPTIMA.

Cujufvis trochoidis fpatium majus eft circulo fibi proprio, & exceffus mediam tenet proportionem inter duplum rotæ & duplum circuli eidem trochoidi proprii.

MANIFESTA eft Propofitio. Nam in câdem figura, fpatium trochoidis ARH 15 LA æquale eft fpatio fuæ comitis AVH 10 LA, ac præterea duobus fpatiis ARHVA, & L 25 H 10 L, quorum utrumque æquale eft femicirculo FIH per fextam Propofitionem; ideoque ambo fimul ipfi integro circulo FIHG funt æqualia; ideoque ipfum trochoidis fpatium fuperat circulum fibi proprium fpatio fuæ comitis; quod quidem per Propofitionem quintam mediam proportionem tenet inter duplum rotæ & duplum circuli eidem trochoidi proprii.

Corollarium.

HINC palam eft in rotâ fimplici fpatium trochoidis triplum effe ejufdem rotæ: quia ipfum continet circulum fibi proprium, hoc eft ipfam rotam femel, ac præterea ejus duplum, fcilicet fpatium fuæ comitis.

AD

AD TROCHOIDEM, EJUSQUE SOLIDA,

PROPOSITIO LEMMATICA PRIMA.

Esto circulus ACBD, cujus diameter AB; atque ex ejus semicircumferentiâ ACB sumatur arcus quicunque FG, sive is sit diametro AB conterminus, sive non; dividaturque arcus ille in quotlibet partes aquales in punctis F, L, M, C, N, G, &c. indefinitè, quemadmodum in doctrinâ indivisibilium fieri consuevit; ex quibus punctis demittantur in diametrum AB totidem rectæ perpendiculares FR, LS, MT, CE, NV, GX, &c, quæ erunt totidem sinus recti numero indefiniti & secundùm arcus æquales, vel æqualiter sese excedentes sumpti. Proponitur demonstrandum,

Omnes illos sinus indefinitè sumptos ad radium circuli toties sumptum sic se habere, ut recta RX, portio scilicet diametri inter extremos sinus intercepta, ad arcum propositum FG.

PRODUCANTUR enim sinus illi, donec alteri semicircumferentiæ ADB occurrant in punctis H, O, P, D, Q, I, &c, & jungantur alternatim rectæ LH, MO, CP, ND, GQ, &c, occurrentes diametro AB in punctis Y, Z, 1, 3, 4, &c. & ductis omnium arcuum subtensis FL, LM, MC, CN, HO, OP, PD, DQ, &c.
fiant triangula rectangula similia
HRY, LSY, OZS, MTZ,
PT1, CE1, &c. ac tandem sumpto arcu A5, qui æqualis sit uni ex arcubus æqualibus, putà arcui FL; jungantur rectæ A5, & B5, ut fiat triangulum rectangulum A5B prædictis HRY, &c. simile. Itaque propter triangulorum similitudinem, facile est colligere omnes subtensas intermedias LO, MP, CD, NQ, &c. simul sumptas, unà cum dimidiis extremarum, putà unà cum HR, & GX ad rectam B5 eandem rationem habere, quam recta RX ad re-

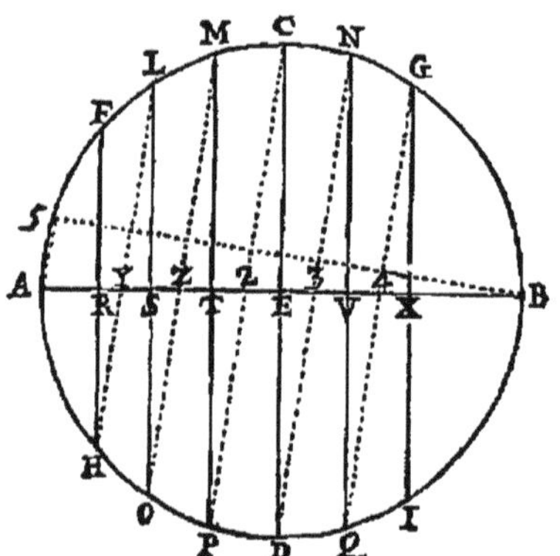

ctam A5. Atqui ex doctrinâ indivisibilium, & propter infinitam arcuum æqualium multitudinem & parvitatem, omnes prædictæ subtensæ simul sumptæ unà cum HR & GX, sumi possunt pro duplo omnium sinuum prædictorum indefinitè sumptorum, dempto eorum uno; sicuti recta B5 pro diametro seu duplo radii, & recta A5, pro arcu A5, sive FL. Ut ergo duplum omnium sinuum indefinitè sumptorum dempto uno, ad duplum radii; ita recta RX ad arcum FL; sumptisque duorum priorum terminorum dimidiis, erunt omnes sinus indefinitè sumpti, dempto uno, ad radium, ut RX ad FL. Verùm tot sunt sinus, dempto uno, quot arcus; ergò sumptis consequentium æque-multiplicibus in præcedenti proportione, erunt omnes sinus, dempto uno, ad radium toties sumptum, ut recta RX, ad omnes arcus minores; hoc est ad arcum FG. Sed in doctrina indivisibilium, unicus sinus additus ad alios numero indefinitos, nihil mutat; unde patet Propositio: quippe omnes sinus ad

radium toties fumptum eandem rationem habebunt, quàm recta R X ad arcum F G.

Corollarium primum.

SI ergo arcus affumptus F G, fit femicircumferentia ipfa, ad quam pertineat diameter A B, quæ hoc cafu referet rectam R X; patet omnes
finus rectos ad femicircumferentiam pertinentes atque fecundùm æquales arcus indefinitè fumptos, effe ad radium toties fumptum, ut diameter ad femicircumferentiam. Hîc autem in demonftratione, quia extremi finus eva-
nefcunt, nihil demendum erit nec addendum : in univerfum tamen additio
aut fubftractio. finiti alicujus determinati, in doctrinâ indivifibilium, nihil
mutat.

Corollarium fecundum.

SI autem arcus F G fit quadrans diametro A B conterminus; tunc radius
referet rectam R X; atque ita omnes finus recti ad quadrantem pertinentes, & fecundùm æquales arcus fumpti, erunt ad radium toties fumptum, ut
radius ad quadrantem.

Corollarium tertium.

AT fi arcus F G fit quidem diametro A B conterminus, fed quadrante
major aut minor; tunc recta R X erit finus verfus ipfius arcûs. Ut ergo
omnes finus recti ad radium toties fumptum, ita finus verfus ad arcum.

Corollarium quartum.

SI arcus F G diametro A B non fit conterminus, idem autem ita conftitutus fit, ut alterutrum punctorum R vel X fit centrum circuli, quo pacto
alteruter finuum extremorum F R vel G X erit radius; tunc recta R X æqualis erit finui recto ejufdem arcûs : quapropter, ut omnes finus recti ad radium
toties fumptum, ita finus rectus arcûs, ad ipfum arcum.

Corollarium quintum.

IN cafu quarti Corollarii. Si centrum circuli fit inter puncta R, X; tunc
recta R X componetur ex duobus finibus rectis duarum portionum arcûs
F G. Ut ergò fe habet fumma omnium finuum rectorum ad radium toties fumptum; ita fumma duorum finuum rectorum, qui ad duas portiones arcûs F G
pertinent, fe habebunt ad eundem arcum.

Corollarium fextum.

IN eodem cafu, fi centrum cadat ultrà puncta R, X; tunc recta R X erit
differentia duorum finuum rectorum, vel etiam duorum finuum verforum,
qui finus recti vel verfi pertinebunt ad duos arcus quorum differentia erit arcus ipfe F G. Itaque, ut fumma omnium finuum rectorum ad radium toties
fumptum; ita differentia illa finuum ad ipfum arcum F G.

Corollarium feptimum.

QUONIAM autem omnes finus recti differunt à radio toties fumpto, per
omnes finus verfos; fumptis differentiis pro antecedentibus, erunt om-

nes finus verſi ad radium toties ſumptum, ut differentia inter rectam R X, & arcum F G, ad ipſum arcum F G. Undè rurſus ſex Corollaria, ſex præmiſſis reſpondentia facile deducentur, quorum quæ ad quartum pertinebit concluſio talis erit, Ut omnes finus verſi ad radium toties ſumptum ; ita differentia inter finum rectum & ipſum arcum, ad ipſum eundem arcum.

PROPOSITIO LEMMATICA SECUNDA.

Ex prædictis facile eſt examinandis finuum Tabulis perutilem hanc Propoſitionem demonſtrare.

Si in circumferentiâ circuli ſumantur duo quicunque arcus F M, C G; & reliqua ponantur ut in primâ Propoſitione, omnes finus recti ex arcu F M demiſſi, atque indefinitè ſumpti, putà F R, L S, M T &c, ad omnes finus rectos ex arcu C G demiſſos atque indefinitè ſumptos, putà C E, N V, G X &c (modò tamen finguli ex minoribus arcubus F L, L M, &c, æquales fint fingulis ex minoribus arcubus C N, N G, &c; five multitudo horum æqualis fit multitudini illorum, five non) erunt, ut recta R T extremis finibus intercepta, ad rectam E X extremis finibus interceptam.

NAM ex prima Propoſitione, Ut omnes finus F R, L S, M T, &c, ad radium toties ſumptum; ita recta R T ad arcum F M. Ut autem radius ille toties ſumptus ad eundem radium toties ſumptum, quot in majori arcu C G continentur minores, ita arcus integer F M ad arcum integrum C G : & ut radius toties ſumptus quot in arcu C G continentur minores ad totidem finus C E, N V, G X; ita arcus C G ad rectam E X: ergo ex æquo in quatuor terminis utrinque, Ut omnes finus F R, L S, M T, & ad omnes finus C E, N V, G X, &c. ita recta R T, ad rectam E X.

Corollarium primum.

HINC licet Tabulas finuum per quoſcunque arcus commenſurabiles examinare hâc ratione. Eſto arcus F M triginta graduum, arcus vero C G quadraginta graduum; fintque in utroque arcu dati extremi finus ex Tabulis, putà F R, M T, C E, G X; tum reliqui intermedii per fingula minuta prima, vel etiam ſecunda, fi libuerit: undè ex iiſdem Tabulis dabuntur etiam rectæ R T, E X. Quoniam ergò numerus finuum utrinque finitus eſt atque determinatus, ex ſummâ omnium priorum finuum F R, L S, M T, &c. dematur dimidium extremorum F R, M T; tum ex ſummâ poſteriorum C E, N V, G X, &c. dematur dimidium extremorum C E, G X; eritque tunc reſiduum priorum ad reſiduum poſteriorum, ut recta R T, ad rectam E X; quod niſi ita reperiatur,

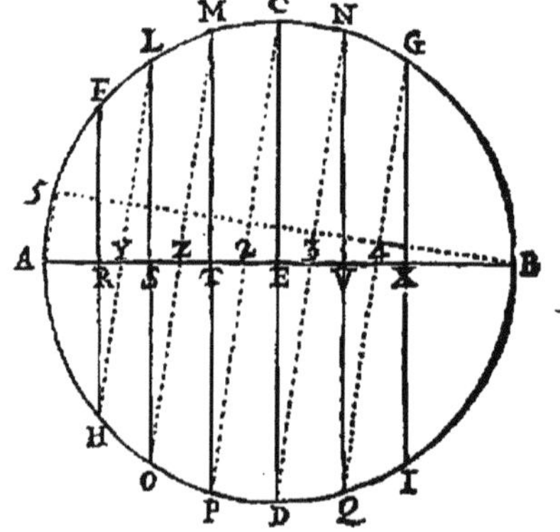

erroneæ erunt Tabulæ. Erit tamen error ferendus, donec exceſſus aut defectus minor erit dimidio illius numeri qui exprimit multitudinem omnium finuum in utroque arcu contentorum.

Corollarium secundum.

QU o d si proponatur arcus F G, ita dividendus in duos arcus FM, M G, ut demissis sinubus rectis FR, L S, &c. quemadmodum supra, summa omnium sinuum indefinitè sumptorum qui ad arcum FM pertinebunt, ad summam omnium qui ad arcum M G pertinebunt, rationem habeant datam; dividenda erit recta R X in ratione datâ, putà in puncto T, atque ab eo excitanda perpendicularis T M usque ad circumferentiam; & factum erit, ut patet ex præmissâ secunda Propositione.

Hîc multa theoremata & problemata præmissis similia proponi possent, quæ, quia facilia sunt, nihilque ad nostrum institutum conducunt, consultò omittimus.

Ad primum, sequens notandum.

I N figurâ rotæ atque trochoidis sequentis, ut pateat trilineum A M H G æquale esse quadrato semidiametri rotæ A G, adverte rectam G H quadranti circumferentiæ æqualem esse, quæ recta G H si in quotcunque partes æquales indefinitè secetur, & à singulis sectionis punctis excitentur perpendiculares usque ad curvam A M H, exhibebunt ipsæ perpendiculares omnes sinus rectos quadrantis diametro contermini secundùm æquales arcus sumptos, ex naturâ trochoidis ejusdemque sociæ : quare per secundum Corollarium Propositionis primæ præmissæ, erunt illi omnes sinus simul sumpti ad radium A G toties sumptum, ut radius A G ad quadrantem G H. Ut autem summa illorum sinuum ad summam radiorum, ita trilineum A M H G ad rectangulum A H, ex doctrinâ indivisibilium; & ut radius A G ad quadrantem G H, ita quadratum ipsius A G ad rectangulum A H; ideoque ut trilineum A M H G ad rectangulum A H, ita quadratum A G ad idem rectangulum A H; unde trilineum ipsum A M H G æquale est quadrato semidiametri A G.

Quoniam autem trilineum reliquum A M H V est differentia inter trilineum A M H G & rectangulum A H; illud ergo A M H V æquale erit differentiæ inter quadratum A G & rectangulum A H; hoc est rectangulo contento sub semidiametro A G & differentiâ inter ipsam A G & quadrantem G H.

Ad secundum, sequens notandum.

B I l i n e u m A M H Z A est manifestò differentia inter triangulum A G H Z A sive quadrantem rotæ, & trilineum A M H G sive quadratum semidiametri A G.

De Rotâ simplici quædam notanda.

I. QU o d sub semidiametro rotæ & quadrante itineris centri ejusdem comprehenditur rectangulum, à sociâ trochoidis sic dividitur, ut portio major æqualis sit quadrato semidiametri rotæ; altera autem portio, eademque minor æqualis sit rectangulo contento sub semidiametro rotæ & differentiâ quæ est inter eandem semidiametrum & quadrantem circumferentiæ ipsius rotæ.

II. Quod à quartâ parte sociæ trochoidis & à rectâ quæ quartæ ipsius extrema conjungit clauditur spatium bilineum, æquale est differentiæ inter quadrantem rotæ & quadratum semidiametri ejusdem.

III. Propositâ trochoide ejusque sociâ, atque utriusque plano circa communem

munem

munem bafim circumvoluto, fit folidum trochoidis circa bafim, quod quidem ad cylindrum cui infcribitur hàc ratione comparabitur.

Portio folidi comprehenfa inter duas fuperficies, quarum altera à trochoide, altera ab ejus fociâ defcribitur, æqualis eft cylindro cujus bafis fit rota ipfa, altitudo autem æqualis circumferentiæ ipfius rotæ; quoniam idem æquale eft annulo ftricto ejufdem rotæ; ac proinde portio illa, totius cylindri circunfcripti quarta pars eft.

Portio folidi quæ unica fuperficie continetur, fcilicet eâ quæ à fociâ trochoidis defcribitur, commodè conferri poteft cum cylindro cujus axis fit idem cum axe folidi trochoidis; femidiameter verò bafis fit femidiameter rotæ: reperietur autem talis portio æquari tali cylindro, ac præterea quadruplo illi folido quod fit ex converfione majoris illius trilinei, quod primo notando diximus æquari quadrati femidiametri rotæ, fi fcilicet tale trilineum circa iter centri rotæ convertatur. At ultimus hic cylindrus totius cylindri circunfcripti quarta pars eft; folidum autem ex converfione trilinei, ejufdem totius trigefima fecunda pars evadit; quia omnia quadrata ipfius trilinei æqualia funt omnibus quadratis omnium finuum rectorum quadrantis rotæ fecundum æquales arcus fumptorum, quæ omnia quadrata quadrati femidiametri toties fumpti dimidia funt; & hoc quadratum femidiametri toties fumptum eft decima fexta pars omnium quadratorum parallelogrammi circunfcripti circa trochoidem : hoc ergo folidum quater fumptum octavam totius cylindri circunfcripti partem conftituit : tandem ergo fequitur totum folidum trochoidis circa bafim totius cylindri circunfcripti quinque octavas partes conftituere $\frac{5}{8}$.

Vel aliter hoc idem folidum quod à trochoidis fociâ circa ejufdem bafim circumvolutâ defcribitur, ad totum cylindrum fic comparabitur. Quoniam planum, ex cujus converfione circa bafim trochoidis fit tale folidum, ad rectangulum ipfi circunfcriptum, ex cujus converfione fit totus cylindrus fe habet ut fumma omnium finuum verforum fecundùm æquales arcus fumptorum, ad diametrum toties fumptum; erit folidum ad cylindrum, ut fumma omnium quadratorum ab omnibus finibus verfis fecundùm æquales arcus fumptis, ad quadratum diametri toties fumptum. At hæc ratio eft ut 3 ad 8, & additâ quartâ parte totius cylindri, hoc eft annulo ftricto de quo fupra; fit ut totum folidum trochoidis circa bafim totius cylindri circunfcripti quinque octavas partes conftituat, ut priùs.

Et quidem ejufmodi ratio $\frac{5}{8}$ de quâ jam egimus, geometricè vera eft, ac prorsùs accurata. At circa folidum quod fit ex converfione trochoidis circa axem, eadem certitudo non contingit, nec poteft, nifi inventa fuerit ratio diametri rotæ ad ejus circumferentiam.

Neque etiam movemur quod Evangelifta Torricellius afferat tale folidum ad fuum cylindrum (qui fcilicet altitudinem habeat axem trochoidis, at diametrum bafis bafim ejufdem trochoidis) rationem eandem habere quam undecim ad octodecim; hæc enim ratio $\frac{11}{18}$ minor eft quam vera.

Ad hoc autem admittatur rursùs focia trochoidis, cujus beneficio folidum trochoidis dividetur in alia duo folida. Primum duabus fuperficiebus curvis continebitur, eâ fcilicet quæ à trochoide, & eâ quæ ab ejus fociâ defcribitur. Secundum vero, circulo bafis & eâ fuperficie curva terminabitur, quæ à fociâ trochoidis defcribetur. Ratione autem initâ fecundùm Geometriæ regulas, primum folidum continebit quartam partem totius cylindri, ac præterea fphæram rotæ, quæ ad ipfum cylindrum fe habet ut fexta pars quadrati diametri ad quadratum femicircumferentiæ : fecundum autem folidum continebit ejufdem totius cylindri partem quartam, ac præterea portionem quandam quæ juncta fphæræ rotæ ad totum cylindrum fe habebit, ut differentia inter quadratum quadrantis circumferentiæ & $\frac{4}{7}$ quadrati radii, ad quadratum ipſius ſemicircumferentiæ.

Ponatur radius partium æqualium	3000000	
Erit ſemicircumferentia	9424778	paulo major.
Quadratum ſemicircumferentiæ	8882643960	paulo minus.
$\frac{1}{4}$ ejuſdem quadrati	2220660990	minus.
$\frac{4}{7}$ quadrati diametri	4800000000	
Differentia hujus & quadrati ſemicircumf.	4082643960	
$\frac{1}{4}$ hujus differentiæ	1020660990 ⎱	
Semiquadratum ſemicircumferentiæ	4441321980 ⎰	
Summa duorum ultimorum numerorum	5461982970	

Erit numerator rationis ſolidi ad totum cylindrum, cujus denominator quadratum ſemicircumferentiæ.

Ratio Torricellii quadrati ſemicircumferentiæ 5428282420 $\frac{1}{2}$ ſeu $\frac{44}{7}$
ejuſdem quadrati   5551652475 $\frac{1}{4}$ ſeu $\frac{44}{7}$

Patet ergo rationem majorem eſſe eâ quæ à Torricellio aſſignatur; minorem tamen eâ quæ ſuprà aſſignata eſt pro ſolido circa baſim, quæ eſt $\frac{4}{7}$.

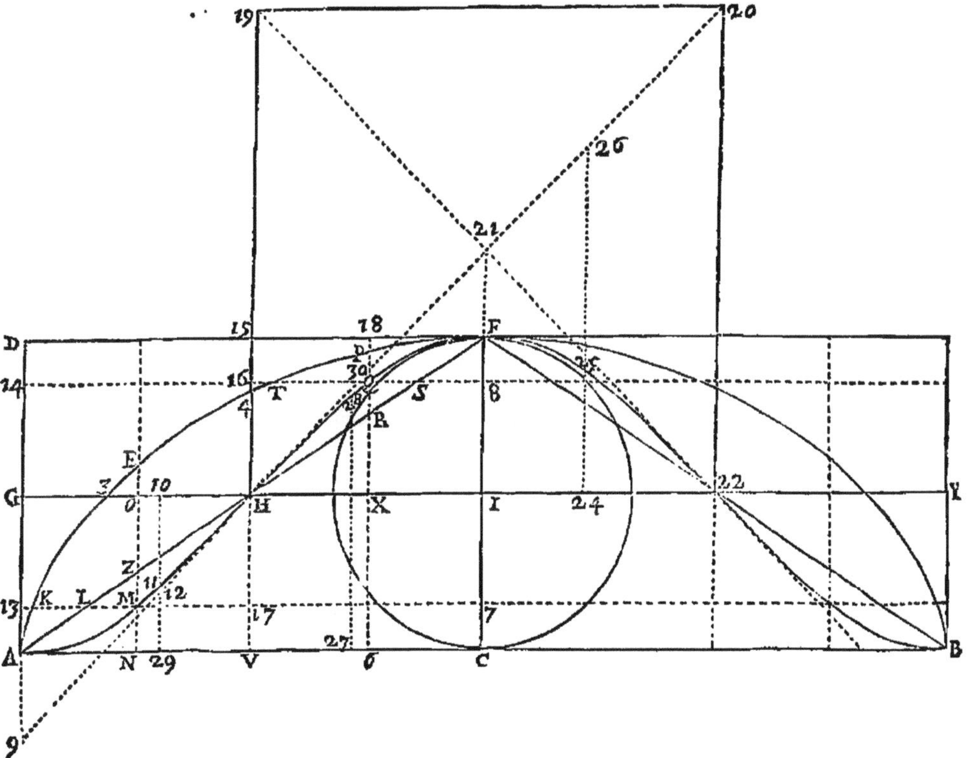

AK3E4TPFB eſt trochoides : AMHQFB eſt ejuſdem trochoidis ſocia : G3OHXIY eſt iter centri : C718F eſt axis : ANV6CB eſt baſis : F vertex : DB parallelogrammum circumſcriptum; & ductæ ſunt rectæ ALZHRSF, & BF : item ductæ ſunt quæcunque rectæ NMZOE,

VH 4, & P Q R X 6 axi parallelæ; ac tandem quæcunque rectæ 13 K L M 7, & 14 T Q S 8 parallelæ bafi.

Itaque pro folido circa bafim, patet illud effe ad cylindrum circumfcriptum, ut omnia quadrata NE, V 4, 6 P, CF, &c. in infinitum, ad totidem quadrata CF. Verum quadratum N E æquale eft quadratis NM, ME, & duplo rectangulo NME; ficuti quadratum V 4 æquale eft quadratis VH, H 4, & duplo rectangulo VH 4; & quadratum 6 P æquale eft quadratis 6 Q, Q P, & duplo rectangulo 6 Q P, & fic de reliquis. Ex illis autem, quadrata NM, VH, 6 Q, CF & fimilia, funt quadrata omnium finuum verforum fecundùm æquales arcus fumptorum, quæ fimul conftituunt ⅟₄ quadratorum diametri CF, & eadem conftituunt rationem folidi fociæ trochoidis ad cylindrum : hæc ergo ratio eft ⅟₄. Reliqua quadrata M E, H 4, Q P, &c. unâ cum duplis rectangulis N M E, V H 4, 6 Q P, &c. ad quadrata CF collata efficiunt rationem quam habet ad eundem cylindrum duplus annulus qui fit ex figurâ A M H Q F P 4 E A circa bafim A B circumvolutâ, qui duplus annulus æqualis eft annulo rotæ circa bafim A B circumvolutæ, hoc eft cylindro cujus bafis fit rota, altitudo autem circumferentia rotæ, five bafis A B, qui cylindrus conftituit ⅟₄ totius cylindri. Quare folidum rotæ ad totum cylindrum conftituit rationem ⅟₄.

Aliter pro folido quod fit à trochoidis fociâ. Omnia quadrata N M, ab A ufque ad V H æqualia funt omnibus quadratis N O, O M, minùs omnibus duplis rectangulis N O M. Item ab V H ufque ad C F omnia quadrata 6 Q æqualia funt omnibus quadratis 6 X, X Q, plus omnibus duplis rectangulis 6 X Q : verum hæc dupla rectangula 6 X Q æqualia funt illis N O M, omnia fcilicet omnibus; exiftentibus ergo contrariis fignis plùs & minùs, elidunt fe invicem hæc & illa dupla rectangula, remanentque omnia quadrata N M, 6 Q, æqualia omnibus N O, O M, 6 X, X Q : horum autem N O, 6 X, funt quadrata femidiametri, quæ conftituunt quartam partem quadratorum totius diametri CF, five ⅟₄. At quadrata OM, X Q, funt quadrata omnium finuum rectorum fecundùm æquales arcus fumptorum, quæ ideò conftituunt dimidiam partem omnium quadratorum femidiametri, five octavam partem quadratorum totius diametri. Patet ergo omnia quadrata N M, 6 Q, conftituere ⅟₄ & ⅟₈, hoc eft ⅜ omnium quadratorum totius diametri C F, quæ eadem eft ratio folidi quod fit à fociâ trochoidis, ad cylindrum eidem circumfcriptum; putà ratio omnium quadratorum N M, 6 Q ad omnia quadrata C F.

Pro folido autem circa axem CF, admiffâ rurfùs fociâ trochoidis in eâdem figurâ, manifeftum eft illud dividi in alia duo folida, quorum alterum inftar annuli ftricti terminatur duabus fuperficiebus, eâ nempe quæ à trochoide, & eâ quæ ab ejus fociâ defcribitur : alterum autem folidum duabus etiam fuperficiebus comprehenditur; eâ nempe quæ à fociâ trochoidis gignitur, & eo circulo cujus femidiameter eft recta C A.

Ac primum quidem folidum ad totum cylindrum collatum, eam habet rationem quam omnia fimul quadrata M K, H 3, Q T, & fimilia, unà cum omnibus duplis rectangulis 7 M K, I H 3, 8 Q T, & fimilibus, ad quadratum A C toties fumptum. At dupla illa rectangula æquivalent femel omnibus rectangulis fub 7 13 five C A & M K; fub I G five C A & H 3; fub 8 14 five C A & Q T; (propterea quod omnes rectæ 7 M, I H, 8 Q, &c. bis fumptæ æquivalent omnibus rectis 7 13, I G, 8 14, &c. femel fumptis, hoc eft rectæ C A toties fumptæ) & hæc rectangula conftituunt quartam partem quadrati C A toties fumpti, ficuti omnes rectæ M K, H 3, Q T conftituunt ⅟₄ rectæ C A toties fumptæ. Omnia autem quadrata M K, H 3, Q T, &c. ad quadratum C A toties fumptum eandem rationem habent quam fphæra rotæ ad totum cylindrum, hoc eft, quam ⅔ quadrati femidiametri rotæ ad quadra-

tum C A, five quam $\frac{1}{7}$ trilinei H Q F I feu A M H G quadrato I F feu I C
æqualis, ad quadratum C A. Patet itaque primum folidum continere quartam partem totius cylindri, ac præterea portionem aliquam quæ ad ipfum
totum cylindrum eam habet rationem quam $\frac{1}{7}$ quadrati femidiametri ad
quadratum femicircumferentiæ.

Jam ad fecundum folidum. Manifeftum quidem eft illud ad totum cylindrum fic fe habere ut omnia quadrata C A, 7 M, I H, 8 Q, &c. ad quadratum C A toties fumptum. Hæc autem ratio ut detegatur, adverte omnia
illa quadrata æqualia effe omnibus quadratis D F, 14 Q, G H, 13 M, &c.
quia fingula fingulis æqualia funt ex natura trochoidis. Itaque fi hæc & illa
quadrata fimul cum quadrato A C toties fumpto conferantur, res expedietur.
Vide aliam demonftrationem fecundi hujus folidi in Appendice quæ poftea
fequetur.

At hoc jam confectum eft in univerfum in omni parallelogrammo quale
eft A C F D, ductâ primò utcunque lineâ qualis eft focia A M H Q F, conftituente duo trilinea primæ divifionis A H F C, & F H A D : tum ductâ fecundò rectâ V H 4 15, quæ & latera A C, D F, & parallelogrammum fimul
bifariam dividat, fecetque lineam ipfam A M H Q F utcunque in H, ita ut
conftituantur duo trilinea fecundæ divifionis A M H V, & H Q F 15, & duo
reliqua quadrilinea; fi infuper intelligamus rectam A C dividi tertiò in quotcunque partes æquales in infinitum, ex doctrinâ indivifibilium, & per puncta
divifionis ductas effe rectas ipfi C F parallelas, quæ parallelogrammum divi-
dant in totidem partes æquales, fed & lineam A M H Q F in totidem punctis : conftituent ergo ipfæ rectæ intra trilinea fecundæ divifionis A M H V,
H Q F 15, multa alia minora trilinea tertiæ divifionis; tot fcilicet intra fingula
quot partes æquales in fingulis rectis A V, F 15, continentur. Puta fi rectâ
A V tertiâ divifione in 1000 partes æquales dividatur, conftituentur 1000
trilinea tertiæ divifionis quorum maximum erit ipfum A M H V; & omnia
communem habebunt apicem A; ac minimum quidem trilineum affumet ex
rectâ A V primam partem ad A terminatam; fequens autem affumet duas
priores partes ad idem A terminatas; tertium tres; quartum quatuor, & fic
eodem ordine ufque ad maximum; eritque forfan unum ex intermediis AMN.
Sic intra trilineum H Q F 15 totidem conftituentur minora trilinea tertiæ divifionis quorum unum ex intermediis erit forfan F 18 Q. Præterea ex rectis
C A, 7 13, I G, 8 14, F D, &c. quædam portiones intra prædicta trilinea fecundæ divifionis continentur : putà intra AMHV, portiones AV, M 17, &c.
intrà H Q F 15 verò, portiones F 15, Q 16, &c. atque ex doctrinâ indivifibilium demonftratur horum omnium portionum quadrata fimul fumpta dupla
effe omnium prædictorum trilineorum tertiæ divifionis fimul fumptorum.

Hoc pofito, illud inquam jam confectum eft ex doctrinâ indivifibilium,
divifo triplici divifione quovis parallelogrammo C D, ut dictum eft, five
prima divifio fiat in partes æquales, ut hic, five non; omnia quadrata C A,
7 M, I H, 8 Q, D F, 14 Q, G H, 13 M, &c. quæ ad trilinea A H F C, &
F H A D primæ divifionis pertinent, conftituere dimidium omnium quadratorum C A, 7 13, I G, 8 14, F D, &c. quæ pertinent ad totum parallelogrammum C D; ac præterea duplum omnium quadratorum portionum A V,
M 17, F 15, Q 16, &c. quæ pertinent ad trilinea fecundæ divifionis A M H V,
& H Q F 15; hoc eft quadruplum omnium minorum trilineorum tertiæ divifionis, quæ in iifdem A M H V, H Q F 15 comprehenduntur, ut fupra. Omnia enim quadrata omnium portionum A V, M 17, F 15, Q 16, &c. fimul
fumpta dupla funt omnium minorum trilineorum tertiæ divifionis quæ in ipfis A M H V, H Q F 15 comprehenduntur : hoc autem ex doctrina indivifibilium demonftramus in fecunda Propofitione Appendicis quæ poftea fequetur.

tur. Et hoc quidem in univerſum in omni parallelogrammo : at hîc in ſpecie trilinea quidem AHFC, & FHAD primæ diviſionis æqualia ſunt; ſicuti æqualia ſunt quoque AMHV, & HQF 15 ſecundæ diviſionis : quare ſumptis tantùm AHFC, & AMHV quæ conſtituunt dimidiam partem omnium quatuor; tunc quadrata CA, 7M, IH, 8Q, &c. quæ pertinent ad ſecundum ſolidum de quo agitur, conſtituunt quartam partem quadrati CA toties ſumpti, ac præterea quadruplum omnium trilineorum tertiæ diviſionis in trilineo AMHV comprehenſorum.

Si itaque hæc quarta pars cum eâ quartâ quæ ex primo ſolido inventa eſt, conjungatur, habebimus ſolidum rotæ conſtituere dimidium ſui cylindri, ac præterea duas portiones, quarum altera ad eundem cylindrum ſic ſe habet ut $\frac{4}{5}$ trilinei AMHG ad quadratum AC, ut ſupra : altera autem ad eundem cylindrum ſic ſe habet ut quadruplum omnium trilineorum tertiæ diviſionis in AMHV comprehenſorum, ad idem quadratum AC toties ſumptum quot ſunt rectæ CA, 7M, IH, 8Q, &c.

Supereſt ergò ut oſtendamus duas illas portiones ſimul junctas, ad totum cylindrum eandem rationem habere, quam differentiam inter quadratum quadrantis circumferentiæ & $\frac{1}{3}$ quadrati radii, ad quadratum ſemicircumferentiæ : & quidem de $\frac{4}{5}$ trilinei AMHG nulla erit difficultas; de quadruplo autem trilineorum, ſic patebit.

Producatur recta DGA verſus A uſque in 9, ita ut recta G9, ſit æqualis rectæ GH, hoc eſt quadranti circumferentiæ rotæ ; & jungatur recta 9H, hæc cadet extra trilineum AMHG, & cum curvâ AMH conſtituet ad punctum H angulum minorem omni angulo rectilineo, etiamſi producta ſecet eandem curvam AMHQF in ipſo puncto H, in quo, tali ſectione, conſtituentur duo anguli ad verticem oppoſiti æquales, ac ſinguli minores quovis angulo rectilineo ; quod tamen hic parum refert : ſufficit enim quod recta 9H cadat extra trilineum AMHG; hoc autem ſic oſtendimus.

In ipſa 9H ſumatur quodvis punctum 12 ex quo ducatur recta 12 10 parallela ipſi AG atque occurrens rectæ GH in puncto 10, curvæ autem AMH occurrat ipſa 12 10 producta, ſi opus ſit, in puncto 11 ; itaque recta 10 12 æqualis eſt rectæ 10 H, recta autem 10 H æqualis eſt arcui cuidam quadrante minori, cujus ſinus rectus erit recta 10 11 ex naturâ ſociæ trochoidis; quare 10 11 minor eſt quàm 10 H ſive quàm 10 12: unde punctum 12 eſt extra trilineum AMHG, quod idem de omnibus punctis rectæ 9H oſtendetur. Quoniam autem trilineum HQF 15 ſecundæ diviſionis, & omnia minora trilinea tertiæ diviſionis in eo contenta, trilineo AMHV ſecundæ diviſionis, & omnibus trilineis tertiæ diviſionis in eo contentis ſingula ſingulis ordine ſumptis, æqualia ſunt : quod de his oſtendetur, de illis quoque verum erit.

Sumatur ergo QF 18 trilineum quodvis tertiæ diviſionis aſſumens ex rectâ F 15, rectam F 18 quotcunque partium æqualium ex iis in quas diviſæ ſunt rectæ CA, FD; tum rectæ F 18 ſumatur æqualis ex HG recta H 10, ducaturque recta 10 11 12, ut ſupra. Eſt igitur F 18, ſive H 10, ſive 10 12 æqualis cuidam arcui cujus ſinus verſus eſt 18 Q ; ſinus autem rectus eſt 10 11, ex naturâ ſociæ trochoidis ; quare recta 11 12 eſt differentia inter arcum & ejuſdem arcûs ſinum rectum : & trilineum quidem QF 18 ad parallelogrammum FX ſic ſe habet, ut omnes ſinus verſi omnium arcuum æqualium minorum tertiæ diviſionis in arcu F 18 contentorum, ad radium IF toties ſumptum, quot in arcu F 18 continentur arcus minores ejuſdem tertiæ diviſionis, ex doctrinâ indiviſibilium. Ut autem omnes illi ſinus verſi ad omnes illos radios, ita recta 11 12 differentia arcus F 18 & ſui ſinus recti, ad arcum F 18, ex Corollario ſeptimo Propoſitionis præmiſſæ : quia recta F 18 refert arcum, cujus ſinus rectus eſt 10 11, & differentia inter hunc ſinum & ipſum arcum F 18, five 10 12, eft 11 12; atque infuper alter finuum ab extremitatibus arcûs F 18 cadentium, puta finus FI cadit in centrum : quare trilineum QF 18 eft ad parallelogrammum FX, ut recta 11 12 ad rectam F 18; fed parallelogrammum FX ad parallelogrammum FH fe habet ut recta F 18 ad rectam F 15 : quare ex æquo, ut trilineum QF 18 ad parallelogrammum FH, ita recta 11 12 ad quadrantem F 15 five GH.

Cùm ergo idem de fingulis trilineis tertiæ divifionis verum fit, quod de QF 18 jam demonftratum eft; fequitur omnia illa trilinea fimul fumpta ad parallelogrammum FH toties fumptum fic fe habere, ut omnes differentiæ inter omnes finus rectos fecundum æquales arcus fumptos, & fuos arcus, ad quadrantem G 9 toties fumptum. Ut autem hæ omnes differentiæ ad omnes quadrantes, ita trilineum AMH 9, quod differentias illas omnes continet, ad quadratum quadrantis G 9, quod omnes illos quadrantes continet, ex doctrinâ indivifibilium : quare argumentis ex arte inftitutis quadruplum omnium trilineorum tertiæ divifionis in trilineo HQF 15, five in trilineo AMHV contentorum, erit ad octuplum parallelogrammi FH toties fumpti quot funt trilinea in AMHV, ut duplum trilinei AMH 9 ad quadruplum quadrati quadrantis G 9, five ut duplum trilinei ipfius AMH 9 ad quadratum femicircumferentiæ AC. At octuplum prædictum æquale eft omnibus quadratis CA, 7 13, IG, 8 14, &c. ex doctrina indivifibilium; quia tam ex octuplo illo, quam ex omnibus his quadratis, conftituitur idem folidum parallelepipedum, illud nempe quod bafim habet parallelogrammum AF, altitudinem autem rectam AC : five, quod idem eft, quod bafim habet quadratum rectæ AC, altitudinem autem rectam CF.

Itaque quadruplum omnium trilineorum tertiæ divifionis in trilineo AMHV contentorum, ad omnia quadrata CA, 7 13, IG, 8 14, &c. fic fe habet, ut duplum trilinei AMH 9 ad quadratum AC. Ut autem quadruplum illud ad omnia quadrata femicircumferentiarum, ita erat una ex duabus portionibus reliquis folidi rotæ, ad totum cylindrum. Ut ergo talis portio ad cylindrum, ita duplum trilinei AMH 9 ad quadratum AC; fed & altera portio erat ad eundem totum cylindrum ut $\frac{1}{2}$ trilinei AMHG unà cum duplo trilinei AMH 9 ad quadratum AC; fed $\frac{1}{2}$ trilinei AMHG unà cum duplo trilinei AMH 9 fimul differunt à quadrato quadrantis G 9 tanto fpatio quantum eft $\frac{1}{2}$ ipfius trilinei AMHG; (patet, ex eo quod triangulum HG 9 fit dimidium ipfius quadrati G 9.) conftat ergo propofitum, nempe duas illas portiones reliquas ad totum cylindrum fic fe habere, ut differentia inter quadratum quadrantis & $\frac{1}{2}$ trilinei AMHG, quod quadrato radii æquale eft, ad quadratum femicircumferentiæ.

Nota.

EX iis quæ expofita funt de rotâ fimplici, atque folidis quæ ab illius trochoide gignuntur, non difficile erit rotas alias tam prolatas quàm contractas contemplari : eadem enim in illis quàm in fimplici valebit methodus, eademque vigebunt argumenta, fed conclufiones erunt diverfæ propter diverfas rationes altitudinis cujufcumque trochoidis ad fuam bafim. Nos tamen iis præmiffis nec abfolutis, fed rudi tantum minervâ exaratis ne memoriâ exciderent, fuperfedebimus, donec operi extremam manum imponere per tempus licebit. Tunc autem & centra gravitatis tam plani trochoidis, quam ejus fociæ, examini fubjicientur, ac detegentur.

APPENDIX

*Ad solidum trochoidis circa axem conversæ, continens aliam demonstra-
tionem secundi solidi duorum illorum ex quibus totum componitur, putà illius quod à sociá circa axem conversa describitur.*

AD hoc autem præmissis duabus Propositionibus Lemmaticis, illarumque
Corollariis, accedant quæ sequuntur.

Corollario quidem septimo præcedenti demonstratum est in arcubus quadrante non majoribus, sic esse omnes sinus versos ad radium toties sumptum,
ut differentia inter sinum rectum & ipsius arcum ad ipsum eundem arcum.
Hîc verò demonstrabimus idem quoque verum esse de arcubus quadrante
majoribus.

PROPOSITIO PRIMA.

*Esto circulus cujus centrum A, diametri B C, D E ad rectos angulos sese secantes,
ita ut B E C sit semicircumferentia divisa in duos quadrantes B E, C E, qui in
quotlibet arcus æquales indefinitè dividantur in punctis B, F, G, H, I, L, E,
M, N, O, P, Q, C, &c. atque sumatur arcus quivis I E C quadrante major,
& à punctis divisionis illius demittantur in diametrum B C perpendiculares I R,
L S, E A, M T, N V, O X, P Y, Q Z, &c. ut habeantur omnes sinus versi C Z,
C Y, C X, C V, C T, C A, C S, C R, &c. ad arcum I C pertinentes : sinus autem
rectus arcûs I E C erit I R. Dico ergò sic esse omnes illos sinus versos ad radium
A B toties sumptum, ut differentia inter sinum R I & suum arcum I E C ad ipsum
eundem arcum.*

DEMITTANTUR in diametrum D E sinus recti F3, G4, H5, I6, &c.
qui pertinent ad divisiones arcus B I quadrante minoris ac semicircumferentiam perficientis. Itaque ex quarto Corollario, ut omnes sinus recti
B A, F3, G4, H5, I6, &c. ad radium toties sumptum, ita sinus I R ad arcum I B. Ut autem radius toties
sumptus quot sunt puncta divisionum in arcu I B, ad ipsum radium toties sumptum quot sunt
puncta divisionum in arcu I C,
ita arcus I B ad ipsum arcum I C:
ergo ex æquo in tribus terminis,
ut summa sinuum B A, F3, G4,
H5, I6, &c. ad radium toties
sumptum quot sunt puncta divisionum in arcu I C, ita sinus I R
ad arcum I C; & sumptis differentiis pro antecedentibus, ut
differentia inter summam sinuum
rectorum B A, F3, G4, H5, I6,
&c. & radium toties sumptum
quot sunt puncta divisionum in

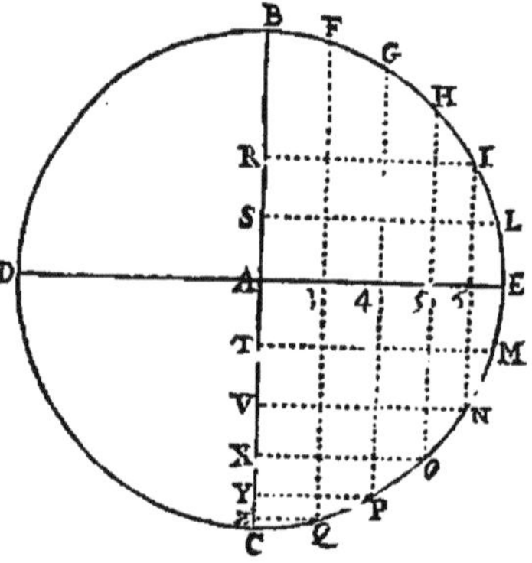

arcu I C, ad ipsum radium toties sumptum; ita differentia inter sinum rectum I R & suum arcum majorem I C, ad ipsum eundem arcum. Verùm
differentia illa summæ sinuum & summæ radiorum æqualis est summæ sinuum versorum prædictorum, ut statim demonstrabimus : itaque constat
Propositio.

Lemma.

QUOD autem affumptum eft, hoc ita demonftratur. Ex quadrante E C fumatur arcus N C æqualis arcui I B, & demittantur in diametrum D E finus recti Q 3, P 4, O 5, N 6, &c. qui æquales erunt ipfis F 3, G 4, H 5, I 6, &c. illis autem ex radio A C toties demptis, remanent manifeftò finus verfi C Z, C Y, C X, C V : fupereft autem radius toties fumptus quot funt puncta divifionum in arcu I N; fed hic perficit finus verfos reliquos C T, C A, C S, C R : nam radius bis fumptus perficit duos finus verfos C V, C R; & idem radius rurfus bis fumptus perficit duos finus verfos C T, C S; finus autem verfus C A eft idem radius. Reliqua patent. Nec aliquem moveat quod idem finus verfus C V bis affumptus eft : ille enim cùm fit magnitudo quædam determinata, femel tantum, plusquàm par eft, fumpta, atque indefinitis numero magnitudinibus addita, nihil officit in doctrinâ indivifibilium.

Corollarium.

QUONIAM ergo in omni arcu, omnes finus verfi funt ad radium toties fumptum, ut differentia inter finum rectum ipfius arcus, & arcum eundem ad ipfum arcum; ut autem radius toties fumptus ad eundem radium toties fumptum quot funt puncta divifionum in totâ femicircumferentiâ: ita arcus propofitus ad ipfam femicircumferentiam. Patet ex æquo in tribus terminis omnes finus verfos arcûs propofiti, ad radium toties fumptum quot funt puncta divifionum in totâ femicircumferentiâ, eandem rationem habere, quam differentia inter finum rectum arcûs propofiti & ipfum arcum, ad integram femicircumferentiam.

P R O P O S I T I O   S E C U N D A.

Efto trilineum quodcunque A B C, cujus duo ex lateribus puta A B, B C, fint lineæ rectæ, tertium verò A C utcunque rectum vel curvum; modo ipfum tale fit ut procedendo fecundum ipfum à puncto A ad punctum C, idem fiat continuò propius ac propius rectæ B C; remotius autem ac remotius à rectâ A B : ut fic nec recta A B, nec B C, nec quævis iifdem parallela, ipfi lineæ A C duobus in punctis occurrere poffit. Perficiatur autem parallelogrammum A B C R; atque intelligatur converti tam parallelogrammum quam trilineum circa unum latus, puta B C.

MANIFESTUM eft à parallelogrammo defcribi vel cylindrum, vel cylindraceum cylindro æqualem; à trilineo autem folidum quoddam: atque fi latus ipfum B C dividatur in quotcunque partes æquales indefinitè in punctis H, G, I, &c. per quæ ducantur rectæ H O, G P, I Q, &c. ipfi A B parallelæ atque latere A C trilinei terminatæ, manifeftum eft quoque folidum trilinei ad cylindrum fic fe habere ut omnia quadrata rectarum B A, H O, G P, I Q, &c. ad trilineum pertinentium, ad quadratum B A toties fumptum. Ut autem in quâvis tali figurâ horum folidorum comparatio rectè inftitui poffit, proderit fæpiffimè hoc elementum ex doctrinâ indivifibilium annotaffe.

Alterum latus rectum A B dividatur in quotcunque partes æquales indefinitè in punctis E, D, F, &c. quæ quidem partes fingula æquales fint fingulis B H, H G, &c. ducanturque totidem rectæ E L, D M, F N, &c. lateri B C parallelæ atque latere A C trilinei terminatæ, quæ quidem trilineum

ipfum

ipſum dividenr, conſtituentque intra illud alia trilinea numero indefinita atque ad communem verticem A conſtituta, putà A E L, A D M, A F N,
A B C, &c.

Nec eſt quod quis dicat rectas A B, B C longitudine poſſe eſſe incom-
menſurabiles; atque ita non poſſe partes unius æquales eſſe partibus alterius:
nam præterquamquod in di-
viſione indefinitâ hæc obje-
ctio locum non habet; illud
præterea manifeſtum eſt, poſſe
in utrâque partes omnes eſſe
æquales, præter extremam
quandam portionem alterius
illarum; quæ quidem erit de-
finita quædam portio, quâ
additâ aut detractâ, vel additis aut detractis, quæ ab illâ
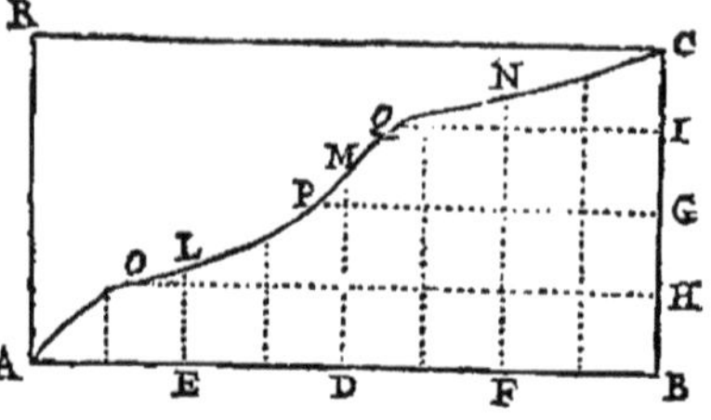
dependent magnitudinibus omninò definitis, nullo modo mutatur indefini-
tarum ratio, ex doctrinâ indiviſibilium.

Dico ergo omnia hæc trilinea in trilineo A B C conſtituta, ſimul ſumpta
omnium quadratorum B A, H O, G P, I Q, &c. ſimul ſumptorum dimidiam
partem conſtituere. Intelligatur enim ipſa omnia quadrata erecta ſuper plano trilinei; quo pacto ex doctrinâ indiviſibilium illa conſtituent ſolidum quoddam quinque figuris comprehenſum, quarum prima erit ipſum trilineum; ſecunda eſt trilineum cujus baſis ipſi rectæ A B parallela eſt & oppoſita, & vertex punctum ipſum C; tertia autem erit quadratum ſuper rectâ B A erectum;
quarta ſuper rectâ B C erecta, erit trilineum ipſi A B C ſimile & æquale;
quinta tandem ſuper lineâ A C erecta, erit utcunque plana vel curva, prout
ipſa A C recta erit vel curva. Intelligatur quoque planum quoddam ſecans
planum trilinei A B C ſecundùm rectam B C, atque ad idem inclinatum ſecundùm angulum ſemirectum versùs A: hoc ergo planum ſic inclinatum
dividet bifariam omnia & ſingula quadrata erecta ut ſuprà; unde & idem
planum dividet quoque bifariam ſolidum ex illis quadratis conſtans, eruntque partes duo ſolida inſtar pyramidum, ſingula quatuor ſuperficiebus contenta: horum quod præcipuè nobis utile eſt, baſim habet trilineum A B C,
tres autem reliquæ ſuperficies illius ſunt, triangulum ſuper rectâ A B erectum & dimidium quadrati conſtituens; figura ſuprà lineâ A C erecta; ac
figura ea quæ ex plano inclinato ſecante conſtituitur: tale autem ſolidum
manifeſto conſtat ex dimidiis omnium quadratorum erectorum, ex doctrinâ
indiviſibilium; eſtque vertex illius punctum extremum lateris illius quadrati,
quod quidem latus ex puncto A erigitur, ipſique perpendiculariter imminet.

Oſtendamus ergo tale ſolidum conſtare etiam ex omnibus trilineis A E L,
A D M, A F N; A B C, &c. vel ex aliis his iiſdem æqualibus; ſic enim patebit omnia hæc trilinea dimidiis omnium quadratorum erectorum eſſe æ-
qualia, quandoquidem tam ab his trilineis quàm ab illis quadratorum dimidiis idem ſolidum conſtituetur, ex doctrinâ indiviſibilium. Ad hoc autem
altitudo talis ſolidi, puta recta illa quæ ex puncto A perpendiculariter ad
planum A B C erecta, ad ſolidi verticem pertinet, eſtque rectæ A B æqualis,
eodem modo indefinitè dividatur quo diviſa eſt ipſa A B, ut partes partibus
multitudine & magnitudine ſint æquales, atque per puncta omnia talis diviſionis ducantur plana plano A B C parallela, quæ manifeſtò ſecabunt ſolidum
propoſitum inter verticem & baſim, & tali ſectione conſtituent trilinea prædictis A E L, A D M, &c. ſingula ſingulis ſimilia, æqualia & parallela; ex
quibus omnibus trilineis indefinitè ſumptis ſecundùm doctrinam indiviſibi-

lium conſtituitur prædictum ſolidum quaſi pyramidale, ut propoſitum eſt :
reliqua patent.

PROPOSITIO TERTIA.

Jam ut ad ſolidum ſociæ trochoidis circa axem converſæ veniamus. In figurâ tro-
choidis ſuperiùs expoſitâ, intelligatur ſocia A M H Q F 22 B circa axem C F
converſa. Dico ſolidum ex tali converſione ortum ad cylindrum cui inſcribitur
eandem rationem habere quam dimidium quadrati ſemicircumferentiæ rotæ dem-
pto dimidio quadrati diametri, ad integrum quadratum ſemicircumferentiæ.

N A M ſicuti ſocia illa ſecat bifariam rectam G I in puncto H, ſic eadem
bifariam quoque ſecat rectam I Y ; eſto in puncto 22 : undè recta H 22
æqualis erit dimidio itineris centri G I, hoc eſt æqualis ſemicircumferentiæ

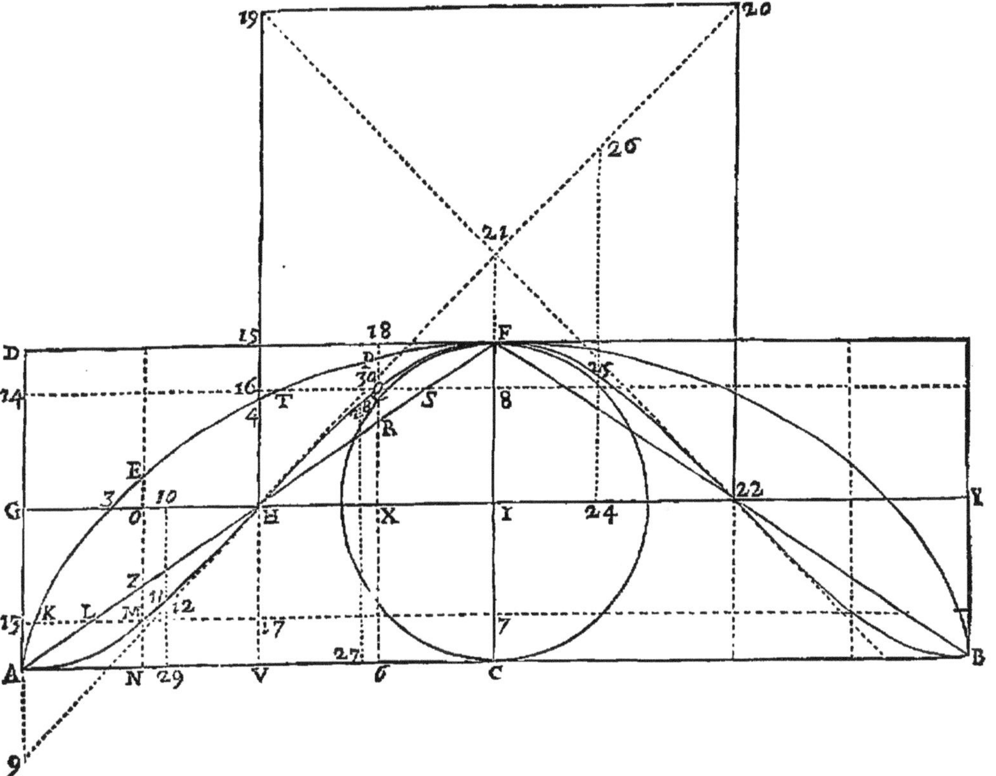

rotæ. Super ipſâ H 22 ad partes verticis F, conſtituatur quadratum H 22 20 19,
cujus diametri ducantur H 20, 22 19 ſecantes ſe invicem in centro quadrati, quod centrum ſit 21 in axe C I F producto ſupra verticem F uſque ad
ipſum punctum 21. Patet autem diametrum ipſam quadrati H 20 eſſe rectam
9 H productam, ipſamque cadere extrà curvam ſive ſociam H Q F, propter
eaſdem rationes quibus probavimus ſuprà, rectam H 9 cadere extrà curvam
H M A.

Jam utraque rectarum A C, C F in partes æquales indefinitè dividatur,

& per puncta divisionis rectæ A C ducantur rectæ ipsi C F parallelæ, putà N M, V H, 6 Q, &c. usque ad sociam A M H Q F; per puncta autem divisionis rectæ C F ducantur rectæ parallelæ ipsi A C, putà 7 M, I H, 8 Q, &c. usque ad eandem sociam. Quo posito solidum sociæ de quo agitur erit ad cylindrum integrum cui inscribitur, ut omnia quadrata C A, 7 M, I H, 8 Q, &c. ad quadratum C A toties sumptum : atqui illa omnia quadrata dupla sunt omnium trilineorum A N M, A V H, A 6 Q, A C F, &c. per secundam Propositionem hujus Appendicis, quare solidum illud ad cylindrum se habet ut omnia hæc trilinea bis sumpta ad quadratum C A sumptum ut jam dictum est, putà secundùm numerum rectarum CA, 7M, IH, 8Q, &c. ex divisione diametri C F in partes æquales numero indefinitas, ortarum : hoc autem quadratum semicircumferentiæ toties sumptum æquale est rectangulo A F toties sumpto quot sunt partes æquales in rectâ A C : quia tam ex tali quadrato C F toties sumpto quot sunt partes in rectâ C F, quàm ex rectangulo A F toties sumpto quot sunt partes in rectâ A C constituitur idem solidum parallelepipedum, illud nempe quod basim habet rectangulum ipsum A F, altitudinem autem rectam A C; sive quod idem est, illud quod basim habet quadratum rectæ A C, altitudinem autem rectam C F, ex doctrinâ indivisibilium.

Itaque solidum sociæ trochoidis sic se habebit ad suum cylindrum, ut omnia trilinea prædicta bis sumpta ad rectangulum A F toties sumptum quot sunt partes in rectâ A C, hoc est toties sumptum quot sunt omnia trilinea prædicta semel sumpta. Verum rectangulum A F duplum est rectanguli A I. Sumpto igitur hoc rectangulo A I bis toties, quoties rectangulum A F, erit solidum sociæ trochoidis ad suum cylindrum, ut omnia trilinea prædicta bis sumpta ad rectangulum A I toties bis sumptum ; seu, sumptis tantum semel trilineis ac semel rectangulis, erit solidum sociæ trochoidis ad suum cylindrum, ut omnia trilinea semel sumpta ad rectangulum A I toties sumptum. Est autem triangulum H 20 22 dimidium quadrati semicircumferentiæ H 22, & bilineum H Q F 22 est dimidium quadrati diametri C F, quandoquidem hujus bilinei dimidia pars, nempe trilineum H Q F I, sive ipsi æquale A M H G ostensum est supra æquale esse quadrato semidiametri A G vel C I; dempto autem hoc bilineo ex illo triangulo, remanet trilineum H F 22 20. Eò itaque res deducitur ut ostendamus omnia trilinea prædicta ad rectangulum A I toties sumptum sic se habere ut trilineum H F 22 20 ad quadratum integrum H 20; sic enim demum patebit solidum sociæ trochoidis esse ad suum cylindrum, ut dimidium quadrati semicircumferentiæ dempto dimidio quadrati diametri, ad quadratum semicircumferentiæ.

Ad hoc autem assumatur quodlibet ex ipsis trilineis, putà A 29 11, assumens ex rectâ A C portionem A 29 forsan quadrante minorem, cui ex rectâ H 22 sumatur æqualis portio H X; ducaturque recta X Q 30 secans sociam trochoidis in puncto Q, rectam autem H 20 in puncto 30. Itaque ex naturâ trochoidis ejusque sociæ A 29 & H X exhibebunt arcus æquales : & arcus quidem A 29 sinus versus erit 29 11, arcus autem H X sinus rectus erit X Q: cùmque recta X 30 æqualis sit arcui H X, erit recta Q 30 differentia inter sinum rectum X Q & suum arcum X 30. Unde ex Corollario primæ Propositionis hujus Appendicis, erunt omnes sinus versi arcûs H X sive A 29 ad radium toties sumptum, quot sunt divisiones in semicircumferentiâ A C, sive H 22, ut ipsa differentia Q 30 ad semicircumferentiam H 22, sive 22 20: atqui omnes sinus versi arcûs A 29 constituunt trilineum A 29 11, & radius A G toties sumptus quot sunt divisiones in A C constituit rectangulum A I ex doctrinâ indivisibilium. Ut ergò trilineum A 29 11 ad rectangulum A I, ita recta Q 30 ad rectam 22 20.

De reliquis trilineis eadem erit ratio; ut si sumatur trilineum AVH assumens ex rectâ AC quadrantem circumferentiæ AV; posito etiam quadrante HI cujus sinus rectus sit IF, differentia autem inter ipsum & suum arcum sit F 21; probabitur esse trilineum AVH ad rectangulum AI, ut recta F 21 ad rectam 22 20. Pari ratione, si sumatur trilineum A 27 28 assumens ex AC rectam A 27 quadrante majorem, positâ rectâ H 24 æquali ipsi A 27, ductâque rectâ 24 25 26 parallelâ ipsi CF ac secante sociam quidem in puncto 25, rectam autem H 20 in puncto 26, ut recta 24 25 sit sinus rectus arcûs H 24 sive ipsi æqualis 24 26, recta autem 25 26 sit differentia ejusdem sinus & sui arcûs; probabitur esse trilineum A 27 28 ad rectangulum AI, ut recta 25 26 ad rectam 22 20; atque ita de omnibus trilineis.

Itaque omnia trilinea simul sumpta ad rectangulum AI toties sumptum sic se habent ut omnes differentiæ sinuum rectorum & suorum arcuum Q 30, F 21, 25 26, &c. ad semicircumferentiam 22 20 toties sumptam: omnes autem illæ differentiæ constituunt trilineum HF 22 20; & semicircumferentia toties sumpta constituit quadratum semicircumferentiæ, ex doctrinâ indivisibilium: unde patet Propositio.

Corollarium.

RECIDIT autem hæc ratio cum eâ quæ suprà exposita est: siquidem trilineum HF 22 20 continet quadrantem totius quadrati H 20, ac prætereà duplum trilinei HQF 21, hoc est duplum trilinei HMA 9: unde resumptis iis quæ ex primo solido oriuntur, putà quartâ totius parte, ac præsereà eâ portione quæ ad totum cylindrum eam habet rationem quam $\frac{1}{3}$ quadrati semidiametri ad quadratum semicircumferentiæ, habebimus duos totius quadrantes, hoc est dimidiam partem totius, ac insuper duas portiones, quarum altera ad totum sic se habebit ut $\frac{1}{3}$ quadrati semidiametri ad quadratum semicircumferentiæ; reliqua autem ad totum sic se habebit ut duplum trilinei HQF 21, sive HMA 9 ad idem quadratum semicircumferentiæ, ut suprà.

Ut ergò unicâ enunciatione explicemus rationem totius solidi trochoidis circà axem conversæ, ad suum cylindrum; sume duos quadrantes integros quadrati H 20, puta 20 21 22, & 19 21 H; tum ex tertio quadrante H 21 22 sume duplum trilinei HQF 21, hoc est totum trilineum HQF 25 22 21 H, ac præterea $\frac{1}{3}$ quadrati semidiametri, hoc est $\frac{1}{3}$ trilinei HQFI sive $\frac{1}{3}$ bilinei HQF 22: tumque hæc omnia spatia simul sumpta confer cum toto quadrato H 20; atque ita satis eleganter hoc concludes. Ut se habent $\frac{1}{3}$ quadrati semicircumferentiæ, demptâ tertiâ parte quadrati diametri, ad quadratum semicircumferentiæ; ita solidum trochoidis circa axem conversæ se habet ad suum cylindrum cui inscribitur.

PROPOSITIO QUARTA.

Quoniam supra in demonstrando solido trochoidis circa basim conversæ hoc tanquam verum sumpsimus, omnia quadrata omnium sinuum versorum semicircumferentiæ secundùm æquales arcus sumptorum constituere $\frac{1}{3}$ omnium quadratorum diametri toties sumpti: atque etiam omnia quadrata omnium sinuum rectorum semicircumferentiæ secundùm æquales arcus sumptorum constituere $\frac{1}{3}$ omnium quadratorum ejusdem diametri; lubet hic utrumque assumptum unicâ demonstratione ostendere.

IN figurâ primæ Propositionis hujus Appendicis, quadratum diametri BC æquale est quadratis CZ, ZB, & duplo rectangulo CZB, sive duplo quadrato ZQ. Similiter idem quadratum BC æquale est quadratis CY, YB & duplo rectangulo CYB sive duplo quadrato YP: atque ita de reliquis punctis divisionis diametri puta de punctis X, V, T, A, S, R, &c. at rectæ

CZ,

CZ, CY, CX, CV, &c. sunt omnes sinus versi : item rectæ ZB, YB, XB, VB, &c. sunt quoque omnes sinus versi qui prædictis singuli singulis, sed ordine converso sunt æquales; & horum quadrata singula singulis sunt æqualia; atque ita habemus duplum quadratorum omnium sinuum versorum. Sed & rectæ ZQ, YP, XO, VN, &c. per omnes arcus æquales semicircumferentiæ sunt omnes sinus recti; unde habemus duplum quadratorum omnium sinuum rectorum. Omnia ergo quadrata diametri æqualia sunt duplo omnium quadratorum sinuum versorum unà cum duplo omnium quadratorum sinuum rectorum.

Ducantur jam radii AQ, AP, AO, AN, &c. Itaque quadratum radii AQ æquale est quadrato sinus recti QZ unà cum quadrato AZ, sive unà cum quadrato sinus complementi Q3 : similiter quadratum radii AP æquale est quadrato sinus recti PY unà cum quadrato sinus complementi P 4, atque ita de reliquis : quo pacto habemus omnia quadrata radii æqualia esse omnibus quadratis sinuum rectorum unà cum omnibus quadratis sinuum complementorum. Verum omnes sinus recti omnibus sinibus complementorum singuli singulis sunt æquales, si minores cum minoribus & majores cum majoribus conferantur, quia sumuntur secundùm arcus æquales ex hypothesi : quare omnia quadrata radii

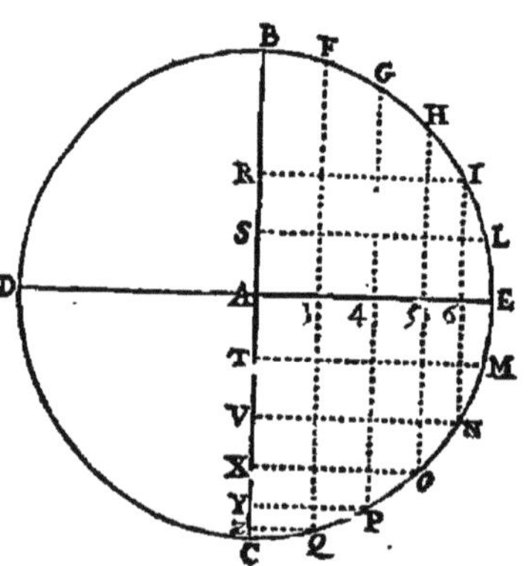

æqualia sunt duplis quadratorum omnium sinuum rectorum. Omnia autem quadrata diametri quadrupla sunt omnium quadratorum radii; ipsa ergo omnia quadrata diametri quadrupla sunt dupli quadratorum omnium sinuum rectorum : unde omnia quadrata sinuum rectorum semel sumpta, omnium quadratorum diametri octavam partem constituunt.

Quoniam ergo duplum omnium quadratorum sinuum rectorum constituit duas octavas partes omnium quadratorum diametri, relinquitur ut duplum quadratorum omnium sinuum versorum constituat sex octavas partes, atque ut ipsa quadrata omnium sinuum versorum semel sumpta tres octavas partes constituant ipsorum omnium diametri quadratorum, ut proponitur.

PROPOSITIO QUINTA.

Sed & illud demonstrare lubet, quod pro solido sociæ trochoidis circa axem conver- Vide figur: *sa, priori modo demonstrando, assumptum est tanquam quid confectum ex doctri-* pag. 270. *nà indivisibilium. Omnia quadrata CA, 7M, IH, 8Q, DF, 14Q, GH, 13M, &c. quæ ad trilinea primæ divisionis AHFC, & FHAD pertinent, constituere dimidium omnium quadratorum CA, 7 13, IG, 8 14, FD, &c. quæ pertinent ad totum parallelogrammum CD; ac præterea duplum omnium quadratorum portionum AV, M17, F15, Q16, &c. quæ pertinent ad trilinea secundæ divisionis AMHV, & HQF15.*

ILLUD autem statim conficitur, ex eo quod ductâ quâcunque rectâ 7 13 ex iis quæ rectæ AC parallelæ sunt, quæ secet trilinea primæ divisionis, ita ut ejus rectæ portio 7 M in uno trilineo, altera autem portio 13 M in altero contineatur; secet autem ipsa 7 13 lineam primæ divisionis AMHF in puncto

M, & rectam secundæ divisionis V 15 in puncto 17: manifestum est, ex Geometriâ communi, ambo quadrata portionum 7 M, M 13 tantò majora esse dimidio quadrati totius 7 13, quantum est duplum quadrati portionis M 17, quæ ad trilineum secundæ divisionis A M H V pertinet: quod cùm de omnibus aliis rectis verum sit, patet Propositio.

DE LONGITUDINE TROCHOIDIS,

PROPOSITIO.

Cujuscunque assignatæ portioni trochoidis primariæ, æqualem rectam exhibere, atque exinde toti trochoidi.

QUID sit trochoides, quid rota ex qua illa nascitur, quæ sint tres illius præcipuæ species, & quomodo inter se distinguantur, hîc notum esse supponimus.

Utemur argumento ex motuum compositione desumpto, quo ex æquali moti puncti velocitate æquales describi lineas, ex inæquali inæquales, cæteris paribus necesse est, atque è converso.

Etsi verò communiter rota progrediendo uniformi motu per iter rectum in plano, simul circa centrum suum convertatur, tamen hîc intelligemus rotam ipsam trahi tantùm recto itinere, non autem converti; sed punctum trochoidem describens, ferri secundùm circumferentiam rotæ motu uniformi, quod eôdem quò suprà recidit, & Geometriæ aptius esse visum est.

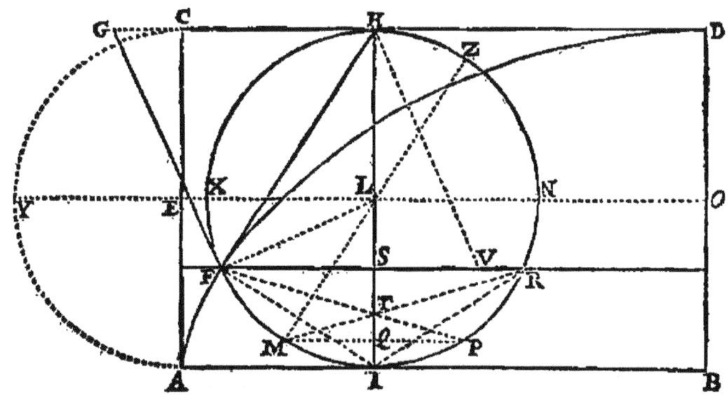

F punctum contactus tam F G rectæ tangentis rotam, quàm F H tangentis trochoidem primariam, cujus dimidium est AFD, initium A, recta A I B dimidium basis, B D axis, A E C diameter rotæ initio motûs, C H D linea verticis.

I X H N rota est, cujus centrum L à principio motûs jam percurrit rectam E L æqualem rectæ A I, existente diametro rotæ in hac positione rectâ I L H; unde ipsa recta E L vel A I arcui I F æqualis est.

GF, GH rotam tangentes æquales sunt; unde ductâ chordâ rotæ F R ipsi A I parallelâ, & sectâ bifariam in S à diametro I L H; ductâ etiam H V ipsi F G tangenti parallela, ac secante ipsam F R productam, si opus erit, in V; erit parallelogrammum F G H V rhombus, cujus anguli G F V, G H V bifariam secabuntur à diagonali F H tangente trochoidem.

M punctum est in quo arcus rotæ F M I bifariam secatur, & à quo ducitur chorda rotæ M Q P ipsi A I parallela, secans diametrum I H in Q; sed & ductâ chordâ M R secante eandem I H in T, erunt rectæ Q I, Q T æquales, propter æqualitatem triangulorum I Q M, T Q M.

Reliquum conſtructionis ei qui trochoidem noverit, per ſe ex ipſa figurâ ſatis oſtenditur: præ cæteris notetur chorda IM.

Oſtendendum eſt portionem trochoidis A F ab initio A ſecundum longitudinem ſuam curvam menſuratam, æqualem eſſe quadruplo ſinus verſi IQ, ſive duplo rectæ IT. Unde, quoniam AF eſt portio quæcunque dimidiæ trochoidis AFD, oſtendetur ipſa curva AFD æqualis quadruplo ſemidiametri IL, ſeu duplo diametri IH. Hoc erit præcipuum hujuſce Propoſitionis Corollarium.

Quoniam diametri rotæ ILH, AEC initio motûs congruebant, manifeſtum eſt tunc tria puncta I, A, F ſimul extitiſſe, & ambo E, L ſimul, & ambo C, H ſimul: exinde verò punctum I percurriſſe rectam AI uniformi motu, ſicuti & punctum L rectam EL, & punctum H rectam CH, & punctum F ſecundum rotæ circumferentiam percurriſſe arcum IMF; quo factum eſt ut in trochoide primariâ quatuor illæ lineæ AI, EL, CH, & arcus IMF eſſent æquales: at propter implicationem recti motûs AI cum curvo IMF, punctum F tali motu compoſito deſcripſit portionem trochoidis AF, in quo ipſius F velocitas continuò mutata eſt augeſcendo ſenſim ab A in F. Examinemus ergò illam auctionem continuam per omnia puncta ejuſdem AF; ac pro divorſis poſitionibus puncti F, diverſas ipſius velocitates in curvâ AF cum ejuſdem uniformi velocitate in arcu rotæ IMF conferamus.

Incipiamus ab eâ poſitione quæ primum oblata eſt, in qua F eſt quodvis punctum in dimidiâ trochoide AFD ab A diverſum. Patet ex motuum legibus, velocitatem puncti F in curvâ AF ad velocitatem puncti F in arcu IMF ſic ſe habere, ut tangens FH ad tangentem FG in parallelogrammo FGHV: idem verò de ſingulis punctis in curvâ AF aſſumptis dicetur, mutatâ convenienti poſitione rotæ, & ductis congruis tangentibus; augetur autem ratio FH ad FG dum F fertur ab A in F, ergo & ipſius velocitas; & eſt velocitas uniformis per infinitas tangentes arcûs IMF, ſicuti & ipſius puncti F in eodem arcu. Si igitur ipſe idem IMF infinitè dividatur æqualiter, atque illi diviſioni correſpondeat infinita diviſio curvæ AF (quod tamen fieri æqualiter non continget propter curvæ naturam, quod nihil intereſt) & ſingulis minoribus arcubus ipſius IMF aſſignentur ſuæ tangentes æquales, quibus etiam correſpondeant totidem tangentes curvæ AF, quanquam minimè æquales, erunt per vigeſimam quartam Libri quinti Euclidis, quoties opus fuerit repetitam, omnes tangentes curvæ AF ſimul ſumptæ ad omnes tangentes æquales arcûs IMF ſimul ſumptas, ut omnes velocitates puncti F in curvâ AF, ad omnes velocitates ejuſdem puncti F in arcu IMF: atqui ut velocitates inter ſe, ita ſunt lineæ ab ipſis percurſæ, putà curva AF & arcus IMF. Ut ergo omnes tangentes curvæ AF ad omnes tangentes arcûs IMF, ſic ipſa curva AF ad ipſum arcum IMF; quod primò notetur.

Præterea quoniam recta FG tangit circulum IFH, & à contactu ducitur recta FSR ipſum circulum ſecans, erit per trigeſimam ſecundam libri tertii Elem. Euclidis, angulus GFR angulo FIR æqualis, & dimidius GFH dimidio FIS; unde triangula iſoſcelia FGH, FLI ſimilia ſunt. Ut ergo tangens FH ad tangentem FG, ita chorda IF ad radium FL; & diviſis infinitè, ut ſuprà, arcu IMF & curva AF, adjunctiſque iiſdem infinitis minoribus tangentibus, ducantur à puncto I totidem chordæ ad ſingula arcûs IMF puncta; probabimus ex Geometriâ, chordas illas omnes ſimul ſumptas ad radium FL toties ſumptum ſic ſe habere, ut omnes tangentes curvæ AF ſimul ad omnes tangentes arcus IMF ſimul; hoc eſt per primum notatum, ut curva ipſa AF ad arcum ipſum IMF: quod ſecundò notetur.

Jam arcus IM qui ipſius IMF dimidius eſt, dividatur æqualiter infinitè; ſed ita ut in ipſo IM tot ſint diviſiones quot in toto IMF, hoc eſt quot

sunt chordæ in ipso arcu I M F, sive quoties sumptus est radius F L; tum
à singulis arcûs I M punctis in radium I S demittantur totidem sinus recti,
quorum maximus est M Q : tot ergo sunt sinus recti ab arcu I M, quot chordæ in arcu I M F, & unusquisque sinus unius cujusque chordæ correlatæ dimidium est; unde ipsorum omnium sinuum summa dupla æqualis est summæ
chordarum semel sumptæ. Erat autem ex secundo notato summa chordarum
ad summam radiorum, ut curva A F ad arcum I M F; ergo sinuum dictorum
summa dupla se habet ad summam radiorum, ut curva A F ad arcum I M F.
At ut summa illa dupla sinuum ad summam illam radiorum, sic se habet duplum sinus versi I Q ad arcum I M, per Lemma ad id inventum & ad alia
permulta ardua perutile; & ut duplum I Q ad arcum I M, ita quadruplum
I Q ad duplum arcus I M, hoc est ad arcum I M F. Ut ergo hoc quadruplum sinûs versi I Q ad arcum I M F, ita curva A F ad eundem arcum I M F;
quare hæc curva A F æqualis est quadruplo sinûs versi I Q : quod erat propositum.

Corollarium.

COROLLARIUM manifestum est. Si enim pro trochoidis portione A F,
ut suprà, assumamus ipsam dimidiam trochoidem integram A F D, tunc
rotæ diameter quæ erat I H, cum axe B O D congruet; & punctum I puncto B, & punctum H puncto D, & punctum L, puncto O, & punctum F
punctis H, D, & punctum M puncto X, & punctum Q punctis seu centris
L, O, & punctum T punctis seu verticibus H, D, &c. Unde arcus I M F
fiet semicircumferentia rotæ I X H, & arcus I M fiet quadrans I X, & sinus
versus I Q fiet radius I L, &c.

Itaque per Propositionem, semi-trochoides A F D sinus versi I L erit quadrupla, seu diametri I H dupla, quod est Corollarium.

Hæc & multa alia, cùm circa annos 1635 & 1640 vigente animi robore
detexissem, & ferè omnia publicè multoties patefecissem, tam in Cathedra
Regia, quam in multorum doctorum conventibus; immò & quibuslibet amicis
literatis privatim, unicam hanc de longitudine trochoidis Propositionem
semper reticui : sperabam enim eâdem methodo (quam primus, ut putò,
detexi) me multò majora detecturum, atque imprimis multas quadraturas.
Nec me spes ex toto fefellit; innumeras enim adhuc teneo, non eas tamen
quas præcipuè intendebam, de quibus viderint posteri quibus hæc nostra
speculatio non erit forsan inutilis. Hoc tamen eos monebo, doctrinam de
motuum compositione adeò universalem esse, ut nec analysi solâ coercea-
tur; nec adjunctâ infinitorum doctrinâ, cum rationalibus & irrationalibus,
atque logarithmicis quantitatibus; quippe hæc omnia motus comprehendit,
non ab ipsis comprehenditur: hinc latissimus patet exercitationibus Mathematicis campus, idemque plusquàm solidus.

Negligentiâ tamen meâ, quòd nihil prælo committerem, factum est ut
quidam Extranei nationis nostræ æmuli, vel potiùs eidem invidi, ex eorum
numero qui ut fuci, apum favos invadunt, & quod elaborare non possunt
mel, vi & injuriâ sibi vendicant, multa mea mihi eripere conarentur, eaque
sibi tribuere. Sed & ad id adjuverunt ex Nostratibus quidam, mihi præ cæteris invidi; qui cùm mihi nihil reliquum esse cuperent nec inventa mea
sibi arrogare auderent, ne ridiculi apud Gallos haberentur, ea cuilibet ex-
traneo, (quanquam multis annis posteriori) quàm mihi suo civi & vero
inventori, mallent addicere; & sic contra perspectam sibi veritatem, & verbis & scriptis impudenter mentiri.

His artibus, ipsa trochoides, ejusque tangentes, & plana, sed & solida
fermè omnia mihi erepta sunt; ac ne ad extrema fures penetrarent, solus obex
obstitit,

obſtitit, ſolidum circa axem, quod de induſtriâ cum Propoſitione præmiſſâ
de longitudine reticueram. Suſtinui, & expectavi donec circa ipſum ſolidum
fœdè errarent qui præ cæteris ſapere videri volebant, quorum ipſorum, ſuper
hac re, literas autographas etiamnum aſſervo, eaſque non unicas : tunc verò ſolidum ipſum vulgavi anno 1645, noſtriſque atque illis extraneis pate-
feci, quorum (extraneorum inquam) reſponſum accepi mœroris atque in-
dignationis plenum, ob errorem contra ſpem ſuam patefactum. Lætabar
interim, & hæc illis ſubinde (arrogantiùs forſan) exprobrabam, Certè meæ
quiſquiliæ alicujus ſunt pretii, in quas fures adeò cupide involent, eaſque
ſibi retinere tantâ pertinaciâ contendant.

Poſſum tamen cùm libuerit, mea à furibus recuperare. Habeo enim ad
id inſtrumenta valida, ſcripta manu, annis & diebus ſuis munita à viris ce-
leberrimis; nec deerunt teſtimonia prælis commiſſa à quibuſdam, prudentiùs
quàm ego de futuro furto præſagientibus, idque multis annis ante furtum
ipſum : his, dum adhuc vivo, utar, ex amicorum meorum judicio.

Redeo ad præmiſſam Propoſitionem de longitudine trochoidis, de qua
nihil, nec publicè, nec privatim me communicaſſe jam teſtatus ſum; eam tamen multis annis poſtea invenit Anglus quidam vir doctiſſimus, & prælo per
ſe vel per amicos, ſuo nomine vulgavit. Methodus illius à noſtrâ planè diverſa eſt, ſed concluſio vera & elegans. Ait enim portionem quamcunque
ſemitrochoidis A F D, (ſemicycloidem ille cum multis aliis vocat) putà
portionem D F à vertice D incipientem, duplam eſſe tangentis H F. Hanc
enuntiationem cum noſtra coincidere, ſic demonſtramus.

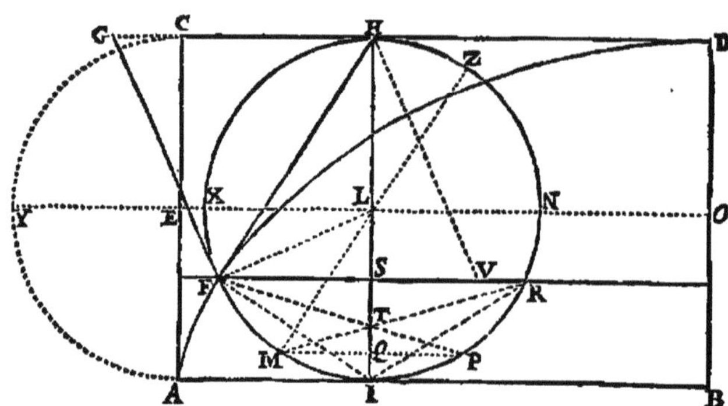

Quoniam quatuor arcus FM, MI, IP, PR æquales ſunt, ſecabunt ſe
invicem chordæ æquales FP, RM in eodem puncto T diametri IH; &
rectæ IQ, QT ſunt æquales; & anguli TFI, TFS æquales; ſed & angulus HFR ſive HFS, æqualis eſt angulo HIF, quia inſiſtunt arcubus
æqualibus HR, HF; ergo ſumma angulorum HFS, TFS, æqualis eſt ſummæ
angulorum HIF, TFI; prior autem ſumma conſtituit angulum HFT, &
poſterior ſumma æqualis eſt angulo externo HTF in triangulo ITF; æquales
ſunt ergo anguli HFT, HTF; unde in triangulo HFT latera HF, HT
ſunt æqualia : ſed HT cum IT conſtituunt diametrum; ergo & HF cum
IT diametrum conſtituunt; & eſt IQ dimidia ipſius IT; quare HF cum
dupla IQ conſtituunt diametrum; & ſic dupla HF cum quadrupla IQ, diametri duplum conſtituunt. Sed & ex Corollario, ſemitrochoides AFD ejuſdem diametri dupla eſt; itaque ipſa AFD duplo tangentis HF, & quadruplo ſinûs verſi IQ æqualis eſt : demptis ergo utrinque æqualibus, hinc qui-

dem quadruplo sinûs verfi, illinc autem portione A F femitrochoidis, fupereft ut reliqua portio femitrochoidis F D duplo tangentis H F fit æqualis.

Potuit demonftratio directè inftitui per motuum compofitionem, initio fumpto à vertice D, in curva D F portione quácunque femitrochoidis; quo pacto, conclufio per fe incidiflet in duplum tangentis H F, ut mox dictum eft. Ad hoc, ductâ diametro M L Z ipfi H F parallela, demittendi eflent ab omnibus punctis arcûs rotæ H F infinities æqualiter divifi, totidem finus recti in ipfam diametrum M L Z; & totidem tangentes ad ipfum arcum rotæ H F pertinentes; atque totidem ipfis correfpondentes, pertinentefque ad curvam D F; omninò ficuti de arcu I M F, ac de curva A F fuperiùs dictum eft, &c. adhibito tandem Lemmate, & congruis argumentis. Sed prior demonftratio prior etiam in mentem incurrit, in quâ ideò mens ipfa conquievit, quod & Propofitionis, & ipfius trochoidis idem eflet initium punctum A.

De longitudine trochoidum aliarum ac fociarum omnium, aliàs dicemus.

EPISTOLA
ÆGIDII PERSONERII DE ROBERVAL
AD R. P. MERSENNUM.

REVERENDE PATER,

Ex propofitionibus Clariffimi Torricellii eas tantum examinandas cenfui, quas nonnifi ab egregio Geometrâ profectas effe judicabam. Quapropter prætergreffis octo primis circa fphæram, & folida eidem infcripta & circumfcripta, quarum examen, quemvis vel mediocriter verfatum fugere non poffe exiftimavi, nonam aggreffus fum quæ eft de dimenfione cochleæ, quam, ut ardua eft, ita veram effe certiffimâ demonftratione perfpexi; ita ut ex ea unica Authorem inter præftantes hujus fæculi Mathematicos annumerare non vereat. Quodque fortaffis mirere nihil refert; magifne an minus inter fe diftent fpiræ ipfius cochleæ, modò idem fit femper triangulum à quo defcribatur; fed & etiamfi ipfum triangulum moveatur tantum ad motum parallelogrammi, non autem motu progreffivo, ita ut idem triangulum abfolutâ converfione in fe ipfum redeat: eodem modo fe res habebit, nec mutabitur Propofitio.

De centro gravitatis parabolæ inveniendo à priori, nullâ fuppofitâ ejus quadraturâ; fi ipfe fic proponit, ut fe inveniffe intelligat, laudamus: fi vero à nobis quætit, dabitur illi non folum in parabola conica, quam quadraticam appellamus, quia in ea quadrata ordinatim applicatarum inter fe funt, ut portiones diametri; fed etiam in parabola cubica, in quadrato quadratica, &c. atque in earum folidis; five ipfæ parabolæ circa fuos axes, five circa tangentes ad extremitatem axis, five circa aliquam ex ordinatis ad axem convertantur, & geniti inde folidi, five fufi parabolici, dimidium plano ad ipfius axem erecto refectum proponatur: & multa alia de quibus, fi aliquando res poftulabit, fufiùs agemus. Nunc verò hoc indicaffe fufficiat, in dimidio fufo parabolico quadratico centrum gravitatis axem dividere in duas portiones, quarum ea quæ ad verticem ad eam quæ ad bafim fe habet ut 11 ad 5; in cubico, ut 13 ad 7; in quadrato-quadratico, ut 15 ad 9; in quadrato-cubico, ut 17 ad 11; atque ita in infinitum, addendo femper 2 ad fingulos præcedentis rationis terminos. Præterea rationes folidorum ipforum ad cylindros quibus infcribuntur, quas omnes invenimus, & quarum fpeculatio forfan minime fpernenda viro clariffimo videbitur.

In cycloide Torricellii agnosco nostram trochoidem, nec recte percipio quomodo ipsa ad Italos pervenerit, nobis nescientibus. Quod si illa tanto viro placuerit, lætor. Spero autem brevi fore ut eadem in lucem emittatur, cum suis tangentibus, cumque solido ex conversione illius circa basim genito, forsan & circa axem: neque id tantùm in prima trochoide cujus basis æqualis esse ponitur circumferentiæ rotæ genitricis; sed etiam in quavis alia trochoide sive prolata, sive contracta; atque in sociis earumdem.

Propositio de solido à qualibet sectione coni circa axem circumvolutâ descripto, atque ad conum eidem inscriptum unica enunciatione collato, elegantissima est & verissima, sicut demonstravimus: nec ei inferior est ea quæ sub eadem figura habetur de centro gravitatis ipsorum solidorum, quam etiam demonstravimus. Quod si ambas duabus tantùm demonstrationibus ostenderit, nihil video quod in hac materia desiderari possit; sed vereor ne positis Authorum demonstrationibus, ipse inde propositiones suas deduxerit: quod etiamsi ita esset, tamen non parum laudis mereretur; neque enim cuilibet contingit, aliorum inventis addere tanti ponderis propositiones.

Ejusdem fere argumenti est sequens Propositio de frusto sphærico duobus planis parallelis secto, de quo nihil dicimus, quia in eo non immorati sumus.

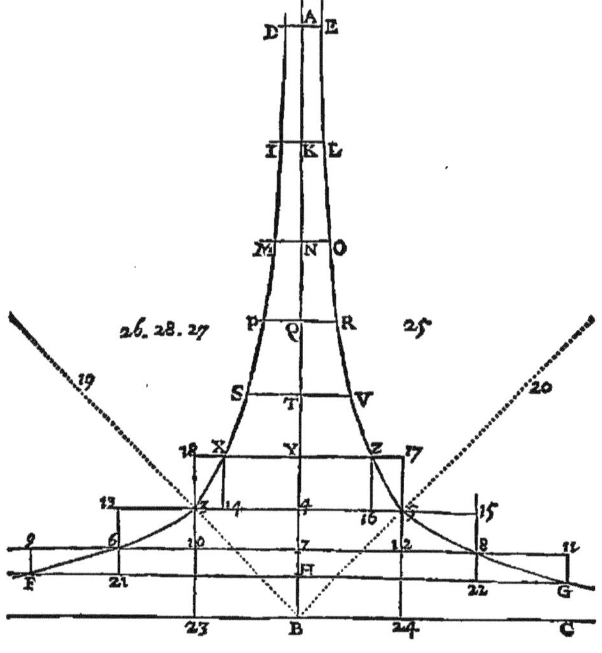

Omnium elegantissima est decima quarta, cujus demonstrationem hîc addere libet, cuperemque valde scire utrum in idem cum clarisimo viro medium inciderim, vel diversum. Igitur in figura cujus constructionem ex ipsius Torricellii Propositione notam esse suppono, existente B centro hyperbolæ, assymptotis B A, B C ad angulos rectos, solido autem quovis D E F G terminato, ut propositum est; primum ostendamus tale solidum medium propor-

Vide Torricell. de solido Hyperb. pag. 113.

AA aa ij

tionale esse inter duos cylindros ejusdem altitudinis cum solido, puta
rectae A H, quorum unius basis sit circulus D E, alterius vero F G; ex hac
enim caetera demonstrabuntur. Inter B A, & B H, media proportionalis sit
B T; tum inter B A & B T, media quoque proportionalis sit B N; atque inter B T & B H, esto B 4. Item inter B A & B N, sit B K; inter B N
& B T, sit B Q; inter B T & B 4, sit B Y; inter B 4 & B H, sit B 7; atque
ita tot continuè inveniantur mediae quot libuerit, sic enim erunt quoque continuè proportionales differentiae ipsarum H 7, 74, 4 Y, &c. usque ad ultimam K A, & in eadem ratione primarum. Patet autem hac ratione eò deve-
niri posse, ut cylindrus cujus basis circulus F G, altitudo autem ultima differentia K A, minor sit quovis spatio solido dato. Jam per puncta 7, 4, Y, T,
ducantur plana ad rectam A B erecta, solidum secantia secundum circulos
quorum diametri 6 8, 3 5, X Z, S V, &c. parallelae ipsi F G; patet quoque
ex natura hyperbolae, proportionales esse rectas F H, 6 7, 3 4, X Y, S T,
& reliquas in eadem ratione, sed inversa, primarum B H, B 7, B 4, &c. Denique inscribantur & circumscribantur ipsi solido totidem cylindri quot sunt
differentiae, H 7, 7 4, 4 Y, &c. sintque inscripti 8 21, 5 10, Z 14, &c. circum-
scripti vero F 11, 6 15, 3 17, &c. constat ergo omnes circumscriptos simul su-

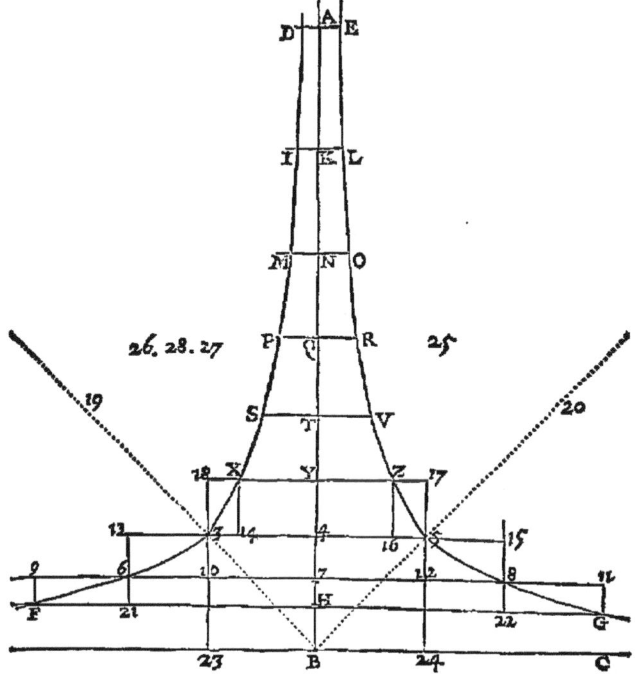

perare omnes inscriptos simul, minori spatio quàm cylindro altitudinis K A,
& basis F G, hoc est minori spatio quovis proposito. Praeterea cylindrus basis S V, & altitudinis A H, est medius proportionalis inter cylindros ejusdem
altitudinis, sed basium D E, F G. Dividatur ipse medius in cylindros ejusdem
basis S V; sed altitudinum H 7, 7 4, 4 Y, Y T, &c. usque ad ultimum altitudinis A K, qui ultimus major quidem est primo inscripto 8 21, sed minor
circum-

circumfcripto F, 11, quod fic oftendimus. Quoniam recta S T media proportionalis eft inter D A & F H, major erit ratio circuli medii S V ad circulum
6 8, quàm rectæ D A ad rectam 6 7: at idem circulus medius S V, ad circulum F G minorem habebit rationem quàm eadem recta D A ad eandem
6 7; ut autem D A ad 6 7, ita H 7 ad A K: ergo circulus medius S V, ad
bafim quidem infcripti 6 8, majorem habet rationem; ad bafim vero circumfcripti F G, minorem quàm altitudo communis infcripti, & circumfcripti H 7
ad altitudinem ultimi medii A K. Eodem modo demonftrabimus cylindrum
altitudinis N K, bafis verò circuli medii S V majorem quidem effe fecundo
infcripto 5 10, minorem vero fecundo circumfcripto 6 15; atque ita de reliquis ordine fumptis. Patet igitur tandem, totum cylindrum medium omnibus
quidem infcriptis fimul fumptis majorem effe; omnibus verò circumfcriptis
minorem. Cætera perfequi apud vos inutile fuerit.

Corollarium.

P ATET autem manifeftò pofitis rectis B H, B 7, B 4, B Y, &c. continuè
proportionalibus, & factâ conftructione eâdem, dividi totum folidum hyperbolicum F G, E D in portiones continuè proportionales in eadem quidem,
fed inverfa ratione rectarum ipfarum B H, B 7, B 4, &c. quæ portiones erunt
F G 8 6, 6 8 5 3, 3 5 Z X, &c. quia qui ipfis portionibus æquales erunt cylindri, proportionales erunt in ratione propofita, quæ proprietas eximia eft.

Secundò intelligamus folidum hyperbolicum B A verfus A infinitè productum effe, atque idem fecari quovis plano 3 5 ad rectam B A erecto in
puncto 4, ac circulum conftituente cujus diameter 3 5; tum fuper hac bafe,
circulo 3 5, efto cylindrus 3 5 24 23, cujus altitudo fit B 4: dico talem cylindrum æqualem effe folido hyperbolico fuper bafi 3 5 conftituto, atque infinitè versùs A extenfo.

Aliàs, vel cylindrus major eft folido, vel minor. Efto primùm major, fi fieri
poteft, & exceffus efto magnitudo 25, ita ut folidum hyperbolicum unà cum
fpatio 25 intelligatur æquale effe cylindro propofito 3 5 24 23. Jam intelligatur cylindrus quidam cujus altitudo B 4, femidiameter vero bafis P Q, ita ut
hic cylindrus minor fit fpatio 25: fit autem P Q perpendicularis ad B A, atque interjecta inter hyperbolam, & affymptoton, hoc enim fieri poteft. Tum
fiat ut B 4 ad B Q, ita B Q ad B A, & terminetur folidum hyperbolicum circulo D A E. Erit ergo ex prædemonftratis folidum 3 5 E D æquale cylindro altitudinis A 4, bafis verò femidiametri P Q. Addantur inæqualia; folido quidem, fpatium 25; cylindro verò, alter cylindrus altitudinis B 4, & ejufdem
bafis femidiametri P Q. Fient ergo inæqualia : illinc folidum hyperbolicum 3 5
E D, unà cum fpatio 25, majus; hinc verò, totus cylindrus altitudinis A B
bafis femidiametri P Q, minor. At totus hinc cylindrus æqualis eft cylindro
propofito 3 5 24 23, quia bafes & altitudines reciprocantur ex natura hyperbolæ : ergo folidum hyperbolicum 3 5 E D, unà cum fpatio 25, majus effet cylindro 3 5 24 23. Verùm folidum hyperbolicum infinitè extenfum verfus A,
unà cum eodem fpatio 25, pofitum eft æquale eidem cylindro 3 5 24 23: hoc
ergo infinitè extenfum minus effet fua portione 3 5 E D, quod eft abfurdum.
Efto fecundò cylindrus 5 23 minor folido hyperbolico infinitè extenfo, fi
fieri poteft; poterit ergo ex ipfo folido detrahi portio quædam, puta 3 5 E D
major eodem cylindro 5 23; ita ut planum D E, parallelum fit plano 3 5, conf-
tituatque circulum cujus centrum A. Inveniatur recta B Q media proportionalis inter B A & B 4; feceturque folidum hyperbolicum plano P Q R paral-
lelo ipfi 3 5. Jam ut fuprà, folidum 3 5 E D æquale eft cylindro bafis P Q R,
altitudinis vero A 4: cylindrus vero 5 23 æqualis eft cylindro ejufdem bafis

P Q R, altitudinis verò A B: ponitur autem solidum 3 5 E D majus cylindro 5 23; ergo cylindrus basis P Q R altitudinis A 4, major esset cylindro ejusdem basis & altitudinis A B, quod est absurdum.

Tandem proposito quovis solido hyperbolico ex prædictis, putà D E G F: oporteat ipsum dividere in duas portiones quæ datam servent rationem, ut magnitudo data 26 ad datam magnitudinem 27: fiat ut recta F H ad rectam D A, ita magnitudo 26 ad aliam quampiam 28; dividaturque recta A H altitudo solidi in puncto T, ita ut portiones H T, T A eandem habeant rationem quàm magnitudo 28, ad magnitudinem 27: & per punctum T ducatur planum S T V parallelum plano F G vel D E, quod quidem planum S T V dividat solidum hyperbolicum in duas portiones F G V S, & S V E D: dico has portiones eandem inter se rationem habere, quàm magnitudo 26 ad magnitudinem 27. Nam inter B T & B H media sit proportionalis B 4: item inter B T & B A media sit proportionalis B N; & per puncta 4, N ducantur plana prædictis parallela, atque solidum secantia secundùm circulos quorum diametri 3 4 5, M N O. Quoniam ergo continuè sunt proportionales B H, B 4, B T, erunt quoque proportionales in eadem sed inversa ratione rectæ F H, 3 4, S T propter hyperbolam: quare ex prædemonstratis, cylindrus altitudinis H T, basis vero diametri 3 5 æqualis est portioni solidi hyperbolici F G V S. Simili argumento cylindrus altitudinis T A, basis autem diametri M O, æqualis est reliquæ portioni S V E D: sunt autem ipsi cylindri in ratione data magnitudinis 26 ad 27, ut jam demonstrabimus; quare & portiones solidi hyperbolici sunt in eadem ratione datâ.

Et quidem, quod cylindri sint in ratione data magnitudinis 26 ad magnitudinem 27, sic constabit. Quoniam ex constructione, ut magnitudo 26 ad magnitudinem 28, ita recta F H ad rectam D A: ut autem F H ad D A, ita sumpta communi altitudine recta S T, rectangulum sub F H, S T ad rectangulum sub D A, S T, hoc est, ita quadratum 3 4 ad quadratum M N; sive circulus diametri 3 5 ad circulum diametri M O. Ergo, ut magnitudo 26 ad magnitudinem 28, ita circulus diametri 3 5, ad circulum diametri M O. Addatur hinc quidem ratio altitudinis H T ad altitudinem T A; illinc autem ratio magnitudinis 28 ad magnitudinem 27, quæ rationes sunt eædem; ex constructione igitur, ratio composita ex rationibus circuli 3 5 ad circlum M O, & altitudinis H T ad altitudinem T A, hoc est ratio cylindrorum, componitur ex rationibus magnitudinis 26 ad magnitudinem 28, & 28 ad 27; quæ ambæ rationes constituunt rationem 26 ad 27, ut propositum est.

Hîc mirabilis quædam proprietas accidit circa plana spatia hyperbolica hujus constructionis, illa nempe F G 8 6, 6 8 5 5, 3 5 Z X, X Z V S, &c. quæ omnia sunt æqualia, positis continuè proportionalibus rectis B H, B 7, B 4, B Y, &c. ut supra cujus quidem proprietatis demonstratio non erit difficilis ei qui animadverterit omnia parallelogramma iisdem spatiis inscripta, esse æqualia; sicuti & circumscripta æqualia.

Tamdem si asymptoti hyperbolæ non sint ad angulum rectum, vel eædem erunt ex se demonstrationes omnes præcedentes; vel additione, aut detractione conorum quorumdam, fient eædem.

Cæterum, REVERENDE PATER, hoc scias velim, me magnifacere adeo Excellentem Virum, etiam ultrà quàm verbis aut litteris exprimere possim. Fac etiam, obsecro, ut ipse innotescat nostris Geometris, præsertim D. D. *De Fermat, & Descartes*, quorum utrumque, meo quidem judicio, nec ipsi Archimedi jure quis postposuerit; hoc enim apud me recipio, fore ut & his & illi gratissimum quid facturus sis.

CLARISSIMO VIRO ROBERVALLIO

EVANGELISTA TORRICELLIUS S. P.

LOQUAR aperte tecum sine alio interprete, VIR CLARISSIME, quis enim dissimulare possit? Et quanquan litterae tuae ad clarissimum Mersennum missae sint, cohibere tamen non possum animi mei impetum, quin ad te currat, tibique totum se dedicet tanquam Apollini Geometrarum. Fortunatas certe jam existimare debeo nugas meas, atque illas non jam amplius nihilifacere, quandoquidem dignae habitae sunt, quae judicium tuum subirent, & animadversionibus tuis nobilitarentur. Principio, ex me quaeris an centrorum gravitatis parabolae à priori, ut inventum à me proponatur, aut quaeratur ut ignotum: erubescerem certe ignotum theorema inter alias propositiunculas meas à me demonstratas collocare. Ostendimus illud unica, brevique demonstratione; sed ea occasione admiratus sum foecunditatem ingenii tui circa tot parabolas atque earum solida, non solum geometricè, sed etiam mechanicè considerata, & ad mensuram scientiamque redacta. De his nihil ego habeo quod proferam, & fortasse non habebo; siquidem difficillimae, nisi fallor, contemplationis censeo hujusmodi theoremata. Praeterea immorari non soleo circa figuras non vulgatas, & circa solida quae si nova sint, saltem ab antiquis & receptis figuris planis ortum non habeant; atque hoc eâ praecipue ratione, ut laborum fructus, quando res ex animi voto succedet, communem litteratorum applausum sortiatur, neque sit qui invideat figuras a me ipso fabricatas. Mensura cycloidis, (hoc enim nomine Clarissimus Galilaeus appellavit 45 jam ab hinc annis figuram quae fortasse tibi nunc trochois est) mihi sese ultrò obtulit non speranti, pene dixi non quaerenti. Illam deinde quinquies diversis semper principijs demonstravi. Quoad solida nihil habeo: tangentem praedictae lineae jam ostenderat mihi Vincentius Vivianus Florentinus Clarissimi Galilaei alumnus, etiam nunc adolescens. Quoad auctorem hujus figurae, credo ego ingenium tuum acutissimum & feracissimum, illam ex se observare potuisse nemine indicante; hujusmodi enim lineae natura familiaris erat, constatque ex compositione duorum motuum, recti & circularis. Attamen vivunt adhuc testes quibus olim Galilaeus irritas lucubrationes suas communicavit circa hanc figuram; imò supersunt paginae aliquot clarissimi Mathematici, in quibus & picturas & aggressiones suas nonnullas circa hoc subjectum jam adolescens delineaverat. Pluribus abhinc annis theorema hoc proposuit ille mirabili Geometrae Cavalerio nostro, ipsique dixit idem quod & mihi, & pluribus aliis confirmavit, nempe se olim experimentum fecisse, appensis ad libellam spatiis figurarum materialibus, quantuplum esset cycloidale spatium ad circulum suum genitorem, & semper illud invenisse, nescio quo fato minus quàm triplum; ideo incoeptam contemplationem deseruisse, ob incommensurabilitatis suspicionem. Quod si aliquando, inconstanti fallacia, reperisset minus quàm triplum, aliquandò verò majus, tunc asserebat Lincaeus Mathematicus ulteriorem contemplationem prosecuturum fuisse; rejectâ scilicet variationis causa in materiae inaequalitatem atque rasurae.

Propositionem illam de solido à qualibet coni sectione circa axem revoluta descripto, atque de ejusdem solidi centro gravitatis, unica simul brevique demonstratione ostendimus, supposita tantum modica Apollonii cognitione. Verùm duplex hoc theorema inter neglecta à me rejicitur; nullum enim habebit locum in opusculis, quae nunc propalare cogor, in quibus praecipuè profiteor materiae unitatem.

Quoad folidum hyperbolicum, jam non meum fed tuum, difpeream fi
jam amplius fpero me vifurum tam fublimem & tam doctam demonftrationem quæ cum tua conferri mereatur. Optimum equidem maximumque nunc
percipio laborum meorum fructum, eo tantum nomine, quod tu, Vir Clariffime
atque Ingeniofiffime, tam acutis demonftrationibus, tantaque doctrinæ affluen-
tia, unicam ineptiolam meam illuftrare dignatus fis. Gratias primum ago maximas. Deinde ut defiderio tuo fatisfaciam, methodus mea circa demonftrationem hujus folidi diverfiffima eft à tuâ. Altera quidem ex meis aggreffioni-
bus per doctrinam indivifibilium procedit, quæ fi cum erudito lectore femper
ageretur, pauciffimis verbis expediri poffet: altera verò per infcriptionem &
circumfcriptionem, more Veterum, non adeo expedita eft, fed facilis, & fortaffe curiofa. Hoc unum reperi in tua fcriptura, quod conveniat cum meis,
nempe conftructio illa pro fecando frufto folidi hyperbolici in data ratione;
demonftrationes verò ab eadem conftructione diffimillimæ emanant.

Cæterùm evidentiores agnofco hyperbolas in laudibus quibus me exornas,
quàm in demonftrationibus quibus hyperbolicum folidum ipfe metiris. Utinam illis aliquando dignus fiam, ut in lectione operum tuorum, quæ avidiffi-
mus expecto, illa intelligere valeam, fructufque fcientiæ fuaviffimos, & di-
vitias ingenii inæftimabiles inde colligere poffim, & intellectum meum ditare.
Vale, Vir Clarissime, tuorumque Operum editionem accelera, in pu-
blicam litteratorum omnium utilitatem.

Florentiæ Kal. Octob. 1643.

EPISTOLA

ÆGIDII PERSONERII DE ROBERVAL
AD EVANGELISTAM TORRICELLIUM.

V IR Clarissime,

Si me unum refpicerem; fi nulla exiftimationis noftræ, fi nullâ cæterorum
hominum, fi nullâ ipfius, quam præ cæteris diligo, veritatis habitâ ratione,
internâ animi tranquillitate conquiefcerem: non me moveret profecto, quòd
vos Deûm atque hominum fidem invocetis, quòd celeberrimorum hominum
teftimonium in me adducere conemini, quòd denique nullum non moveatis
lapidem, ad hoc ut ego meorum ipfius operum plagiarius habear: quippe qui
planè mihi confcius fum, ex iis quæ ad vos fcripfi, nihil non verum effe; fed
fateor ingenuè; longè abfum à præftanti illo vitæ philofophicæ ftatu, tan-
támque beatitudinem fi optare nobis licet, non etiam fperare ftatim licet.
Ego enim inter multos natus, inter multos educatus, cum multis vivere atque converfari affuetus, cum multis etiam neceffitudines contraxi; ita ut rebus externis non moveri huc ufque nondùm didicerim. Itaque admonet nos
exiftimatio noftra, quam tueri, quámque, fi quo id labore liceat aut impen-
dio, promovere tenemur; poftulant amici, collegæ, Mathematici Galliarum
præftantiffimi, quibus omnia me debere fateor; cogit ipfa cui totum me di-
cavi veritas: ne tam gravem veftram accufationem prorsùs negligam, præ-
fertim quam nullius negotii fuerit refellere; cùm præter rationes noftras, quæ
per fe fufficiunt, iifdem ambo teftibus utamur. Erit etiam quod de vobis ex-
poftulem, & ut fpero non injuriâ, qui cùm feftucam in noftris oculis quæ-

ratis,

ratis, trabem in vestris non animadvertatis. Nolim tamen ob id tolli inter nos litterarum commercium; quod vos nimiùm rigidè, meo quidem judicio, quasi aliquid nobis timendum minati estis: quin potiùs optarim tales iras, suavissimi commercii redintegrationem esse. Quod si inter nos, per nos ipsos conveniri non potest, judicent amici: nos judicio ipsorum stare promittamus. Ad rem venio.

De propositione Rotæ atque Trochoidum illius, primùm audivi Parisiis anno 1628. (eo enim demùm anno ab expeditione Rupellana reversùs, statui in maxima illa atque omni studiorum genere excultissima urbe, firmas sedes stabilire; cùm anteà vagus, incertis sedibus, diversis in regni Gallici partibus degissem) asseruitque qui proponebat celeberrimus vir Pater Mersennus, talem quæstionem per multos jam annos à pluribus tentatam, eousque insolutam permansisse: cui ego respondi, hoc ei commune esse cum multis aliis vetustissimis nobilissimisque propositionibus; neque ideò quicquam in illa magis quàm in his mirandum videri, si unà cum illis solutione careret. Ac tunc ipse, cùm difficillimam existimarem, certè supra vires meas, intactam ita dimisi, ut per sex annos de illa ne quidem somniarim. Atque ut verum fatear, ego tunc annum agens vigesimum septimum, etiamsi continuo decennii anteacti exercitio, discendo, docendoque, atque agendo in rebus Mathematicis, in primis verò in Analyticis, quibus etiamnum maximè delector, non mediocriter profecissem; tamen, neque eum adhuc habitum mihi comparaveram, neque eas ingenii vires susceperam, quæ ad ejusmodi quæstiones sufficerent. Interea, cùm mecum ipse sæpiùs cogitarem, quâ potissimùm ratione possem in suavissimæ Matheseos adita penetrare, statui divinum Archimedem, quem ferè unum inter antiquos Geometras suspicio, attentiùs considerare; ex qua consideratione sublimem illam & nunquam satis laudatam infiniti doctrinam mihi comparavi: sic enim tunc vocabam eam quæ à Clarissimo Cavallerio vocatur doctrina indivisibilium. Ridebis forsan ; &, Hic ergo Gallus, inquies, non solùm trochoidum dimensionem ante nos, si Diis placet; non solùm parabolarum omnium, non solum solidorum ad has & illas pertinentium, non solùm planorum ab helicibus cujuscunque gradus aut dignitatis compræhensorum, non solum earumdem helicum secundùm longitudinem cum prædictis parabolis comparationem, non solùm curvarum omnium tangentes per motuum compositionem, non solùm doctrinam centrorum gravitatis invenerit, sed & præstantissimi nostri Cavallerii indivisibilia quoque? atque illa omnia nobis; hæc illi, plagiarius ille impunè eripuerit? Verumtamen, rideatis licet, & talia, aut iis pejora de nobis putetis, aut vociferemini, Ego trochoides, parabolas, helices, tangentes, & centra ante vos; imò & multò plura non solùm inveni, sed & vulgavi: an vultis ut verum reticeam quod partes nostras adjuvat, falsum autem proferam quod nobis nociturum sit? nos ætate aut tempore saltem priores, ætatis aut temporis beneficia respuemus, & junioribus aut saltem tempore posterioribus, vivi adhuc relinquemus ? Apage stultam illam in nosmetipsos injustitiam. Quòd si cuncta ego unicâ epistolâ quam ad vos scripsi, non enumeravi, nihil mirum; illa enim aliunde satis prolixa extitit, nec id necessarium, aut operæ pretium judicavi. Deinde etiam, quid de paucis aliquot propositionibus enumeratis gloriari attinet ?

Pauperis est numerare pecus.

Sed de vobis plura posteà: nunc de Indivisibilibus, quoniam illa ad rem faciunt, dicamus. Illa ergo, an ante nos clarissimus Cavallerius invenerit, nescio: certè illud scio, me integro quinquennio antequam in lucem emiserit, eâ doctrinâ usum fuisse in solvendis multis, iisque plane arduis propositionibus. Attamen, absiste moveri; ego tanto viro, tantæ ac tam sublimis doctrinæ inventionem non eripiam ; nec possum ; nec si possim, faciam. Ille prior vulgavit: ille, hoc jure, suam fecit: ille, hoc jure, habeat atque possideat: ille tandem, hoc jure, inventoris nomine gaudeat. Absit ut in posterum, quod nec prius feci, in tali causa, intercessoris ridiculi provinciam mihi suscipiam ; præsertim cùm nequidem inter amicos quicquam unquam de tali doctrina vulgaverim, quam neque publici juris facere, nisi post aliquot annos, juvenili quodam mei ipsius amore, decreveram. Quippe sperabam interim, fore ut solutione difficiliorum quæstionum quas quotidie nullo negotio tali instrumento adjutus vulgabam, doctrinæ famam facilè consequerer: neque sanè hæc spes ex toto me fefellit. Postquàm enim ingenti ardore doctrinam ipsam excoluissem, eandemque ad puncta, ad lineas, ad superficies, ad angulos, ad solida præcipuè ; postremò etiam ad numeros extendissem, haud fuit difficile ea exequi propter quæ amici lætarentur, invidi disrumperentur. Exultabam ergo nimiùm juveniliter, ac tanto diligentiùs doctrinam ipsam reticebam ; dignus planè in quem Poeta dixerit,

Nec ferre videt sua gaudia ventos;

qui detectâ auri fodinâ ditissimâ, dum grana quædam ex ea decerpta ostento, ut ex divitibus ac beatis quidam habear ; interim alius eandem à se quoque detectam, palàm, plaudentibus omnibus, ostendit, ac publici juris facit ; ita ut exinde periculum sit ne ridear, si à me quoque inventam fuisse affirmavero. Est tamen inter clarissimi Cavallerii methodum & nostram, exigua quædam differentia. Ille enim cujusvis superficiei indivisibilia secundùm infinitas lineas; solidi autem indivisibilia secundùm infinitas superficies considerat. Unde ex vulgaribus Geometris plerique ; sed & quidam ex superbis illis sciolis qui soli docti haberi volunt, quique si nihil aliud, certè hoc unum satis habent, ut in magnorum Virorum opera insurgant, quòd à se minimè profecta esse invideant, occasionem carpendi Cavallerij arripuerunt, tanquam si ille aut superficies ex lineis, aut solida ex superficiebus reverà constare vellet. Quanquam autem illi coram eruditis nihil aliud lucrentur quàm ignorantiæ aut invidiæ titulum, tamen iidem coram imperitis, suâ authoritate, de doctorum famâ non mediocriter detrahunt; nec ab ijs illæsus evasit Cavallerius. Nostra autem methodus, si non omnia, certè hoc cavet, ne heterogenea comparare videatur : nos enim infinita nostra seu indivisibilia sic consideramus. Lineam quidem tanquam si ex infinitis seu indefinitis numero lineis constet, superficiem ex infinitis seu indefinitis numero superficiebus, solidum ex solidis, angulum ex angulis, numerum indefinitum ex unitatibus indefinitis: immo plano-planum ex plano-planis numero indefinitis componi concipimus, atque ita de altioribus ; singula enim suas habent utilitates. Dum autem speciem aliquam in sua infinita resolvimus, æqualitatem quandam, vel certè notam aliquam progressionem inter partium altitudines aut latitudines ferè semper observamus. Sed de hoc satis superque : nunc ad vos redeo. Cùm itaque ope indivisibilium multa protulissem, tandem anno 1634. celeberrimus P. Mersennus trochoidem in memoriam revocavit, non sine gravi expostulatione, quasi propositionem haud quaquam ignobilem, de industriâ præterirem difficultate illius perterritus. Ego sic castigatus cœpi sedulò ipsam inspicere ; ac tunc quidem, quæ absque indivisibilibus difficillima visa erat, ipsis opitulantibus, nullo negotio patuit. Modus autem noster ab alijs omnibus quos huc usque videre contigit, longè diversus est ; & nisi me nimiùm amo, idem illis omnibus longè antecellit ; quia omnium simplicissimus, breviissimus, universalissimus, & ad solida detegenda aptissimus existat, ut solus sponte à natura productus, cæteri per vim ab arte efficti videantur. Habes annum quo trochoidem invenimus; diem etiam si ita expediret adjicerem. Cætera jam ad te scripsi, & horum omnium testem locupletissimum (præter-

quam plurimos alios, quorum epistolas de hac re etiamnum apud me asservo)
ipsum eundem habeo quem laudas, celeberrimum P. Mersennum. Vide ergo
num sit cur doleam, cùm vos per exprobrationem objicitis propositionem illam forsan ante obitum Galilæi nondum fuisse inventam, qui tamen vixit
usque ad annum 1642. præcipuè, cum jam ad vos scripserim me anno duodecimo jam elapso invenisse. Ut sic mihi tot testes habenti, & cui una sufficere
debuit veritas, fidem omnem denegetis. Inventâ infiniti doctrinâ (liceat adhuc eo nomine uti in hac epistola; posthac, absit) eaque, pro tempore satis probè excultâ; ego ad tangentes curvarum animum applicui. Ac primùm,
vi Analyseos, methodum quandam reperi, quæ, etiamsi longè posteà universalis esse deprehensa sit, tamen recens inventa, talis non apparuit : quærebam
verò universalem; & particulares methodos (ut adhuc) ubique dedignabar.
At trochoides nostræ occasionem dederunt cur ad motuum compositionem
respicerem. Occasio satis fuit, ac propositionem universalem tangentium inde deductam vulgavimus circa annum 1636. Extant adhuc, & circumferun-
tur hac de re lectiones nostræ à nobilissimo D. *du Verdus* nostro discipulo
collectæ, atque à multis exscriptæ. Itaque jamdudùm fide publicâ nobis as-
serta est talis doctrina, nec alij testes quærendi, qui omnes habeamus. Circa
hæc tempora nempe anno 1635, mediante amplissimo senatore Domino *de
Carcauy*, cœpi per Epistolas commercium litterarum habere cum amplissimo
senatore Tholosano Domino *De Fermat*, de quo quid sentiam habes in ea
Epistola quam ad R. P. Mersennum direxi super solido vestro hyperbolico infinito. Is ergo vir præstantissimus, primus omnium, duas propositiones nobi-
lissimas ad nos misit sine demonstratione : alteram de parabolis, alteram de
planis helicum, utrisque per omnes dignitatum gradus sumptis. (Ne ergo du-
bites ampliùs, quis primus tales quæstiones proposuerit; illæ meæ non sunt;
quanquam illas ego proprio marte, inventâ ad id peculiari nostrâ methodo,
demonstraverim) immò universalius multò quàm ipse proponas : quippe non
solùm potestates in helicibus proposuit, sed etiam potestatum radices. Exempli gratiâ : Si in helice semidiametri omnium revolutionum ordine sumptarum, se habeant ut radices quadratæ, aut cubicæ, &c. numerorum ordine naturali progredientium 1, 2, 3, 4, 5, 6, 7, 8, &c. quarum primam (quadraticam puta) reperies in prima revolutione dimidiam partem sui circuli constituere. Cúmque ipsum arduarum (ut tunc) propositionum demonstrationes rogarem, ille in hæc verba rescripsit, *Ego*, inquit, *ut invenirem laboravi ; labora & ipse : in hoc enim labore præcipuam voluptatis partem consis-
tere deprehendes.* Quid facerem à tanto viro incitatus? Laboravi, atque in
auxilium infinita nostra advocavi; (nondum enim tunc nostra ampliùs non
esse resciveram) eaque tum primùm ad numeros extendi. Animadverti enim
& parabolarum plana, ad sua parallelogramma; & earumdem solida, ad suos
cylindros; & spatia helicum, ad suos circulos feliciter comparari posse, si in-
notesceret in numeris ratio summæ potestatum omnium ejusdem generis, ordine, atque indefinitè sumptarum, ad earum maximam toties sumptam; idque in omni genere potestatum. Quod quidem non difficulter assecutus sum.
Illicò enim patuit summam omnium numerorum quadratorum, ordine naturali atque indefinitè sumptorum 1, 4, 9, 16, 25, &c. ad eorum maximum
toties sumptum quot sunt illi quadrati; hoc est ad cubum ejusdem radicis
cum maximo illo quadrato collatam, se habere ut 1 ad 3, sive constituere
$\frac{1}{3}$; summam cuborum eodem modo sumptorum, ad eorum maximum toties
sumptum, sive ad quadrato-quadratum ejusdem radicis cum maximo cubo,
se habere ut 1 ad 4, sive constituere $\frac{1}{4}$; summam quadrato - quadratorum,
eodem modo constituere $\frac{1}{5}$; atque ita in infinitum. Ex hac propositione quæ
sola sufficit, innumera deduxi corollaria, qualia sunt hæc : Summa radicum

quadratarum numerorum omnium, ordine naturali, atque indefinitè sumptorum, ad earumdem radicum maximam toties sumptam, collata; putà summa radicum quadratarum horum numerorum 1, 2, 3, 4, 5, 6, &c. eam habet rationem quam 2 ad 3; summa radicum quadratarum omnium numerorum quadratorum, ordine naturali, atque indefinitè sumptorum, ad earumdem radicum maximam toties sumptam, se habet ut 2 ad 4; summa radicum quadratarum omnium numerorum cuborum, ad maximam toties sumptam, ut suprà, se habet ut 2 ad 5; atque ita in infinitum, radices quadratæ numerorum quadrato-quadratorum, quadrato-cuborum, cubo-cuborum, &c. ad earum maximam toties sumptam, ut suprà, sic comparabuntur, ut antecedens rationis sit semper 2 exponens quadrati; consequens verò sit summa ex ipso exponente 2 & alio exponente ipsius gradus ad quem pertinent numeri quorum sumuntur radices quadratæ. Ut si sumantur radices quadratæ numerorum quadrato-quadrato-cuborum qui sunt septimi gradus cujus exponens est 7, erit consequens rationis 9, conflatum ex 2 & 7, & ratio erit ut 2 ad 9. Similiter, summa omnium radicum cubicarum omnium numerorum ordine naturali, hoc est in primo gradu, atque indefinitè sumptorum, ad earumdem radicum maximam toties sumptam, se habet ut 3 exponens cubi, ad 4 compositum ex eodem 3 & 1 exponente primi gradus; summa omnium radicum cubicarum omnium quadratorum, ad earumdem radicum maximam toties sumptam ut suprà, se habet ut 3 ad 5; atque ita in infinitum, radices cubicæ omnium graduum, ad earumdem maximam sumptam ut supra, comparabuntur; eritque in omnibus antecedens 3, consequens verò componetur ex eodem 3 juncto cum exponente gradus cujus radix cubica sumpta fuerit. Nec aliter radices quadrato-quadratæ omnium graduum, ad earum maximam sumptam ut dictum est, comparabuntur, eritque antecedens 4; & sic in infinitum infinities, ut satis ex prædictis patet. Hæc cùm ad amplissimum virum scripsissem, dubitavit num eorum demonstrationem haberem. Itaque paucis verbis indicavi eam esse facillimam, per duplicem positionem more Veterum, incipiendo ab unitate, & procedendo ordine per omnes potestates. Quo pacto, facilè est concludere in quadratis, exempli gratia, summam omnium numerorum quadratorum ordine naturali, sed finitè, sumptorum, ad eorumdem maximum toties sumptum, collatam, majorem esse quàm $\frac{1}{3}$; at dempto ab eadem summa, seu ab antecedente rationis, ipsorum quadratorum maximo tantùm, remanente integro consequente, reliqui rationem minorem quàm $\frac{1}{3}$. Nec ad id demonstrandum, aliò recurrendum est quàm ad genesim quadratorum, quâ fit ut quivis numerus quadratus componatur ex proximo quadrato minore, ex duplo radicis ejusdem minoris, atque ex unitate; quemadmodum etiam quivis numerus cubus componitur ex proximo cubo minore, ex triplo quadrati minoris, ex triplo radicis minoris, atque ex unitate. Qui quidem cubus est ipsum maximum quadratum toties sumptum quot sunt numeri quadrati ab unitate incipientes, atque ita de singulis potestatibus, secundùm uniuscujusque genesim. Corollaria, quomodò ab iis deducantur, aliàs, si ita expediat, explicabimus. Neque etiam fortassis spernendum videbitur corollarium aliud quod ex tali numerorum inspectione deduxi: illud autem tale est. Propositis quotcunque numeris multitudine finitis, qui ab unitate, secundùm naturalem numerorum seriem procedant 1, 2, 3, 4, 5, 6, 7, 8, &c. usque ad 10000000 exempli gratiâ; exhibere summam quadratorum, aut cuborum, aut quadrato quadratorum, aut cubo-quadratorum, aut cubo-cuborum, &c. omnium talium numerorum: quæ sanè regula, pro quadratis, & cubis, reperitur specialis apud Authores; at pro omnibus potestatibus, nullam apud illos reperimus universalem. Hæc ergo fuit nostra pro parabolarum planis ac solidis, simúlque pro planis helicum, methodus.

thodus. Poſt hæc propoſuit vir ampliſſimus (quod & ipſe jamdiu in omnibus figuris univerſaliter quærebam) prædictarum figurarum centra gravitatis invenire. Ac ille quidem ad analyſim recurrit, nos ad noſtra infinita; unde methodus illius, ut pleriſque inventis analyticis accidit, abſtruſiſſima eſt, ſubtiliſſima, atque elegantiſſima : noſtra aliquot menſibus poſterior, ſimplicior evaſit, & univerſalior; quò fit ut cæteris collata, magis nobis arrideat. Ut tamen alicui poſſit eſſe univerſalis, debet is omnibus numeris abſolutus eſſe Geometra, qualis huc uſque nullus apparuit. Quoniam verò hoc noſtræ hujuſce diſſertationis præcipuum caput eſt, ac vos non obliquè aut occultè, ſed directè & apertè innuiſtis methodum noſtram, quam tamen huc uſque nondum vidiſtis, illius quam circa finem anni 1644 ad R. P. Merſennum à vobis miſſam legimus, eſſe inverſam, ac proinde noſtram à veſtra fuiſſe deſumptam; quo poſito tanquam vero, adeo indignamini, ut tres maximas epiſtolas ad ampliſſimos celeberrimoſque viros, adjectis etiam ad id magnis Appendicibus, graviſſimis querelis impleveritis; quò nos nihil tale meritos, acerbiſſimâ plagiarii contumeliâ afficeretis : idcircò & locus & res poſtulat ut tam atrocem injuriam, quandoquidem & licet & facilè poſſumus, à nobis propellamus. Ad hoc autem ſatis ſuperque futurum ſperavi, ſi noſtram illam methodum ad vos cum demonſtratione mitterem; non quidem ſuis omnibus numeris abſolutam, nimis enim longa eſt, ſed ſic digeſtam, ut à vobis, aliiſque non vulgaribus Geometris nullo negotio intelligatur; præcipuè ab iis qui indiviſibilia non oderint : alios enim nihil moror, & Geometrarum nomine indignos puto, qui viâ apertâ, tutâ, atque facili relictâ, longuos ac difficiles anfractus ſequi malint. Hoc pacto, cùm illa noſtra à veſtra planè diverſa ſit, ac diverſis omninò fundamentis innitatur, non erit amplius quòd vobis ereptam conqueri jure poſſitis. Eam ergo ſeorſim cum ſuis figuris conſcripſimus, ne hujus epiſtolæ lectionem interturbaret.

Facile autem erit animadvertere methodum illam eo modo quo propoſita eſt, univerſalem quidem eſſe abſoluto Geometræ, attamen eandem à priori rarò procedere (univerſalem autem à priori invenire, hoc eſt ex ſola figuræ aut lineæ definitione, nullâ ejus cum aliâ quavis figurâ, aut lineâ comparatione factâ, vix ſperandum puto : quæ tamen ſi haberetur, & circuli & hyperbolæ, aliarumque numero infinitarum figurarum quadratum ſimul haberetur) ſiquidem illa in figuris, vix ſolâ plani cum plano aut ſolâ ſolidi cum ſolido comparatione contenta, utramque ſimul & plani & ſolidi aut etiam altioris ſpeciei comparationem perſæpe requirit. Immò, illâ methodo, ſolidorum centra vix directè, ſed plerumque indirectè tantùm, putà mediante aliquo plano congruo deteguntur. Sed nec illa linearum centris inſervit, niſi ipſæ lineæ, earumque proprietates quædam ex præcipuis ac ſpecificis examinari geometricè poſſint : quæ omnia ex adjectis exemplis poſt ipſam methodum ſeorſim videre licet. De methodo Domini *De Fermat*, niſi eam adhuc videris, hoc ſcies, ipſam trianguli, atque planorum parabolicorum omnium & ſolidorum ab iis ortorum centra à priori elegantiſſimè oſtendere. Verùm eandem aliarum figurarum centris accommodare, hîc labor; cùm ne quidem à poſteriori, reliquis figuris huc uſque inſervierit; quanquam forſan, quominùs id fieri poſſit, nihil repugnet. Jam quòd ad tempus attinet, meminiſti opinor, Vir Clariſſime, methodum veſtram non ante annum 1644 Pariſios miſſam fuiſſe, atque eandem tunc admodùm recens inventam : ſiquidem, ut ex veſtris literis patet, vobis câ adjutis, ſolidi trochoidis circa baſim menſura paulò ante demùm patuerat, quam ſub finem anni 1643 nondum habebatis : hæc enim ſunt veſtra verba in primâ veſtrarum ad me epiſtola, *Quoad ſolida, nihil habeo*. Ego verò meâ methodo uſus ſum jam ab anno 1637, atque illius ope, & planorum parabolicorum omnium, & ſolidorum

DDdd

centra jam tum inveneram ; quorum centrorum quæ ad dimidios fusos para-
bolicos pertinent, enuntiavi eâ epistolâ quam ad R. P. Mersennum de vestris
inventis scripsi anno 1643, quo primùm anno de Torricellio Parisiis auditum
est. Hæc, inquam, enuntiavi anno plusquàm integro priusquàm vestra illa
methodus appareret; quæ vestris forsan, & nostris, unà cum aliorum inventis
(ingeniosè procul dubio) collatis, tandem apparuit. Sed finge id quod non
est, ipsam vestram ante annum 1644 fuisse inventam. Finge etiam id quod
multò magis non est, ipsam cum nostrâ prorsus convenire, ac planè eandem
esse: quid tum? An nos nostram statim ut minime nostram repudiabimus, qui
eâ septennio integro ante prædictum illum annum 1644 tanquam nostra, immò
verè nostrâ nemine reclamante usi fuerimus? Num potiùs præscriptionis jûre
nos tutabimur? & quibuscunque intercedentibus, nostram ut nostram lege
asseremus, cùm in talium rerum possessione, vel unius diei præscriptionem
valere, nemo inficiari possit? Multò ergo potiori jure nunc, quandoquidem
nostra & tempore longè prior est, & penitùs diversa, intercessoribus valere
jussis, & nostra tota manebit, qualiscunque tandem illa sit; & nostram ubique
asserere, & fructibus ab ea productis tanquam nostris uti ubique licebit. Sed
neque argumenta quæ produxisti, ejus ponderis esse videntur, ut illa quem-
quam ex iis qui nos vel mediocriter norunt, in tam sinistram de nobis opi-
nionem pertraherent. Primùm enim, dum ais me nunquam ne verbum quidem fecisse de centro gravitatis trochoidis; cùm intereà tantoperè, & quidem meritò, gloriarer de omnibus aliis, quadraturâ, (comparationem cum
circulo dicere voluisti) tangentibus, solidis, &c. nec verissimile esse, cùm
reliqua omnia proponerem, de unico centro gravitatis siluisse; si illud tantùm speravissem ; quod quidem problema, tuo judicio, nulli reliquorum
posthabendum videtur: dum hæc ais, inquam, Vir Clarissime, ex tuo genio
loqueris; nos, dum scripsimus, ex nostro etiam genio scripsimus. Tu, cùm
magnifaceres centra, quia ex iis solida deducere posse confidebas, solida autem præcipuè intendebas; ideò centrorum inventionem magnificè extulisti,
nec cæteris posthabendam, immò præhabendam judicasti. Ego contrà, quia
sine centris solida & quæsivi & viâ Geometricâ inveni; datis autem solidis, statim, & absque labore centra sequebantur. Ideò centra ne respexi
quidem, neque ad ea unquam animum applicui; certus omninò ex præmissâ
nostra methodo, dato plano quod dudum habebam, sola solida mihi quæ-
renda superesse; centra autem simul cum plano & solidis haberi. Quòd si
apologo uti liceat: ego sim Æsopi illius Phrygis statuarius: plani trochoidis mensura, esto mihi summi Jovis statua; mensura solidi, statua Neptuni;
centrum autem, esto statua Mercurii. Jam adsit nobis è cœlo sub forma ho-
minis ignoti Mercurius ipse, Jovis & Maiæ filius, interrogetque, Quanti statua Jovis? Indicabo sanè ego alicujus pretii. Interroget deinde de statua
Neptuni: ego & ipsam alicujus pretii indicabo. Tandem interroget de sua
ipsius Mercurii statua, quid ego? quid autem aliud nisi hoc? Amice, si priores illas duas emeris, tum tertiam hanc auctarium tibi dabo. Itaque, Vir Clarissime, quæ tibi Jovis aut Neptuni statua meritò fuit, illa nobis Mercurii
tantùm statua extitit. Ignosce, si placet, stylo; hoc usi sumus ut mentem nostram aperiremus. De R. P. Mersenno, quid scripserit in ea epistola cujus
verba toties repetita contra me adducis, nescio : quid autem illi dixerim ego
planè memini, nec ipse omninò oblitus est ; nec etiam illa quæ dixi malè
congruunt cum iis quæ sæpius pro te citasti. Sed rursùs, nos ex mente nostra
locuti sumus; ille, ut intellexit, sic scripsit : vos ex mente vestra interpretati
estis; ac illa vestra interpretatio à nostra mente alienissima est. Omnibus tamen attentè consideratis, pace tuâ dixerim, Vir Clarissime, censui præcipuam
malæ interpretationis culpam in vos recidere : neque enim verba illius, quæ

ipſe adducis, à noſtro ſenſu adeo aliena fuerunt, quin ab ijs verum illum noſtrum ſenſum facilè perſpexiſſes, ſi æqui interpretis perſonam tibi aſſumere voluiſſes. Scripſeras ad ipſum te utrumque trochoidis ſolidum beneficio centrorum priùs inventorum detexiſſe : ac illud quidem quod circa baſim, ut ſe habet reverà, enuntiaveras ut 5 ad 8; quod ille cùm verum ſciret (jam dudum enim ego illi tale indicaveram) non ægrè perſuaſus eſt, & alterum quoque circa axem tale eſſe quale affirmabas ut 11 ad 18. Lætus itaque ſtatim ille mihi per literas ſignificavit habere ſe quod mecum communicare vellet. Adivi; epiſtolam tuam legi, ac circa illud poſtremum ſolidum tantùm quod circa axem, immoratus ſum; quippequod nondum habebam, niſi in terminis vero admodùm proximis, extra quos excurrebat ratio illa à vobis aſſignata 11 ad 18. Hinc ergo, quia de noſtris terminis nullum nobis ſupererat dubium, illicò animadvertimus rationem illam veſtram 11 ad 18 verâ eſſe minorem. Cùm igitur ſuper hâc re cogitabundus hærerem, tum R. P. ad me prior, Quid ergo, inquit, dices de clariſſimo Torricellio? nonne inſignium adeò theorematum cognitionem ipſi te debere fateberis? Faterer, reſpondi, ſi vera eſſent; at talia non eſſe certus ſum : miror ſanè quod vir talis falſum pro vero nobis velit obtrudere, nec aliud ſuſpicari poſſum, niſi quod ille mechanicâ quâdam ratione, per approximationem, hujuſmodi rationem à vero non admodum longè aberrantem invenerit, exiſtimaveritque veram rationem non poſſe detegi; ac proinde ſuam haud veram eſſe, à nemine poſſe demonſtrari. Hæc, inquam ego tum, oratione, fateor, planè ſcyticâ; quam ille ſuâ ad vos epiſtolâ lenivit, pro ſuo genio qui omninò mitis eſt, ut ex ſtylo ejus ſatis perſpicere potuiſtis. Jam, cùm dixi, Faterer me debere, ſi vera eſſent; planum eſt me non intellexiſſe de ſolido circa baſim quod jamdiu ante vos habebam, & habere me ad vos ſcripſeram; neque de centro trochoidis, quod dato tali ſolido, unà cum plano latere non poterat. Intellexi ergo de ſolido circa axem ac de centro hemitrochoidis quod ab eo dependet, quæ etiamſi brevi habiturum me confidebam, tamen jure præſcriptionis, veſtra fuiſſent, ſi veſtra illa enuntiatio cum vero congruiſſet. Hinc ſanè nemo non videt minimè difficile fuiſſe, ex verbis epiſtolæ R. Patris quæ vos toties citaviſtis, verum ſenſum qualem jam attulimus, elicere: ſed neſcio quo fato aliter accidit unde lis hæc pro re nullius fere momenti, putà pro nugis noſtris, ut ipſe ſæpe loqueris, inter nos ſuſcepta eſt. Itaque, ne quid in poſterum ſimile accidat, ſi tale commercium inter nos continuetur, oro vos ubicunque agetur de propoſitione Mathematica cujus diſcuſſio ad me pertinebit, ne cujuſcunque literis fidem habeatis, niſi manu meâ illæ obſignatæ ſint : ſic enim fiet ut ego mea tantum, non etiam aliorum ſcripta, ex meo ſenſu interpretari tenear. Nam, pace amicorum hoc diĉtum eſto, hac in materia, ſoli mihi fidere aſſuevi, jamdudum expertus, interpretes pleroſque, vel dum amicis blandiri appetunt, vel dum rem non ſatis intelligunt, omnia literis obſcurare ac prorsùs deformare. Unde qui tales literas accipiunt, illi, dum vel placitis laudibus ac blanditijs avidè ſeſe ingurgitant, vel quod obſcurum eſt ad placitum ſibi ſenſum detorquent, fit neceſſariò ut & ſcribentis & primi authoris verum ſenſum longè relinquant. Ac hujuſmodi quidem allucinationis exemplum afferam ex tuis ipſius literis, ex proprio tuo ſenſu, ſine interprete ad R. P. Merſennum ſcriptis, in quibus hæc habes: *Tibi verò, vir clariſſime, corollariolum mitto ex ipſis hyperbolis deduĉtum. Quadratura quædam eſt, quarum centenas, immò infinitas poteram mittere, niſi vidiſſem ſatis ſuperque eſſe unam, ut ſtatim omnes emergant.* Deinde in ijs quas ad nos ſcribis, quas ipſe R. P. etiam ante nos legerat, hæc habes: *Si unius hyperbolæ primariæ quadratura tam diu quæſita eſt, nos pro una infinitas damus.* Ex quibus verbis ſtatim exiſtimavit R. P. primariæ hyperboles quadraturam à te inventam fuisse. Itaque cùm aliquo post tempore, de ipsis quadraturis cum eo colloquerer, diceremque non difficulter illas assecutum esse me : Habes ergo tandem, inquit ille, hyperbolæ conicæ quadraturam? Nequaquam, respondi; neque enim legitima hæc, & nothæ illæ iisdem legibus addictæ sunt. Me misellum, inquit, quantâ spe decido, qui ubi Cleopatræ aut etiam majoris pretii unionem speravi, ibi vitreas tantùm ampullas reperio! Sed de hoc ipse forsan rescribet : ego verò ideò scripsi, ut tali exemplo monerem hac in materia non esse tutum interprete uti; cùm etiam absque hoc tantæ eveniant allucinationes. His ergo nostris rationibus, acerbissimæ vestræ accusationis argumentis luculenter respondisse, atque cumulatè satisfecisse speramus. Nunc verò

Aspice num mage sit nostrum penetrabile telum ?

Videamus, inquam, nunc, num sit quod de vobis multò potiori jure queri possim. Ac primùm. Nonne vos trochoidem nostram, postquàm & à R. P. Mersenno & à nobis moniti estis, jam à multis annis eam nostram esse, eamque brevi à nobis in lucem emittendam, postquàm vestris ad ipsum R. P. & ad me literis polliciti estis vos talem messem nobis relicturos intactam; tamen omni jure, ac vestrâ etiam fide violatis, tanquam vestram non literis modo manuscriptis (quanquam neque hoc ferendum fuerit) sed libello ad id prælis commisso, vulgavistis? idque interim, ac eodem prorsùs tempore quo continuis vestris literis contraria promitteretis? Hæccine vestra religio? hæc consuetudo? Quòd si ego huc usque de tali injuria pro rei acerbitate questus non sum, fateor, soli ne id facerem evicerunt communes amici. Quid autem lucri feci illis obtemperando? nempe crevit vobis fiducia, quia me bardum, qui illatarum injuriarum nihil sentirem, existimavistis. Attamen si ad paucula verba quæ super hâc re ad vos scripsi animum adverteritis, facilè ex iis percipietis de me dici posse:

Vultu simulat : premit altum corde dolorem.

Nonne ergo ipse prior idem quod vos, sed non absque causâ clamare debui, *Vim patior; incredibile est quanto desiderio expectem responsum super hac re.* Quibus sanè verbis, ac multò etiam pluribus cùm ad R. P. Mersennum tum ad amplissimum D. *de Carcavy* scriptis, non obscurè significavistis vos, nisi coram vobis purgati fuerimus, in nos acerbius quidpiam omninò statuisse; ut sic & injuriâ, & mulctâ simul afficeremur. Sed de hoc satis : nunc ad alia capita transeamus.

Rursùs igitur, nonne primus omnium parabolas ego cum helicibus comparavi secundùm longitudinem? Nonne jam annus quintus excurrit, ex quo tale theorema vulgavi, idemque meo nomine prælis mandavit R. P. Mersennus? nonne vos ab amicis rescivistis, ac tum demum anno 1645 ad id animum applicuistis? Habeo sanè super hâc re vestras ad vestros amicos Romanos literas vestrâ manu ac vestro idiomate scriptas. Quid tum? Jam vos palam, omnibus ferè vestris literis gloriamini, non solùm parabolam conicam cum helice Archimedea comparasse, sed & reliquas parabolas cum propriis suis helicibus, immò & quemlibet helicis arcum vel partem, sive ex centro incipiat sive non, & sive primam revolutionem excedat sive non, demonstrasse cuidam lineæ parabolicæ esse æqualem. Quid hoc rei est? Gloriaris de rebus nostris tanquam si tuæ illæ sint; atque id postquam nostras esse sic rescivisti, ut nisi rescivisses, nequidem de illis forsan unquam somniasses. Nec est quod fingas existimasse te nos solam helicem Archimedeam considerasse; nimis enim frigidum fuerit figmentum, & absque ullo fundamento; cùm una eademque sit illius & cæterarum, demonstrationis via & methodus, quam qui invenerit, omnia procul dubio invenerit, si modo voluerit, nempe hæc, Quævis parabola unà cum helice sibi propriâ sic se habet, ut si portio axis

parabolæ

parabolæ, comprehensa inter ordinatim applicatam ad axem, & tangentem à termino applicatæ ductam, æqualis esse intelligatur circumferentiæ circuli primæ revolutionis in helice : (intellige helices planas ; nos enim conicas quoque cum parabolis comparavimus) applicata autem æqualis semidiametro ejusdem circuli : tum, quæ inter verticem & applicatam interjicitur parabola, æqualis sit longitudine helici primæ revolutionis. Quòd si in eadem parabola sumatur à vertice quævis portio ; à principio autem helicis propriæ sumatur etiam portio , à cujus termino ducta recta ad helicis centrum, æqualis sit rectæ à termino sumptæ portionis parabolæ ad axem applicatæ : erunt & hæ portiones æquales. His sic à nobis inventis, si quis quidpiam addiderit ; aut si imitando similia effecerit, habeat sanè quam ipse laudem merebitur. In helicibus conicis existente cono recto, omnia se habent ut suprà ; modò tantùm loco semidiametri circuli primæ revolutionis, qui circulus in ipso cono existit, sumatur recta à vertice coni ad circumferentiam ejusdem circuli terminata. Hîc autem, centrum helicis erit vertex coni ; & quæ à centro ad puncta helicis ducuntur rectæ, erunt portiones laterum coni ejusdem. At equidem rescivisse me fateor, dices. Verùm demonstrationem proprio marte adinveni. Esto: quid inde? Sanè si quæstionem proposuissem tantùm, non etiam solvissem, illa tua fuisset, qui prior solvisses : nunc quando prior solvi ego, & solutam vulgavi, mea est ; nec mihi, etiamsi omnes conentur, verè eripi potest. An, quæso, meæ aut etiam vestræ sunt parabolarum Domini *de Fermat* quadraturæ? aut spatiorum helicum cum circulis comparationes, quas ambo proprio marte invenimus? Quid de ipsis spretis vos, nescio sanè : ego certè, quanquam mea multò quàm vestra potior sit causa, ipsam tamen prorsùs desero. An meum est solidum vestrum hyperbolicum? an mea hyperbolarum vestrarum novarum quadratura? minimè verò ; attamen amborum ipsorum theorematum demonstrandorum una eademque est methodus, quam nos invenimus, & jampridem ad vos misimus vestro solido accommodatam, quamque iisdem hyperbolis accommodare non admodùm difficile est. Reperi quoque in illarum singulis, ex parte unius tantùm ex asymptotis, resecari posse spatium planum acutum & versùs acumen infinitum, quod tamen spatio finito atque undique clauso sit æquale. Obiter autem, ut verum fatear, nonne istis hyperbolis occasionem dedere parabolæ illæ Domini *de Fermat?* Nonne etiam illa nostra propositio de helicibus & parabolis longitudine æqualibus ansam præbuit illi alteri de qua adeò magnificè gloriaris? de illo, inquam, helicum genere quæ describuntur, dum recta uniformiter quidem circa manens centrum circumvolvitur, at punctum interim secundùm illam rectam fertur proportionaliter , quam quidem helicem rectæ cuidam asseris æqualem? Quæ autem sit illa recta, & quomodo ad datas se habeat, tanquam si Cereris Sacrum sit, planè reticuisti. Non tamen nos latet, eam æqualem esse hypotenusæ cujusdam trianguli rectanguli, cujus unum laterum æquale sit rectæ à centro ad terminum helicis ductæ : sedenim, quis triangulum istud dabit, ex hypothesi quod dentur positione & longitudine duæ ex iis rectis quæ à centro ad helicem terminantur? vel contrà, quis triangulo dato, dabit helicem? Utrumque si dederis, Vir Clarissime, vel alterutrum tantùm, ego munus id eo munere compensabo, quod vel ipse duplo pluris facias. Sed cave : hîc via præceps est & lubrica ; ac talis, ex qua ad parallogismum lapsus sit facillimus : nisi tamen quod petimus datum fuerit, propositio nullius pretii remanebit. Illud etiam non videris animadvertisse, propositionem hanc non esse novam, sed ipsam prorsùs eandem esse cum antiqua illa, quâ quæritur linea per quam pondus ad centrum terræ laberetur secundùm uniformem ad suum horizontem inclinationem ; talis enim linea ad tale genus pertinet. Quàm verò minimè nova fit propofitio, teftabitur ipfe R. P. Merfennus. Verùm, quia datâ inclinatione, hoc eft, dato fpecie triangulo rectangulo, datoque centro helicis in centro terræ, dato infuper uno ejufdem helicis puncto, putà in ipfius terræ fuperficie; non poterat geometricè, nec etiam fuppofitâ circuli quadraturâ, affignari aliud in ea punctum; ideò illa inculta perman-fit, ac ferè ex toto neglecta eft. Neque rursùs, idem folum aut primum genus eft earum helicum, quæ finitæ cum fint, infinitas tamen circa pun-ctum quoddam revolutiones abfolvunt : tales enim & longè antiquiores funt illæ quæ in globis terreftribus atque in mappis mundi, loxodromias feu ventorum vias referunt , quæque præter has illud habent peculiare, quòd ex utraque parte finitæ fint; & tamen circa utrumque polum infinities circumvolvantur. Cumque fic imitando, res Geometricæ in infinitum ple-rumque abeant, quidni etiam linea recta circa manens centrum æqualiter vel proportionaliter circumvoluetur, ac fimul punctum mobile vel æquali-ter vel inæqualiter fecundùm rectam eandem legibus quibufdam feretur vel à centro, vel versùs centrum, ad defcribenda infinitiès infinita helicum genera? Ex iis autem, genus illud novimus, cujus helices hyperbolis coni-cis demonftrantur æquales, quidni rursùs licebit, pro infinitis hyperbolis effingendis, imitari vigefimam primam propofitionem libri primi Conico-rum Apollonii, ficuti pro infinitis parabolis vigefimam propofitionem imi-tatus eft D. *De Fermat?* Verùm hîc omnia perfequi nec lubet nec vacat. Supereft unum expoftulationis noftræ caput circa novas noftras quadratri-ces lineas, quas non ita pridem, vix fcilicet ante biennium invenimus, nec multò poft ad vos mifimus. Poffem hîc, & fanè potiori jure, eadem verba adjicere quæ vos circa centra gravitatis: *Utinam non mififfem;* fed illa nimis acerbam, prorsùfque contumeliofam præ fe ferunt exprobrationis fpeciem: quin contrà, & mififfe lætor; quandoquidem ita vobis placuerunt; & nifi tunc mififfem, nunc utique mitterem. Illas, inquam, lineas ex quibus fiunt fpatia plana longitudine infinita, quæ tamen fpatiis finitis undique claufis funt æqualia; vos lineas Robervallianas, ab inventoris nomine, vocaviftis; ego voco quadratrices, ab earum officio, & inventionis fine : ego enim fi-gurarum quadraturæ intentus, dum nihil negligo eorum quæ ad propofitum illum finem conducere videntur, præcipuè verò ipfarum figurarum in alias figuras tranfmutationem experior; in tales lineas incidi hac ratione.

Supple re-ctam lineam BC à puncto B ad pun-ctum C du-ctam.

Efto in figura, trilineum ABC quale requiritur, cujus punctum B fit vertex; recta AB altitudo; recta AC bafis; & linea BC fit quæcunque curva : nihil enim refert qualifcunque accipiatur. Verùm, ut ex infinitis ge-neribus aliquod hic eligamus, quod vobis inftar omnium fit, efto illa cur-va BC ad eafdem partes cava, putà ad partes ductæ rectæ BC, ita ut ipfa tota fit extra triangulum ABC, & eadem à puncto B ad punctum C, con-tinuè recedat à recta BA, & ad rectam CA propiùs accedat; fumpto utro-que, receffu fcilicet & acceffu, fecundùm perpendiculares à curva BC ad rectas BA, AC ductas. Tum in ipfa curva BC, fumantur continuè à ver-tice B, quæcunque & quotcunque puncta D, E, &c. à quibus ductæ in-telligantur rectæ DF, EG, &c. tangentes curvam BC in iifdem punctis D, E, &c. atquè occurrentes axi AB producto ultra verticem B, in pun-ctis F, G, &c. Intelligatur quoque per punctum C recta CK tangens ean-dem curvam BC in puncto C; quæ quidem recta CK vel eidem axi AB occurret ultra verticem B, vel eadem CK eidem AB erit parallela, coin-cidetque cum recta CR, quam ipfi AB ponimus effe parallelam. Prætereà, à punctis D, E, &c. ducantur rectæ DI, EH axi BA parallelæ, atque occurrentes bafi AC in punctis I, H, &c. & per punctum A, ipfis tangen-tibus DF, EG, &c. ducantur totidem rectæ ordine parallelæ, AM qui-

dem ipfi D F; A L autem ipfi- E G, &c. occurratque recta A M rectæ D i
productæ in M, atque ita habebimus punctum M : occurrat quoque recta
A L rectæ E H productæ in L; atque ita rursùs habebimus punctum L & fic
de cæteris. Quo pacto habebimus à puncto A infinita alia puncta continuo
ordine difpofita M, L, &c. Per hæc intelligatur ducta linea continua A M L
&c. illa erit primaria noftra quadratrix : primariam vocamus, quia ipfa prima occurrit, & prima à nobis vulgata eft ; cæteræ autem ab illa primaria,
faltem per occafionem, dependerunt. Quòd fi tangens C K occurrat axi A B,
ductâ rectâ A N parallelâ eidem C K, & productâ rectâ R C donec ipfi A N
occurrat in N, erit & punctum N in eadem quadratrice A M L N. Aliàs
autem, fi C K coincidat cum ipfa C R (cùm fcilicet ipfi A B fuerit parallela) linea A M L in infinitum producta nunquam concurret cum recta R C
etiam infinitè producta, fed hæc R C producta, ipfius A M L productæ
erit afymptotos, & punctum N à puncto C infinitè
diftabit. Potuit etiam loco trilinei, affumi bilineum
aut aliud quodcumque fpatium ; fed omnia exequi
unicâ epiftolâ, nec poffumus nec volumus, ut ii
quibus inventum placuerit, habeant quod imitando
addere poffint. Jam ergo, in affumpto exemplo trilinei A B C, pofitis quæ fupra diximus, fit quadrilineum quoddam A B C N duabus curvis B C, A N,
& duabus rectis B A, C N comprehenfum ; five id
quadrilineum finitum fit versùs N, five idem in infinitum versùs illam partem abeat : hoc ergo fpatium A B C N dico effe trilinei A B C duplum.
Demonftratio noftra omninò univerfalis erit pro omnibus curvis, & fpatiis ; poteritque more Veterum,
per duplicem pofitionem inftitui , nos tamen per
infinita fic procedemus. Ducantur, aut duci intelligantur à puncto A ad infinita feu indefinita numero puncta curvæ B C, rectæ A D, A E, &c. ut
fic fpatium A B C in infinita trilinea refolvi concipiatur ; quæ quidem trilinea totidem rectis A D,
A E, &c. ac portionibus interceptis curvæ B C
comprehendantur ; fpatium autem A B C N in totidem quadrilinea refolvatur, quot funt trilinea
quæ quadrilinea à parallelis D M, E L, &c. ac portionibus interceptis curvarum B C, A N confti-
tuantur : erunt ergo fingula trilinea cum fingulis quadrilineis, fuper eâdem
bafi conftituta ad puncta D, E, &c. propter tangentes, (abfque tangentibus enim falfum effet) atque in iifdem parallelis ; putà trilineum ad A D
cum quadrilineo ad D M, in iifdem parallelis D F, M A ; trilineum autem
ad A E, cum quadrilineo ad E L, in iifdem parallelis E G, L A, atque ita
de reliquis. Quapropter fingula quadrilinea fingulorum trilineorum erunt
ut dupla, ex legibus infiniti ; & omnia omnium, hoc eft totum fpatium
A B C N quod ex omnibus quadrilineis conftat, duplum erit totius fpatii
A B C, quod conftat ex omnibus trilineis. Patet autem eodem ratiocinio,
quadrilaterum A B D M, trilinei A B D duplum effe ; & quadrilaterum
A B E L, trilinei A B E, & fic de cæteris. Si ergo trilineum C A M L N
totum extra trilineum A B C exiftat, ut in affumpto exemplo, erunt duo
illa trilinea æqualia, five punctum N in infinitum abeat, five non. Quòd fi
præftereà, eo cafu quo curva A M L N tota extra trilineum A B C exiftit,
ex punctis D, E, &c. ducantur rectæ D X, E V bafi C A parallelæ, atque

axi occurrentes in punctis X, V, &c. fient spatia BDX, BEV, &c. spatiis AIM, AHL, &c. singula singulis aequalia. Quoniam enim, ex demonstratione universali praemissa, totum quadrilineum ABDM, totius trilinei ABD, duplum est; & ablatum parallelogrammum AXDI, ablati trianguli AXD est quoque duplum, erit & reliquum reliqui duplum : reliquum autem primum constat ex duobus trilineis BDX, AIM; secundum verò est solum trilineum BDM: quare duo illa trilinea BDX, AIX simul, hujus solius BDX dupla sunt, ac proinde aequalia sunt inter se trilinea illa BDX, AIM. De cæteris eadem est demonstratio. Sed & trilineum BDF bilineo AM, & trilineum BEG bilineo AL æquale esse facile demonstrabitur; & multa alia quæ consultò omittimus. Potest quoque ad solida extendi hoc nostrum inventum; si scilicet, prædictæ omnes figuræ circa axem AB utrinque productum quantùm satis, convertantur; ac spatia quidem solida ad rectas AD, AE, &c. constituta, pro pyramidibus; spatia autem solida ad parallelas DM, EL, &c. pro parallelepipedis accipiantur. Quo pacto solidum descriptum à quadrilineo ABCN, sive illud versùs N infinitum sit, sive non, triplum erit solidi à trilineo ABC descripti : & solidum à trilineo ACN in assumpto exemplo descriptum, duplum erit solidi à trilineo ABC descripti; & hinc habentur innumeræ species solidorum infinitè finitorum.

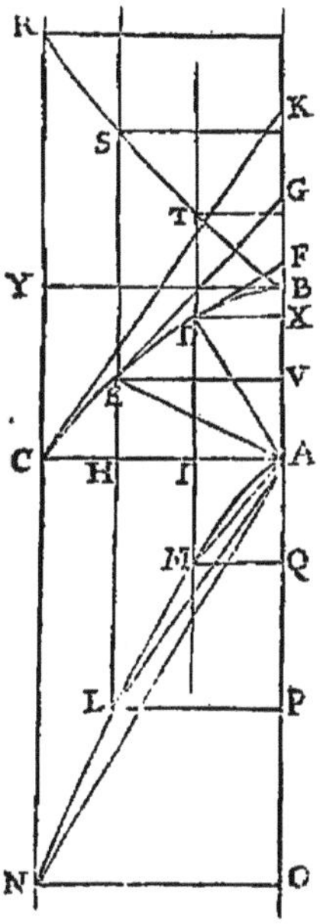

Possunt etiam rectæ MI, LH, &c. produci versùs puncta D, E usque ad puncta T, S, &c. ita ut rectæ IT, HS, &c. æquales sint rectis DM, EL, &c. & per puncta BTS, &c. potest intelligi curva quadratrix BTS: hæc autem illa erit quam ad vos misimus; de qua ideò nihil est quòd hic addamus: quòd autem illa secundaria sit, manifestum est.

Tandem, ductis tangentibus DF, EG, &c. ut suprà; potuit loco puncti A assumi aliud quodcunque punctum B vel C, vel quodvis in plano trilinei ABC quantumvis producto existens, per quod ducerentur rectæ tangentibus illis parallelæ; quemadmodum hic ductæ sunt AM, AL, &c. & per puncta D, E, &c. duci quoque potuerunt totidem aliæ rectæ inter se & cuivis datæ parallelæ, quæ cum tangentibus & tangentium parallelis parallelogramma constituerent, qualia sunt AFDM, AGEL, &c. unde aliæ infinitæ generabuntur quadratrices: sed hæc nunc indicasse sufficiat. Vides itaque, Vir Clarissime, quàm latus hoc loco ad imitandum pateat campus. Vides etiam alia prorsùs à tuis hyperbolicis diversa genera solidorum infinitorum, & multitudine innumerabilia, & illis forsan, magis miranda; eo quòd hæc nostra de externa sua latitudine nihil unquam remittant, ut vestris necessariò accidit. Neque tamen nostra nos ad vestrorum imitationem effinximus (quòd si factum fuisset, quantumcunque abstrusa, vobis tamen tribueremus) sed hæc à nostro linearum quadraticarum invento sic dependerunt, ut ab illis sejungi non potuerint. Vides denique nos nec plana, nec solida infinitè finita præcipuè intendisse; sed nostras quadratrices, quæ ex figurarum in alias transformatione nascuntur, ex quarum origine talia spatia necessariò consecuta sunt; & nobis aliud animo agitantibus, sese ultro obtulerunt.

Jam, quadratura parabolæ quomodo ex prædictis facile deducatur, sic ostendimus. Intelligatur in hoc nostro exemplo, curva BC esse quavis para-

bola,

bola, five conica illa fit, five alia : (unica enim omnibus infervit demonftratio) cujus axis fit A B; vertex B, bafis A C; & recta B Y ipfam tangat
in vertice, occurratque rectæ N C productæ in puncto Y, ut fit parallelogrammum A B Y C fpatio trilineo parabolico A B C circumfcriptum. Ducantur etiam, vel duci intelligantur à fingulis punctis curvæ A M L N, putà
à punctis M, L, N, &c. rectæ M Q, L P, N O, &c. bafi A C parallelæ
occurrentes axi B A producto in punctis Q, P, O, &c. quo p. cto, confti-
tuetur aliud quoddam trilineum A N O, cujus axis erit A O, vertex A, &
bafis N O. In hoc trilineo, rectæ ad axem ordinatim applicatæ erunt M Q,
L P, N O, &c. quæ ordinatim applicatis in parabola, D X, E V, C A, &c.
fingulæ fingulis debito ordine fumptis, erunt æquales; at portiones axis A O
inter verticem A, & applicatas interceptæ, putà A Q, A P, A O, &c. æquales erunt rectis F X, G V, K A, &c. fingulæ fingulis debito ordine fumptis : quæ omnia ex conftructione manifefta funt. Eft autem in quavis parabola, ut F X ad X B, fic G V ad V B, & fic K A ad A B, propter tangentes D F, E G, C K Quare erit quoque, pofitâ in noftro exemplo quâvis
parabolâ B D E C, ut A Q ad B X, ita A P ad B V, & ita A O ad B A, &c.
Eft ergo curva A M L N parabola ejufdem fpeciei cum parabola B D E C;
cúmque A C, O N fint æquales, erit fpatium A O N ad fpatium A B C,
ut axis A O ad axem A B. Oftenfum autem eft fpatium A B C æquale effe
fpatio A C N; quare fpatium A O N ad fpatium A C N eft ut A O ad A B:
& componendo, parallelogrammum A C N O ad fpatium A C N, five ad
fpatium A B C, fe habet ut recta O B ad rectam B A. Sed ut parallelogrammum A Y ad parallelogrammum A N, ita recta A B ad rectam A O; ergo,
ex æquo, in ratione perturbata, erit parallelogrammum A Y ad fpatium
A B C, ut recta O B ad rectam A O. Datæ autem funt rectæ illæ O B, A O,
quia A O ipfi A K datæ æqualis eft, ex conftructione : ergo data eft ratio
parallelogrammi A Y ad fpatium trilineum parabolicum A B C, ut propofitum eft ; & eft talis ratio ut recta compofita ex A K & A B, ad rectam A K.

Simili ratiocinio, in folidis ipfarum parabolarum circa axem A B conver-
farum, concludemus univerfaliter fic effe cylindrum A Y ad folidum A B C,
ut recta compofita ex A K & dupla ipfius A B, ad ipfam eandem A K.

Quomodo ergo in ejufmodi quadratrices inciderim, jam tenes : quàm verò ingenuè ad vos miferim, ipfi fcitis : fciunt & Academiæ noftræ proceres,
qui omnes epiftolam noftram, antequam ad vos mitteretur, perlegerunt;
fciunt & multi alii cum quibus eandem ego, vel amici communicavimus;
fciunt, inquam, illi omnes, me exprefis verbis, veluti florem quemdam ex hor-
to illo delectum, vobis indicaffe quadraturam parabolæ primariæ feu conicæ.
Quis igitur meo loco conftitutus, fore fperaviffet ut Clariffimus Torricellius,
inde per imitationem, cæteras parabolas quadrandi arreptâ occafione, (quod
nullius fuit negotii, quia una eademque eft omnium methodus) hæc verba
fubjiceret : *Prædictæ methodi, tum pro quadraturis, tum pro tangentibus, funt
quas minimi præ cæteris ego facio; non tamen patiar mihi illas eripi.* Et hæc : *Linea
Robervalliana, fi ortum ducat ex aliqua parabolarum, femper parabola evenit ejufdem fpeciei; quod ego novum effe fcio, licet fortaffe turpe videatur hoc fateri.* Et rursùs in alia epiftola : *Quadraturas ad Clariffimum Robervallium mitto, fortaffe ad
fubeundam eandem fortunam cum meo centro gravitatis cycloidis,* hoc eft trochoidis. Atque ita, ficuti palam nos accufaverat Torricellius, tanquam fi centrum
illud noftræ trochoidis, à nobis illi furreptum fuiffet, fic timere fe fimulavit,
ne eodem fato illæ fuæ (fi Diis placet) parabolarum quadraturæ fibi à nobis
eriperentur. Quis, inquam, hoc fperaviffet? Nam, Deum Immortalem! quid
illis in quadraturis aut novum eft aut ad Torricellium pertinet, ut ei poffit
eripi? An in univerfum quadraturæ illæ funt Torricellii? Nequaquam. Pri-

enariæ enim five conicæ parabolæ quadratura Archimedis eft; cæterarum autem, D. *De Fermat* : dico D. *de Fermat*; quia cæterarum illarum medium à
medio Archimedis planè diverfum eft, & diverfum effe debuit, quandoquidem ad illas, medium Archimedeum omnino ineptum eft. Quòd fi omnibus
illud aptum fuiffet; tunc, quantumvis ab eo diverfum effet medium D. *de
Fermat*, omnes tamen illas quadraturas uni Archimedi tribueremus, ac cæteras per imitationem inventas ad primariam remitteremus. Si quidem facile
eft inventis addere : authorem verò fefe præbere, hoc opus hîc labor eft.
Non igitur aut Torricellii, aut noftræ funt parabolarum quadraturæ in univerfum; nec illæ aut ipfi aut nobis eripi poffunt. Supereft igitur ut de medio
decertemus. Sed ad quid hoc ? Quandò, five ego vicero five Torricellius, ipfa
res vel Archimedi cedet, vel D. *de Fermat*. Attamen quod in eo medio præcipuum eft, noftrum eft, ipfo Torricellio concedente, nempe noftra quadratrix, quam ipfe Robervallianam vocat. Quid igitur ipfi relinquitur ? Forfan,
inquiet aliquis, vult Torricellius fuum effe, quòd ufus fuerit complementis
æqualibus parallelogrammorum, eaque prædictis Robervallianis quadratricibus accommodaverit, ut duplici pofitione infcriptorum & circumfcriptorum
uteretur more Veterum. Atqui ob tantillum, quod nec ipfum univerfale eft,
adeo follicitum effe, adeoque invigilare ne fibi eripiatur, pauperis cujufdam
eft, qui hoc unum poffideat, non autem ditiffimi Torricellii, qui infinitos rerum multò pretiofiorum poffidet thefauros. At, dicet alius : Robervallius unicam parabolam primariam feu conicam, Torricellius verò omnes omninò qua-
dravit. Robervallius fcilicet unicam ! Quis autem nos ufqueadeo cæcos exif-
timaverit ? præcipuè cùm una eademque fit omnium methodus quam fuprà
oftendimus ? Egone in eo quod difficilius fuit, fi tamen quid ibi difficile dici
potuit, nempe in quadratricibus ipfis detegendis, atque in primariæ parabolæ quadratura perfpicax, in facillimis repentè cæcutiero ? Quin ergo faltem
enuntiavifti ? Satis fuit unam enuntiare; cæteræ fponte fequebantur. Quid hoc
rei eft ? An tandem ego ea omnia ignoraffe cenfe or, quæcunque unicâ quam
ad Torricellium fcripfi epiftolâ expreffis verbis non comprehendi ? Refpiciat
ille ad verba noftra, ut quid voluerimus intelligat : florem mittebamus, non
arborem. Ac jam decennium eft ex quo abfolutis nothis illis parabolis, vix
animo occurrit, nifi urgeat occafio, ut illas ampliùs nominem ; Torricellio
verò ipfæ novæ funt, adeoque ipfarum ille non oblivifcitur, ut magnum quid
putet, fi centum modis illas quadraverit, cùm tamen infinitis id fieri poffit.
Rursùs ergo, quid in illis quadraturis novum eft quod ad Torricellium pertineat ? Non video fanè : attamen fcire geftio, ne quod illius eft, quodque
fibi eripi minimè paffurum effe minatur, imprudentes auferamus.

Jam perfpiciat quicunque Torricellii legerit epiftolas, quàm multa præte-
ream legitimæ expoftulationis capita. Enimverò, illud ne viro ingenuo ferendum fuit, quod nobis comminando fcripfit fuper aliâ quadam methodo
centrorum gravitatis inveniendorum, quam habere fe gloriatur ? *Oro vos*, inquit, *ne inter veftra hanc etiam habeatis : nam hoc effet tollere penitus omne litterarum, fcientiarumque commercium.* Quid aliud ad manifeftum furem fcribi
potuit ? Interim tamen, de illa methodo callidè ac de induftriâ tacuit Torricellius : ita ut fi aliquam ego aut alius quifpiam proferamus, jam ipfi liberum fit illam aftutiis ejufmodi, atque in longum profpicientibus verbis, fibi
afferere, ac de ea locutum effe fe, fuâ fide affirmare.

Quis rursùs feret quod ad R. P. Merfennum fcribit, cùm de centro noftræ trochoidis loquitur ? *Quod certe (ait) immò certiffimè fcio non habuiffe Robervallium, antequam demonftrationem meam videret; ut P. V. vel ipfemet, vel
tandem univerfa Europa teftis effe poterit.* De centro illo jam fatis fuprà, immò
ufque ad naufeam; nec circa illud univerfa Europa teftis nobis formidanda;

quin, si fieri posset, præ cæteris optanda. Verùm, quid tale centrum ad universam Europam? Crede mihi, Clarissime Torricelli; esto (quod tamen sine arrogantia dici non potest) quòd in rebus Mathematicis ambo simus egregii ita ut paucos pares, nullos agnoscamus superiores : nequaquàm tamen, hoc pacto, tales erimus quos universa respiciat Europa; nempè misellos Geometras de nescio quo puncto disceptantes. Simus potiùs ambo, ego triginta millium peditum nostrorum veteranorum dux, tu totidem vestrorum : adsit utrique equitatus tali numero debitus, nihilque desit armorum, annonæ, aut fidei militum erga duces; ac tunc universa forsan nos respiciet Europa.

Hoc loco, vir Clarissime, cogitare subiit quî fieret, ut cùm semel ad te scripserim (prima enim alia nostra de te epistola ad R. P. Mersennum directa fuerat) idque stylo qui meo & amicorum judicio, nihil omninò acerbi, quanquam post ereptas à te nobis nostras trochoides, redolet; ipse tamen è contrario, acri adeo stilo rescripseris; nec mihi soli, quo pacto faciliùs res componerentur, sed tribus (nescio num etiam pluribus) literis ad amplissimos celeberrimosque viros de me scriptis, haud alio argumento quamquòd existimares (nimis tamen leviter) centrum trochoidis ipsius tibi fuisse ereptum. Tantusne Torricellio earum quas suas putat, nugarum zelus (liceat eo tibi familiari nugarum vocabulo uti) ut statim atque eas sibi ereptas putaverit,

Irruat & frustra ferro diverberet umbras,
ne quidem cogitando quantas ille, cùm directè, tùm indirectè, ab aliis sumpserit, ob quas periculum sit ne quamvis placidos acriùs irritando, ipse vicissim pœnas luat? Atqui consentaneum erat, vir prudens cùm sit, ut meminisset hujus præcepti, quod qui dedit, is procul dubio fuit ad unguem factus homo; videlicet,

Qui, ne tuberibus propriis offendat amicum
Postulat, ignoscat verrucis illius.
Equidem, inter plurimas hujusce tam acris styli causas, hæc nobis videtur probabilior, quod tu, Vir Clarissime, spatium Mathematicum ingressus, seu fato seu sponte, viam à nostris jam ante plures annos tritam inieris, à qua huc usque parùm deflexeris; unde non mirum est si in easdem stationes, littora, portus, fluvios, & regiones incidas, quibus illi dudum detectis nomina indiderunt, eaque omnia in chartas intulerunt: ipse autem, cùm illa à te primùm detecta existimes, fit ut posteà indigneris si quis contrarium asseruerit, atque id quod verum est candidè enarraverit. Memineris ergo spatium illud infinities infinitè infinitum esse, idemque solidum, immò etiam plusquàm solidum, tibi verò nec pedes, nec pennas, nec alas deesse : deflectas ergo paululùm vel ad dextram, vel ad sinistram, vel suprà vel infra : curre, nata, vel etiam vola: hæc enim potes omnia, quæ sane

pauci, quos æquus amavit
Jupiter, aut ardens evexit ad æthera virtus,
potuere;
sic enim fiet, ut, quod non semel, immò pluries jam præstitisti, & novas regiones detegas, & viros doctos non solùm adeò feliciter imiteris, quanquam nec ipsum laude caret; sed, quod multò laudabilius est, teipsum viris doctis præbeas imitandum.

Huc usque pro nobis plura diximus : nunc pro divino Archimede pauca liceat. Bis, ut tua excuses, tantum virum in discrimen adducis, Vir Clarissime; semel pro libris tuis de motu projectorum; iterum autem, pro illà tuà minimè verà ratione solidi trochoidis circa axem, ad suum cylindrum ut 11 ad 18. Ac primùm quidem, pro libris de motu projectorum hæc ais : *Archimedes supposuit olim projecta, non per parabolas sed per lineas spirales suas procedere.* Hanc Archimedis suppositionem nullibi videre licuit in ejus operibus : commentarios autem, forsan, non omnes legi ; sed nec eorum authoribus licuit tanto viro absurdas ejusmodi suppositiones affingere. Deinde, pro excusando vestro illo fictitio trochoidis solido, hæc scribis ad R. P Mersennum : *Habemus apud Archimedem, prop. 2. de circuli dimensione, circulum ad quadratum diametri esse ut 11 ad 14 : quæro ab ipso (Robervallio, supple) undenam putes me habuisse rationem quam ad numeros 11 & 18 reducebam ?* Quæ post verba illa sequitur linea, solitam totius epistolæ redolet acerbitatem. Equidem Archimedes hæc habet : at non dissimulavit statim (nempe propositione tertia, quæ manifestò lemma est ad illam secundam) talem rationem 11 ad 14 non esse accuratam, sed tantùm veræ proximam : apud vos autem nihil tale habetur ; sed vestram illam rationem 11 ad 18 tanquam accuratam proposuistis, ex invento priùs centro tanquam accurato deductam: immò, illam pro accurata exceperunt quicunque existimaverunt vos adeò candidos esse, ut nefas existimaretis ea enuntiare quæ vera non essent. Enimverò, Vir Clarissime, plerique ex nostris vix persuaderi potuissent, Torricellium nobilem adeò Geometram, aliquid purè Geometricum sine demonstratione affirmare voluisse. Sed nec illa vestra ratio 11 ad 18 ex terminis vero proximis ab Archimede assignatis pro circuli dimensione deducta est, cùm eadem extra ipsos terminos longè evagetur ; unde non video quid vobis hîc proficiat Archimedis authoritas, præcipuè in materia purè Geometrica, ubi pro errore accipitur quidquid accuratè verum non est, quantumcunque illud ad verum proximè accedere deprehendatur.

Hîc fieri posse video, ut aliquis hujusce nostræ epistolæ stylum ideò carpat, quòd ille nec amico, nec adversario convenire videatur ; ut potè qui pro amico, acrior, pro adversario contrà, lenior quàm par sit appareat. Equidem, Clarissimum Torricellium adversarium habere absit ut unquam optaverim ; adversarius sanè illi ego ero nunquam, nisi ipse prior talem me effecerit. Quòd autem amicum & cupierim & adhuc cupiam, argumentum certissimum est, quòd prior amaverim, ac nomen ejus celebre per Galliam, quàm maximè potui, reddiderim. Siccine ergo (urgebit censor) cum amicis tuis te gerere solitus es ? Primùm quidem, apologiam contra acerbam ipsius accusationem mihi debui ; deinde metui (fateor) ne ipse quem summopere amicum mihi cupio, ex illis esset qui aliena veluti perspicillis cavis respiciunt ; sua, convexis aut iis forsan quæ plurimis faciebus distinguuntur , unde fit ut iidem aliena contractiora, sua verò ampliora aut numerosiora, aut etiam pulchris coloribus ornatiora quàm sint reverà videre videantur. Itaque admonere eum volui officiosè, ut amorem proprium alieno temperaret. Ac, ne ad excitandum duriusculus haberetur, stylum adhibui utcunque acutum & mordacem : sic enim fore speravi ut sapiens cùm sit, se ab amante pungi sentiret, atque ita ad redamandum acriùs incitaretur. Quanquam autem tot paginas minimè inutiles fore spero, doleo tamen quòd illas in tractando ejusmodi ingrato ac planè tædioso argumento insumere oportuerit ; cùm alia ferè innumera longè suaviora, ac viris doctis, ut puto, acceptiora, cùm ex nobis, tùm ex nostris habeamus ; qualia sunt quæ sequuntur. Circa analysim quidem, de æquationum recognitione, & emendatione, novâ prorsus methodo, de earumdem determinatione ac de ipsarum per locos proprios resolutione, atque compositione. Circa Geometriam, de locis planis, solidis, atque ad superficiem ; ubi in specie, restituta habemus loca solida ad tres & quatuor lineas : de cylindris, & conis isoperimetris, cùm demptâ base, tum additâ : de iisdem sphæræ inscriptis, & circumscriptis , seu spatiorum solidorum, seu etiam superficierum tantum habeatur ratio ; ubi mirabere forsan quâ ratione à nobis concludi potuerit, positâ sphæræ diametro 32 partium,

axem

axem coni inscripti cujus superficies comprehensa base sit maxima, esse hanc
apotomen 23——$\sqrt{17}$; si sphæræ superficies uno, duobusve, vel tribus aut pluribus circulis, in quotcunque & quascunque portiones secta sit, quamcunque ex illis portionibus cum alia ac cum tota comparamus, ac uniuscujusque
centrum gravitatis assignamus. Circa cylindricas & conicas superficies scale-
nas, tum etiam circa rectas, mira habemus. Inter illa perpende qualenam sit
hoc problema : Portionem superficiei cylindri recti exhibemus, quæ superficiei datæ cylindri scaleni sit æqualis. Sed & istud : Dato quadrato, æqualem
damus cylindricæ superficiei portionem, idque absolute, nullâ suppositâ circuli quadraturâ, & exclusis cylindri basibus. Problemata atque theoremata
innumera habemus soluta, cùm circa conicas sectiones, tùm circa alia fere
omnia Geometriæ huc usque notæ tam theoreticæ quàm practicæ capita. Circa
Arithmeticam, Musicam, Opticam, Astronomiam, Gnomonicam, & Geogra-
phiam,

> *Plura quidem feci, quàm quæ comprehendere dictis*
> *In promptu mihi sit;*

sed illa omnia vulgaria æstimo. Attamen, dic quibus in terris Luna minori
spatio quàm 24 horarum nostrarum communium, bis oriatur, aut bis occi-
dat ejusdem horizontis respectu. Facile quidem theorema, sed quod prin â
fronte impossibile multis videatur. At Mechanicam à fundamentis ad fasti-
gium novam extruximus, rejectis omnibus, præter paucos admodum, antiquis lapidibus quibus illa constabat; ita ut nunc octo contignationibus, hoc
est totidem libris, absolvatur. Primus est de centro virtutis potentiarum in
universum, an detur tale centrum, & quibus potentiis conveniat, quibus verò
minimè; secundus de libra, ubi de æquiponderantibus; tertius de centro
virtutis potentiarum in specie; quartus de fune mira continet; quintus de
instrumentis & machinis; sextus de potentiis quæ in diversis mediis agunt;
septimus de motibus compositis; octavus denique, de centro percussionis
potentiarum mobilium. In his omnibus nulla admitto nova postulata, sed tantùm ea quæ vulgò recepta sunt apud Authores: quòd sane exequi, quàm non
facile opus sit, testes sunt quotquot huc usque de gravibus super planis incli-
natis existentibus egerunt; inter quos & ipse haberis, Vir Clarissime, qui propositione prima libri primi de motu gravium descendentium, ad id demonstrandum novo postulato usus es, quod quivis non facilè concesserit, quia
pondera quæ proponis, non librâ rigidâ & rectâ, ut fieri solet, sed fune molli
ac perfectè plicabili invicem alligantur. Nos autem ad hoc, librâ utimur modo usitato dispositâ, cujus beneficio propositionem illam non aliter demons-
tramus, quàm aut vectem aut axem in peritrochio : eam autem jam ante
quindecim annos invenimus, atque anno 1636 tanquam Mechanicæ nostræ prodromum, prælo commisimus atque vulgavimus, sed Gallico idiomate.
Neque etiam eum tantùm casum consideravimus qui solus ab omnibus atten-
ditur; cùm scilicet potentia pondus in plano inclinato positum retinens, agit
per lineam directionis ipsi plano parallelam; sed & dum eadem linea directionis aliam quamcunque positionem obtinuerit : quo pacto, ratio ponderis ad
potentiam infinitè mutatur. Ibi autem quiddam demonstravimus quod multis·
omninò paradoxum visum est ; nempe, si intelligatur prælum aliquod duobus planis parallelis perfectè rigidis constans, quod ita disponatur ut ejus plana horizonti non sint parallela : tunc, quantâcunque potentiâ prematur prælum illud, planis semper perfectè planis ac parallelis inter se remanentibus,
illa nullum pondus inter se retinebunt; sed illud pondus propriâ gravitate
statim labetur inter ipsa plana, atque idem à prælo sese liberabit, nisi aliunde retineatur. Hæc quidem ad quintum nostrum librum pertinent. Libet
autem ex quarto quoque hæc addere. Si tres potentiæ totidem funibus ad